Das Bilderlexikon der

Dampflokomotiven

Luciano Greggio

Das Bilderlexikon der

Dampflokomotiven

Südwest Verlag München

Zeichnungen: Guido Canestrari

Titel der italienischen Originalausgabe:
Le locomotive a vapore

Deutsche Bearbeitung:
Dipl.-Ing. Hans-Peter Friedrich

1. Auflage 1979

Schutzumschlag: Manfred Metzger

ISBN 3 517 00667 X

Satz: Karl Wenschow GmbH, München
Druck und Bindung: Officine Grafiche Arnoldo Mondadori, Verona

Printed in Italy

Inhalt

Vorwort

Es gibt eine Menge Möglichkeiten, über Dampflokomotiven zu berichten. Aus welchem Blickwinkel man sie auch betrachten mag, dieses Kind menschlichen Geistes ist stets und immer wieder aufs neue faszinierend. Die Veränderungen, die der Verkehr auf Schienen in wenigen Jahrzehnten mit sich brachte, sind vielfältig und unterschiedlichster Natur; sie sind nicht nur technisch hochinteressant, sondern auch geschichtlich und sozialwirtschaftlich von großer Bedeutung, vor allem auch für die menschlichen Lebensgewohnheiten.

Dieses Buch soll berichten, was Generationen von Technikern ermöglichten, angefangen bei den genialen Erfindungen von Richard Francis Trevithick und Robert Stephenson bis hin zur letzten Entwicklungsstufe des Dampflokomotivbaus, dessen Ergebnisse viele von uns noch »am lebenden Objekt« kennenlernen und bewundern konnten. Eine technisch-geschichtliche Exkursion also, von den ersten Konstruktionen der Pionierzeit bis hin zu den vollkommen erscheinenden Fahrzeugen, die um die Mitte des zwanzigsten Jahrhunderts die Entwicklungsgeschichte der Dampflokomotive beendeten. Umfangreiche Studien ermöglichten die Zusammenstellung einer großen Zahl von unterschiedlichsten Bauarten, die Schritt für Schritt die Entstehung und Fortentwicklung der Dampflokomotive darstellen sollen. Doch es gibt so viele bedeutende und interessante Konstruktionen, daß eine Auswahl getroffen werden mußte, um den Umfang dieses Buches in Grenzen zu halten. Der Autor hofft jedoch, daß die Entwicklungsgeschichte der Dampflokomotive dennoch vollständig und sachgerecht dargestellt ist.

Die ungewöhnliche Anziehungskraft, die überall in der Welt von diesem Wunderwerk der Technik ausging, ist für manchen schwer verständlich; aber auch heute, da ihr Schicksal besiegelt ist, übt die Dampflokomotive noch immer eine starke Faszination auch auf die Jugend aus und stimmt jeden melancholisch, der die letzten Jahre ihrer Existenz miterleben durfte. Der Dank und ein Gefühl der Verbundenheit gilt denjenigen – und es sind ihrer viele, verstreut über viele Länder –, die dieser Sache voller Begeisterung ihre interessanten Aufzeichnungen zur Verfügung gestellt haben.

Im Text und in den Tabellen des Anhanges wurden die neuen SI-Einheiten (Système international d'unité) verwendet, aus denen sich die alten Einheiten wie folgt berechnen lassen:

Druck: 1 bar	= 1,02 at
Kraft: 1 kN	= 0,102 Mp
Leistung: 1 kW	= 1,36 PS

Der Verfasser

Die Pionierzeit

Murdoch. William Murdoch, der als Lehrling in der Werkstätte von James Watt arbeitete, hatte bereits im Jahre 1784 erkannt, daß Dampf zum Antreiben der Räder eines Fahrzeuges genutzt werden kann. Dieses einfache Dreirad ist das Ergebnis seiner erfolgreichen Experimente, die er jedoch nicht fortsetzte.

Gegen Ende des 18. Jahrhunderts, als in den großen Bergwerken Englands viele mit Kohle beladene Wagen auf eisernen Schienen von Pferden gezogen wurden, reifte die Zeit für etwas Neues. Die Arbeit von genialen und mutigen Männern wie Newcomen, Watt und Cugnot führte zu einem ähnlichen Entwicklungsprozeß, wie ihn ein knappes Jahrhundert später die Gebrüder Wright und andere mit ihren ersten Flugabenteuern einleiteten.

Die weitblickenden Männer kamen aus Cornwall, die den Weg bereiteten zur Nutzung des Dampfes als Antrieb. In Bergwerken waren dort die ersten festen Anlagen von James Watt installiert worden, die Lasten heben sollten. Eines Tages im Jahr 1784 kam William Murdoch, ein Assistent von Watt, auf die Idee, Dampf, der von einem Spiritusbrenner erzeugt wurde, zum Antrieb eines dreirädrigen Fahrzeuges zu nutzen.

Die Frage, die in jener Zeit am meisten und oft sehr heftig diskutiert wurde, drehte sich um die erhöhte Gefahr, die ein Hochdruckkessel gegenüber einem Niederdruckkessel, wie er in stationären Anlagen eingebaut war, mit sich bringen könnte. Wieder war es ein Mann aus Cornwall, der Bergbauingenieur Richard Trevithick, dem am 24. März 1800 ein Patent erteilt wurde – für eine Dampfmaschine, die, wenn auch für eine ortsfeste Anlage vorgesehen, doch so kompakt gebaut war, daß sie auch zum Antrieb eines Fahrzeuges dienen konnte. Zunächst wurden Versuche auf der Straße unternommen. 1803 schlug dann Samuel Homfray, der Besitzer der Eisenhütte Pen-y-darren in Südwales, vor, ein Dampffahrzeug zu bauen, mit dem man den Versuch machen konnte, die erzbeladenen Loren auf den schon vorhandenen Gleisen der Pferdebahn zum Abercynon-Kanal zu ziehen.

Trevithick entwarf hierfür eine Dampfmaschine mit einem waagerechten Zylinder, der fast völlig im Innern des Kessels angeordnet war. Recht fortschrittlich waren die großen U-förmigen Umkehrzüge, die diesem »Hochdruckkessel« (2 bar) eine beachtliche Leistungsfähigkeit gaben. Die wechselnde Bewegungsrichtung des Kolbens wurde über eine Treibstange auf ein Zahnradgetriebe übertragen, das seinerseits die Räder antrieb. Trevithick hatte damals der Royal Society vermelden können, daß seine Lokomotive, die mit den Was-

Pen-y-darren. Am Montag, dem 13. Februar 1804, fuhr zum erstenmal eine »Dampfmaschine« auf einer eisernen Fahrbahn in Südwales. Richard Trevithick war es als erstem gelungen, einen runden Dampfkessel für hohe Drücke zu bauen, dessen Dampf in einen einzigen Zylinder geleitet wurde. Die Kolbenbewegung des Zylinders wurde mittels einer langen Pleuelstange und mehrerer Zahnräder großen Durchmessers auf die Räder übertragen. 14 Tage nach dieser Fahrt zog die »Pen-y-darren« mit einer Geschwindigkeit von 8 km/h einen Zug von 5 Wagen, der ein Gewicht von 10 t hatte und mit 70 Personen besetzt war.

servorräten eine Masse von 5 t hatte, bei den Probefahrten mit Leichtigkeit einen 5-Wagen-Zug mit 10 t Eisen und 70 Personen gezogen und dabei für die knapp 15 km lange Strecke vom Bergwerk zum Kanal 4 Stunden und 5 Minuten benötigt habe. In dieser Zeit waren allerdings Aufenthalte zum Fällen von Bäumen und Beiseiteräumen von Steinen eingeschlossen. Während der Fahrt wurde eine maximale Geschwindigkeit von 8 km/h erreicht.

Bei diesen ersten Experimenten mußte man mit vielen Problemen fertig werden, die vor allem durch die Konstruktion mit einem einzigen Zylinder auftraten: Im Totpunkt war es nicht möglich, das Schwungrad oder gar das Fahrzeug in Bewegung zu setzen. Häufig kam auch das Gefährt ins Schleudern, da die Räder auf den Schienen nicht über genügend Reibung verfügten. Andererseits neigten auch die gußeisernen Räder dazu, unter der Last der Lokomotive zu zerbrechen, und außerdem kam es auf dem primitiven Schienenstrang öfters zu Entgleisungen.

Die Erfindung von Trevithick war alles in allem

Prince-Royal-Zahnradbahn. John Blenkinsop, Oberaufseher des Bergwerks von Middleton, hatte mit Interesse die Versuche von Trevithick verfolgt. Er konstruierte eine Zahnradlokomotive, mit der man die Höhenunterschiede der Bahn, auf der sie zum Einsatz kommen sollte, überwinden konnte. Die Zahnstangen waren dabei direkt an die Fahrschienen angegossen worden. Die Besonderheit der Konstruktion von Blenkisop war der Kessel, der einen ovalen Querschnitt aufwies und im Inneren ein Heizrohr von 559 mm Durchmesser und eine Heizfläche von 5,56 m² hatte. Der Kessel lag auf zwei großen Holzholmen, an denen auch die beiden Laufachsen gelagert waren und das seitliche Zahnrad, das der Fortbewegung diente. Eine wichtige Neuerung gegenüber der »Pen-y-darren« hatte der Antrieb aufzuweisen: Er bestand nun aus zwei Zylindern (203 mm Durchmesser, 610 mm Kolbenhub); dadurch wurde eine bessere Gewichtsverteilung der bewegten Bauteile erreicht. Unter dem Namen »Prince Royal« wurde die neue Lokomotive von Blenkinsop am 12. August 1812 dem Betrieb übergeben und hatte so großen Erfolg, daß man sofort drei weitere Exemplare für die Eisenbahn in Middleton bestellte.

Locomotion. Im September 1825 wurde die erste öffentliche Eisenbahn der Welt – von Stockton nach Darlington – eingeweiht. Die Lokomotive, die auf dieser Bahnlinie zum Einsatz kam, war die erste aus der neugegründeten Werkstatt von Robert Stephenson & Co. Ihre Räder waren aus einem Stück gegossen und hatten einen Durchmesser von 1,22 m. Die Lokomotive hatte zwei Zylinder und einen Dampfkessel mit einem Druck von 1,73 bar, und ihr Gewicht betrug 6,7 t. Auf der Eröffnungsfahrt zog sie einen Zug mit 28 Wagen, der ein Gewicht von 69 t hatte. Durch geringe Dampferzeugung war jedoch ihre Leistungsfähigkeit ziemlich begrenzt. So fristete sie ein trübseliges Dasein: Einen Monat nach der Inbetriebnahme brach ein Rad, und im Juli 1828 explodierte ihr Kessel. Trotzdem blieb sie bis zum Jahre 1840 im Einsatz. Heute wird sie in Darlington aufbewahrt.

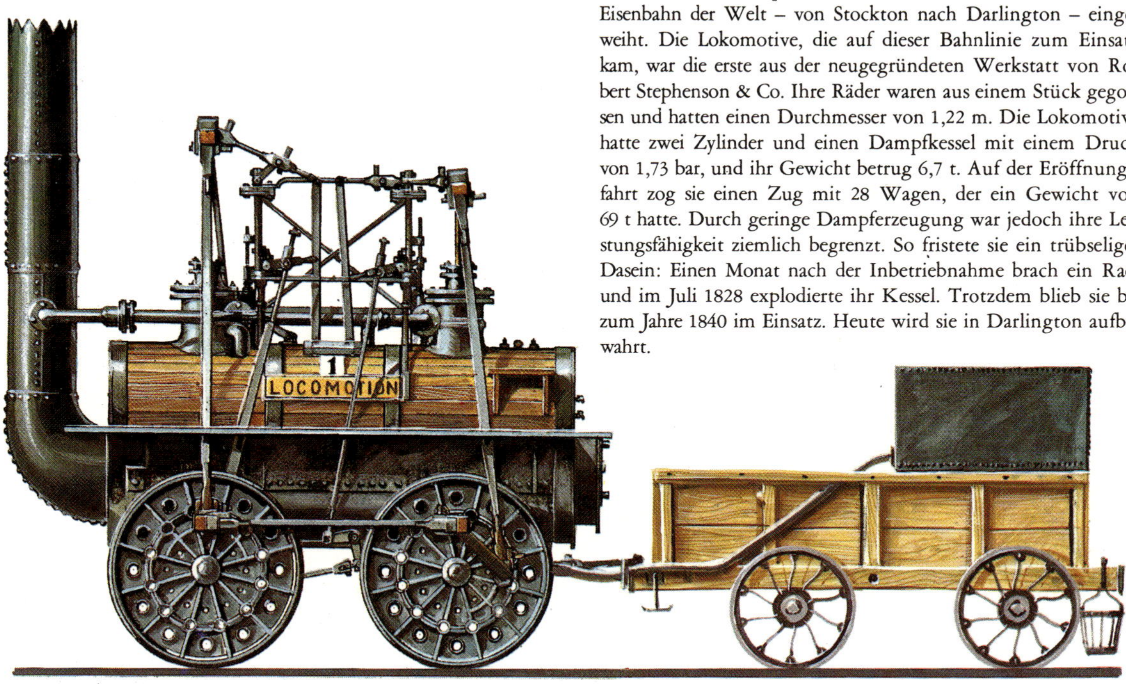

nicht sehr erfolgreich, sie veranlaßte aber andere Konstrukteure, sich ebenfalls mit derartigen Fahrzeugen zu befassen.
Zu diesen gehörte auch John Blenkinsop. Er experimentierte 1812 mit einer Zahnradlokomotive und glaubte, dadurch die Zugkräfte besser übertragen zu können. 1813 aber bewies William Hedley, daß zur Fortbewegung kein Zahnradantrieb erforderlich ist. Den gleichen Erfolg hatte auch George Stephenson mit seinen nach einem englischen Bergwerk benannten Killingworth-Lokomotiven. Bei diesen Maschinen wirkte jeweils ein Zylinder auf eine der beiden Treibachsen, die zur Überwindung des Totpunktes mit einer Kette gekuppelt waren. 1825 war es ebendieser Stephenson, der für die erste öffentliche Eisenbahn der Welt – von Stockton nach Darlington – eine Lokomotive baute. Zu den Konstrukteuren dieser Zeit ist auch Timothy Hackworth zu zählen, der bei seiner »Royal George« aus dem Jahre 1827 den Abdampf der Zylinder durch den Schornstein leitete, um dadurch den Zug im Kessel zu verbessern.
Trotz verschiedener Rückschläge gab es nun kei-

Puffing Billy. Im Bergwerk von Wylam führte Hedley eine Reihe von Versuchen durch, um zu beweisen, daß eine Lokomotive ohne Zahnradantrieb über genügend Adhäsion verfügt, um angehängte Wagen zu ziehen. Er nahm sich die Maschine von Blenkinsop zum Vorbild und baute eine Lokomotive, bei der er die Zylinder senkrecht an der Kesselaußenwand anordnete. Die Kolbenbewegung wurde dabei über Pendelhebel und Zahnräder auf die Treibachsen übertragen. Die Feuerung des Kessels bekam dadurch eine größere Heizfläche. Durch die Umkehrzüge und das Dampfblasrohr entstand ein charakteristisches Geräusch, das der Maschine den Namen »Puffing Billy« eintrug.

nen Halt mehr für die Entwicklung der Dampflokomotive. George Stephenson und sein Sohn Robert überzeugten allmählich ganz England von den Vorteilen der Dampftraktion für wirtschaftliche und auch militärische Nutzung. Eine Folge dieser Entwicklung war auch die Wettfahrt von Rainhill im Oktober 1829, mit der die junge Dampflokomotive ihre Fähigkeiten unter Beweis stellen sollte. Die Ausschreibung für diesen Wettbewerb, die von der Liverpool-Manchester-Bahn geleitet wurde, war eine Herausforderung an die Lokomotivkonstrukteure, denn bisher hatte man sich des öfteren mit der Zugkraft von Pferden zur Beförderung streikender Lokomotiven abfinden müssen. In Rainhill sollten keine bereits vorhandenen Modelle zum Einsatz kommen, sondern nur Neukonstruktionen. Die »Rocket« von Stephenson, die eine dieser Neuentwicklungen war, wurde die triumphale Siegerin des Wettbewerbs.
Dieser Erfolg löste in England eine regelrechte Euphorie aus, während man jenseits des Kanals nach mißglückten Versuchen in Frankreich und Deutschland die Dampflokomotive eher als Kuriosität betrachtete.

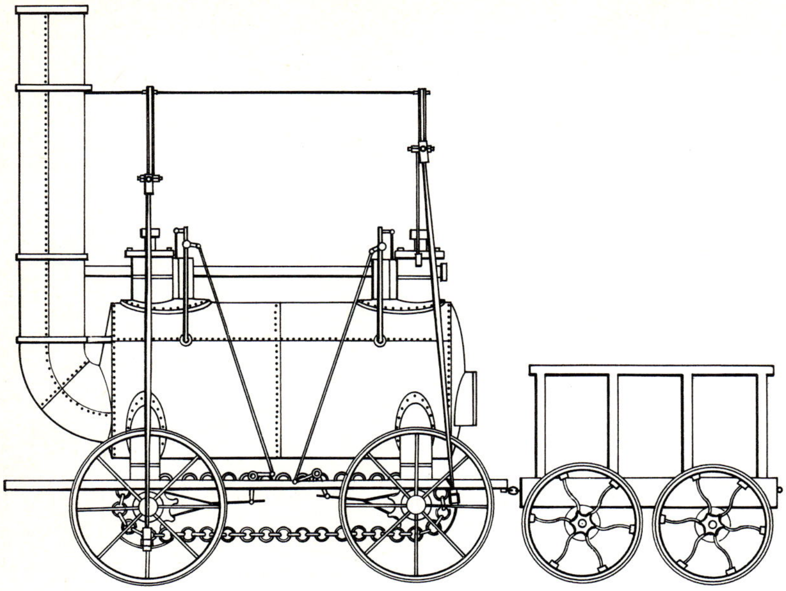

George Stephenson wird allgemein als der Vater der Lokomotive bezeichnet, obwohl es historisch nicht ganz richtig ist. 1813 konnte er die »Puffing Billy« im Betrieb beobachten. Dabei wurde ihm klar, daß die Leistungsfähigkeit der Lokomotiven gesteigert werden mußte. Seine erste Lokomotive baute er daher nach einem neuen Prinzip, das er sich auch patentieren ließ. Die vier Räder wurden nicht mehr über Zahnräder, sondern direkt von den Pleuelstangen der Zylinder angetrieben. Zur Überwindung des Totpunktes waren die Achsen zudem mit einer Kette verbunden. Außerdem hatte dieses Fahrzeug aus dem Jahre 1816 erstmals ein Regelventil für den Dampfeinlaß in die Zylinder.

Lancashire Witch. 1828 baute Stephenson für die Bolton & Leigh Railway eine Lokomotive, die eine neue Variante in den Lokomotivbau brachte. Zum erstenmal brachte man die Zylinder nicht mehr senkrecht, sondern schräg an den Kessel an. Die Kolben trieben nun nur noch die vordere Achse an. Dank dieser Anordnung konnte jede Achse einzeln abgefedert werden. Der Kessel bestand aus einer großen Feuerung mit seitlichen Heizrohren, um die Heizfläche zu vergrößern; dadurch wurde die Dampferzeugung verbessert. Das Einströmen des Dampfes in die Zylinder war bei dieser Maschine zum erstenmal durch den Lokomotivführer regulierbar.

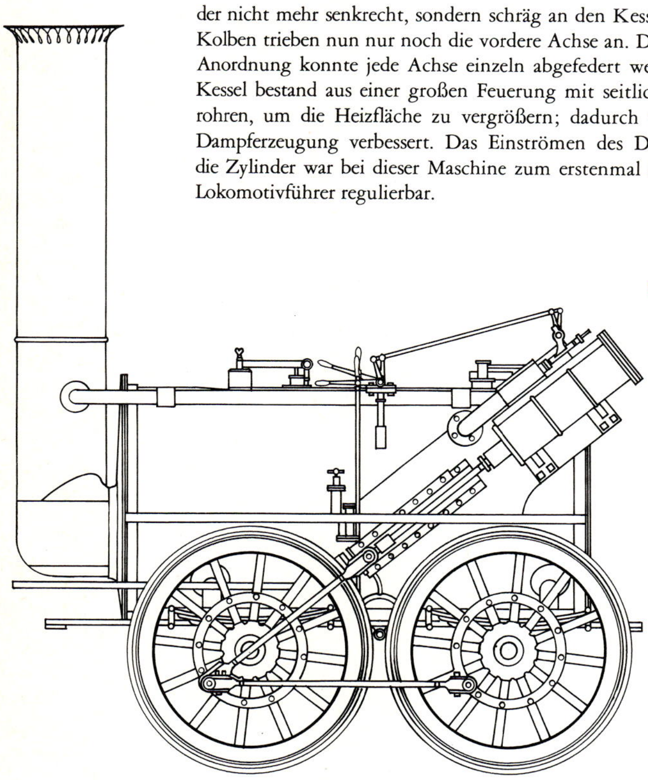

Royal George. Hackworth, der einige Jahre Mitarbeiter von Stephenson war, ist die Idee zu verdanken, Achsen mit Stangen zu koppeln, um das Reibungsgewicht der Lokomotive zu erhöhen. Seine »Royal George« entstand 1827. Neu waren an ihr die beiden Zylinder, die, außen am Kessel angeordnet, mit ihren Kolben die hintere Achse senkrecht antrieben. Diese war mit den beiden anderen Achsen über Kuppelstangen verbunden. Hackworth wird ebenfalls die Erfindung zugeschrieben, den Abdampf der Zylinder in ein konzentrisches Rohr im Kamin zu leiten, um damit den Zug im Kessel zu verbessern. Diese Lokomotive war die leistungsfähigste ihrer Zeit, und sie vermochte bis zu 130 t mit der damals erlaubten Höchstgeschwindigkeit von 8 km/h zu ziehen.

Novelty. Die Maschine erregte großes Aufsehen, als sie beim Wettbewerb in Rainhill im Oktober 1829 vorgestellt wurde. John Ericsson, 1803 in Schweden geboren, ware einer der genialsten Ingenieure des letzten Jahrhunderts. Seine »Novelty« war eine leichte und einfach gebaute Lokomotive, im Gegensatz zu den damals üblichen schweren und massiven Konstruktionen. Der Kessel, in liegender T-Anordnung, war in seinem horizontalen Teil von einer langen Rohrschlange für die Rauchgase durchzogen, während im vertikalen Teil, am hinteren Ende des Fahrzeugs, die Feuerung angeordnet war, die von oben beschickt wurde. Die beiden senkrechten Zylinder trieben die hintere Achse über ein kompliziertes Gestänge an, das sich jedoch während der Probefahrten für den Wettbewerb als zu schwach erwies. Die »Novelty« kann mit Recht als erste Tenderlokomotive der Welt bezeichnet werden, weil auf ihrem Fahrgestell sowohl der Wasserbehälter als auch der Behälter für den Brennstoff untergebracht war. Die »Novelty« erreichte von allen Teilnehmern an der Wettfahrt von Rainhill die höchste Geschwindigkeit, mußte aber wegen Kesselschadens das Rennen abbrechen.

Agenoria. Diese Lokomotive wurde im Jahre 1829 von Foster Rastrick & Co für die Shutt End Colliery Railway erbaut. Es handelte sich um eine typisch englische Bergwerksmaschine in gewohnter Bauweise (äußere senkrechte Zylinder und die Achsen mit Kuppelstangen verbunden; sie war eine ziemlich schwere Konstruktion, mit der nur niedrige Geschwindigkeiten erreicht wurden). Im gleichen Jahr wurde eine ähnliche Lokomotive in die Vereinigten Staaten geliefert, wo sie unter dem Namen »Stourbridge Lion« mit enttäuschenden Ergebnissen einer Reihe von Vergleichstests unterzogen wurde. Sie wurde daher bald darauf abgestellt und als Alteisen verkauft.

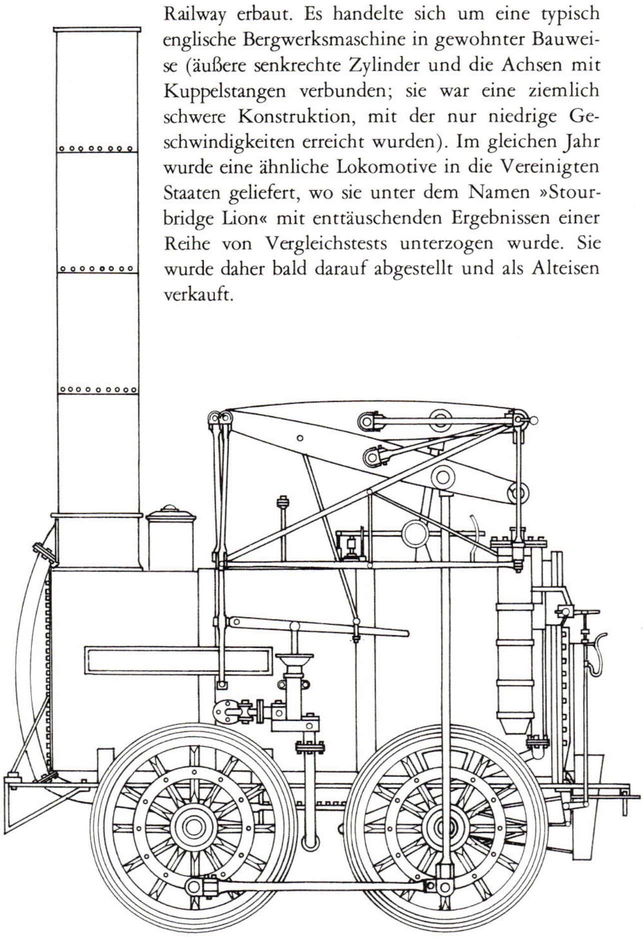

Perseverance. Sie wurde von einem gewissen Burstal von Leigh für die Wettfahrt von Rainhill im Jahre 1829 gebaut, und sie hatte sehr viel Ähnlichkeit mit einer gewöhnlichen Pferdekutsche. Am Wettbewerb konnte sie jedoch nicht teilnehmen, da sie zwei Tage vorher bei einem Unfall beschädigt wurde.

Sans Pareil. Hackworth erbaute diese zweiachsige Lokomotive. Der Kessel hatte im Inneren ein gekrümmtes Heizrohr, das aus dem hinteren Ende herausragte; die Zylinder waren senkrecht außen am Kessel angeordnet und trieben direkt die hintere Achse an. Die Räder waren aus Holz und Eisen gebaut, und die Achsen mußten wegen der senkrecht arbeitenden Kolben unabgefedert im Fahrgestell angebracht werden. Die »Sans Pareil« hatte für die Wettfahrt von Rainhill ein Übergewicht von 280 kg, wurde aber trotzdem zugelassen. In der achten Runde mußte sie jedoch wegen eines Speisewasserpumpendefekts aufgeben.

Rocket. Diese Maschine wurde 1829 von George Stephenson und seinem Sohn Robert gebaut und ist heute die berühmteste Lokomotive der Welt. Sie verkörpert den Übergang von der Pionierzeit des Dampflokomotivbaus zur höherentwickelten vorindustriellen Konstruktionsphase. Die »Roccket«, direkt für den Wettbewerb von Rainhill entworfen, war eine Weiterentwicklung der »Lancashire Witch«. Sie besaß einen verbesserten Kessel mit 25 Heizrohren und eine Feuerung, die durch einen Rost am hinteren Ende des Kessels von diesem getrennt war. Der Abdampf der Zylinder wurde durch den Kamin geleitet; das hatte besseren Zug in den Heizrohren und somit auch bessere Wirkung der Feuerung zur Folge. Stephenson entschied sich für den Antrieb von nur einer Treibachse, die durch die Kolben der beiden seitlich am Kessel mit einer 35°-Neigung angeordneten Zylinder in Bewegung gesetzt wurde. Das Leergewicht der Maschine betrug 3574 kg. Beim Wettbewerb von Rainhill am 6. Oktober 1829 erregte diese Lokomotive großes Aufsehen und zeigte für jene Zeit beachtenswerte Leistungen: Sie erreichte die Höchstgeschwindigkeit von über 56 km/h bei einer Anhängelast von 12,9 t.

Dampfwagen. Die Konstruktion des Berliner »Dampfwagen« aus dem Jahre 1816 ist eine Abwandlung der Lokomotive von John Blenkinsop, von der das gesamte Fahrwerk einschließlich des Zahnradantriebs übernommen wurde.

Die erste Eisenbahnlinie Frankreichs wurde am 1. Oktober 1828 eingeweiht und hatte die Länge von 17 km; sie führte von Saint Etienne nach Andrézieux. Auf ihr kamen zwei im Vorjahr von Robert Stephenson erbaute Lokomotiven zum Einsatz, die grundsätzlich der Bauart der damaligen Zeit entsprachen: außen am Kessel angebrachte, senkrecht stehende Zylinder (zwischen den beiden gekuppelten Achsen), Ausgleichshebel Typ Watt zur Bewegungsübertragung auf die Räder und unabgefederte Achsen. Infolge ungenügender Dampfenwicklung – nur 300 kg/h – erkannte man bald die begrenzte Einsatzfähigkeit dieser Lokomotive; so kam es, daß sie in einem Bericht des Jahres 1830 bereits für dienstuntauglich erklärt wurde.

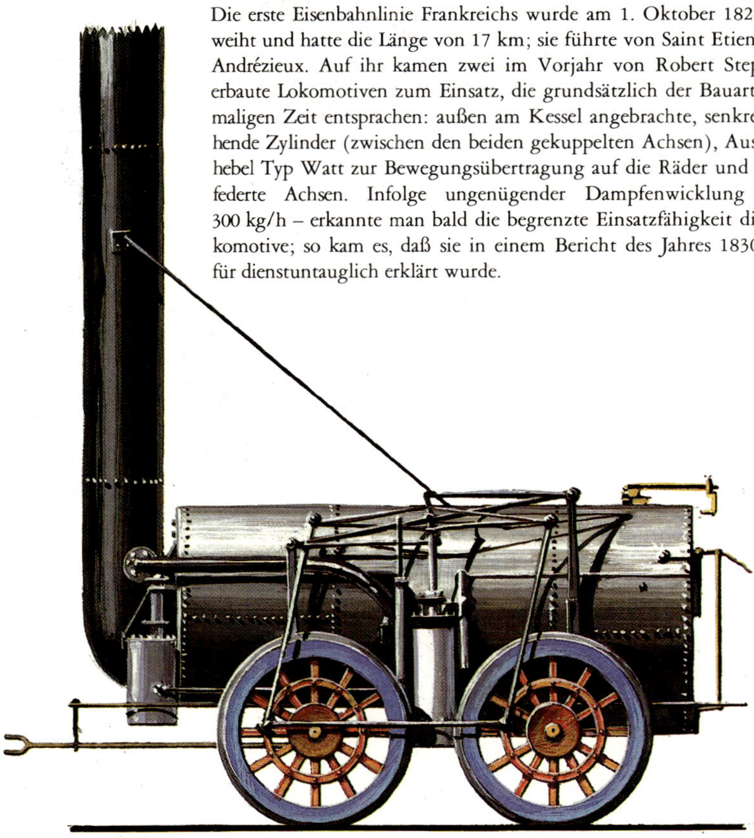

Marc Seguin, der in England bei Stephenson die ersten beiden Lokomotiven für die Linie Saint Etiennne–Andrézieux erworben hatte und der daher die geringe Dampferzeugung dieser Maschinen kannte, entwarf daraufhin einen neuen Dampfkessel. Dieser Kessel verfügte über 43 von Rauchgasen durchzogene Heizrohre, die in einem unter dem Heizkessel angebrachten zylindrischen Raum lagen; dadurch konnte die Heizfläche stark vergrößert werden. An den Kessel waren außerdem die Heizfläche stark vergrößert werden. An den Kesseln waren außdérdem zwei gußeiserne Behälter angebaut, in denen das Wasser vorgewärmt wurde. Mit diesem Kessel konnte die Dampferzeugung auf den für jene Zeit beachtlichen Wert von 1200 kg/h gesteigert werden. Seguin stellte auch die Behauptung auf, daß eine an der Feuerung angebrachte Blasvorrichtung besseren Zug im Kessel bewirken würde; diese Theorie setzte er in die Praxis um, indem er auf dem Tender zwei große Ventilatoren anbrachte, die über Treibriemen angetrieben wurden und durch flexible Kanäle Preßluft in den Rost einleiteten. Am 7. November 1829 gelang es dieser Lokomotive jedoch, auf einer Steigungsstrecke einen Zug von 19 t mit einer Geschwindigkeit von nicht einmal 4 km/h zu ziehen. Zu dieser bescheidenen Leistung kamen später noch häufige Ausfälle durch mechanische Schäden.

Jenseits des Ozeans

Zu Anfang des 19. Jahrhunderts glich Amerika einem schlafenden Riesen. Es gab viele unberührte Gebiete, und die wenigen kleinen Siedlungen waren über einen breiten Streifen entlang der Atlantikküste verstreut. 1806 hatte der Kongreß einem Dekret zugestimmt, das den Bau einer »National Road« vorsah, einer breiten gepflasterten Straße, die schnelle Postkutschen-Verbindungen zwischen den wichtigsten Zentren des Landes ermöglichen sollte. Dies war dringend notwendig; immerhin brauchte man damals für eine Fahrt von New York nach Boston über 40 Stunden. Der Güterverkehr in jener Zeit wurde mit bunten Planwagen abgewickelt, die manchmal von sechs Pferden gezogen wurden.

Im Gegensatz zu England, wo die herrschende Klasse nicht zu Unrecht befürchtete, daß die Eisenbahn soziale Spannungen und grundlegende Veränderungen der Lebensgewohnheiten verursachen würde, gab es in den Vereinigten Staaten weit weniger Voreingenommenheit gegenüber der Dampflokomotive, was natürlich auf die geringeren sozialen Unterschiede zurückzuführen ist. Der Drang nach Westen – über die Allegheny-Berge hinaus – und Eroberergeist überhaupt waren jedenfalls in allen Schichten vorhanden.

Die erste betriebsfähige Lokomotive der Neuen Welt wurde, nach mehreren Fehlschlägen, im Oktober 1824 von Oberst John Stevens, der als Vater der amerikanischen Eisenbahn gilt, in Hoboken, New Jersey, im eigenen Grundstück auf einem Rundkurs eingesetzt. Die Lokomotive hatte einen senkrechten Kessel und eine Zahnrad-Kraftübertragung. Wenngleich dieses Gefährt nie außerhalb des Erprobungskurses zum Einsatz kam, erweckte es doch so großes Interesse, daß die Zeit für eine amerikanische Eisenbahn reif wurde.

Einen besonderen Beitrag zur Verwirklichung dieses Ziels leistete Horatio Allen, der in England bei Foster & Rastrick eine Lokomotive kaufte und sie am 9. August 1829 in Honesdale in Pennsylvania auf ein Gleis setzte. Allen fuhr mit dieser Lokomotive, die den Namen »Stourbridge Lion« bekam, über eine 5 Kilometer lange Strecke, die über eine Brücke führte und auch eine Kurve mit einem Radius von 102 m enthielt. Obwohl die Fahrt der »Stourbridge Lion« von Erfolg gekrönt war, mußte

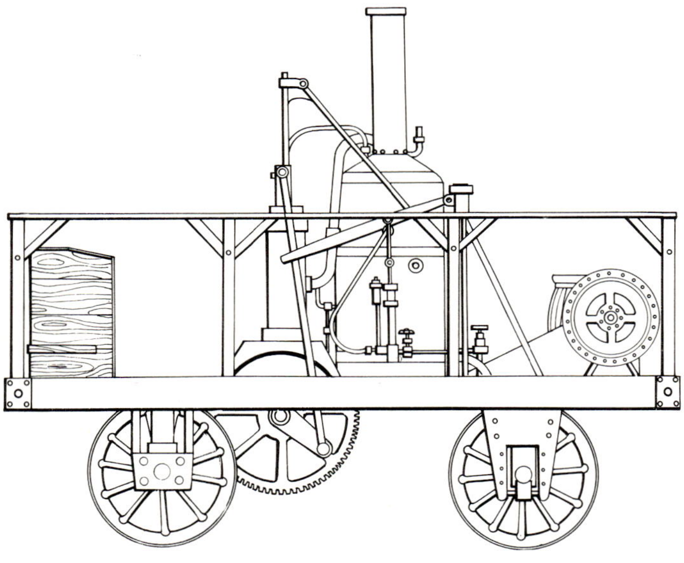

Tom Thumb. Im Februar des Jahres 1827 wurde der Baltimore & Ohio-Gesellschaft der Betrieb einer ersten Bahnlinie mit leichten von Pferden gezogenen Wagen gestattet. Um die Besitzer dieser Gesellschaft zum Einsatz einer Dampflokomotive auf jener Strecke zu bewegen, ließ Peter Cooper auf eigene Kosten eine seltsame Maschine mit senkrecht stehendem Kessel und zwei ebenfalls senkrechten Zylindern bauen, die über Pleuelstangen und Zahnradübersetzungen die kleinen Räder antrieben. Dies war jedoch noch keine richtige Lokomotive, sondern mehr ein beweglicher Wagen, der etwa eine Tonne wog und nur wenig mehr leisten konnte als ein Pferd. So bekam diese Maschine auch den Beinamen »Däumling«. Sie war die erste Dampfmaschine in den Vereinigten Staaten, an die ein mit Personen besetzter Wagen angehängt werden konnte.

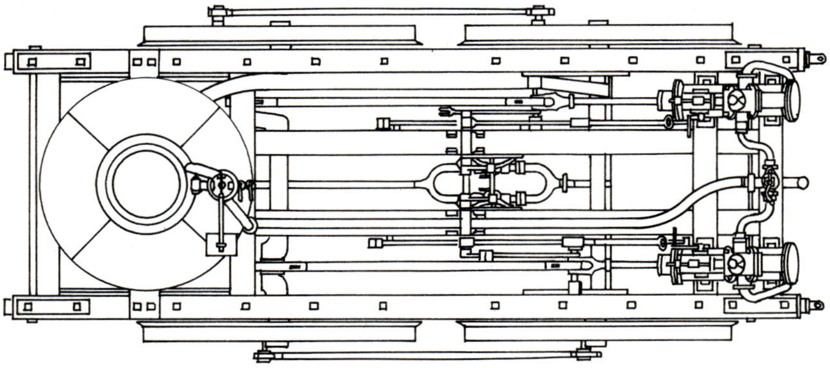

The Best Friend of Charleston war die erste Lokomotive in Amerika, die nicht nur zu Versuchszwecken verwendet wurde. Sie war 1830 von der West Point Foundry nach einem Entwurf von Horatio Allen gebaut worden und eröffnete am Weihnachtstage 1830 die erste Gütereisenbahn, die South Carolina & Hamburg Railroad. Die Maschine zog bei dieser Fahrt mehrere Wagen mit geladenen Gästen mit einer Geschwindigkeit von über 30 km/h. Das Fahrzeug hatte eine sehr ausgefallene Konstruktion; der senkrechte Kessel saß auf dem vorne überhängenden Fahrgestell, und am hinteren Ende trieben zwei schräg eingebaute Zylinder die gekröpfte Treibachse an. Die beiden Achsen waren mit Kuppelstangen untereinander verbunden. Am 17. Juni 1831 explodierte der Kessel der »Best Friend«; dabei wurde der Heizer, ein Neger, getötet. Er hatte das Sicherheitsventil blockiert, da ihn das ständige Zischen des entweichenden Dampfes gestört hatte.

West Point. Bereits vor dem oben erwähnten Unfall der »Best Friend of Charleston« kam diese Lokomotive auf der South-Carolina-Strecke zum Einsatz. Erbaut durch die West Point Foundry nach einem Entwurf von E. L. Miller, war sie die erste amerikanische Lokomotive mit liegendem Kessel. Die gekuppelten Achsen und auch die beiden schräggestellten Zylinder wurden im wesentlichen von der »Best Friend« übernommen. Am 5. März 1831 zog die »West Point« zum erstenmal einen Zug aus 4 Wagen, der mit 117 Personen besetzt war, und erreichte dabei eine Höchstgeschwindigkeit von über 27 km/h. Zwischen der Lokomotive und dem ersten Personenwagen wurde ein mit Baumwollballen beladener Schutzwagen eingereiht.

die Lokomotive wegen ihres hohen Gewichts in das Kohlenlager der Flußschiffahrtsgesellschaft Delaware & Hudson verbannt werden.

Inzwischen hatte sich das Eisenbahnfieber über das ganze Land verbreitet, und so häuften sich in jenen Jahren die Anträge auf Genehmigung zum Bau von Eisenbahnlinien. Am 4. Juli 1828 begann die Baltimore & Ohio mit dem Bau ihrer ersten Strecke; bald darauf begann auch die Philadelphia & Columbia und später noch zahlreiche andere Gesellschaften. Peter Cooper aus New York baute die erste amerikanische Dampflokomotive, die »Tom Thumb« (Däumling), die eher einem Wagen als einer Lokomotive glich. Die Heizrohre des senkrechten Kessels waren ursprünglich Kanonenrohre, und die Zylinder stammten von einer kleinen ortsfesten Anlage. Im August 1830 fand auf den Gleisen von Baltimore nach Ellicott's Mills ein Wettrennen zwischen dieser Lokomotive und einem Pferd statt, bei dem die »Tom Thumb« wegen eines Schadens in der Dampfzuleitung das Nachsehen hatte.

Auf die Bemühungen von Horatio Allen war es

auch zurückzuführen, daß die Stadt Charleston eine Eisenbahnlinie ins Landesinnere baute, um den Transport von Baumwollballen zu ermöglichen. Auf dieser Strecke kam die Lokomotive »The Best Friend of Charleston« zum Einsatz. Die »Best Friend« war einmalig: 1830 von der West Point Foundry gebaut, hatte sie einen am vorderen Ende überhängend angeordneten senkrechten Kessel. Am entgegengesetzten Ende des Fahrgestells lagen zwei schräge Zylinder, die die vordere Achse antrieben. Beide Achsen waren dann über Kuppelstangen miteinander verbunden. Am Weihnachtstag

De Witt Clinton. Die West Point Foundry, die bereits genügend Erfahrung im Bau von Lokomotiven gesammelt hatte, übergab 1831 der Eisenbahngesellschaft Mohawk & Hudson die »De Witt Clinton«, die als erste im Staate New York eingesetzte Dampflokomotive bekannt ist. Sie wurde von John B. Jarvis entworfen, der sich auf das Konstruktionsschema der beiden vorangegangenen Lokomotiven stützte. Der Dampfkessel hatte jedoch einen großen genieteten Blechdom, und die Tenderplattform war nichts anderes als ein Wassertank. Am 9. August 1831 zog diese Maschine den ersten Zug über die 22,5 km lange Strecke von Albany nach Schenectady in der Zeit von 46 Minuten.

York. Die Maschine wurde von Phineas Davis entworfen und besaß einen großen senkrechten Kessel, der zwei senkrechte Zylinder speiste. Die Kolbenbewegung wurde durch zwei große Pleuelstangen mit Versteifungen in doppelter Dreiecksform auf die Räder übertragen. Die »York« wurde im Juli 1831 als erste Lokomotive für die Strecke Baltimore–Ellicott's Mills dem Betrieb übergeben.

James the First. Diese Lokomotive wurde von William James aus New York entworfen und nahm 1831 am Wettbewerb der Baltimore & Ohio-Gesellschaft teil. Der kegelförmige Stehkessel speiste zwei senkrechte Zylinder, die eine Blindwelle antrieben, die ihrerseits über dreieckige Kuppelstangen mit den Achsen gekoppelt war. Unsere Abbildung zeigt diese Lokomotive nach einem Umbau: Die Zylinder wurden dabei mit einer Neigung von 30° zur Waagerechten an das hintere Ende des Fahrgestells versetzt. Außerdem wurde jetzt nur noch eine Achse über eine Zahnradübersetzung angetrieben.

John Bull. Robert Stevens, Beauftragter der Gesellschaft Camden & Amboy, kaufte in England eine Lokomotive des Samson-Typs für die neue Strecke von Camden nach Bordentown. Nach einer Reihe von Umbauten wurde die Maschine 1831 zerlegt, in die Vereinigten Staaten transportiert und dort wieder zusammengebaut. Sie bekam den Namen »John Bull« und hatte den Kessel, den Antrieb und die Räder einer Stephenson-Lokomotive, aber die typische Feuerung einer Bury-Maschine mit einer kugelförmigen Kuppel. Um die Kurvenfahrt zu erleichtern, wurden die Kuppelstangen entfernt; außerdem wurde eine vordere Laufachse angebaut, die über eine Hilfskonstruktion aus Holz mit dem Fahrgestell verbunden war. An diese Hilfskonstruktion war auch zum erstenmal ein Keil angebaut worden, der die Aufgbe hatte, Tiere von den Schienen zu räumen. Die »John Bull« wurde am 12. November 1831 in Betrieb genommen und war bis zum Jahre 1866 im Einsatz.

South Carolina. Diese Lokomotive wurde von Horatio Allan entworfen und 1832 durch die West Point Foundry erbaut. Sie hatte eine große in der Mitte angeordnete Feuerung, die an beiden Seiten je einen zylindrischen Dampfkessel speiste. Jeder der Kessel saß auf einem Holzrahmen, der sich um eine senkrechte Achse drehen konnte. Daran befanden sich je eine führende Laufachse und eine nachlaufende Treibachse. Die beiden Treibachsen wurden durch einen einzigen Zylinger angetrieben.

1830 zog die »Best Friend« – auch als die »Rocket« Amerikas bezeichnet – einen Personenzug mit über 40 Personen mit einer Geschwindigkeit von 32 km/h. Am 15. Januar 1831 nahm sie dann den Liniendienst auf und ging als erste reguläre Eisenbahn Amerikas in die Geschichte ein.
Ähnlich wie die Liverpool-Manchester-Bahn veranstaltete auch die Baltimore & Ohio im Januar 1831 einen Wettbewerb für eine Lokomotive, die genaue technische Daten erfüllen mußte (Betriebsgewicht,

Experiment. John Jarvis entwarf diese Maschine 1831 und ließ sie durch die West Point Foundry im Auftrag der Mohawk & Hudson-Gesellschaft bauen. Die Lokomotive hatte zum erstenmal ein zweiachsiges Laufgestell, das drehbar im Rahmen gelagert war und das sich besonders für kurvenreiche Strecken mit schlechtem Oberbau eignete. Die »Experiment«, mit dem Beinamen »Bruder Jonathan«, besaß fast denselben Kessel und die gleiche Feuerung wie die »Planet« von Stephenson. Die Treibachse lag aber hinter der Feuerung, und die Zylinder waren nicht mehr am Unterteil der Rauchkammer befestigt, sondern an den Außenholmen des Rahmens. Die dadurch erzielten Ergebnisse waren hervorragend; jedoch mußte die Feuerung bald ersetzt werden, da sie nicht für einen Brennstoff wie Anthrazit geeignet war. Die »Experiment« erreicht die Höchstgeschwindigkeit von 1 Meile/Minute, das entspricht 96,5 km/h.

Monster. Robert Stevens und Isaac Dripps entwarfen eine waghalsige und äußerst komplizierte Konstruktion, welche die Nutzung eines billigen Brennstoffs, das sogenannte Anthrazit-Pulver, ermöglichen sollte. Sie bauten vermutlich 1834 – das Datum kann nicht mehr mit Sicherheit bestimmt werden – eine vierachsige Lokomotive, jedoch ohne den herkömmlichen Rahmen. Der Kessel selbst diente als zylindertragendes Bauteil. Die Kraftübertragung auf die beiden hinteren Achsen geschah über ein Gestänge, die beiden vorderen, ebenfalls gekuppelten Achsen wurden über ein Zahnradgetriebe mit angetrieben; dies sollte die Fahrt in Kurven mit engen Radien erleichtern. Die Feuerung befand sich im Inneren des großen zylinderförmigen Kessels; dadurch wurde jedoch die Dampfentwicklung erheblich behindert.

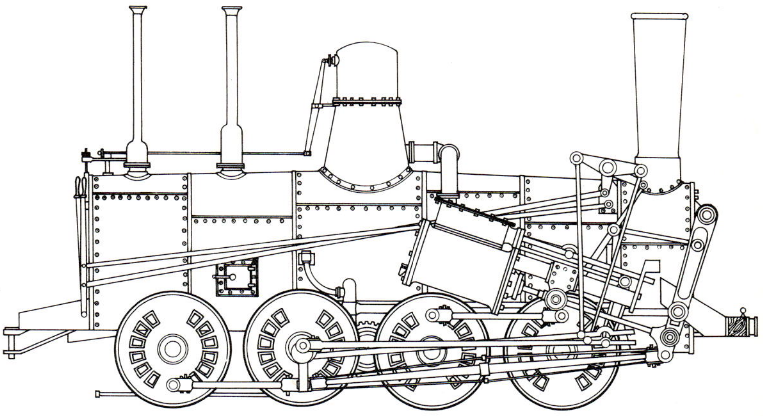

Gewicht des Brennstoffs, Geschwindigkeit, Sicherheitsauflagen etc.) und 30 Tage ohne große Störungen eingesetzt werden konnte. Der erste Preis waren 4 000 Dollar, der zweite 3 000 Dollar. Gewonnen hat diesen Wettbewerb Phineas Davis, ein Uhrmacher aus Philadelphia, mit seiner »York«. Er entwarf daraufhin die »Grasshopper«-Lokomotiven.

Die Entwicklungsgeschichte der amerikanischen Eisenbahn wäre unvollständig ohne die Erwähnung von Matthias Baldwin, dem genialen Erbauer einer ganzen Lokomotivgeneration (Man schätzt, daß rund 59 000 Lokomotiven unter seinem Namen gebaut wurden). Durch seine ständige Suche nach neuen Lösungen für eine wirtschaftliche Konstruktion, die einfach im Unterhalt, sicher und vielseitig sein sollte, gab er wertvolle Anregungen auch für den Lokomotivbau in Europa.

Atlantic. Aufgrund der guten Erfahrungen mit der »York« entwarf Phineas Davis eine Maschine mit stehendem Kessel von großem Durchmesser, in dem nicht weniger als 400 Heizrohre eingebaut waren. Der Zug im Kessel wurde durch einen Ventilator verbessert, der durch den Abdampf der beiden senkrechten Zylinder angetrieben wurde. Diese Lösung ersetzte man später durch eine Abdampfführung durch den Kamin. Die »Atlantic« trat ihren Dienst als Personenzuglokomotive im Sommer 1832 auf der Strecke von Baltimore nach Parr's Bridge an und erhielt alsbald den Beinamen »Grasshopper«. Der vordere Teil der Lokomotive war so schwer, daß ihre Fahrt von ständigem Stampfen begleitet wurde und sie dadurch Gefahr lief, bei einer Entgleisung umzustürzen; trotzdem wurde sie erst 1892 aus dem Betrieb gezogen.

Mazeppa. Um die schlechten Laufeigenschaften der »Atlantic« zu verbessern, baute Ross Winans, Davis' Assistent bei der Baltimore & Ohio-Gesellschaft, die Zylinder in waagerechter Lage an der Außenseite des Rahmens an. Das letzte Exemplar der Grasshopper-Serie bekam den Beinamen »Mazeppa« – nach einem Gedicht von Byron – und wurde 1837 dem Dienst übergeben. Da sie auf der Fahrt rückwärts zu laufen schien, wurde sie auch »Crab« (Krebs) genannt.

Buffalo. Diese Maschine war eine Weiterentwicklung des Grasshopper-Typs und gleichzeitig die letzte Lokomotive, die einen stehenden Kessel hatte. Ross Winans ließ 1842 einige Fahrzeuge des »Crab«-Typs bauen, jedoch mit vier anstatt nur mit zwei Achsen. Der Kessel war in der Mitte des Rahmens zwischen der zweiten und dritten Treibachse versenkt angeordnet; dadurch konnte der Schwerpunkt der ganzen Maschine gesenkt und auch ihre Bauhöhe verringert werden. Die »Buffalo« war die erste Maschine der Welt mit vier gekuppelten Achsen. Ihre effektive Leistung war jedoch enttäuschend, so daß sie bereits 1850 ausgemustert wurde.

Campbell. Der Eisenbahnkonstrukteur Henry R. Campbell entwickelte 1836 eine Lokomotive ähnlich der »Experiment« von John Jarvis. Er verwendete wieder das zweiachsige vordere Laufgestell, entschied sich aber dann für zwei gekuppelte Treibachsen. Die erste Maschine mit der Achsfolge 2′B ließ er 1837 von James Brooks in Philadelphia bauen und übergab sie am 8. Mai desselben Jahres der Philadelphia, Germanstown & Norriston Co. Eine Besonderheit war die Aufhängung des Laufgestells: Sie war für die beiden Laufachsen nicht getrennt, sondern hatte eine gemeinsame Federung auf beiden Seiten des Rahmens. Außerdem hatten die Räder der vorderen Treibachse, die den Durchmesser von 1,73 m aufwiesen, keinen Spurkranz.

Die Entwicklung des Drehgestells

Da es am Anfang von Kurven häufig zu Entgleisungen kam, erkannte man bald die Notwendigkeit, die Kurvengängigkeit der Lokomotiven zu verbessern. Zunächst wurde versucht, die erste Achse querverschieblich zu bauen, was allerdings nur ziemlich begrenzt möglich war und zu keinem guten Ergebnis führte. Daher kam man auf die Idee, vor die Lokomotive noch ein Laufgestell zu setzen, das sie in die Kurve lenken sollte. Diese Idee verwirklichte der Ingenieur Dripps an der aus England importierten Lokomotive »John Bull« (s. S. 20), indem er ihr ein hölzernes Fahrgestell vorbaute. 1832 entwickelte man dann ein zweiachsiges Fahrgestell, das zum erstenmal bei der »Experiment« Anwendung fand (s. S. 20).

Die ersten Eisenbahnstrecken in den Vereinigten Staaten hatten primitivere Gleisanlagen als die europäischen Bahnen: Sie waren meist ohne besondere Vorbereitung des Erdbodens in größter Eile verlegt und hatten daher viele Störstellen, so daß die Sicherheit der Zugfahrt und damit auch die der Fahrgäste stark gefährdet waren. Als Folge kam in

William Norris

George Washington. Sie war die erste erfolgreiche Lokomotive von William Norris. Als sie 1834 an die Gesellschaft Philadelphia & Columbia geliefert wurde, unterzog man sie einer Reihe von Bewährungsproben, deren Ergebnisse unglaublich erschienen. Es gelang ihr unter anderem, auf einem Abschnitt der Belmont-Strecke, der bis dahin als Standseilbahn betrieben worden war, einen Zug von 14 t über eine Rampe mit 70‰ Steigung zu befördern. Das Betriebsgewicht der »Washington« belief sich auf 6,8 t, wovon 4,1 t als Reibungsgewicht auf die Treibräder entfielen.

Unter den frühen Dampflokomotivkonstrukteuren in Amerika nimmt William Norris einen bedeutenden Rang ein. Seine Maschinen hatten ein charakteristisches Aussehen sowie eine einfache und robuste Konstruktion; sie waren vielseitig und überall in Amerika anzutreffen. Sie beeinflußten zum großen Teil auch die Eisenbahnkonstruktionen in Europa. Besonders berühmt waren die Norris-Lokomotiven mit der Achsfolge 2′A, die eine Reihe technischer Neuerungen aufwiesen: Innenrahmen aus geschweißten Metallholmen, an der Rauchkammer verankerte Außenzylinder, Feuerung vom Typ Bury und eine Treibachse, die direkt vor der Feuerbüchse angeordnet war, wodurch eine Erhöhung des Reibungsgewichts möglich wurde. Bis gegen Ende 1840 hatte Norris 135 Lokomotiven gebaut, von denen 41 für den Export bestimmt waren.

Lafayette *(oben).* Diese Maschine begann ihren Einsatz im April 1837 bei der Baltimore & Ohio-Gesellschaft und war die erste Lokomotive dieser Gesellschaft mit liegendem Kessel. Sie stellt die typische Norris-Konstruktion dar: nach hinten geneigte Zylinder, große Feuerung mit einer Kuppel, die die Funktion eines Doms übernahm, und ein vorlaufendes Gestell mit zwei Achsen in kurzem Abstand. Der Kesseldruck betrug 4,1 bar, und die Treibräder hatten den Durchmesser von 1,22 m; das Gesamtgewicht belief sich auf 12,5 t, wovon auf das Reibungsgewicht 5,8 t entfielen.

Virginia. William Norris erkannte sehr bald, daß der unvergleichliche Erfolg seiner Lokomotiven mit der Achsfolge 2′A nur von kurzer Dauer sein würde, wenn er sich nicht mit dem Entwurf einer größeren und kräftigeren Maschine mit zwei gekuppelten Treibachsen befassen würde. Seine ersten Maschinen mit der Achsfolge 2′B wurden 1839 gebaut; von besonderer Bedeutung war die »Virginia« (1842 erbaut), da sie eine Besonderheit aufwies: die Querverschieblichkeit der beiden gekuppelten Achsen.

Hercules. Nach den Erfolgen, die die Campbell-Maschinen gebracht hatten, war man überzeugt, daß die Variante mit der Achsfolge 2'B die beste technische Entwicklung für die damalige Zeit bedeute. Joseph Harrison jun., der Leiter der Lokomotivfabrik Garret & Eastwick, ließ sich mehrere Konstruktionen, die eine bessere Gewichtsverteilung erlaubten, patentieren und wandte eine davon an der 1837 im Auftrag der Beaver-Meadow-Gesellschaft gebauten »Hercules« an. Das hintere Gestell mit den beiden gekuppelten Achsen war an einem gußeisernen Ausleger befestigt und somit gegenüber dem Rahmen des Fahrzeugs beweglich, und das vordere Laufgestell besaß eine in der Mitte verankerte Federung. Das Fahrzeug ruhte dadurch auf drei Punkten im Fahrgestell, was eine optimale Gewichtsverteilung zur Folge hatte.

Amerika früher als in anderen Ländern das vorlaufende Drehgestell zur Anwendung. Einer der Erfinder dieser Konstruktion, die später auch in Europa eingeführt wurde, war William Norris.
Im Jahre 1831 bekam die amerikanische Lokomotive noch ein ganz andersartiges Kennzeichen: eine große Glocke auf dem Kessel. Zum erstenmal baute sie Isaac Dripps auf den Kessel der »John Bull«, und Baldwin übernahm dieses Signalgerät für seine zweite Lokomotive, die «E. L. Miller«. Von Dripps stammte auch die erste Petroleum-Lokomotivlaterne. Horatio Allen hatte zuvor bei Nachtfahrten einen Güterwagen vor seine Lokomotive gesetzt, auf dem ein offenes Feuer brannte.
Ein besonderes Problem waren die Funken und

→ S. 27

Gowan & Marx *(oben).* Diese Maschine war eine Weiterentwicklung der »Hercules«. Im Vergleich zu dieser konnte ein viel größer dimensionierter Rost eingebaut werden, da der Kessel höher lag; er war nicht mehr zwischen den Holmen des Fahrgestells eingeklemmt, sondern kam auf diesen zu liegen. Die Philadelphia & Reading-Gesellschaft, an die Eastwick & Harrison die Lokomotive 1839 abgeliefert hatten, setzte sie im Güterverkehr ein. Da jene Strecke keine besonderen Hindernisse aufwies, gelang es 1840 der »Gowan & Marx«, 101 Wagen mit dem Gesamtgewicht von 423 t zu ziehen. Die Lokomotive blieb 20 Jahre im Einsatz, und ihre Leistungen machten sie sogar in Europa berühmt, so daß ihre Erbauer Aufträge für ähnliche Maschinen sogar aus Rußland erhielten, die für die Strecke von Petersburg nach Moskau vorgesehen waren. Der etwas seltsame Name stammt weder vom Erfinder noch vom Erbauer, sondern von einer Bankgesellschaft mit Sitz in London.

Central of Georgia *(unten).* Auf Wunsch dieser Gesellschaft konstruierte Matthias W. Baldwin, ein weiterer großer Pionier des amerikanischen Lokomotivbaus, 1842 eine Lokomotive mit drei gekuppelten Achsen und einem kurvengängigen Fahrgestell. Die beiden vorderen Achsen waren an einer Art Parallelogramm befestigt, das durch seitlichen Ausschlag die Kurvenfahrt der Lokomotive begünstigte. Dies war ein großer Erfolg. Auch war das die erste Lokomotive, der es gelang, einen Zug von 150 Wagen mit einem Gesamtgewicht von mehr als 1000 t zu befördern – ein absoluter Rekord für jene Zeit. Baldwin baute bis 1855 etwa 120 Lokomotiven dieses Typs.

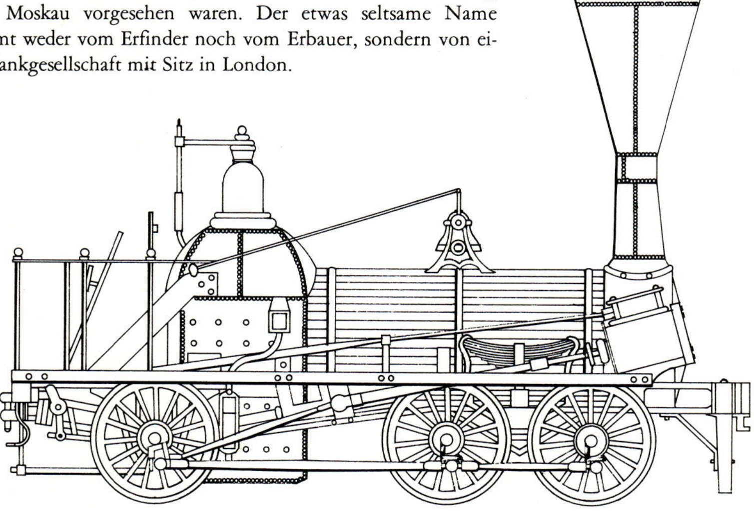

Camden & Amboy *(rechts).* Für diese Gesellschaft konstruierte Baldwin 1846 eine technisch sehr interessante Maschine. Um diese Lokomotive mit der Achsfolge 2'B für den Personenverkehr bauen zu können, hatte Baldwin die Patente von Campbell übernehmen müssen. Der Außenrahmen war vollständig aus Metall, die beiden vorderen Radachsen waren über eine riesige, nach oben gewölbte Blattfeder am Fahrgestell befestigt, und auch der hintere Hauptrahmen war an zwei längsgerichteten Federungen aufgehängt. Die außerordentlich große Feuerung, die zwischen den Treibrädern eingeklemmt war, zeigte wieder ihre Verwandtschaft mit der Bury-Feuerung, die 15 Jahre zuvor entstanden war.

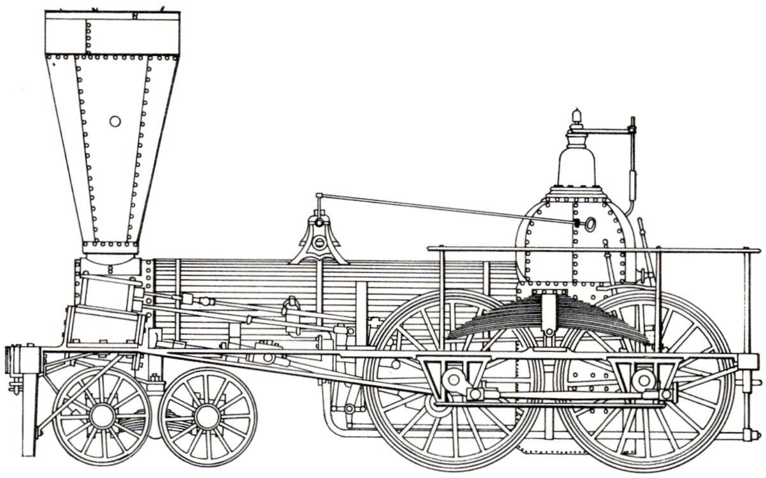

Atlas *(links).* 1842 erhielt Baldwin ein Patent für eine Lokomotive mit vier gekuppelten Achsen. Das Konstruktionsprinzip entsprach den dreiachsigen Maschinen mit einem vorderen Laufgestell. Baldwin lieferte 1846 die »Atlas«, die nach diesem Entwurf gebaut worden war, an die Philadelphia & Reading-Gesellschaft. Sie war eine Maschine mit einem Innenrahmen sowie großen, nach hinten geneigten Außenzylindern, die direkt an der Rauchkammer befestigt waren, und sie wurde mit Holz befeuert. Leider ließ ihre Zugkraft zu wünschen übrig, was vor allem an der schlechten Gewichtsverteilung wegen der hinten überhängenden Feuerung lag. Sie war eine der ersten Lokomotiven mit einem Unterstand für das Lokomotivpersonal.

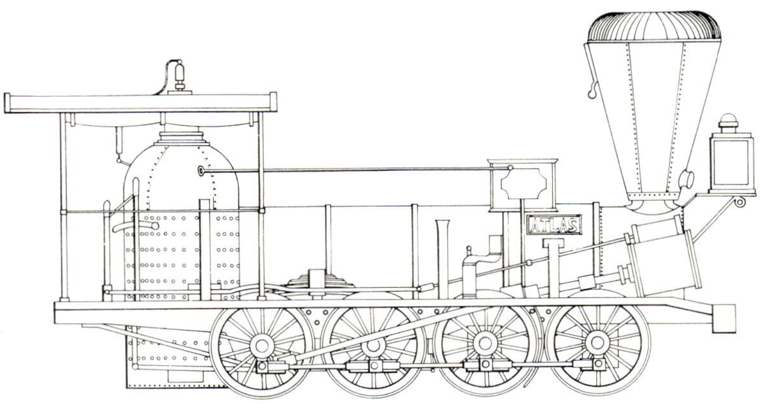

Chesapeake. Für diese Maschine hatte Septimus Norris 1847 einen Auftrag von der Gesellschaft Philadelphia & Reading bekommen. Diese Lokomotive war höchstwahrscheinlich die erste der Welt mit der Achsfolge 2'C, und sie war der Prototyp aller Maschinen, die später unter dem Namen »Ten-wheeler« bekannt geworden sind. Da die gekuppelten Achsen in großem Abstand voneinander angebracht waren, was für lange, kurvenreiche Streckenfahrt von Nachteil war, verzichtete man auf den Spurkranz bei den beiden vorderen Treibachsen. Auf der ersten Probefahrt, am 19. März desselben Jahres, zog die »Chesapeake« mit Leichtigkeit 100 Wagen mit dem Gesamtgewicht von 720 t.

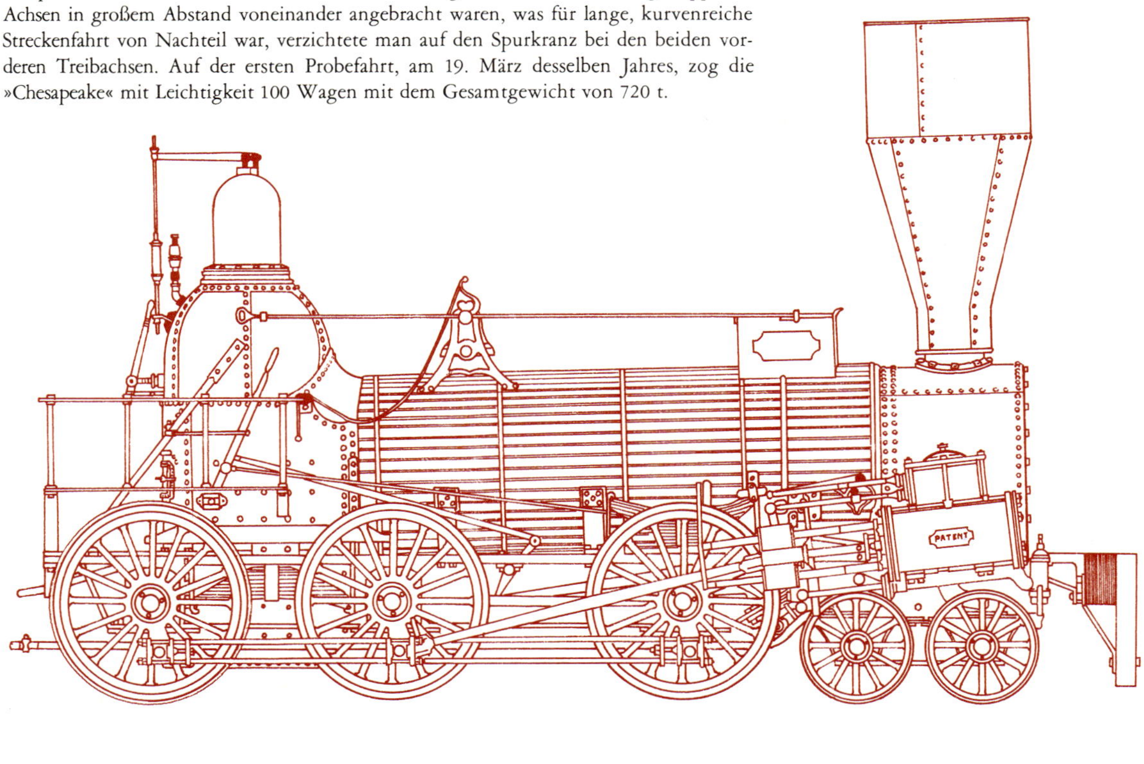

Chicago, Milwaukee, St. Paul & Pacific Railroad · 1848

Milwaukee & Waukesha Railroad · 1848

Der America-Typ

Die legendären Lokomotiven mit der Achsfolge 2'B wurden um 1850 zum Symbol des aktiven, sich rasch nach Westen ausdehnenden Amerika. Das charakteristische Aussehen dieser Maschinen, die die unterschiedlichsten Züge durch endlose Prärien schleppten, ist in Amerikas Tradition und Geschichte eingegangen. Sie war ein universell einsetzbarer Lokomotivtyp und wurde von allen Eisenbahngesellschaften für alle möglichen Zwecke über dreißig Jahre lang eingesetzt; es wurden mehr als 25.000 Exemplare gebaut. Der America-Typ war aber nicht nur in der Neuen Welt berühmt, sondern auch in Europa, wo er mutige Befürworter, aber auch entschiedene Gegner hatte. Unter anderem zeichnete der Typ sich durch eine vielseitige Einsatzmöglichkeit und eine absolute Anpassungsfähigkeit an jeden Oberbau und an jede Streckenführung aus; darüber hinaus war er einfach in der Konstruktion und im Unterhalt. Man kann jedoch nicht mit Sicherheit behaupten, daß die »Campbell« die Vorfahrin dieses America-Typs ist, obwohl sie die erste Lokomotive mit der Achsfolge 2'B war. Auf jeden Fall ist die Geschichte dieser Lokomotiven, die eine große Bedeutung für die Eroberung des Westens hatten, eine faszinierende Verknüpfung aus technischen, sozialen und militärischen Elementen. Es gibt über sie auch zahlreiche interessante Anekdoten.

Die drei Abbildungen auf dieser Seite stellen typische Beispiele jener Dampflokomotivgeneration dar: die »Bob Ellis«, die 1848 von Norris im Auftrag von Chicago, Milwaukee, St. Paul & Pacific Railroad gebaut wurde, war die erste Lokomotive im Staate Wisconsin; die »Fred Merril«, ebenfalls von Norris 1848 im Auftrag der Milwaukee & Waukesha Railroad gebaut, ist der »Bob Ellis« ähnlich; und schließlich die Maschine aus dem gleichen Jahr, die für die Breitspurstrecke (1,83 m) der New York & Erie Railroad von Swinburne erbaut wurde, einem wenig bekannten und bereits 1857 verstorbenen Konstrukteur aus New Jersey. In jenen Jahren entstand das typische Aussehen dieser Lokomotiven, das man im 19. Jahrhundert überall zwischen der Atlantik- und der Pazifikküste kannte.

New York & Erie Railroad · 1848

Camel. Gegen Ende der vierziger Jahre entwarf Ross Winans für die Baltimore & Ohio-Gesellschaft eine leistungsfähige Lokomotive für schwere Kohlenzüge, die die nunmehr überholten zwei- und vierachsigen Maschinen der Bauart »Crab« ersetzen sollte. 1847 begann der Bau dieser Lokomotive mit vier gekuppelten Achsen. Sie hatte einen Kessel mit vielen Heizrohren im Inneren, waagerechte Außenzylinder sowie einen seltsamen Holzaufbau, der ihr den Beinamen »Camel« einbrachte. Über der gesamten Länge des Kessels saß eine Kabine, von der aus der Lokomotivführer eine ausgezeichnete Sicht hatte; der Heizer hingegen stand auf dem Tender, um den Kessel der Lokomotive zu bedienen. Mit Hilfe einer Leiter, die an der Außenseite des Kessels nach oben führte, konnte er das Führerhaus erreichen. Im März 1848 wurde die erste dieser »Kamele« abgeliefert.

Verbrennungsrückstände, die trotz der hohen Kamine auf das Lokomotivpersonal und die Fahrgäste niederregneten. 1833 startete Dripps daher einen Versuch mit einem kegeligen Kamin, dessen Spitze nach unten zeigte, und erreichte damit, daß ein Großteil der Verbrennungsrückstände sich in der Rauchkammer niederschlug. Dank dieses erfolgreichen Experiments entstanden bald überall Lokomotiven, die einen derartigen Schornstein hatten, wobei der Durchmesser am oberen Ende manchmal sogar größer war als der Durchmesser des Kessels. Am oberen Ende des Kamins baute man dann noch zusätzlich ein feinmaschiges Gitter ein, um auch den Funkenflug zu unterbinden.
Noch eine Besonderheit der »John Bull« sollte das Erscheinungsbild der amerikanischen Lokomotive beeinflussen: der Kuhfänger, mit dessen Hilfe vor allem in der Pionierzeit der Eisenbahn die immer wieder Gleise blockierenden Viehherden vertrieben wurden.

Baldwin. Die Maschine wurde 1850 als verbesserte Version der Atlas-Konstruktion gebaut. Die »Baldwin« hatte ebenso wie die »Atlas« die Achsfolge D und verfügte über ein geteiltes Fahrgestell, für das der Konstrukteur acht Jahre zuvor das Patent erhalten hatte. Der Abstand zwischen den beiden Achsenpaaren war jedoch sehr groß, so daß die Kuppelstangen eine ungewöhnliche Länge bekamen. Sie erreichten praktisch das äußerst mögliche Ausmaß, besonders wenn man bedenkt, daß diese Fahrzeuge auf Strecken fahren mußten, die in größter Eile und mit schlechtem Oberbau erstellt worden waren. Baldwin baute etwa 150 Lokomotiven dieses Typs, die auf dem nordamerikanischen Kontinent über viele Jahre im Einsatz waren.

Amoskeag. Diese Schnellzuglokomotive wurde 1851 von der Amoskeag Manufactoring Co. in Manchester, New Hampshire, gebaut. Man beachte, wie die Anordnung der Achsen (Achsfolge 2'B) mit einigen ungewöhnlichen Konstruktionsdetails kombiniert wurde: Fahrgestell mit Außenrahmen, Innenzylinder, Stützen unter der Rauchkammer sowie eine Domkuppel über der Feuerung. Um die Mitte des vergangenen Jahrhunderts wurden auch hölzerne Unterstände für das Maschinenpersonal eingebaut.

Die Anfänge des Serienbaues

Der Wettbewerb von Rainhill im Oktober 1829 hatte in der Öffentlichkeit großes Aufsehen erregt. Man betrachtete ihn neben seiner technischen Bedeutung auch als sportliches Ereignis. Es wird geschätzt, daß bei diesen Wettfahrten mehr als 15.000 Personen an der Strecke waren. Das Ergebnis der Prüfung, der Sieg der »Rocket« von Stephenson, bedeutete gleichzeitig einen Einschnitt im noch jungen Lokomotivbau. Man löste sich von der Experimentierphase und begann den Bau von Lokomotiven zum praktischen Gebrauch.
Robert Stephenson hatte bei der »Rocket« und bei der »Northumbrian«, die ihr folgte, bemerkt, daß aus dem Kamin eine beträchtliche Menge Wasser austrat. Das war auf die Kondensation des Dampfes infolge der starken Abkühlung in den Zylindern während der Fahrt zurückzuführen. Bei seiner nächsten Lokomotive, der »Planet«, die 1830 entstand, änderte er deshalb die Anordnung der Zylinder: er setzte sie waagerecht unter die Rauchkammer. Dies brachte aber wieder einen anderen Nachteil mit sich, nämlich eine gekröpfte Treibachse, was bei dem damaligen Stand der Technologie ganz enorme Schwierigkeiten verursachte. Tatsächlich hatte die Lokomotivbaureihe »Planet« sowie ihre etwas verstärkte Version für Güterzüge, die »Samson«, und auch die sonst recht erfolgreiche Reihe »Patentee« sehr mit dem Problem zu kämpfen. Besonders bei den zweiachsigen Baureihen mit der Achsfolge 1A oder B führte dies zu schweren Unfällen.

Wilberforce. Diese Maschine wurde 1833 von Hackworth entworfen und stellte einen wesentlichen Fortschritt gegenüber der »Royal George« dar, die bereits erfolgreich auf der Strecke von Stockton nach Darlington eingesetzt worden war. Die neue Lokomotive verfügte über Federungen an jeder der drei Achsen, dank der Einführung einer zusätzlichen Pleuelstange, die die Hauptpleuelstange des senkrechten Zylinders mit dem Treibrad verband. Zur Steigerung der Dampfproduktion wurden um das Feuerrohr im Kessel zusätzlich Heizrohre angebracht: eine bereits von Stephenson und Seguin her bekannte Lösung. Die Maschinen von Hackworth waren technisch nicht so weit entwickelt wie die von Stephenson, doch waren sie solide gebaut, einfach im Unterhalt und auch auf schwierigsten Strecken äußerst leistungsfähig. Die Lokomotiven der Serie »Wilberforce« blieben als Zuglokomotiven von Kohlenzügen über Jahrzehnte im Einsatz.

Planet. Die 1830 gebaute Lokomotivkonstruktion ist eine bedeutende Verbesserung gegenüber der »Rocket«, die im Jahr zuvor Aufsehen erregt hatte. Stephenson brachte die Zylinder waagerecht zwischen den beiden Holmen unter der Rauchkammer an, um die Kühlwirkung der Zylinder zu verringern, in denen sich der Dampf leicht niederschlug. Wegen der Anordnung der Zylinder mußte die Treibachse jedoch gekröpft werden. Die »Planet« hatte einen hölzernen Außenrahmen, an dem die Laufachslager befestigt waren, und vier weitere innenliegende Rahmen – ebenfalls aus Holz –, an denen die Treibachse saß und die die Kolbenstöße aushalten mußten. Am 4. Dezember 1830 zog die erste »Planet« einen Güterzug von 80 t von Liverpool nach Manchester über eine Strecke von fast 50 km; sie brauchte dazu 2 Stunden und 50 Minuten. Nur zwei Jahre später wurde dieselbe Strecke von einer anderen Maschine dieses Typs in 68 Minuten zurückgelegt. Der unglaubliche technische Erfolg der »Planet« brachte Stephenson & Co. so viele Aufträge aus dem In- und Ausland ein, daß sie sie gar nicht alle annehmen konnten.

Samson. Die Maschine wurde 1832 von Robert Stephenson im Auftrag der Loire-Eisenbahngesellschaft gebaut, die durch den Zusammenschluß der Bahnen Saint-Etienne–Lyon und Andrézieux–Roanne entstanden war. Die Maschinen der Samson-Klasse wurden zum größten Teil aus der Planet-Serie weiterentwickelt, nur hatte die »Samson« größere Abmessungen. Die Struktur des sandwichförmigen Fahrgestells bestand aus Holzholmen mit einem äußeren und inneren Blechüberzug, und zur Steigerung der Reibungszugkraft wurden die Vorder- und Hinterachse gekuppelt. Sie war die erste Lokomotive, an der die Konstruktionsprinzipien angewandt wurden, die ein Jahrhundert später bei allen Lokomotiven anzutreffen waren. Mit dieser Bauart wurde jedoch die Gewichtsgrenze von 10 t erreicht und damit auch bestimmte Achslasten, die man damals als unüberschreitbar ansah.

Austria. Diese Lokomotive eröffnete 1838 die erste Eisenbahnlinie in Nord-Österreich, die »Kaiser-Ferdinands-Nordbahn« (KFNB). Sie wurde 1837 von Stephenson konstruiert und stammte von den ersten Planet-Lokomotiven ab; sie gehörte zur Reihe Mercury, die im Gegensatz zur »Planet« ein sandwichförmiges Holz-Metall-Fahrgestell wie die »Samson« und die »Patentee« hatten. Die »Austria« zeigte bald die Störungsanfälligkeit, die man von der englischen »Planet« her kannte. So wurde sie durch ein kaiserlich-königliches Dekret, das den Einsatz von zweiachsigen Lokomotiven verbot, außer Betrieb gesetzt. Dieses Dekret war nach einem schweren Unglück in Frankreich erlassen worden, das auf den Achsbruch einer Lokomotive dieses Typs zurückzuführen war. Die Lokomotive wurde 1846 endgültig ausgemustert und 1852 zerlegt.

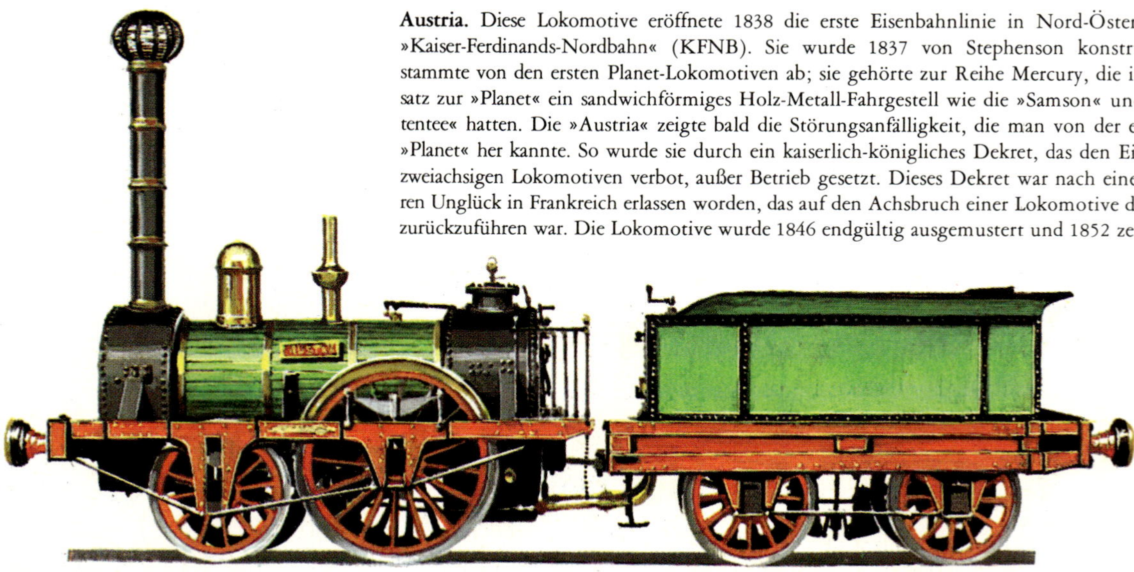

Trotz jener schlechten Eigenschaften war die »Planet« die erste Maschine, die nach dem Konstruktionsschema gebaut wurde, das bis in die jüngste Zeit seine Gültigkeit hatte: starrer Rahmen mit massiven Längs- und Querholmen, zum Teil noch aus Holz, sowie Rohrkessel mit Rauchzug und sechsfach gelagerte, gekröpfte Treibachse, die über waagerechte Zylinder bewegt wurde.
Leider wurden die Fahrzeuge nicht so gut gebaut wie sie konstruiert waren. Das lag vor allem am Fehlen eines entscheidungsfreudigen und verantwortungsbewußten Leiters der Werkstätten von Stephenson in Newcastle. Die Inhaber des Betriebes, Vater George Stephenson und sein Sohn Ro-

Saxonia. Die Maschine wurde von Prof. Andreas Schubert aus Dresden entworfen und durch die Maschinenfabrik Ubigau gebaut. Sie war die erste in Sachsen hergestellte Lokomotive für die Strecke von Leipzig nach Dresden, auf der bis dahin schon englische und amerikanische Lokomotiven mit Erfolg eingesetzt worden waren. 1841 versuchte man, die hintere Laufachse zu entfernen, doch 1842 setzte man sie wieder mit der ursprünglichen Achsfolge B1' ein.

Bury Liverpool · 1830

Bury

Obwohl Bury seine erste Lokomotive nicht rechtzeitig für den Wettbewerb in Rainhill im Jahre 1829 fertigstellen konnte, wurde er doch einer der bekanntesten Lokomotiv-Konstrukteure seiner Zeit. Seine Maschinen fielen durch eine Feuerung auf, bei der im zylindrischen Teil ein kugelförmiger Aufbau saß, während der untere Teil die Form eines D hatte, dessen Rundung dem Tender zugewandt war. Der Rahmen lag innen und war vollständig aus Metall gebaut; die Maschine wirkte dadurch sehr leicht und elegant und schien über den Rädern zu schweben. Bury war ein mutiger Verfechter der zweiachsigen Lokomotiven, und so hatten alle seine Maschinen die Achsfolge 1A oder B. Als Direktor des Fahrzeugsparks der London & Birmingham Railway hatte er über viele Jahre die Möglichkeit, seine Theorien zu verwirklichen.
Die »Liverpool« war bestimmt eine seiner interessantesten Maschinen. Für Güterzüge projektiert, besaß sie die größten gekuppelten Räder, die bis dahin gebaut worden waren (Durchmesser 1,83 m). Das andere hier abgebildete Modell hatte nur eine Treibachse und wurde 1837 auf der Strecke von London nach Birmingham für Personenzüge eingesetzt. Burys Lokomotiven waren gut durchdacht und konstruiert, doch waren sie zu klein und besaßen ungenügende Zugkraft für die stets wachsenden Ansprüche des Zugverkehrs: deshalb konnte man des öfteren vor einem Zug drei oder vier solcher Lokomotiven antreffen.

Bury · 1837

Hercules. Diese Maschine wurde von Robert Stephenson erbaut und im Dezember 1833 der Linie Stanhope & Tyne übergeben, die von seinem Vater George projektiert worden war. Die »Hercules« hatte im Einsatz vor schweren Güterzügen dieselben guten Eigenschaften wie die »Samson«; sie hatte zudem zum erstenmal eine hintere Laufachse, die einen größeren und leistungsfähigeren Kessel erlaubte. Die »Hercules«, eine große Lokomotive mit dem Raddurchmesser von 1,37 m und dem Betriebsgewicht von etwa 14 t war der Prototyp einer lange Zeit gebauten Serie, die in den englischen Bergwerken beste Dienste leisteten.

bert, waren mehr mit Planung von neuen Eisenbahnstrecken und Entwürfen geeigneten Fahrzeugmaterials beschäftigt, als daß sie sich um die Ausführungsqualität ihrer Entwürfe kümmerten.
Diese Situation war zwischen 1830 und 1840 für die großen Eisenbahnen typisch und verhalf der Dampflokomotive natürlich nicht gerade zu gutem Ruf in puncto Zuverlässigkeit.

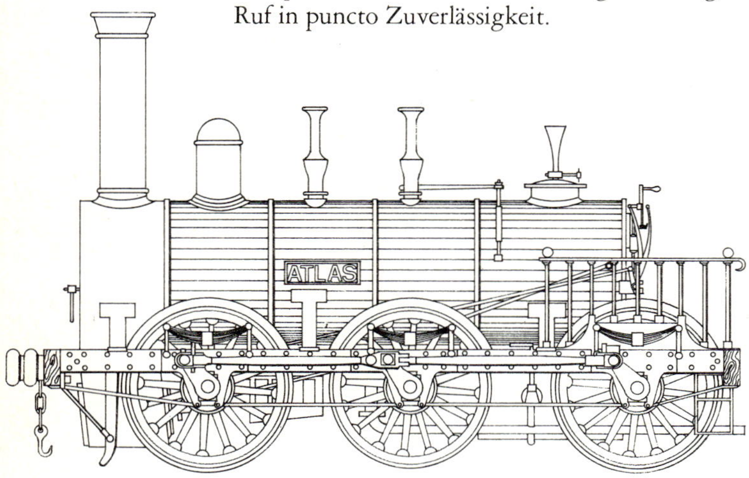

Atlas *(links).* Sie wurde von Stephenson 1834 für den Einsatz auf der Strecke von Leicester nach Swannington gebaut und stammte von der »Hercules« ab, hatte aber, im Vergleich zu dieser, drei gekuppelte Achsen zur besseren Ausnutzung der Zugkräfte. Sie war eine der ersten Lokomotiven dieses Typs, die einen Rahmen mit Außenholmen und einen Kessel mit großem Fassungsvermögen besaß, die abgefederte Achsen und eine große Feuerung zwischen der zweiten und dritten Achse hatte. Um das Fahren in Kurven mit geringem Radius zu erleichtern, wurden die mittleren Räder ohne Spurkranz gebaut; diese Lösung hatte Stephenson bereits bei den Patentee-Lokomotiven angewandt. Mit der »Atlas« begann eine Entwicklung, die sich besonders in England bei Güterzuglokomotiven durchsetzte und die sich über viele Jahre behaupten konnte, so daß eine große Zahl von Maschinen dieses Typs bis nach 1890 gebaut wurden.

Lion. Diese Lokomotive wurde 1838 von Todd, Kitson & Laird mit der Achsfolge B1 gebaut. Sie hatte eine große senkrechte Feuerung, die einen quadratischen Querschnitt aufwies und über der eine große Kuppel saß. Sie war für viele Jahre für schwere Kohlenzüge im Einsatz, bis sie 1859 an die Gesellschaft Mersey Docks & Harbour Board verkauft wurde, bei der sie als stationäre Anlage Verwendung fand. So war sie bis 1920 verbannt, bis sie dann von der London-Midland-Scottish (LMS) wiederentdeckt wurde. Man restaurierte nach Originalzeichnungen, und sie ist heute im Museum von Liverpool zu besichtigen.

Die erste »Patentee« von Stephenson · 1833

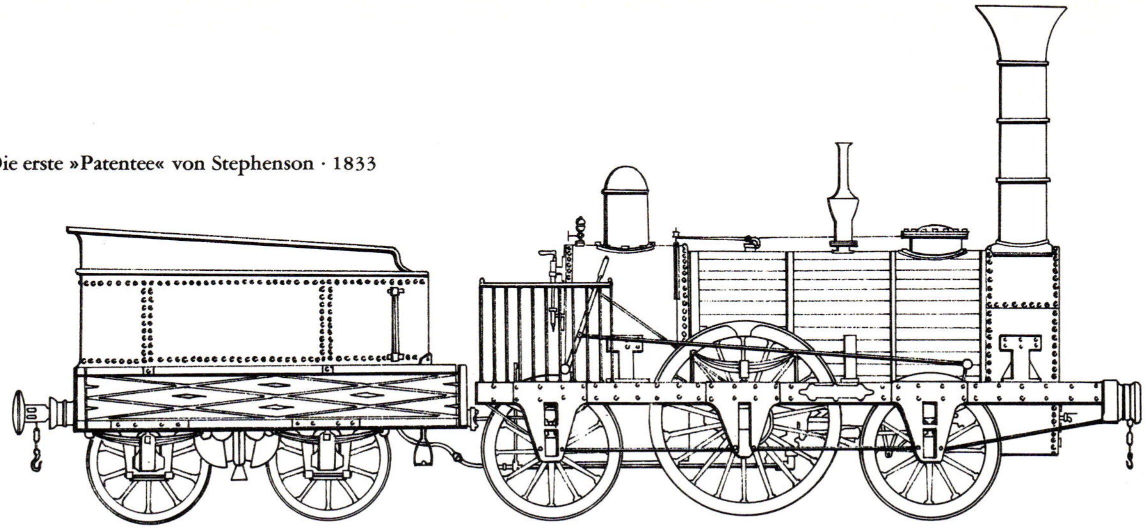

Die »Patentee«

Nordstern · 1838

Die Lokomotiven vom Typ »Planet« hatten zwar recht gute Eigenschaften, doch war ein Mangel so erheblich, daß eine Änderung der Konstruktion erforderlich wurde. Der relativ kurze Achsstand verursachte ständige Schlingerbewegungen, die vor allem im Bereich der Feuerung und des Führerstandes sehr unangenehm waren und die auch gelegentlich zur Entgleisung führten.
Im Oktober 1833 erhielt Stephenson das Patent für eine dreiachsige Lokomotive, die dem Mangel der »Planet« begegnen sollte und gleichzeitig den Einbau eines größeren Kessels ermöglichte. Diese Konstruktion nannte er »Patentee«, und sie wurde eine der berühmtesten Bauformen – nicht nur wegen der technischen Neuheiten, sondern auch wegen der Popularität, die sie in vielen europäischen Ländern errang.
Zu den patentierten Neuerungen dieser Lokomotive gehörten eine Gegendruckbremse und spurkranzlose Treibräder. Der Rahmen bestand zwar wie bei der »Planet« aus einer Holzkonstruktion, doch hatten die inneren und äußeren Holme eine Blechverkleidung, welche die Festigkeit erhöhte. Zusätzlich aufgenietete Laschen dienten als Achshalter. Die Zylinder waren wie bei der »Planet« unter der Rauchkammer angeordnet. Kurz gesagt: Die »Patentee« war eine »Planet« mit einer zusätzlichen Laufachse.
In den Jahren 1835 bis 1845 wurde dieses Schema von allen englischen Lokomotivkonstrukteuren angewandt; trotzdem versuchte jeder, seine Lokomotive mit speziellen Eigenheiten auszustatten. Zu den Lokomotivfirmen gehörten neben Robert Stephenson & Co. auch Sharp Robers & Co., Mather Dixon, Hawthorn und Rothwell sowie ein paar weniger bekannte Werkstätten. Sie alle stellten eine große Zahl von »Patentee«-Konstruktionen

Eine »Patentee« der Eisenbahn Alais–Beaucaire · 1839

Adler · 1835

her. Auch auf dem europäischen Festland, vor allem in Frankreich und Deutschland, wurden Patentee-Modelle gebaut. Zu den bedeutendsten Konstruktionen zählt die österreichische »Nordstern«, die 1838 in London von Rennie gebaut worden war. Sie hatte Holzfeuerung, worauf auch der große Funkenfängerschornstein schließen läßt, und war eine der schwersten Konstruktionen jener Zeit. In ihrem Kessel herrschte ein Druck von 5,3 bar, die Heizfläche betrug 49,7 m², die Treibräder hatten einen Durchmesser von 1,83 m, und das Betriebsgewicht betrug 14,5 t.
Eine andere Patentee-Konstruktion, die »Snelheid«, von R. Stephenson & Co. gebaut, kam in Frankreich auf der Strecke von Alais nach Beaucaire zum Einsatz, und die gleiche Konstruktion wurde als »Arend« für die erste Eisenbahn der Niederlande im Jahre 1839 gebaut.
Vom gleichen Hersteller, jedoch etwas kleiner in den Abmessungen, war auch die »Adler«, die erste Lokomotive Deutschlands, die am 26. Oktober 1835 die Strecke von Nürnberg nach Fürth eröffnete. Sie trug die Fabriknummer 118 und war für 13 930 Gulden gekauft worden. (Eigentlich hieß sie ursprünglich »Der Adler«. Beim Nachbau des Modells wurde dann der Artikel vergessen.)

Die erste Lokomotive, die in Belgien hergestellt wurde, war ebenfalls eine Patentee-Maschine. Cockerill baute sie im Jahre 1835 und nannte sie »Le Belge«. Der Entwurf stammte vom R. Stephenson & Co., in dessen Lizenz viele Fabriken in Europa Lokomotiven bauten. Die »Le Belge« hatte Treibräder mit dem Durchmesser von 1,52 m und entwickelte die Leistung von 29,4 kW. Ihre Höchstgeschwindigkeit lag bei 60 km/h.
In Italien war die erste Lokomotive ebenfalls eine Patentee-Konstruktion. Im damaligen Königreich Neapel führte die erste Bahnstrecke von Neapel nach Portici (8 km); sie wurde am 3. Oktober 1839 von einer »Patentee« eingeweiht, die von Longridge & Storbruck in Newcastle gebaut worden war. Sie trug den Namen »Bayard«, das ist der Vorname des Erbauers der Strecke, des Ingenieurs Armand. Die Lokomotive entwickelte die Leistung von 47,8 kW, hatte ein Betriebsgewicht von 13 t und erreichte die Geschwindigkeit von 50 km/h – und das mit einem 46-t-Zug, der aus 7 Wagen bestand.

Le Belge · 1835

Die »Patentee« von Stephenson verkehrte sogar in Rußland · **1838**

Bayard · 1839

Eine berühmte »Patentee« war auch »Der Münchner«, die von Joseph Anton Ritter von Maffei, einem großen deutschen Eisenbahnpionier, gebaut worden war.
Auch in Rußland wurde eine von Stephenson gebaute Patentee-Lokomotive zur Eröffnung der ersten Eisenbahnstrecke von Pawlowsk nach Tsarskoje eingesetzt. Die Strecke hatte die Spurweite von 1828 mm, war also deutlich breiter als die sonst in Europa übliche 1435-mm-Spur; sie war von dem tschechischen Ingenieur Anton von Gerstner entworfen worden. Neben der Stephenson-Lokomotive waren bei Tayleur und bei Hackworth noch zwei weitere Maschinen bestellt worden.
Eine andere »Patentee« diente dem Franzosen Clapeyron zu Versuchszwecken. Es war die »Gironde«, die 1840 von Le Creusot für die Strecke Paris – Versailles gebaut worden war. Clapeyron führte an der Maschine einige Änderungen durch, um das Ausströmen des Dampfes aus den Zylindern nach etwa 70 Prozent des Kolbenhubes zu unterbinden und um dadurch den Dampfdruck besser auszunutzen.

Gironde · 1840

Der Münchner · 1841

Sharp. Sie war eine »Patentee«, jedoch mit gekrümmtem Rahmen, der auf die mittlere Treibachse abgestimmt war. Diese Maßnahme gestattete es, die Lagergabeln der Laufachsen kurz zu halten. Bei der »Patentee« von Stephenson waren diese wegen der Größe der Treibachsen wesentlich länger und lösten sich dadurch häufig vom Fahrgestell. Die »Sharp« bekam so eine reizvollere Form im Vergleich zu den anderen Maschinen dieses Typs. Eine besonders elegante Ausführung ist die im Jahre 1838 gebaute Lokomotive für die französische Eisenbahngesellschaft Chemin de Fer du Nord.

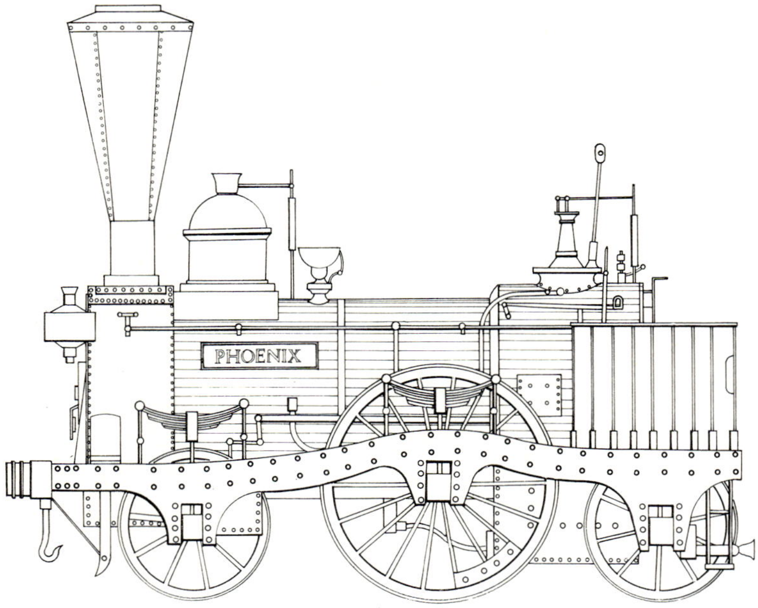

Phoenix. Diese Maschine wurde 1841 von Sharp Robers & Co. in Manchester gebaut und dann nach Österreich geliefert, wo sie durch die Kaiser-Ferdinands-Nordbahn (KFNB) in Betrieb genommen wurde. Mit Holz befeuert, war sie eine der bestentwickelten Lokomotiven der Patentee-Serie. Ihre Treibräder hatten den Durchmesser von 1,7 m, und das Betriebsgewicht betrug über 15 t.

Badenia *(unten).* Sie wurde 1841 in Karlsruhe von Emil Kessler konstruiert und war ein exakter Nachbau der sechs Lokomotiven, die Sharp 1839 nach Baden geliefert hatte. Sie besaß das Grundschema der »Patentee«, die in Manchester für die Spurweite von 1600 mm konstruiert worden war, obwohl sich jedoch in Europa bereits die heutige Normalspur von 1435 mm verbeitete. Die »Badenia« verfügte über innenliegende Zylinder, die unter der Rauchkammer angebracht waren, und besaß eine Rostfläche von 42,5 m². Sie hatte ein Betriebsgewicht von 16,2 t und hatte die Höchstgeschwindigkeit von 45 km/h.

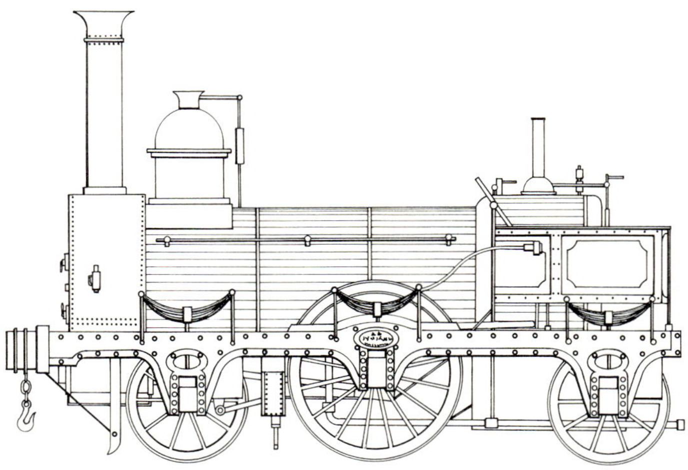

Sharp *(oben).* Den Lokomotiven dieses Typs wurde in England der reizvolle Beiname »Sharpie« gegeben. Dieses Exemplar wurde 1843 für die Sheffield & Manchester Line gebaut und ist gekennzeichnet durch eine weniger deutliche Wölbung des Fahrgestells im Vergleich zu den anderen Maschinen dieses Konstrukteurs sowie durch eine Blechwand um den Standplatz des Lokomotivführers. Zu beachten sind auch die quadratischen Sockel des Kamins und des Dampfdoms.

Odin. Mit der 1846 von Sharp konstruierten Lokomotive wurde am 27. Juni 1847 die erste dänische Eisenbahnlinie von Kopenhagen nach Roskilde eingeweiht. Zu beachten ist der relativ geringe Durchmesserunterschied zwischen den Lauf- und Treibrädern und somit ein fast geradliniger Verlauf des Rahmens. Die »Odin« hatte das Betriebsgewicht von 20 t.

Der Kampf um die Spurweite

Als am 31. August 1835 Isambart Kingdom die Konzession zum Bau der Bahnlinie von London nach Bristol erhielt, begann eine aufregende und zukunftweisende Entwicklung im Eisenbahnbau. Brunel vertrat die Ansicht, daß die bis dahin übliche Spurweite von 1435 mm nicht breit genug sei, um Lokomotiven mit leistungsfähigen Kesseln zu bauen und den Schwerpunkt niedrig genug zu halten, was größere Fahrgeschwindigkeiten ermöglichte. Deshalb projektierte er die Strecken der Great Western Railway Company mit der Spurweite von 7 Fuß (2134 mm), einem möglichst geradlinigen Verlauf und großen Krümmungsradien.
Diese Konzeption wurde von vielen Eisenbahnkonstrukteuren mit Interesse beobachtet. Als Brunel dann 1837 noch den einundzwanzigjährigen Daniel Gooch zum verantwortlichen Leiter des Fahrzeugparks machte, erregte diese Eisenbahngesellschaft noch mehr Aufsehen. Gooch ließ nämlich nicht mehr die eigens für diese Spurweite konzipierten Lokomotiven weiterbauen, sondern kaufte bei Stephenson zwei Patentee-Maschinen, die »North Star« und die »Morning Star«, und ließ sie für diese Spurweite umbauen. Derart verändert, vollbrachten diese Lokomotiven beachtliche Leistungen: 1838 zog die »North Star« einen 50-t-Personenzug mit der Durchschnittsgeschwindigkeit von 62 km/h und der Höchstgeschwindigkeit von 72 km/h.

In Anbetracht dieser großen Erfolge erweiterte die Great Western Railway ihr Streckennetz in nördlicher Richtung und begann auch andere Gesellschaften von den Vorteilen der 7-Fuß-Spur zu überzeugen und sie beim Bau neuer Strecken in dieser Richtung zu beeinflussen. Dadurch entstanden große Auseinandersetzungen, die dazu führten, daß das englische Parlament im Juni 1845 eine Kommission einsetzte, die über eine einheitliche Spurweite entscheiden sollte. Politiker, große Finanzleute, Grundbesitzer und Techniker trugen diesen Streit untereinander aus. Auf der einen Seite waren Gooch und seine Mitarbeiter, die davon überzeugt waren, daß nur auf derartigen Breitspurstrecken hohe Geschwindigkeiten erzielt werden konnten, auf der anderen Seite diejenigen, die der Spurweite keinen Einfluß auf die Geschwindigkeit beimaßen – und das war auch die Mehrheit. (1845 gab es in England 1900 Meilen [3000 km] Eisenbahnstrecken mit der Spurweite von 1435 mm und 274 Meilen [440 km] mit der Spurweite von 2134 mm). Zur Untersuchung seiner Theorie hatte Gooch innerhalb von 13 Wochen eine »Patentee« bauen lassen, die im Juni 1846 die 124 km lange Strecke von London nach Swindon mit der Durchschnittsgeschwindigkeit von 96 km/h durchfuhr. Später wurden weitere Maschinen gebaut, darunter auch die Baureihe Firefly mit der Achsfolge 2A1 – zu ihr ge-

North Star *(links).* Ursprünglich für den Einsatz in New Orleans in den Vereinigten Staaten entwickelt, wurde sie grundlegend umgebaut, um auf den Breitspurstrecken der Great Western (7 Fuß = 2134 mm) eingesetzt zu werden. Die »North Star« war ebenfalls eine »Patentee« und von Stephenson nach den damals weit verbreiteten Schemata gebaut. Die an der Lokomotive vorgenommenen Änderungen gestatteten ihr, auf den Strecken der Great Western Railway mit der Anhängelast von ca. 50 t die Geschwindigkeit von 72 km/h zu erreichen. Die »North Star« – und neben ihr auch die »Morning Star« – bewiesen wie die bereits früher für breitspurige Linien gebauten Lokomotiven, daß sie hinsichtlich Zuverlässigkeit die an sie gestellten Erwartungen meistens übertreffen konnten, und sie betonten damit die außerordentliche Vielseitigkeit und Leistungsfähigkeit der Patentee-Konstruktion. Die »North Star« hatte sehr große Treibräder (Durchmesser 2,44 m) und das Betriebsgewicht von 21 t.

Iron Duke *(oben).* Sie wurde 1847 nach Entwürfen von Daniel Gooch in den Werkstätten der Great Western gebaut. Einer der wesentlichsten Vorteile der Breitspur war die Möglichkeit, die Heizfläche zu vergrößern und somit die Dampfproduktion im Kessel zu erhöhen. Die »Iron Duke« hatte einen Außenrahmen mit Holmen aus Teakholz und Blechverkleidung; innen befanden sich weitere Holme, zwei zwischen Zylinder und Feuerraum und ein weiterer in der Mitte. Diese Lokomotive hatte als erste die Achsfolge 2A1; dies ermöglichte eine hohe Laufstabilität, erforderte jedoch größere Krümmungsradien auf der Strecke.

Lord of the Isles. Sie ist ähnlich gebaut wie die »Iron Duke«. 1851 in Betrieb genommen, war sie 30 Jahre im Einsatz und fuhr im Schnellzugdienst mit Geschwindigkeiten von mehr als 100 km/h. Von dieser Lokomotive wurden 30 Exemplare gebaut, wovon am 20. Mai 1892, dem Tag, als der Betrieb auf den Breitspurstrecken eingestellt wurde, noch 23 im Dienst waren.

hörten die »Iron Duke« und »Lord of the Isles« –, die heute noch zu den vollkommensten und elegantesten Maschinen zählen. Damit wurden eigentlich die Vorzüge der Breitspur ausreichend unter Beweis gestellt, doch der Kampf ging schließlich dennoch verloren.

Entsprechend unterstützt durch die Anhänger der Regelspurweite, die nicht einmal vor Sabotage und vor Fälschungen zurückschreckten, verabschiedete die königliche Kommission ein Gutachten, wonach der Eisenbahnbetrieb nur auf der Regelspur zuverlässig und wirtschaftlich abgewickelt werden könne; die Breitspurbahnen dagegen seien zu kostspielig im Bau. Nach dieser Entscheidung verschwanden einige Persönlichkeiten, die bis dahin wesentlich zur Entwicklung des Lokomotivbaus beigetragen hatten, aus dem Eisenbahngeschäft, und im Mai 1892 fuhr auch zum letztenmal ein Zug der Great Western auf der Breitspurstrecke.

Die Langrohrkessel-Maschinen

Bei den Lokomotiven der Bauart Patentee und Planet wurde ein großer Teil der produzierten Wärme nicht genutzt; das erkannte man sehr bald, ebenso wie die Tatsache, daß die Breitspurlokomotiven von Brunel und Gooch dank ihrer vergrößerten Feuerung und ihres größeren Kessels bessere Ver-

L'Aigle *(oben).* Eine andere berühmte Vertreterin der Langrohrkessel-Familie ist die »L'Aigle«. 1846 von Stephenson in Newcastle (England) gebaut, ist sie eine gelungene Kombination aus allen typischen Teilen dieses Lokomotiv-Typs: außen am vorderen Ende des Rahmens angebaute waagerechte Zylinder, viereckig gebaute Feuerung mit Kuppel, eingebautem Dampfdom und verlängerter Kesselkörper, mit dem eine höhere Dampfleistung erreicht wurde. Sie ist restauriert und befindet sich derzeit als Leihgabe im Museum von Mülhausen.

Sézanne *(rechts).* 1847 von Alfred Hallette gebaut, wurde sie auf der Strecke von Montereau nach Troyes eingesetzt. 1868 wurden mit ihr Versuche der Befeuerung mit Heizöl anstelle von Kohle durchgeführt. Die »Sézanne« hatte ein Betriebsgewicht von über 20 t und das Reibungsgewicht von 8,4 t; ihre Höchstgeschwindigkeit betrug 60 km/h. Sie war bis in unsere Tage hinein im Dienst, nicht zuletzt auch wegen ihres 50 Jahre währenden Einsatzes als Reserve- und Einsatzlokomotive. Vollständig restauriert, ist sie heute im Eisenbahnmuseum in Mülhausen zu sehen.

Stephenson *(unten).* Zu den ungewöhnlichsten Lokomotiven mit Langrohrkessel zählt die 1845 von Robert Stephenson & Co. für die London and North Western Railway gebaute »Grande A«. Sie ist die am weitesten entwickelte Lokomotive mit Langrohrkessel, und zwar dank zweier vorne und in der Mitte eingebauter Laufachsen und der Anordnung der Treibachse am hinteren Ende. Sie war eine vielkritisierte Maschine, jedoch vom Aussehen her überaus ansprechend. Ihre Treibräder, die größten, die jemals bei einer Langrohrkessel-Lokomotive eingebaut wurden, hatten den Durchmesser von 2,13 m. Einige dieser Lokomotiven waren in Ägypten bis Anfang des 20. Jahrhunderts im Einsatz.

dampfung ermöglichten. Diese Überlegungen veranlaßten Stephenson, längere Kessel zu bauen, in denen er längere Heizrohre unterbringen konnte. Außerdem baute er für seine Lokomotiven neue Feuerungen, die nun einen rechteckigen Querschnitt hatten und auf denen ein Dampfdom aufgesetzt war. Leider konnte jedoch wegen der kleinen Drehscheiben der Achsstand der neuen Lokomotiven nicht vergrößert werden, so daß die Feuerung wie bei den Planet-Lokomotiven hinten überhängend angeordnet werden mußte. Trotzdem wurden diese Maschinen sehr erfolgreich – auf dem europäischen Kontinent, wo sie in Lizenz gebaut wurden, fast noch mehr als in England selbst.
Die höhere Dampfleistung der Langrohrkessel-Maschinen konnte jedoch wegen der ungünstigen Gewichtsverteilung auf die eng beieinander liegenden Achsen nicht voll genutzt werden. Deshalb änderte Stephenson die Fahrgestellkonstruktion. Er vertauschte die Treibachse mit der hinteren Laufachse, so daß die schwere Feuerung am hinteren Ende der Lokomotiven besser abgestützt wurde. Der vordere Teil der Maschinen ruhte nun auf zwei weit auseinander liegenden Laufachsen, zwischen denen außen die Zylinder angeordnet waren. Diese »Grande A« genannten Lokomotiven konnten jedoch die gesetzten Erwartungen nicht erfüllen.

Tarasque. Diese Lokomotive gehört zu einer Reihe von Langrohrkessel-Lokomotiven, die von Le Benet 1846 für die Linie Marseille–Avignon gebaut wurde. Ähnlich wie bei der »Grande A« von Stephenson wurde auch bei diesem Fahrzeug die Achsfolge von 1A1 in 2A geändert, um die Schlingerbewegungen während der Fahrt zu unterbinden. So umgebaut, erhöhte die »Tarasque« ihr Reibungsgewicht von 10 auf 12 t. Das führte zu einer merklichen Steigerung ihrer Leistungsfähigkeit. Ihr Achsstand vergrößerte sich dabei von 3150 auf 4050 mm.

Chemin de Fer du Nord. Nr. 17–50 *(oben).* Von Clapeyron 1846 entworfen und von Cail im gleichen Jahr für die Chemin de Fer du Nord gebaut, wies diese Lokomotive wieder die Grundzüge der Stephensonschen Konstruktion mit außenliegenden Zylindern auf, hatte andererseits jedoch einen Rahmen mit außenliegenden Holmen und Blechverkleidung, an denen die Achshalter und die Zylinder befestigt waren. Sie hatte aber schlechte Laufeigenschaften; dieser Tatsache wollte man begegnen, indem man die hintere Laufachse noch weiter nach hinten rückte, wodurch der Achsstand von 3190 mm auf 4600 mm anwuchs.

Ernst August *(unten).* Mit dieser Langrohrkessel-Maschine setzte sich auch in Deutschland die bereits in England und anderen europäischen Ländern eingeschlagene Entwicklung durch. Da sich der Einsatz besserer Lokomotiven als die »Planet« und die »Patentee« dringend notwendig erwies, kamen bald bei den verschiedenen Eisenbahnen der deutschen Staaten die Langrohrkessel-Maschinen von Stephenson und anderen englischen Konstrukteuren zum Einsatz. Die »Ernst August« war jedoch eine in Deutschland hergestellte Lokomotive und zugleich die erste von Georg Egestorff in Hannover-Linden; aus dieser Firma ging später Hanomag hervor. Die »Ernst August« wurde 1846 an die hannoverschen Eisenbahnen abgeliefert und hatte einige Besonderheiten gegenüber den englischen Schwestermaschinen aufzuweisen: nach hinten geneigte Zylinder, weit nach vorne versetzter Dampfdom sowie eine Feuerung in der traditionellen Form, also nicht mit quadratischem Querschnitt und ohne Kuppel.

Compagnie du Centre. Diese Lokomotiven, die zwischen 1846 und 1847 in Dienst gestellt wurden, waren im Auftrag der Compagnie du Centre – die später mit der großen Paris-Orléans-Gesellschaft fusionierte – teils von Schneider, teils in der Fabrik von Ivry gebaut worden. Das Konstruktionsschema entsprach der klassischen Langrohrkessel-Bauart, jedoch hatte diese Lokomotive die Achsfolge 1B, also zwei gekuppelte Achsen (Treibraddurchmesser 1,6 m). Die Lokomotiven dieser Serie kamen unter anderem im Personenzugverkehr und im gemischten Dienst auf verschiedenen Strecken zum Einsatz. Selbst wenn sie einen Zug von 180 t zogen, konnten sie noch die Geschwindigkeit von etwa 50 km/h erreichen. Einer dieser Maschinen gelang es 1847, einen Güterzug mit 51 Wagen zu ziehen. Das letzte Exemplar war bis zum Jahre 1878 im Dienst.

Glück auf *(unten).* Sie war eine der ersten Lokomotiven mit der Achsfolge 1B. Erbaut 1848 von Richard Hartmann in Chemnitz für die sächsischen und bayerischen Eisenbahnen, hatte sie Treibräder mit dem Durchmesser von 1,5 m und das Betriebsgewicht von 24 t. Sie war eine klassische Langrohrkessel-Konstruktion mit waagerecht angeordneten Außenzylindern und einer hinter der letzten Achse angeordneten Feuerung. Auch an der Feuerung selbst wurden einige Änderungen vorgenommen; sie bekam zwar keinen quadratischen Querschnitt, jedoch einen großen Dampfdom.

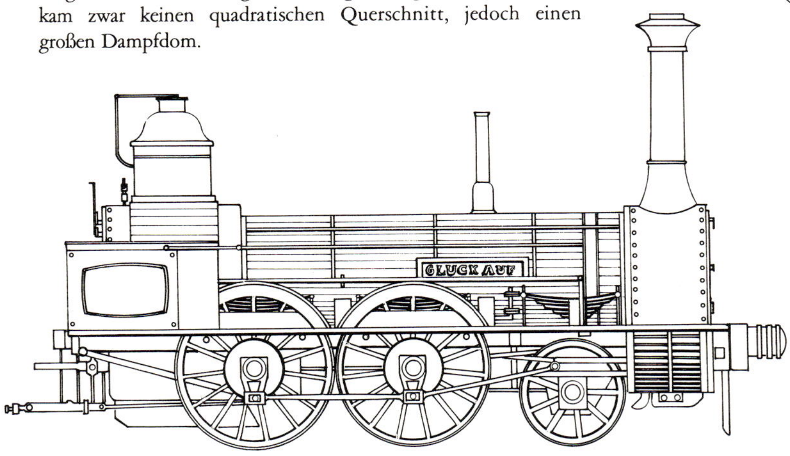

Paris-Orléans Nr. 157 *(oben).* Dies ist die erste von Camille Polonceau im Jahre 1850 entworfene Lokomotive. Es war der Versuch, die Typenvielfalt bei den Fahrzeugen der Paris-Orléans-Bahn abzubauen. Polonceau entwarf diese Maschine mit der Achsfolge 1B für unterschiedliche Einsatzmöglichkeiten. Der Kessel hatte sehr viel Ähnlichkeit mit den Langrohrkesseln, jedoch war die Feuerung direkt mit dem Kesselkörper verbunden; die Zylinder lagen innen, die Steuerung – zur besseren Wartung – dagegen außen. Neben dem in Sandwichform aus Holz und Metall hergestellten Außenrahmen befanden sich im Inneren des Fahrgestells zwei Hilfsrahmen zur Abstützung der Zylinder.

Badische Eisenbahn *(unten).* Die Langrohrkessel-Maschinen mit zwei Treibachsen waren sehr leistungsfähig im Einsatz vor Personenzügen und gemischten Zügen. Für lange Güterzüge in bergigen Gegenden waren sie jedoch völlig unzureichend. Man versuchte deshalb in Deutschland, für diese Zwecke neue Langrohrkessel-Lokomotiven zu entwickeln. So wurden acht Lokomotiven für die badischen Bergstrecken gebaut. Die erste davon, hier abgebildet, wurde von Emil Kessler 1845 in Karlsruhe dem Betrieb übergeben. Während der Probefahrten zog diese Lokomotive einen Zug mit 472 t mit der Geschwindigkeit von 27 km/h.

Crewe-Typ. Die Fahrzeuge trugen ihren Namen nach dem Ort Crewe, in dem sich die Produktionsstätte befand, in der sie zwischen 1843 und 1857 gebaut worden waren. Die Lokomotiven hatten eine sehr charakteristische Konstruktion: Die äußeren Zylinder waren mit der Rauchkammer und den massiven Außenholmen des Rahmens verbunden. Den Entwürfen lag eine etwas abgeänderte »Patentee« der Grand Junction Railway zugrunde, nachdem man erkannt hatte, daß bei Maschinen mit Innenantrieb die gekröpften Treibachsen häufig brachen; das hatte den Linienverkehr sehr häufig stark beeinträchtigt. 1844 konstruierten William B. Buddicom und Alexander Allan eine derartige Lokomotive mit Stephenson-Steuerung (Achsfolge 1A1) und nach hinten geneigten Außenzylindern, die sofort gute Leistungen brachte und hohe Betriebssicherheit bot. Diese Crewe-Maschinen hatten übrigens lange Zeit zylindrische Treibstangen.

Compagnie de Lyon. Von M. Alexis Barrault entwickelt und 1847 von Cail in Frankreich erbaut, war diese Lokomotive der Stammvater einer Serie von Personenzuglokomotiven, die über viele Jahre hinweg auf den Strecken der Compagnie de Lyon im Einsatz waren, Lokomotiven, die wie die Langrohrkessel-Maschinen von Stephenson nur eine Treibachse hatten. Aber dank der zurückgesetzten hinteren Laufachse bis hinter die Feuerung und der damit verbundenen Vergrößerung des Achsstandes hatten sie gegenüber den Stephenson-Maschinen bessere Laufeigenschaften. Sie trugen den Beinamen »Perraches« und konnten Schnellzüge mit bis zu neun Wagen und einem Gewicht von 60 t mit der Geschwindigkeit von 60 km/h ziehen.

Saint Pierre. William Buddicom führte die bei den Crewe-Maschinen durchgeführten konstruktiven Änderungen auch an Lokomotiven für Frankreich durch. Diese Buddicom-Maschinen hatten Außenzylinder und ein sehr massives Fahrgestell mit doppelten Holmen, innenliegender Steuerung und eine sehr tiefliegende zwischen der zweiten und dritten Achse eingebaute Feuerung. Die 1844 in Rouen gebaute »Saint Pierre« ist heute im Eisenbahnmuseum in Mülhausen zu sehen.

Die europäischen Norris-Lokomotiven

William Norris war nicht nur ein genialer Konstrukteur, sondern auch ein geschickter Geschäftsmann. So gelang es ihm als erstem Amerikaner, seine Lokomotiven auch nach Kanada und Europa zu verkaufen. Die erste Maschine, die in Europa zum Einsatz kam, war die »Philadelphia«, welche die Wien-Raab-Eisenbahngesellschaft bei Norris in Auftrag gegeben hatte. Im Januar 1838 wurde sie mit einem Schiff nach Triest gebracht und dort an den Auftraggeber ausgeliefert. Gegen Ende 1843 bestellte die österreichische Regierung bei Norris weitere zehn Lokomotiven und im Jahr darauf nochmal vier Maschinen. Dadurch schien der europäische Markt so interessant zu werden, daß William und Octavius Norris persönlich nach Wien kamen und am nördlichen Stadtrand eine eigene Lokomotivenfabrik gründeten; diese nahm im Jahre 1846 ihre Produktion auf. Zunächst erschien dieser Entschluß sehr erfolgversprechend, doch gingen die Aufträge sehr rasch zurück, da sich auch die europäischen Hersteller zur Produktion dieser Lokomotivtypen durchgerungen hatten. Die Firma der Gebrüder Norris wurde so ziemlich bald in eine Außenseiterrolle gedrängt und baute insgesamt nur etwa ein halbes Dutzend Lokomotiven für die Kaiser-Ferdinands-Nordbahn (KFNB) und die italienische Nordbahn.

Jenny Lind. Es handelt sich hier um eine der vielen Abarten der »Patentee« von Stephenson. David Joy entwarf diese Maschine 1847 und ließ sie von E. B. Wilson für die London, Brighton & South Coast Railway bauen. Wie die »Patentee« hatte auch diese Lokomotive einen doppelten Rahmen. An den Außenholmen waren nur die Achshalter der Laufachsen befestigt, während die in der Mitte angeordnete Treibachse an den beiden Innenholmen gelagert war. Die Steuerung war vom Typ Stephenson, und der Kesseldruck überstieg zum erstenmal 7,8 bar. Die »Jenny Lind« zeigte bereits bei den ersten Probefahrten, daß sie ohne große Schwierigkeiten schneller als 80 km/h fahren konnte, und zwar mit einer bis dahin nicht gekannten Laufruhe; dies dank des großen Achsstandes und der Querverschieblichkeit der vorderen Laufachse. Dieser Lokomotivtyp wurde über einen Zeitraum von mehr als 40 Jahren gebaut.

Berlin-Potsdam. Diese Gesellschaft war eine der ersten in Europa, die 1839 einige der von William Norris in Philadelphia hergestellten Lokomotiven mit der Achsfolge 2'A kaufte. Die Lokomotiven hatten Feuerungen vom Typ Bury, neben der Rauchkammer sitzende Außenzylinder, einen beträchtlichen Überhang und einen kurzen Abstand der vorderen beiden Laufachsen. Auf den in der Norddeutschen Tiefebene gelegenen wenig kurvenreichen Strecken brachten die Lokomotiven jedoch nicht die Leistungen, die man auf den amerikanischen Gebirgsstrecken von ihr gewohnt war. Die »Norris«, die für ihre schlechten Laufeigenschaften bei hohen Geschwindigkeiten bekannt waren, wurden daher bald als Heizlokomotiven in Fabriken verbannt.

Columbus. In Österreich bestätigten die amerikanischen Norris-Maschinen erneut ihren guten Ruf. Nach der »Philadelphia«, der ersten in Amerika gebauten Maschine, die in Österreich zum Einsatz kam, folgte 1838 für die Kaiser-Ferdinands-Nordbahn (KFNB) die »Columbus«. Sie war eine klassische Norris-Konstruktion mit großer Feuerung vom Typ Bury und einem in die Kuppel eingesetzten Dampfdom. Sie hatte Außenzylinder und einen riesigen Kamin, auf den oben ein Funkenfänger aufgesetzt war (viele österreichische Maschinen wurden damals mit Holz gefeuert). Die »Columbus« war zusammen mit der »Philadelphia« der Anfang einer großen und erfolgreichen Serie von Norris-Lokomotiven in Österreich. Sie wurden zum Teil in Amerika, zum Teil in Österreich gebaut.

Ganymed. Diese Lokomotive wurde 1846 von Wenzel Günther gebaut, einem ehemaligen Mitarbeiter der Wien-Raab-Eisenbahngesellschaft, der vier Jahre zuvor in einer Werkstatt in Wiener Neustadt den Lokomotivbau aufgenommen hatte. Die »Ganymed«, wie auch andere darauf folgende Exemplare, hielten sich in ihrer Grundkonzeption an die »Norris 2'A«, jedoch wurden einige Änderungen durchgeführt, um auf den damaligen sehr schwierigen Streckenführungen höhere Leistungsfähigkeit zu erreichen. Die »Ganymed« hatte Treibräder mit dem Durchmesser von 1,26 m und einen Kesseldruck von 5,3 bar. Sie besaß außerdem in der Nähe der Rauchkammer einen großen Dom. Jede Achse ihres vorderen Laufgestells war einzeln abgefedert. Ihr Betriebsgewicht betrug 17,6 t, das zugehörige Reibungsgewicht 10,4 t.

Koloß. Von Günther 1844 gebaut, trat sie noch im gleichen Jahr bei der KFNB in Dienst. Sie war die erste österreichische Lokomotive mit der Achsfolge 1B (Mit Ausnahme der Achsfolge hatte sie jedoch viel Ähnlichkeit mit den »Norris«). Durch diese Konstruktion des Fahrwerks wollte man das Reibungsgewicht merklich erhöhen. Die zwei weit auseinander liegenden Treibachsen hatten den Abstand von 3,53 m. Dadurch erreichte das Reibungsgewicht einen Wert von 17,4 t, das entspricht 8,7 t pro Achse. Die übrigen Konstruktionselemente der Koloß entsprachen der »Ganymed«: Außenzylinder, große Feuerung am hinteren Ende des Rahmens, sehr großer unmittelbar hinter dem Kamin angeordneter Dampfdom; der Kamin hatte die Form eines auf der Spitze stehenden Kegels und erreichte die Höhe von 4,6 m über der Schienenoberkante. Zu erwähnen ist noch, daß die »Koloß« die erste Lokomotive Österreichs war, die einen dreiachsigen Tender mitführte und dieser wirklich das Aussehen eines zur Lokomotive gehörenden Anhängefahrzeugs hatte.

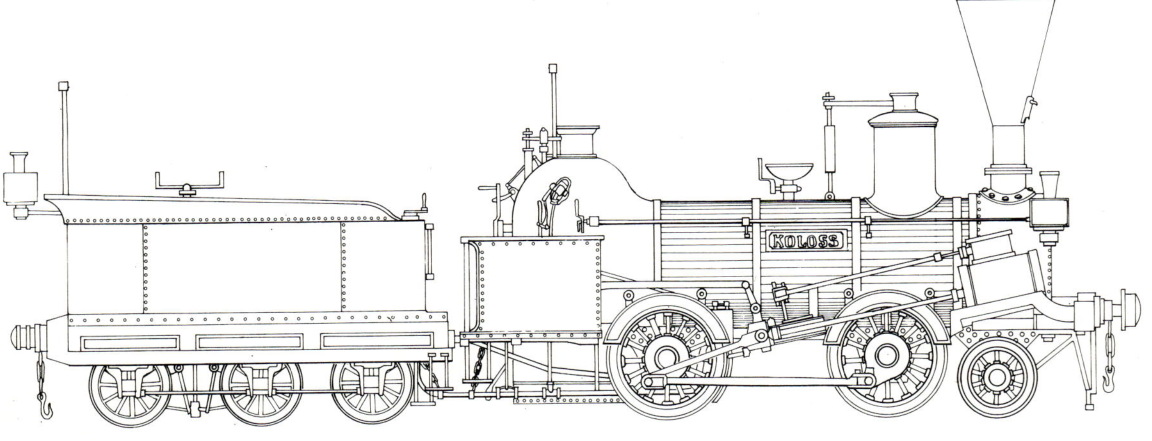

Württembergische Eisenbahn. Diese Lokomotive, 1846 von Emil Kessler gebaut, zeigt deutlich ihre Verwandtschaft mit drei Maschinen der Achsfolge 2'B, die von Richard Norris in den Jahren 1844 und 1845 an die württembergische Eisenbahn geliefert worden waren. In der technischen Ausrüstung waren die beiden Konstruktionen sehr unterschiedlich: Auf deutscher Seite zog man eine Feuerung wie die der Langrohrkessel-Maschinen einer solchen des Bury-Typs vor und ordnete die Zylinder in waagrechter Lage an. Die Lokomotive hatte außerdem eine Stephenson-Kulissensteuerung, und die Aufhängung der beiden Treibachsen erfolgte mittels einer großen Feder, die gelenkig im Fahrgestell gelagert war.

Die europäischen Lokomotivfirmen hatten die Norris-Konstruktion auch nicht unverändert übernommen, sondern sie den europäischen Verhältnissen angepaßt. Die hinten überhängende Feuerung verursachte ständig eine stampfende Bewegung, die durch das vorlaufende Fahrgestell meist noch verstärkt wurde, deshalb ging man dazu über, bei den Lokomotiven in Deutschland und Österreich vorne nur eine Laufachse einzubauen.
In Österreich wurden in jener Zeit in den meisten Fabriken Norris-Lokomotiven hergestellt. Darunter war auch John Haswell, der 1841 seine ersten Lokomotiven mit der Achsfolge 2'A baute. Sie trug als Reminiszenz an seine Heimatstadt den Namen »Wien«. Auch Wenzel Günther aus Wiener Neustadt begann im Jahre 1842 mit dem Bau von Lokomotiven mit der Achsfolge 2'A. Ein weiterer Österreicher war Georg Sigl, der ebenfalls ab 1842 den Norris-Typ produzierte. Interessant ist, daß die Gebrüder Norris ihre Fabrik direkt neben der von Sigl errichteten und sie nach ihrem kurzen österreichischen Gastspiel an ihn übergaben. 1867 übernahm dann Sigl auch die Fabrik von Günther.
In Belgien baute Cockerill aus Seraing in den Jahren 1844 bis 1847 36 Norris-Maschinen mit der Achsfolge 2'A und zwischen 1844 und 1853 auch 37 Fahrzeuge mit der Achsfolge 2'B.
In Frankreich wurden insgesamt nur sechs Lokomotiven mit der Achsfolge 2'A von diesem Typ gebaut. Sie wurden 1844 und 1845 von Koechlin in Mülhausen im Auftrag der KFNB hergestellt, hatten aber einige Änderungen gegenüber der Ursprungsversion. Sie hatten u. a. keine schräg, sondern waagerecht angeordnete Zylinder und eine hohe Feuerung mit rundem Querschnitt.
Die Norris-Lokomotiven verkehrten auch in

Römische Eisenbahn Während es als sicher gilt, daß keine Norris-Typen mit der Achsfolge 2'A in Italien zum Einsatz kamen, wurden doch vierachsige Lokomotiven dieser Bauart in Dienst gestellt; diese waren in Philadelphia oder von europäischen Lizenzträgern gebaut worden. Die ersten 2'B-Lokomotiven hatten die Nummern 351 bis 358 der römischen Eisenbahn, die nach einigen charakteristischen Umbauten 1846 aus Amerika importiert worden waren: Der Achsstand war wesentlich größer als bei den bisher vorgestellten Norris-Lokomotiven, die Feuerung vom Typ Bury lag zwischen den beiden Treibachsen; wahrhaft ungewöhnlich war die Länge der Treibstangen und das Dach für das Lokomotivpersonal.

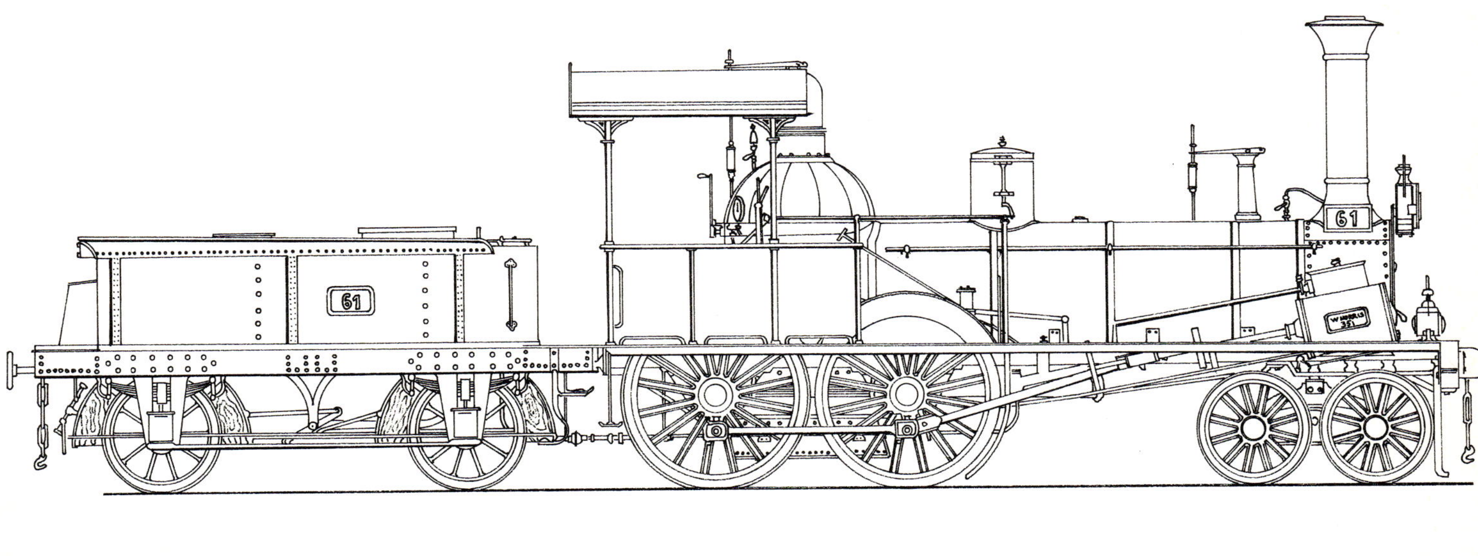

Borsig *(links).* Um 1840 hatte die Begeisterung für die Norris-Konstruktionen fast die gesamte europäische Eisenbahnwelt erfaßt. Auch in Deutschland, wo bis zu dieser Zeit die englischen Konstruktionen ziemlich die Vorherrschaft innehatten, stellten diese amerikanischen Maschinen eine Wende dar. 1841 baute August Borsig in Berlin-Moabit seine erste Dampflokomotive, für die die »Philadelphia« als Vorbild diente. Die deutsche Lokomotive hatte jedoch einen längeren Kessel und eine zusätzliche Laufachse. Die Feuerung saß zwischen Treib- und hinterer Laufachse; dadurch konnte das während der Fahrt auftretende wohlbekannte Stampfen vermieden werden, das unweigerlich wegen des hohen Gewichts der sonst überhängenden Feuerung aufgetreten wäre. Am 21. Juli 1844 trat die erste Borsig zu einer triumphalen Jungfernfahrt an: Sie legte die Probestrecke in Jüterbog um 10 Minuten schneller zurück als eine englische Maschine, die zum Vergleich herangezogen worden war.

Beuth *(rechts).* Diese Lokomotive wurde von Borsig 1843 für die Strecke Berlin–Anhalt gebaut. Sie hatte eine klarere Physiognomie als die anderen Maschinen, die aus den Norris-Typen hervorgegangen sind. Der Verzicht auf das vordere Lenkgestell und somit die Rückkehr zur Achsfolge 1A1, sowie die Anwendung der Borsig-Steuerung mit doppeltem Schieber hatten entscheidenden Einfluß auf den Lokomotivenbau in Deutschland.

Drache *(links)* Sie war die erste 1848 von Henschel in Kassel gebaute Lokomotive und eine der ersten Maschinen, in der sich die charakteristischen Konstruktionsmerkmale der verschiedenen Hersteller vereinten. Der Kessel zum Beispiel hatte sehr viel Ähnlichkeit mit den englischen Langrohrkesseln, auch die Feuerung war von den Stephenson-Lokomotiven übernommen worden. Die Achsfolge 2'B dagegen und der kurze Achsstand des vorderen Laufgestells entsprachen den Norris-Typen. Interessant war auch die Kuppelstange der Treibräder: eine doppelte Metallstange. Obwohl sie gut projektiert und durchkonstruiert war, hatte Henschel anfänglich keinen Erfolg mit dieser Lokomotive. 1860 – zwölf Jahre nach Aufnahme der Lokomotivproduktion – baute man gerade erst an der 50. Lokomotive. Der »Drache« kam bei der nordhessischen Eisenbahn zum Einsatz.

Deutschland, und zwar in größerer Zahl als in anderen Ländern. William Norris hatte zwischen 1839 und 1841 dorthin 21 Lokomotiven mit der Achsfolge 2'A geliefert; zwei, die »Preußen« und die »Amerika«, kamen auf der Strecke Berlin–Potsdam, und 15 auf der Strecke Berlin–Frankfurt/Oder zum Einsatz. Die Lokomotiven mit der Achsfolge 2'B waren bei den Eisenbahnen in Württemberg, Hannover und Hessen zu sehen. Um 1840 übernahmen jedoch die europäischen und in besonderem Maße die deutschen Firmen selbst die Produktion von Norris-Maschinen; darunter war auch Emil Kessler mit seiner Maschinenfabrik Esslingen, die bis 1853 den Bedarf der württembergischen Staatsbahn deckte. Mit leicht geänderten Konstruktionen der »Norris« begannen auch so be-

rühmte Firmen wie Borsig und Henschel mit dem Lokomotivbau.
In England wurde die Norris-Konstruktion nur widerstrebend akzeptiert. So nahm zwar im März 1839 die Birmingham & Gloucester Railway 17 Lokomotiven in Betrieb, die alle in Philadelphia gebaut worden waren; doch blieb man den Maschinen gegenüber wegen ihrer begrenzten Leistungsfähigkeit vor allem auf längeren Strecken skeptisch. Vielleicht war man im Heimatland der Dampflokomotive dieser Konstruktion gegenüber auch voreingenommen. Im übrigen hatte man bei diesen Lokomotiven auch aus Sicherheitsgründen den Kesseldruck von 4,9 auf 4,2 bar gesenkt.

Steinbrück *(unten).* 1848 von Haswell in Wien der österreichischen Südbahn übergeben, war sie eine verbesserte Version des amerikanischen Norris-Typs, die ebendieser Konstrukteur vier Jahre zuvor importiert hatte. Er baute daraufhin bis 1857 für die verschiedenen österreich-ungarischen Eisenbahngesellschaften diese Lokomotiven selbst. Die »Steinbrück« war eine »Kleine Gloggnitzer«, wie diese Maschinen im Volksmund genannt wurden, weil sie auf der Strecke Wien–Gloggnitz verkehrten. Sie hatte die Achsfolge 2'B, Zylinder mit 368 mm Durchmesser und einem Kolbenhub von 579 mm, Treibräder mit 1,42 m Durchmesser und ein Betriebsgewicht von nahezu 23 t, wovon auf das Reibungsgewicht 15 t fielen. Diese Maschinen konnten auf der Rampe zwischen Mürzzuschlag und Laibach, die eine maximale Steigung von 7,7‰ hat, Personenzüge bis zu 135 t oder Güterzüge bis maximal 290 t ziehen. Die Steinbrück wurde 1860 an die Graz-Köflacher Eisenbahn abgegeben und in »Söding« umgetauft. Hier blieb sie bis 1878. Heute befindet sie sich im Eisenbahnmuseum in Wien.

Limmat *(oben).* Die erste Lokomotive, die in der Schweiz verkehrte, war 1847 in der Fabrik des Deutschen Emil Kessler gebaut worden. Die Ursprungsausführung der »Norris« mit der Achsfolge 2'A wurde auch hier wieder zahlreichen Änderungen unterworfen. Die augenscheinlichste davon war die Anordnung der Zylinder, die diesmal waagerecht und vor dem Laufgestell montiert worden waren; Kessel und Feuerung stammten dagegen von den englischen Langrohrkesseln ab. Kessel, Feuerung und Zylinder waren mit Mahagoniholz verkleidet. Die »Limmat« wurde im Jahre 1847 von der Nordbahn für ca. 3500 Franken erworben und auf der Strecke von Zürich nach Baden eingesetzt. Mit 1866 ausgewechseltem Kessel war sie noch bis 1882 im Einsatz. Eine betriebsfähige Nachbildung ist heute im Verkehrshaus in Luzern zu bewundern.

Namur. Diese Lokomotive wurde 1845 von Tulk & Ley in Whitehaven – nach einem Entwurf von Crampton aus dem Jahre 1834 – gebaut. Der Entwurf enthielt viele neue Elemente: Achsfolge 2A mit zwei weit auseinanderliegenden Laufachsen und einer ganz hinten im Rahmen angeordneten Treibachse, Außenzylinder, und die zwischen den beiden riesigen Treibrädern sitzende Feuerung.

John Stevens. Richard Norris baute 1848 für die amerikanische Gesellschaft Camden & Amboy die erste einer Serie von acht Crampton-Lokomotiven. Der Entwurf stammte von John Stevens, der an dem bekannten Schema der englischen Lokomotiven einige Änderungen vornahm. So betrug der Treibraddurchmesser 2,48 m, der lange Kessel saß auf einem dreiachsigen Vordergestell; die Zylinder (Hub 965 mm, Durchmesser 330 mm) waren außen am Rahmen befestigt, und die Kolbenbewegung wurde über ein kompliziertes Gestänge auf die Räder übertragen. Die Treibachse lag etwas oberhalb der Feuerungstür, so daß die Plattform für den Heizer tiefer angeordnet werden mußte; der Maschinist dagegen arbeitete in einer Art Kanzel.

Der Crampton-Typ

Um die Mitte des 19. Jahrhunderts waren die Lokomotivkonstrukteure davon überzeugt, daß schnelle Lokomotiven einen niedrigen Schwerpunkt und möglichst große Treibräder haben müßten. Eine Folge dieser Ansicht waren die Lokomotiven vom Typ Crampton. Sie hatten zwei riesige Treibräder, die hinter der Feuerung angeordnet worden waren, und vorne zwei oder sogar drei Laufachsen. Thomas Russel Crampton, der wie Gooch bei der Great Western Railway beschäftigt war, entwarf derartige Lokomotiven. Sie hatten die Zylinder zurückgesetzt zwischen den Laufachsen angeordnet, um die Länge der Treibstangen in vertretbaren Grenzen zu halten. Im Jahre 1845 konnte Crampton die englische Gesellschaft, die den Bau der Strecke Namur–Lüttich durchführte, von seiner Konstruktion überzeugen, und baute zwei Prototypen für diese Bahn. Da die Bauarbeiten an der Strecke jedoch nur langsam vorankamen, wurden die Lokomotiven bei der London & North Western Railway eingesetzt, einem Konkurrenzunternehmen zur Great Western Railway. Zwischen diesen beiden Eisenbahngesellschaften sollte sich in der Folge noch ein erbitterter Kampf um die beste Lokomotivkonstruktion entwickeln. Die »London«, so nannte sich nun die »Namur«, zog auf der Strecke London–Walverton einen 12-Wagen-Zug mit der Durchschnittsgeschwindigkeit von 94 km/h und der Höchstgeschwindigkeit von über 105 km/h. Als die Great Western Railway bald darauf die »Firefly-«-Maschinen zum Einsatz brachten, wurde der Geschwindigkeitsrekord wieder zurückgewonnen. Crampton baute daraufhin die »Liverpool«; sie hatte gegenüber der »Firefly« eine größere Heizfläche und einen höheren Kesseldruck und war auch schwerer. Diese »Liverpool« soll über 126 km/h erreicht haben. Die Strecke der London & North Western Railway war jedoch zur damaligen Zeit nicht so gut trassiert, so daß die Lokomotiven ihre Höchstgeschwindigkeit nicht voll fahren konnten.

Liverpool. Sie ist der Prototyp der zweiten Crampton-Generation, die ab 1848 gebaut wurde. Um eine etwas größere Heizfläche zu gewinnen, verwendete der Konstrukteur einen Kessel mit 300 Heizrohren. Er mußte aber zur besseren Gewichtsverteilung eine weitere Laufachse einbauen (Achsfolge 3A); das tat er, ohne dabei jedoch den Gesamtachsstand zu ändern.

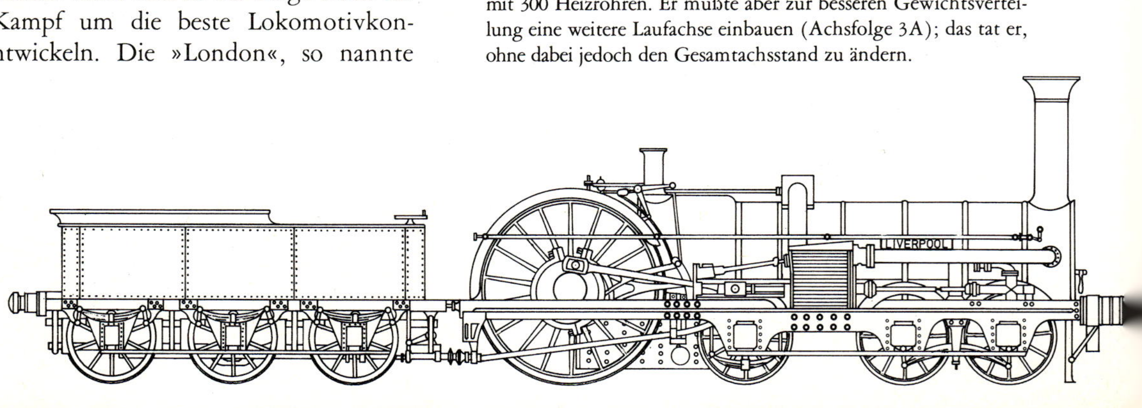

Le Continent. Diese Lokomotive wurde in englischer Lizenz von Cail im Jahre 1852 gebaut. Sie ist eine der besten Konstruktionen, die aus den Crampton-Typen hervorgegangen sind. Die »Le Continent« war die erste französische Schnellzuglokomotive; die enormen Treibräder mit dem Durchmesser von 2,30 m sind der augenscheinlichste Beweis dafür. Der Rahmen dieser »Crampton« war aus doppelten Metallholmen zusammengesetzt. Die etwa in der Mitte der Maschine befestigten Zylinder übertrugen die Kolbenbewegung über zwei große Treibstangen auf die Treibräder. Deutlich erkennbar sind die äußeren Dampfzuführungen sowie die Abdampfleitungen von den Zylindern zur Rauchkammer. Die Lokomotive war auf der Strecke Paris–Straßburg im Dienst, und zwar bis 1914. Sie ist heute im Museum in Mülhausen zu sehen.

Chemins de Fer du Nord Nr. 165–170. Diese französische »Crampton« hatte zum erstenmal eine Walschaerts-Steuerung, im Gegensatz zu allen anderen Maschinen dieses Typs, die mit der Stephenson-Steuerung ausgerüstet waren. In Frankreich wurden insgesamt 127 Lokomotiven dieses Typs gebaut, und alle leisteten gute Dienste im Schnellzugverkehr. Ihre guten Laufeigenschaften veranlaßten Napoleon III., am 30. Juli 1853 ein kaiserliches Dekret zu unterzeichnen, demzufolge diese Lokomotiven auf der Nordbahn mit der Höchstgeschwindigkeit von 120 km/h verkehren konnten; in Wirklichkeit jedoch erreichten sie Höchstgeschwindigkeit von 140 km/h und darüber, was sie der guten Dampfnutzung und dem niedrigen Schwerpunkt verdankten. Diese 1859 von Cail erbauten Lokomotiven zählen zu den besten Konstruktionen der Nord-Serie.

In Frankreich war man von der Crampton-Konstruktion begeistert – dies auch dank einiger zusätzlicher Verbesserungen. Unter anderem kamen diese Maschinen bei der Reseau du Nord, bei der Compagnie de l'Est und bei der Paris–Lyon–Méditerranée (PLM) zum Einsatz.

Auch in Deutschland konnte man diese Konstruktion häufig antreffen. Sie wurde von Woehlert und Maffei gebaut, von Kessler und der Maschinenfabrik Karlsruhe und noch von vielen anderen.

In Amerika dagegen kam sie kaum zur Anwendung: Insgesamt wurden dort nur 13 Maschinen eingesetzt.

Die Pfalz. Das ist eine von Maffei 1853 in seinen Werkstätten in Bayern gebaute Crampton-Lokomotive, die für die pfälzischen Eisenbahnen bestimmt war. Typisch für die »Crampton« ist jedoch nur die Grundkonzeption, sonst wurden vom Münchner Konstrukteur zahlreiche Änderungen vorgenommen, so zum Beispiel die außen am Rahmen angebrachten Zylinder, die gesamte Steuerung und das Triebwerk. Dadurch konnte gegenüber der traditionellen »Crampton« der Zugang zu diesen Teilen spürbar verbessert werden. Diese Lokomotive wurde dadurch aber breiter, was dem Gesamteindruck ziemlich schadete.

Das große Eisenbahnfieber

Ab 1850 begann der Aufstieg der Eisenbahn. Selbst jene Leute, die bis dahin die Dampflokomotive nur belächelt hatten und ihr keine Zukunft gaben, mußten sich mehr und mehr vom Nutzen dieser Einrichtung überzeugen lassen. Immer mehr Länder wollten jetzt ein großes Eisenbahnnetz haben. Wie von einem Fieber gepackt, baute man Strecke um Strecke, und so dehnte sich das europäische Netz bald von Frankreich bis Rußland und von Skandinavien bis nach Italien aus.
Eine derart schnelle und enorme Erweiterung des Eisenbahnnetzes brachte jedoch auch viele Probleme mit sich, die nicht einmal von den Eisenbahnkonstrukteuren selbst rechtzeitig erkannt wurden. So wurde beispielsweise um die Mitte des 19. Jahrhunderts der Verkehr auf langen Strecken mit leichten Lokomotiven abgewickelt, an die – neben den Personenwagen – meist ein Gepäck- und ein Postwagen angehängt wurden. Der erst allmählich aufkommende Güterverkehr dagegen benötigte schon bald starke und schwere Lokomotiven, um die Beförderung von Kohle und anderen Waren zu ermöglichen. Man wollte damit auch dem Schiffstransport auf den Flüssen in Europa und Amerika Konkurrenz machen, was schließlich auch gelang.

Matarò. Die erste spanische Eisenbahnlinie von Barcelona nach Matarò wurde 1848 mit dieser Lokomotive eröffnet. Sie war im selben Jahr von Jones & Potts in Warrington (England) gebaut worden und entsprach in ihrer Konzeption den Maschinen vom Typ Allan-Crewe. Sie hatte einen Rahmen mit außenliegenden Holmen und außenliegenden, leicht nach hinten geneigten Zylindern; sie war ca. 12 m lang und entwickelte eine Zugkraft von 22,4 kN. Ohne Tender hatte sie das Gewicht von 26 t. Heute gibt es eine orginalgetreue Nachbildung, die anläßlich der Hundertjahrfeier der spanischen Eisenbahn gebaut wurde.

Diese unterschiedlichen Anforderungen im Personen- und Güterverkehr konnten also nicht mehr von einem Lokomotivtyp bewältigt werden. So mußten also für jede Verkehrsart eigene Maschinen konstruiert werden, die den Betrieb – je nach Einsatzart – schnell, sicher und wirtschaftlich durchführen konnten.
Die erfolgreichen Patentee- und die Crampton-Maschinen waren den neuen Anforderungen nicht mehr gewachsen. Man hatte zwar schnelle Lokomotiven gebaut, aber keine zugkräftigen. → S. 54

L'Elephant. Sie wurde im Jahr 1835 von Taylor & Co., Lizenznehmer der Firma Robert Stephenson & Co., gebaut und war die Lokomotive des Eröffnungszuges der ersten belgischen Eisenbahnlinie von Brüssel nach Mecheln. Die »L'Elephant« hatte ursprünglich die Achsfolge B1, also vorne zwei Treibachsen und dahinter eine Laufachse; 1849 wurde sie jedoch grundlegend umgebaut, ihre Achsfolge war daraufhin 1B. Die Laufachse war also nach vorne gesetzt worden. Sie erhielt bei dem Umbau auch einen neuen Kessel, der mehr Dampf erzeugen sollte. Die »L'Elephant« hatte 73,5 kW Leistung und 20 t Betriebsgewicht.

Chiabrera. Sie war eine von 12 Lokomotiven, die zwischen 1853 und 1860 von Cockerill für die Bahnen im Königreich Sardinien gebaut wurden, zu dem auch das piemontesische Nordwestitalien gehörte. Sie hielt sich an die Konzeption der amerikanischen »Norris« mit der Achsfolge 2'B, die in Europa etwa zehn Jahre vorher eingeführt worden waren. Das vordere Fahrwerk hatte einen sehr kurzen Achsstand, die Zylinder waren etwas erhöht und geneigt eingebaut worden; die Treibräder hatten den bescheidenen Durchmesser von 1,26 m. Mit Stephenson-Steuerung ausgerüstet, entwickelte sie 162 kW und erreichte die Geschwindigkeit von 65 km/h. Ihr Betriebsgewicht betrug 27,3 t, wovon 21,2 t auf das Reibungsgewicht entfielen.

L'Auroch. Als Camille Polonceau am 1. August 1848 die Verantwortung für das Fahrzeugmaterial der Paris-Orléans-Bahn übertragen wurde, steckte er sich als erstes Ziel, den Lokomotivpark auf den neuesten technischen Stand zu bringen. Eine bedeutende Konstruktion dieser Zeit für den Güterzugdienst wurde zwischen 1854 und 1856 in einer Stückzahl von 34 Exemplaren gebaut. Diese Lokomotiven hatten die Achsfolge C, Blechrahmen und Gußstahlzylinder, die an den Holmen des Rahmens angenietet waren. Die Feuerung lag ursprünglich zwischen der zweiten und dritten Achse, wurde aber bei der zweiten Serie nach hinten versetzt. Die Lokomotiven dieses Typs blieben viele Jahre in Betrieb; 1930 waren es noch 30 Stück.

Bloomer. Diese Lokomotive wurde 1854 nach einem Entwurf von J. E. Mac Connell für die südlichen Bahnlinien der London & North Western Railway erbaut. In der Konstruktion wich sie von der damals üblichen Ausführung ab. Der Kessel saß sehr hoch über dem Fahrwerk, damit für die inneren Treibstangen genügend Raum blieb; dadurch lag auch der Schwerpunkt sehr hoch. Durch das Fahrwerk mit den großen Treibrädern (Durchmesser 2,13 m) hatte man einen guten Durchblick; das trug den Maschinen fast offiziell den Namen »Bloomer« ein. Dieser Name geht auf die Amerikanerin Amely Bloomer zurück, die zu jener Zeit bei der Damenmode kürzere Röcke einführte.

Sturrock. Sie wurde von R. & W. Hawthorn für die Great Northern Railway erbaut und war die erste englische Lokomotive mit der Achsfolge 2A1. Archibald Sturrock hatte den ehrgeizigen Plan, in acht Stunden von London nach Edinburgh fahren zu können. Dieses Ziel wurde jedoch mit dieser Lokomotive nie erreicht, da sie zu groß und zu schwer war und zu Entgleisungen neigte. Ungewöhnlich für die Zeit waren die starre Anordnung der beiden vorderen Laufachsen und die spurkranzlosen Treibräder. Die Lokomotive hatte das Betriebsgewicht von 37,5 t und war bis 1870 im Einsatz.

Bristol und Exter Railway. Für diese Breitspurstrecken baute James Bearson hervorragende 2A2-Maschinen, die 1853 in Betrieb genommen wurden. Aus verschiedenen Gründen waren diese Lokomotiven bemerkenswert: das ungewöhnliche Fahrgestell mit je zwei Laufachsen vor und hinter der Treibachse, der große Durchmesser der Treibräder mit 2,74 m, und die Anordnung der Zylinder, die seitlich unter dem Kessel hervorstanden. 1868 wurden diese Maschinen durch eine zweite Serie von vier Lokomotiven ersetzt (hier eine Abbildung). Die Lokomotiven hatten Treibräder ohne Spurkranz, und ihr Betriebsgewicht betrug 50,8 t, wovon 18,8 t auf das Reibungsgewicht entfielen.

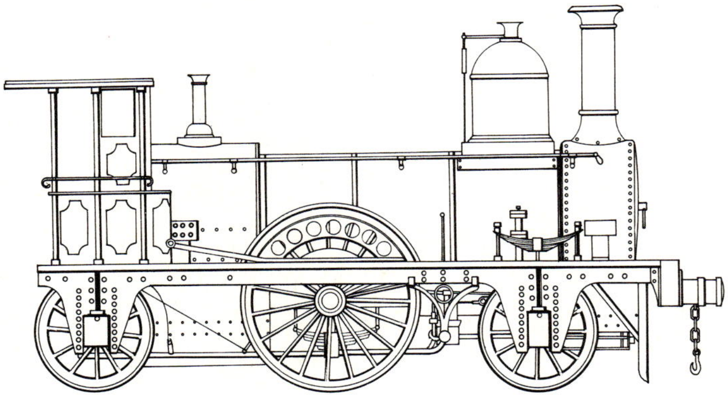

Lüneburg. Georg Egestorff baute zwischen 1853 und 1867 für die braunschweigische Eisenbahn eine Serie von 13 Lokomotiven, die der englischen »Jenny Lind« sehr ähnlich waren. Dies waren die ersten Schnellzuglokomotiven auf der Strecke zwischen Berlin und Köln. Wie bei der englischen Maschine waren die Laufachsen an den Außenholmen und die Treibachse an den Innenholmen gelagert. Die Feuerung saß zwischen der zweiten und dritten Achse, und auf dem Kessel war nahe der Rauchkammer ein großer Dampfdom angebracht.

Die Konstrukteure mußten nahezu von vorne anfangen, denn sie konnten sich nur auf wenige Erfahrungen stützen. So entstand eine Reihe von Konstruktionsprinzipien, die immer wieder geändert und verbessert wurden, bis sich schließlich wenige gute Konzeptionen herauskristallisierten. Diese Entwicklung dauerte etwa von 1850 bis 1870; in dieser Zeit waren viele neue Eisenbahnfirmen entstanden, da man nicht immer im Ausland einkaufen, sondern den einheimischen Konstrukteuren eine Chance geben wollte. Besonders ausgeprägt war diese Entwicklung in Italien, der Schweiz, Spanien, in Teilen Österreichs und in verschiedenen deutschen Staaten.

Bei den Lokomotiven wurden zur Verbesserung des thermischen Wirkungsgrades größere Feuerungen eingebaut. Durch die dadurch größeren Rost- und Heizflächen konnte man auch auf den teueren Koks als Brennmaterial verzichten. So entstanden Feuerungen, die tief zwischen den Treibachsen angeordnet waren und, wie die vom Typ Belpaire, einen rechteckigen Querschnitt hatten, wegen der Spurweite recht schmal und lang wurden, oder aber sie saßen über den Rädern – dort stand die gesamte Breite des Fahrzeugs zur Verfügung.

Corsair. In Amerika hatte man seit langem erkannt, daß für schnelle Güter- und Personenzüge nur Lokomotiven mit beweglichem vorderem Laufgestell zufriedenstellende Laufeigenschaften zeigen. Allmählich setzte sich diese Erkenntnis auch in Europa durch. Eines der ersten Fahrzeuge war die »Corsair«. Daniel Gooch hatte sie 1854 für die Breitspurstrecken der South Devon Company gebaut, die später mit der Great Western Company fusionierte. Sie war eine Tenderlokomotive mit der Achsfolge 2'B und hatte ein interessantes Bremssystem: Bisher hatte man immer Klotzbremsen verwendet, die einen großen Verschleiß der Räder zur Folge hatten; bei dieser Lokomotive nun baute man eine Art Schienenbremse ein, eine wesentliche Errungenschaft für den Lokomotivbau.

Heidelberg. 1854 baute die Maschinenfabrik Esslingen für die württembergische Eisenbahn diese Lokomotive, ein Mittelding zwischen einer europäischen »Norris« und einer »Crampton«. Sie hatte vorne ein zweiachsiges Laufgestell, ihre Außenzylinder saßen waagerecht im Rahmen, und die Feuerung war zwischen den Treibrädern (Durchmesser 1,84 m) angeordnet. Der Druck im Kessel betrug 6,9 bar bei einer Heizfläche von fast 6,8 m^2.

Eine weitere Verbesserung versprach man sich auch von einer gut durchkonstruierten Zylindersteuerung. Der Belgier Egide Walschaerts hatte 1844 zum erstenmal ein Patent für eine derartige Einrichtung bekommen, und auch der Deutsche Heusinger entwickelte 1849 eine sehr ähnliche Konstruktion. Mit dieser Steuerung wurde es möglich, die Kolben unabhängig von der Fahrgeschwindigkeit jeweils auf der gewünschten Seite mit Dampf zu beaufschlagen. Dadurch konnte eine beträchtliche Dampfersparnis erreicht werden, wodurch auch die Abstände der Betriebshalte vergrößert werden konnten.

Weiterhin vergrößerte man die Kesseldurchmesser bis zu den zulässigen Höchstwerten und konnte dadurch die Zahl der Heizrohre – und damit die Heizfläche – vergrößern. Ebenso stieg auch der Kesseldruck auf 9,8 bar; dadurch mußten aber auch zuverlässiger arbeitende Sicherheitsventile gebaut werden.

Gegen Ende der fünfziger Jahre bekam Ramsbottom das Patent für eine derartige Einrichtung, gefolgt von den Konstruktionen von Ashton, dem Franzosen Lethuillier-Pinel und dem in Skandinavien weitverbreiteten Ventil von Richardson.

→ S. 58

Toess. Diese Lokomotive war eine der ersten in der Schweiz. Sie war 1854 von Maffei für die Nordostbahn gebaut worden und entsprach im wesentlichen dem europäischen Norris-Typ. Die »Toess« war die dritte einer Serie von Lokomotiven, die ab 1847 in der Schweiz bei Escher, Wyss & Cie. in Zürich und in Deutschland gebaut wurden. Diese Fahrzeuge hatten Treibräder mit dem Durchmesser von 1,67 m, ihre Höchstgeschwindigkeit betrug 50 km/h, und ihr Betriebsgewicht lag bei 43,7 t, wovon 14,2 t auf das Reibungsgewicht entfielen.

Kufstein. Eine typisch deutsche Maschine war die »Kufstein«, die 1853 bei Maffei in München für die bayerische Eisenbahn gebaut worden war. In jener Zeit bekamen die deutschen Lokomotiven überhaupt ihr charakteristisches Aussehen, nachdem man bis dahin zwanzig Jahre lang nur ausländische Fahrzeuge nachgebaut hatte. Die »Kufstein« hatte die für jene Zeit beachtliche Rostfläche von 1,1 m², eine Heizfläche von 78 m² und den Kesseldruck von 6,9 bar. Sie hatte ein Betriebsgewicht von 23 t, bei einem Reibungsgewicht von 9,5 t.

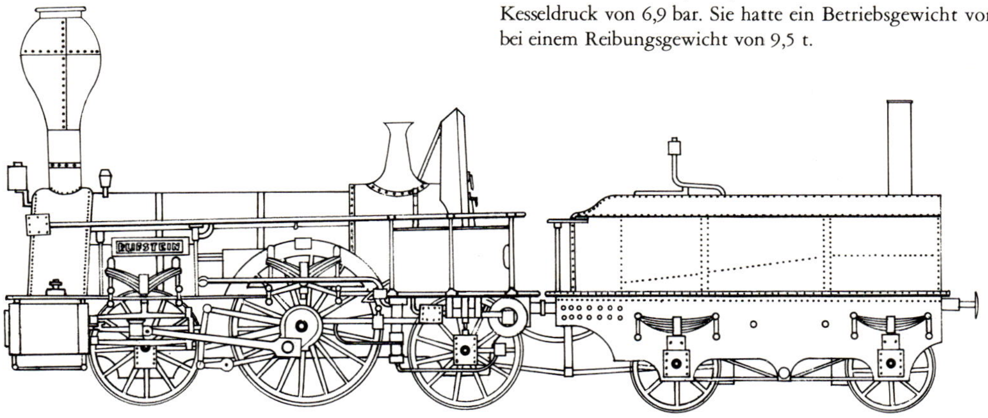

Güterzuglokomotive · Reihe DX *(rechts)*. Diese Güterzuglokomotiven wurden zwischen 1855 und 1872 von der London & North Western Railway in Betrieb genommen. Der Entwurf stammte von John Ramsbottom, der der Leiter dieser Gesellschaft war. Die Vielseitigkeit und die robuste und einfache Bauart führten dazu, daß von verschiedenen Herstellern insgesamt 943 Exemplare gebaut wurden, die bis 1930 in Betrieb waren.

Sampierdarena. Dies ist die erste in Italien konstruierte und gebaute Lokomotive. Graf Cavour, piemontesischer Ministerpräsident unter Victor Emanuel II., war ein großer Befürworter der heimischen Eisenbahnindustrie, und so betraute er 1854 Giovanni Ansaldo in Genua mit dem Auftrag, für die Eisenbahnstrecke von Turin nach Rivoli eine Lokomotive zu bauen. Die »Sampierdarena« hatte viel Ähnlichkeit mit einer in England weitverbreiteten Konstruktion. Die Lokomotive hatte die Achsfolge B1, Innenzylinder und Innenrahmen, sowie eine große Feuerung zwischen der zweiten und dritten Achse. Mit dem Kesseldruck von 7,8 bar konnte sie eine Leistung von 306 kW erzeugen. Ihre Treibräder hatten den Durchmesser von 1,6 m, ihr Betriebsgewicht lag bei 27,8 t, wovon 21 t Reibungsgewicht waren. Ihre Länge über Puffer betrug 12,7 m, und bei den ersten Probefahrten erreichte sie die Geschwindigkeit von 65 km/h.

L'Aigle *(oben).* Diese Lokomotive erregte auf der Pariser Weltausstellung 1855 mit ihren 2,84 m großen Treibrädern – für Normalspurlokomotiven einzigartig – großes Aufsehen. Sie war von Blavier und Larpent, Ingenieuren der Compagnie de l'Ouest, entworfen und von Gouin in Batignolles gebaut worden. Sie hatte einen durch die Treibachsen zweigeteilten Kessel und den erstaunlichen Kolbenhub von 800 mm im Zylinder. Nach einigen Versuchsfahrten auf der Strecke der West-Bahn, die zu großen Enttäutschungen führte, wurde sie jedoch bald aus dem Verkehr gezogen.

Raigmore *(unten).* Durch William Barclay, Neffe von Alexander Allan, der mit Buddicom die bekannten Crewe-Maschinen entworfen hatte, unterstützt, baute 1855 Hawthorn aus Leith diese Lokomotiven für die Inverness & Nairn Railway. Sie trugen die typischen Züge der Konstruktionen von Allan. Die vier Lokomotiven dieser Serie hoben sich besonders durch den Einbau zweier Sicherheitsventile und durch einen großen Außenrahmen mit außenliegenden Zylinder hervor und hatten keinen Dampfdom. Die »Raigmore« wurde bis zu ihrem völligen Umbau 1869 im Personen- und Güterzugdienst eingesetzt.

East Indian Railway. Dies war die zweite Gesellschaft, die 1855 einen planmäßigen Liniendienst auf der 217 km langen Strecke von Kalkutta nach Raneeganj einrichtete. Zum Fahrzeugpark gehörte eine Serie von Tenderlokomotiven mit der Achsfolge 1A1; die hier abgebildete war von Kitson in England erbaut worden. Die Maschinen waren vielseitig einsetzbar. Sie hatten Treibräder mit 1,80 m Durchmesser und das Reibungsgewicht von 10 t; sie entwickelten eine Zugkraft von ca. 16 kN.

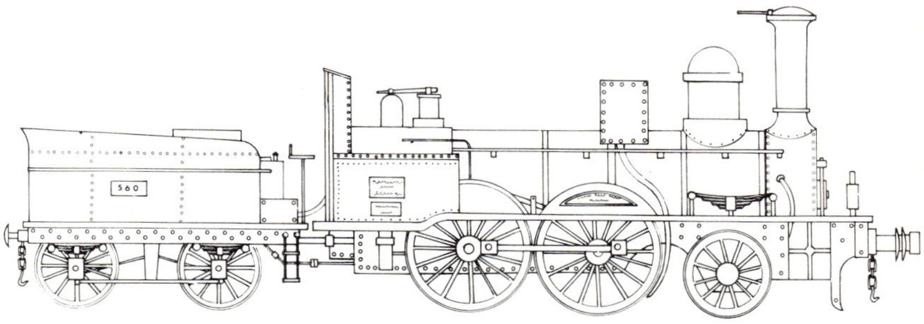

Compagnia di Vittorio Emanuele. 1858 entwarf der Franzose Gouin die Lokomotiven mit den Nummern 396 bis 400. Diese Maschinen hatten eine Rostfläche von 1,21 m² und einen Kesseldurck von 8,8 bar. Mit Ausnahme der Kuppelstangen zwischen den 1,68 m großen Treibrädern lag der ganze Antrieb innen. Das Betriebsgewicht betrug 27,3 t, das Reibungsgewicht 19,2 t, und ihre Höchstgeschwindigkeit lag bei 75 km/h. Diese Lokomotiven wurden vor Personenzügen auf der Strecke von Culoz nach Modane eingesetzt. 1866 kam die sardinisch-piemontesische Eisenbahnlinie Vittorio Emanuele zu Frankreich und wurde dort in die Paris-Lyon-Méditerranée (PLM) eingegliedert.

Mammouth P.L.M. · 1856

Le Mammouth

Der Wunsch nach größeren und leistungsfähigeren Lokomotiven führte 1846 in Frankreich zum Bau von Maschinen mit der Achsfolge C, eine Konstruktion, die in England bereits großen Erfolg hatte. Zur Mammouth-Generation zählen auch die Lokomotiven mit den Nummern 1224–1243 der PLM, die 1856 in Nimes gebaut wurden und bis 1926 im Einsatz waren. Diese Lokomotiven hatten schräg eingebaute Zylinder (Durchmesser von 430 mm und dem Kolbenhub von 640 mm), die an dem Innenrahmen befestigt waren. Der Kessel – ohne Dampfdom – war für den Druck von 8,8 bar ausgelegt. Die Lokomotiven hatten dreiachsige Tender und erreichten die Höchstgeschwindigkeit von 70 km/h. Nicht nur in Frankreich, auch in anderen Ländern Europas waren diese Maschinen sehr bekannt. So erschienen 1849 auch in Italien die ersten Mammouth-Lokomotiven. 1878 waren es bereits 91 Fahrzeuge dieser Bauart. In Spanien gehörte diese Bauart sogar zu einer der drei Standard-Lokomotivtypen. Die MZA (Madrid-Zaragoza-Alicante) kaufte zwischen 1857 und 1858 bei den Engländern Wilson und Kitson sowie dem Franzosen Cail insgesamt 47 Maschinen. Die spanischen »Mammouth« hatten Zylinder mit 440 mm Durchmesser und einem Hub von 600 mm, Stephenson-Steuerung und Treibräder mit einem Durchmesser von 1,43 m. Mit dem Tender hatten sie ein Betriebsgewicht von 49,3 t. Diese Lokomotiven blieben 107 Jahre im Dienst, eine davon ist erhalten.

Mammouth M.Z.A. · 1857

Paris–Orléans · Nr. 720–791. Nach den sehr erfolgreichen Güterzuglokomtiven von 1854 (»L'Auroch«) baute Camille Polonceau 1855–1858 für die Paris–Orléans-Linie eine zweite Serie von 72 Lokomotiven. Er verkürzte den Achsstand, indem er die dritte Achse näher an die zweite setzte; dadurch wurde die Feuerung wieder überhängend. Das mußte man in Kauf nehmen, da die Lokomotiven auf Bahnstrecken mit engen Kurven zum Einsatz kamen. Die Maschinen mit den Nummern 720–791 konnten auf der Steigung von Etampes Züge mit dem Gewicht von 250 t mit der Geschwindigkeit von 30 km/h ziehen.

Die Versorgung des Kessels mit frischem Wasser warf jedoch immer größere Probleme auf. Die Pumpen und sonstigen mechanischen Einrichtungen reichten nicht mehr aus; so führte 1859 der Franzose Giffard eine Kesselspeisung ein, die mit dem aus den Zylindern entweichenden Dampf gemischt wurde. Außerdem wurden auch Kondensationsanlagen verwendet und erste Versuche mit Speisewasservorwärmung durchgeführt. Letztere Methode fand erst gegen Ende des 19. Jahrhunderts auf breiter Ebene Anwendung.

Auch die Auspuffanlage wurde in jenen Jahren zahlreichen Änderungen unterworfen. Während die amerikanischen Konstrukteure für jeden Zylinder einen eigenen Auspuff vorsahen, suchte man in Europa nach einer Anlage, die geeignet war, den Dampf durch den Schornstein entweichen zu lassen und gleichzeitig den Ausstoß an Verbrennungsrückständen niedrig zu halten. Besonders bei holzgefeuerten Lokomotiven war dieses Problem häufig aufgetreten und hatte gelegentlich Brände verursacht. So entstanden die großen Schornsteine,

→ S. 61

Die Prärierösser

In den Jahren, in denen sich in Europa die einzelnen nationalen Bauarten durchsetzten, herrschte in Amerika das große Eisenbahnfieber. So kann man in den Berichten der fünfziger Jahre von gewaltigen Streckenneubauten lesen: 1851 wurden 17.500 km dem Betrieb übergeben, im Jahre 1852 waren es 21.500 km, 1853 waren es 25.000 km, ein Jahr später 31.500 km, und 1855 sogar 35.000 km. Wegen der technischen und klimatischen Schwierigkeiten in großen Teilen des Landes war es jedoch damals noch nicht möglich, die Pazifik- mit der Atlantikküste zu verbinden.

Von verschiedenen Konstrukteuren wurden für diese Bahnen Lokomotiven gebaut. Am meisten verbreitet jedoch war der America-Typ (s. S. 26) mit der Achsfolge 2'B. Eine der berühmtesten Lokomotiven dieses Typs war die »General« aus dem Jahre 1855. Sie war von den Rogers Locomotive Works in Paterson, NJ, erbaut worden und kam bei der Western & Atlantic

General · 1855

Allan-Typ. Diese Lokomotiven sind eine Weiterentwicklung des Crewe-Typs. Im Februar 1855 wurden sie in Crewe gebaut. Durch die Achsfolge 1B war es möglich, die Feuerung zwischen den weit auseinanderliegenden Treibachsen anzuordnen. Auffallend sind der robuste Außenrahmen, die geneigt neben der Rauchkammer angeordneten Zylinder und der große Tender. Die Treib- und Kuppelstangen dieser Lokomotiven hatten, im Gegensatz zu der zylindrischen Form des Crewe-Typs, einen Rechteckquerschnitt. Zum Einsatz kamen diese Lokomotiven bei der London & North Western Railway.

Chillon. Diese Lokomotive wurde 1857 in Karlsruhe gebaut. Sie war für die Compagnie de l'Ouest in der Schweiz bestimmt und gehörte zur zweiten Generation der Schweizer Personenzuglokomotiven. Die Konstruktion entsprach den Langrohrkessel-Maschinen. Sie hatte waagerechte Außenzylinder und eine überhängende Feuerung. Die Achsfolge war 1B, die vier Treibräder hatten den Durchmesser von 1,68 m, und der Kessel war für einen Druck von 7,8 bar ausgelegt. Das Betriebsgewicht der »Chillon« betrug 40 t, wovon 18 t auf das Reibungsgewicht entfielen; ihre Höchstgeschwindigkeit war 70 km/h, der Anschaffungspreis lag bei 67.000 Franken.

Railroad zum Einsatz. Rogers galt als großer Revolutionär im Lokomotivbau der damaligen Zeit, vor allem wegen seiner Idee, die Zylinder zusammen mit dem gesamten Triebwerk außen am Fahrgestell anzuordnen. Die »General« wurde durch ein militärisches Ereignis während des amerikanischen Sezessionskrieges (1861–1865) berühmt. Zusammen mit Soldaten des Unionsheeres beschlagnahmte Oberleutnant Andrews diese Maschine und fuhr mit ihr los, um den Nachschub der Konföderierten zu unterbrechen, der über die Strecke von Atlanta nach Chattanooga rollte. Nach 140 km blieben sie jedoch ohne Brennmaterial liegen und konnten so von Oberleutnant Fuller eingeholt werden, der mit seinen Männern auf der »Texas«, einer Lokomotive derselben Bauart, gefolgt war.

William Mason, der 1857 die »Phantom« für die Toledo & Illinois Railroad baute, war einer der ersten Konstrukteure in New England, der die Bauart von Rogers übernahm. Seine »Phantom« hatte Zylinder mit dem Durchmesser von 381 mm und dem Kolbenhub von 559 mm sowie Treibräder mit dem Durchmesser von 1,68 m.

Phantom · 1857

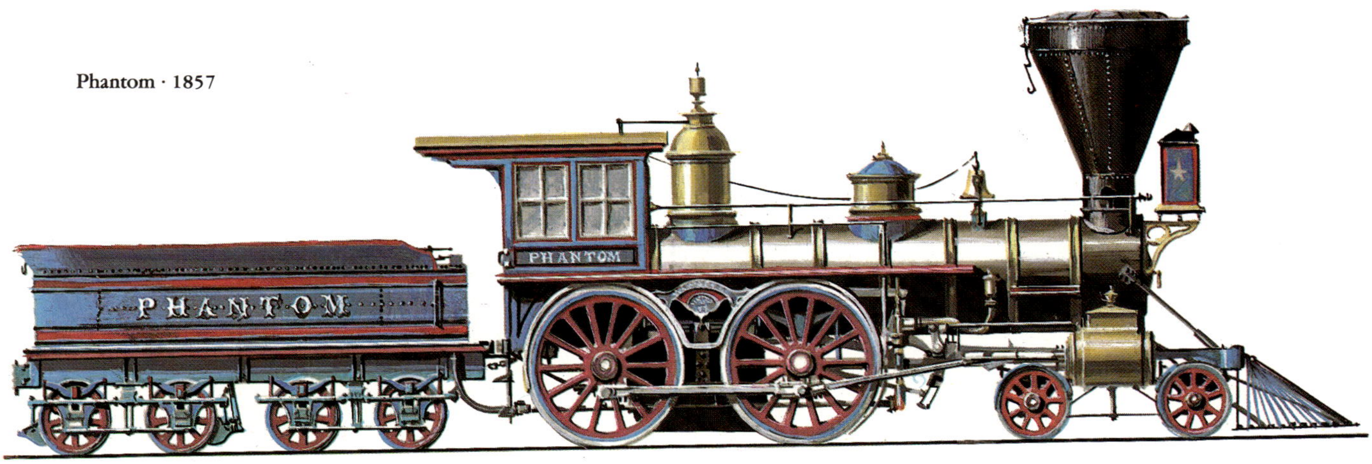

Die erste Bourbonnais · 1854

Le Bourbonnais

Dem zunehmenden Güter- und Personenverkehr auf den französischen Bahnen ab 1854 war die »Mammouth« nicht mehr gewachsen. Daher bauten Cail und Koechlin für die Compagnie du Bourbonnais 50 neue Lokomotiven mit drei gekuppelten Achsen. Diese Konstruktion war in den darauffolgenden Jahrzehnten eine der weitestverbreiteten in Europa. Allein die PLM (Paris–Lyon–Méditerranée) stellte 1854 Lokomotiven dieses Typs in Dienst.

Die »Bourbonnais« hatte ursprünglich waagerechte Außenzylinder mit dem Durchmesser von 450 mm und dem Kolbenhub von 650 mm sowie Treibräder mit dem Durchmesser von 1,3 m. Ihre Feuerung war überhängend angeordnet worden. Außerdem hatte sie eine Stephenson-Steuerung und nahe der Rauchkammer einen Regler der Bauart »Crampton«. Die späteren Maschinen wurden alle mit einem Sandkasten ausgerüstet, der oben auf den Kessel aufgesetzt wurde. Die »Bourbonnais« der PLM konnten mit einer Geschwindigkeit von 25 km/h in der Ebene Züge mit 1228 t, bei 5‰ mit 508 t und bei 10‰ Steigung mit 306 t ziehen.
Die ausgereiftesten Lokomotiven dieser Bauart lieferte Cail 1858 an die Schweizer Compagnie de l'Ouest: Sie hatte die charakteristische Form der ursprünglichen französischen Lokomotiven, jedoch verfügte sie über eine vergrößerte Rostfläche von 1,4 m² und einen Kessel, der für 8,8 bar ausgelegt war. Das Gesamtgewicht der Schweizer Lokomotiven betrug 50,3 t, das Reibungsgewicht 32,3 t.

Eine Bourbonnais der Schweizer Compagnie de l'Ouest · 1858

Gotha. In Deutschland bauten Lokomotivfirmen noch immer Langrohrkessel-Maschinen; dabei entstanden einige hochinteressante Konstruktionen. Eine davon war die »Gotha«, die 1855 von dem Berliner August Borsig an die Eisenbahn in Thüringen geliefert wurde. Die Grundkonzeption hatte die bekannte Form: Außenzylinder mit Stephenson-Kulissen-Steuerung, Feuerung mit quadratischem Querschnitt und großer Kuppel mit eingebautem Dampfdom. Auffallend ist das kleine Blechdach, das dem Lokomotivpersonal etwas Schutz gewähren sollte.

Einkorn. Die württembergische Eisenbahn setzte lange Jahre die Lokomotiven der Bauart Norris mit der Achsfolge 2'B ein. So stellten sie auch 1859 wieder Personenzuglokomotiven in Dienst, die zur Klasse E gehörten und nach demselben Schema gebaut worden waren. Die »Einkorn«, die dieser Klasse angehörte, wurde in Esslingen gebaut und hatte für die damalige Zeit einige beachtliche Neuerungen. Der Abstand der beiden gekuppelten Achsen war wegen der dazwischenliegenden Feuerung ziemlich groß, die vorderen Laufachsen dagegen lagen nahe beieinander. Auf dem Kessel mit kreisförmigen Querschnitt saßen außer dem Kamin ein großer Dampfdom, ein Sandkasten und ein Regler der Bauart Crampton.

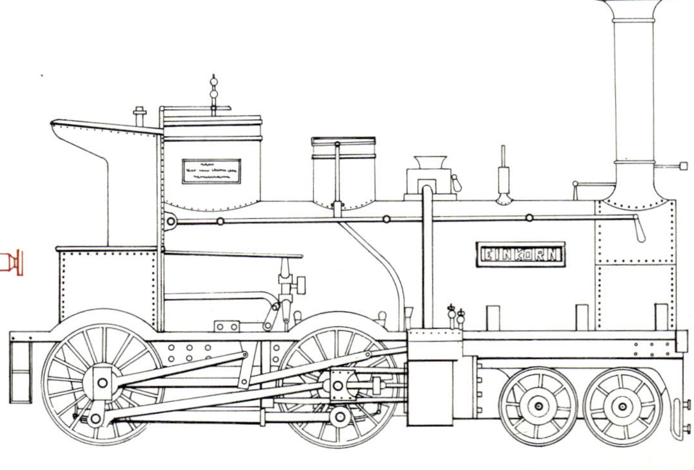

die sich nach oben konisch erweiterten. Sie hatten nur den Nachteil, daß die Saugwirkung auf den Zug des Kessels niedriger wurde.
Vom äußeren Eindruck her verlor die Lokomotive in jenen Jahren immer mehr ihr »maschinenmäßiges« Aussehen; sie wurde zu einer harmonisch ausgewogenen Konstruktion. Besonders in England versuchte man, der Lokomotive ein schönes und elegantes Erscheinungsbild zu geben. In Deutschland mußte zu jener Zeit häufig noch die Eleganz der Zweckmäßigkeit den Vorrang einräumen – ebenso in Österreich-Ungarn; dort hatten die Lokomotiven jedoch sehr charakteristische Formen. In Frankreich gab man sich auf diesem Gebiet keine Mühe – trotzdem entstand dort eine der schönsten Konstruktionen, die in ganz Europa berühmt wurde: die »Bourbonnais.« Besonders zu erwähnen ist die Ausführung der amerikanischen Maschinen. Die Konstrukteure hatten dort in gewisser Euphorie ihre Lokomotiven besonders reichlich herausgeputzt, vielleicht aus dem Bedürfnis, ein bedeutendes Wahrzeichen der USA-Geschichte zu ehren.

Zürich. Diese Lokomotive mit einer einzigen Treibachse (Single-driver) wurde von August Borsig im Jahre 1858 für die Eisenbahngesellschaft Leipzig-Dresden gebaut. Es handelte sich hierbei um eine Konstruktion streng nach dem Schema der englischen Langrohrkessel-Maschinen, sogar das Laufwerk, das auf die 25 Jahre früher gebaute »Patentee« zurückgeht, wurde übernommen. Das Betriebsgewicht betrug 27,8 t und das Reibungsgewicht – wegen der einzelnen Treibachse – nur 11,6 t. Als die Privatbahnen am 1. Januar 1875 zur sächsischen Staatsbahn vereint wurden, wurde auch diese Lokomotive mit übernommen.

Prinz August *(oben).* Dies ist die erste Lokomotive, die in Schweden zum Einsatz kam. Sie war 1856 von Beyer & Co. in Manchester gebaut worden und hatte die Achsfolge 1B, nach vorne überhängende Außenzylinder, Treibräder mit dem Durchmesser von 1,68 m und eine Rostfläche von 1,38 m²; sie war für einen Kesseldruck von 6,9 bar ausgelegt. Das Betriebsgewicht einschließlich Tender betrug 38 t, wovon 18,3 t als Reibungsgewicht genutzt werden konnten. Die »Prinz August«, die eine Höchstgeschwindigkeit von 60 km/h erreichte, wird heute im schwedischen Eisenbahnmuseum aufbewahrt.

Barcelona-Granollers *(unten).* Auf der kurzen Strecke von Barcelona nach Granollers, einem kleinen katalanischen Ort, kamen 1859 sechs Lokomotiven mit der Achsfolge 2'B zum Einsatz. Sie waren von Slaughter & Grunning gebaut worden, hatten Innentriebwerk, aber äußere Kuppelstangen, und einen vergrößerten Kessel. Das vordere Laufwerk hatte einen Außenrahmen und war über große Blattfedern aufgehängt. Die Lokomotiven dieser Baureihe waren über ein halbes Jahrhundert im Einsatz; 1911 wurden die letzten ausgemustert.

Olten. Zu Beginn der zweiten Hälfte des vorigen Jahrhunderts kam in der Schweiz der Wunsch nach stärkeren Lokomotiven auf. Die Schweizer Eisenbahngesellschaften verfolgten daher mit großer Aufmerksamkeit die Probefahrten einer für die damalige Zeit beachtlichen Lokomotive auf den schwierigen Gebirgsstrecken der österreichischen Alpen. Diese Lokomotive war von dem österreichischen Ingenieur Engerth konstruiert worden (s. S. 80). Die »Olten«, die man dieser Maschine nachbaute, wurde 1854 von Emil Kessler in Esslingen hergestellt und an die Schweizer Centralbahn abgeliefert. Die Besonderheit dieser Maschinen bestand in ihrer Fahrwerksaufteilung. Während die beiden Treibachsen fest mit dem vorderen Teil der Lokomotive verbunden waren, stützte sich der hintere Teil auf zwei von den drei Laufachsen des Tenders ab. Diese sogenannten Stütztender-Lokomotiven zogen auf 10‰ Steigung noch Züge mit einem Gesamtgewicht von 220 t.

Nembo. Diese Lokomotive, nach englischem Vorbild gebaut, trat 1857 auf den Strecken Norditaliens in Dienst. Auch diese war eine von neun Single-driver-Lokomotiven aus der großen Serie, die jenseits des Ärmelkanals bei Beyer Peacock & Co. in Manchester gebaut wurden. Jedes Bauteil dieser Lokomotive fügt sich harmonisch an das andere, so daß sie ein sehr schönes Aussehen hatten. Die technische Ausrüstung der Lokomotiven war in keiner Weise bemerkenswert: Kesseldruck 6,9 bar, Treibraddurchmesser 1,88 m und eine Stephenson-Steuerung. Die »Nembo« hatte eine Leistung von maximal 154 kW und erreichte die Geschwindigkeit von 70 km/h. Sie hatte das Betriebsgewicht von 29,5 t und ein Reibungsgewicht von 13,2 t.

Lady of the Lake. Sie gehörte zur Baureihe »Problem«, die von John Ramsbottom nach genauen Anweisungen der London & North Western Railway entworfen wurde. Diese Eisenbahngesellschaft wollte billige und wartungsarme Lokomotiven. Die »Lady of the Lake« wurde 1862 in Crewe erbaut, sie hatte die schon klassische Achsfolge 1A1 und die von Allan-Crewe-Maschinen übernommene Zylinderanordnung, jedoch keinen Außenrahmen, der sonst bei dieser Bauform immer zur Anwendung gekommen war. Eine Lokomotive dieser Reihe fuhr mit der Durchschnittsgeschwindigkeit von 87 km/h die 210 km lange Strecke von Holyhead nach Stafford, dies dank der zwischen den Gleisen angeordneten Wassergräben zum Füllen des Tenders während der Fahrt (eine Erfindung von Ramsbottom).

Atalanta. Joseph Beattie hatte wesentlichen Anteil am Fortschritt des Lokomotivbaus. Er verwendete größere Feuerungen, die nicht mehr mit Koks, sondern mit der viel billigeren Steinkohle betrieben werden konnten. Außerdem baute er vorne in Höhe der Kulisse der Steuerung ein Laufgestell mit einer einzelnen abgefederten Achse ein und verwendete eine Einrichtung zur Speisewasservorwärmung. Die »Atalanta« war eine von 62 Lokomotiven (Achsfolge 1 B), bei denen alle technischen Errungenschaften der damaligen Zeit zur Anwendung kamen. Die London & South Western Railway setzten diese Lokomotive ab 1859 auf den Strecken von London nach Salisbury und nach Bournemouth ein. Auffallend waren die beiden Rohre neben dem Kamin, die der Vorwärmung des Speisewassers durch den Abdampf der Zylinder dienten.

Caledonian Railway. Eine weitere Bauform der Allan-Crewe-Konstruktion war diese Lokomotivbaureihe, die Benjamin Conner für die Caledonian Railway entwarf. Das Fahrgestell bestand aus massiven Außenholmen, daran waren die Zylinder, die auch mit der Rauchkammer Verbindung hatten, waagerecht befestigt. Der Durchmesser der Treibräder erreichte den ungewöhnlichen Wert von 2,48 m. Diese Lokomotiven, die 1859 in St. Rollox, Glasgow, gebaut wurden, bestachen durch ihre Zuverlässigkeit und Leistungsfähigkeit auf steigungsreichen Strecken. Bis 1885 im Einsatz, wurde die letzte erst 1901 ausgemustert.

Delaware, Lackawanna & Western. Dies ist eine der bemerkenswertesten Lokomotiven aus der America-Serie, die in den Vereinigten Staaten Ende der fünfziger Jahre im Einsatz waren. 1858 wurden sie von Danforth, Cook & Co. in Paterson, New Jersey, für die Strecken mit Breitspur (6 Fuß = 1829 mm) erbaut. Sie wurden mit Kohle beheizt und hatten eine riesige Feuerung, die zwischen den beiden Treibachsen und dem zylindrischen Teil des Kessels eingebaut war. Die Zylinder hatten den Durchmesser von 432 mm und einen Hub von 559 mm; der Durchmesser der Treibräder betrug 1,68 m.

Kopernicus Eine weitere sehr elegant wirkende Single-driver-Konstruktion war diese deutsche Lokomotive, die 1860 in Esslingen für die hessische Eisenbahn gebaut worden war. Sie hatte Treibräder mit dem Durchmesser von 1,68 m und einen Kesseldruck von 6,9 bar. Beachtenswert sind die waagerechten Zylinder, die weit nach vorne vorgezogen worden waren, und die Feuerung, die zwischen der zweiten und dritten Achse saß. Das Betriebsgewicht lag bei 25 t, das Reibungsgewicht bei 11,5 t.

Südbahngesellschaft. Für diese österreichische Eisenbahngesellschaft bauten eine österreichische Firma und der Deutsche Emil Kessler 1859 mehrere Lokomotiven für den gemischten Dienst. Der Entwurf dieser Lokomotiven mit der Achsfolge 1B wird dem Engländer Joseph Hall zugeschrieben, der ab 1839 viel zur Entwicklung der Eisenbahnindustrie in Bayern und Österreich beigetragen hatte. Die Lokomotiven hatten zwei parallele Außenholme an jeder Seite, an denen außen das Triebwerk und die Steuerung angeordnet waren. Die Feuerung war im hinteren Teil des zylindrischen Kessels untergebracht.

Graz-Köflacher Eisenbahn. Die Konzeption von Hall wurde auch bei diesen Lokomotiven mit drei Treibachsen angewendet, die 1860 für die Graz-Köflacher Eisenbahn gebaut wurden. (Das geschlossene Führerhaus wurde später eingebaut). Die Feuerung war hinten überhängend eingebaut, dadurch konnte der Achsstand auf ein Minimum reduziert werden, was den Einsatz auf den schwierigen Strecken dieser Eisenbahn sehr erleichterte. Insgesamt wurden 219 Lokomotiven dieses Typs in Dienst gestellt. Sie waren bis 1965 im Einsatz, und eine davon ist heute noch vor Sonderzügen zu sehen.

Romont. Die Schweizer Eisenbahngesellschaft Lausanne–Freiburg–Bern stellte einen vermutlich einmaligen Lokomotiv-Typ in Dienst, die besonders für die Steigung zwischen Romont und Bulle konstruiert war. 1862 wurden zwölf Tenderlokomotiven von Emil Kessler in Esslingen für diese Bahnstrecke gebaut. Ihre besonderen Kennzeichen waren: Achsfolge 2'B mit vorderem Laufgestell, Wasserbehälter um den Kessel gebaut, Heizfläche 103,8 m², Außenzylinder mit 410 mm Durchmesser und 612 mm Hub, Treibräder mit 1,37 m Durchmesser und ein Betriebsgewicht von 41 t (Reibungsgewicht 27 t). Die »Romont« hatte die Länge über Puffer von 10,12 m, erreichte die Geschwindigkeit von 60 km/h und konnte in der Ebene 500 t und auf einer Steigung von 12‰ 350 t ziehen. Für die relativ kurze Strecke war die Tenderlokomotive ausreichend, es mußte also kein zusätzlicher Tender angehängt werden. Die »Romont« war die letzte dieser Serie; sie war bis zu ihrer Ausmusterung im Jahre 1905 in Betrieb.

Paris-Orléans · Nr. 236–250. M. Victor Fourquenot, der zu den fortschrittlichsten Eisenbahningenieuren zählte, ließ 1862 eine Serie von 15 Lokomotiven mit der Achsfolge 1A1 bauen, die eine charakteristische Konstruktion zeigten: Die Steuerung vom Typ Gooch und die Zylinder saßen außen am Rahmen, die Feuerung lag zwischen der zweiten und der dritten Achse, und die Rauchkammer hatte einen größeren Durchmesser als der Kessel. Diese kleinen Lokomotiven leisteten gute Arbeit beim Einsatz vor Postzügen auf der Strecke von Paris nach Bordeaux, wo sie eine Reisegeschwindigkeit von 60 km/h erreichten – und das bei 17 Zwischenhalten. Besonders auf den Steigungen mangelte es diesen Lokomotiven jedoch an Reibungsgewicht; daher wurden sie 1900 als Schnellzuglokomotiven auf ebenen Strecken eingesetzt.

Kuessaburg. Dies ist eine weitere Hall-Konstruktion, die in Deutschland lange Zeit produziert wurde. Diese Lokomotive mit dem Namen »Kuessaburg« wurde 1862 in Karlsruhe für die badische Staatsbahn gebaut und hatte wieder die Achsfolge 1B, wie die Lokomotiven der österreichischen Südbahngesellschaft. Beachtlich sind die großen Blattfedern, die der Lokomotive ein spezielles Aussehen gaben. Der Regler, Bauart Crampton, zur Steuerung des Dampfeintritts in die Zylinder wurde ein fester Bestandteil der Maschinen dieses Typs.

Bicyclette. Mit diesem Namen wollten die Eisenbahner der französischen Compagnie de l'Ouest eine Tenderlokomotive charakterisieren, die von Cail zwischen 1855 und 1884 in einer Stückzahl von 134 Exemplaren gebaut worden war. Es handelte sich dabei um eine Nahverkehrs- und Rangierlokomotive. Auffallend waren die Wasserbehälter, die über die ganze Länge des Kessels reichten. Die Achsfolge war 1'B und der Antrieb lag innen. Die Rostfläche hatte die Größe von 1,04 m², der Kesseldruck betrug anfänglich 8,3 bar, und der Treibraddurchmesser lag bei 1,66 m. Die »Bicyclette« hatte das Betriebsgewicht von 37 t und erreichte die Höchstgeschwindigkeit von 60 km/h. Sie wurde vor allem zwischen Paris und seinen Vororten eingesetzt.

Rauhenstein. In den Werkstätten der Staatlichen Eisenbahngesellschaft (StEG) in Wien wurde 1857 für die Südbahngesellschaft eine Lokomotive gebaut, bei der versucht wurde, die schlechten Laufeigenschaften der Norris-Lokomotiven auszumerzen. Die Zylinder (395 mm Durchmesser, 580 mm Kolbenhub) setzte man ziemlich in die Nähe des Schwerpunkts; dadurch war es möglich, die Treibstangen auf die hintere Treibachse wirken zu lassen, die wegen der Feuerung weit hinten saß. Damit wollte man einen Massenausgleich schaffen. Die »Rauhenstein« entsprach jedoch nicht den Erwartungen, und so wurde sie auch nicht weitergebaut.

Ilmarinen. Zusammen mit drei weiteren Lokomotiven war sie die erste Lokomotive in Finnland. Sie war in England gebaut worden und kam auf der Strecke von Helsinki nach Hämeenlinna zum Einsatz. Sie hatte ein etwas ungünstiges Aussehen, da sie eine Mischung aus englischen und amerikanischen Lokomotivkonstruktionen war. Auch eine Verwandtschaft zum Allan-Crewe-Typ konnte man erkennen. Dieser Typ beeinflußte nicht nur die Lokomotivkonstruktionen in England. Ungewöhnlich ist die Lage der Außenzylinder an den Holmen des Rahmens. Die Treibräder dieser Lokomotiven hatten den Durchmesser von 1,52 m, und der Kessel war für einen Druck von 8,3 bar ausgelegt. Die »Ilmarinen« hatte ein Betriebsgewicht von etwa 29 t und das Reibungsgewicht von 17,8 t; sie war bis 1911 im Dienst.

Caroline. Dies ist die älteste noch erhaltene Lokomotive Norwegens. Sie war 1861 zusammen mit einer weiteren Lokomotive dieser Serie von Robert Stephenson & Co. an die Norsk Hoved Jernbane abgeliefert worden. Die Konzeption entsprach dem damaligen Entwicklungsstand, auch wenn sie etwas kleinere Abmessungen hatte. Das Fahrwerk mit der Achsfolge 1'B hatte Treibräder mit dem Durchmesser von 1,43 m; die außenliegenden Zylinder hatten einen Durchmesser von 305 mm und den Kolbenhub von 508 mm. Lange Jahre war die »Caroline« auf der Strecke von Oslo nach Charlottenburg an der schwedischen Grenze im Einsatz, bis sie 1919 an eine Privatfirma verkauft wurde. Von dieser Firma kauften die norwegischen Staatsbahnen 1954 die Lokomotive zurück und restaurierten sie für die Hundertjahrfeier der ersten Eisenbahn Norwegens.

Dom Luiz. Auch diese Lokomotiven mit der Achsfolge 1A1, die 1862 von Beyer Peacock & Co., Manchester, für die Südostbahn Portugals gebaut wurden, entsprachen dem allgemeinen Entwicklungsstand im englischen Lokomotivbau. Sie waren ähnlich konstruiert wie die »Jenny Lind« und hatten am Innenrahmen gelagerte Treibachsen, während die Laufachsen vom Außenrahmen geführt wurden. Auffallend ist das Fehlen des Dampfdomes, der bei der Ursprungsausführung vorhanden war. Die »Dom Luiz« war über 70 Jahre im Einsatz und wurde nach ihrer Ausmusterung grundlegend restauriert.

Great North of Scotland Railway. Diese Lokomotive der Einheitsbauart wurde 1862 von Robert Stephenson & Co. an die Great North of Scotland Railway geliefert. Sie war die erste dieser Serie und blieb bis 1923 im Einsatz, als diese Gesellschaft von der LNER übernommen wurde. Der Entwurf stammte von W. Cowan: Sie hatte die für England ungewöhnliche Achsfolge 2'B, Außenzylinder, einen Dampfdom, der nicht auf dem Kessel, sondern über der Feuerung lag, sowie Treibräder mit dem Durchmesser von 1,55 m. Die letzte Lokomotive dieser Serie blieb bis 1932 im Einsatz.

Rakete II. Die 1862 von G. Sigl in Wien gebaute und an die KFNB gelieferte Lokomotive war eine typisch österreichische Konstruktion. Sie hatte die Achsfolge 1A1, einen doppelten Rahmen, ein Außentriebwerk und Treibräder mit dem Durchmesser von 1,98 m. Der Kesseldruck betrug 5,3 bar, und die Heizfläche hatte die Größe von 106 m². Typisch für die österreichischen Lokomotiven dieser Zeit war der runde Dampfdom. Mit dem dreiachsigen Tender, der ein großes Fassungsvermögen hatte, hatte die »Rakete II« die Länge von 14,2 m, und an der höchsten Stelle des Kamins erreichte sie die Höhe von 4,7 m über Schienenoberkante. Dies zeigt, wie ungern man sich von den gewohnten großen Abmessungen löste.

Munin. Diese Lokomotive wurde von Beyer Peacock & Co., Manchester, 1864 zusammen mit sieben weiteren für den Einsatz vor Eilzügen nach Schweden geliefert. Sie war eine einfache aber elegante Maschine und prägte das Aussehen der englischen Lokomotiven über viele Jahrzehnte. Sie hatte Treibräder mit dem Durchmesser von 1,87 m und ein Innentriebwerk mit Allan-Steuerung. Das Betriebsgewicht lag bei 25 t, wovon 12 t auf das Reibungsgewicht entfielen. Die »Munin« erreichte die Höchstgeschwindigkeit von 90 km/h und war bis zum Jahre 1906 im Einsatz.

Rigi. Emil Kessler aus Esslingen übergab 1863 der Eisenbahn Zürich–Zug–Luzern vier von sechs Güterzuglokomotiven. Die »Rigi« war eine dieser Lokomotiven; sie hatte die Achsfolge B und mußte sich wegen des großen Überhangs zusätzlich auf der ersten Tenderachse abstützen. Sie wurde nach einem erfolgreichen Konstruktionsschema für Gebirgslokomotiven gebaut, das von Beugniot aus dem Jahre 1859 stammte (s. S. 81). Die Zylinder der »Rigi« waren außen angeordnet (Durchmesser 431 mm, Kolbenhub 686 mm), die Rostflächengöße betrug 1,4 m² und die Größe der Heizfläche 106 m²; die Treibräder hatten den Durchmesser von 1,37 m. Der Achsstand der Treibachsen betrug 2,44 m, wodurch eine gute Kurvengängigkeit erreicht werden konnte. Das Betriebsgewicht betrug 52 t – 26 t davon waren Reibungsgewicht, und die Höchstgeschwindigkeit der »Rigi« lag bei 40 km/h. 1878 wurde diese Lokomotive ausgemustert.

Belgische Staatsbahn · Reihe 28. Ingenieur Belpaire, der für das Gleismaterial der Staatsbahn zuständig war, erfand 1860 eine neue Feuerung. Vier Jahre später baute er sie bei dieser Lokomotive ein. Durch den quadratischen Querschnitt war es möglich, einen größeren Rost zu verwenden, der es gestattete, anstelle des teuren Koks zerkleinerte Kohle zu verbrennen. Die Belpaire-Feuerung bedeutete einen großen Fortschritt für die Entwicklung des Lokomotivbaus. Ab 1864 wurde bei den belgischen Lokomotiven ausschließlich diese Feuerung eingebaut. Die Güterzuglokomotivreihe 28 hatte drei gekuppelte Achsen, innenliegende Zylinder, Treibräder mit 1,45 m Durchmesser und ein Betriebsgewicht von 33 t. In den Jahren 1864 bis 1883 wurden 262 Lokomotiven dieses Typs gebaut. Mit Ausnahme von neun Exemplaren, die in Karlsruhe gebaut wurden, stammten alle Lokomotiven aus belgischen Fabriken. Die Baureihe 28 blieb bis 1931 im Einsatz.

Hertha. 1863 baute die Maschinenfabrik Esslingen eine Serie von 18 Lokomotiven für die dänische Sjaellandske Jernbaneselskab. Die letzte dieser Serie wurde 1871 abgeliefert. Sie entsprachen den deutschen Lokomotivkonstruktionen der damaligen Zeit mit der Achsfolge 1B. Sie hatten Außentriebwerk, Treibräder mit 1,64 m Durchmesser, und der Kessel war für 8,8 bar ausgelegt. Mit dem Betriebsgewicht von 30,7 t (Reibungsgewicht 19,1 t) erreichten sie die Geschwindigkeit von über 100 km/h.

Strade Ferrate Meridionali · Reihe 315. Diese Lokomotivbaureihe zählte zu den bedeutendsten Italiens. Die Maschinen hatten sehr viel Ähnlichkeit mit Baureihen anderer Länder, vor allem aber mit der französischen »Bourbonnais« (s. S. 60.) Die Lokomotiven hatten die Achsfolge C, Zylinder mit 450 mm Durchmesser und 650 mm Kolbenhub, eine Rostfläche von 1,35 m^2 und eine Heizfläche von 126,6 m^2; sie waren für einen Kesseldruck von 8,8 bar ausgelegt. Der Tender wog vollbeladen 20,9 t. Die Lokomotive brachte bei 30 km/h eine Leistung von rund 300 kW und konnte die Höchstgeschwindigkeit von 50 km/h erreichen. Von dieser Baureihe wurden in den Jahren 1864 bis 1879 bei der Société Alsacienne des Constructions Mécaniques und bei der Firma Pietrarsa in Neapel 34 Lokomotiven gebaut.

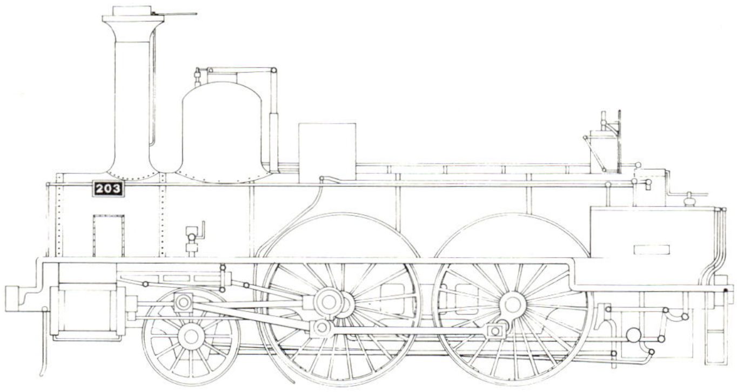

Paris-Orléans · Nr. 201–212. M. Victor Fourquenot sorgte für gewaltige Fortschritte im Dampflokomotivbau. Er entwarf 1864 diese Schnellzuglokomotive mit der Achsfolge 1B, die in über 400 Exemplaren gebaut wurde. Fouquenot hielt sich an die Langrohrkessel-Konstruktionen, federte aber jede Achse einzeln ab und baute vorne eine querverschiebliche Laufachse ein. Die Feuerung vom Typ Ten-Brinck war überhängend hinter der letzten Treibachse eingebaut. 1873 nahm die PO 94 Lokomotiven dieses Typs in Betrieb, die später von zwei anderen französischen Gesellschaften – PLM und État – übernommen wurden.

Cudworth. Die Lokomotiven der South Eastern Railway wurden auf den Strecken von London nach Dover und nach Folkstone vor Zügen eingesetzt, die Postsendungen in die Kolonien nach Indien und in den Fernen Osten transportierten. Die hier abgebildete Lokomotive wurde 1865 in Ashford nach einem Entwurf von J. I. Cudworth gebaut. Sie hatte das bekannte Fahrwerk der Patentee-Konstruktion (Achsfolge 1A1 und Außenrahmen) mit Treibrädern von 2,13 m Durchmesser. Ihr Kessel war für einen Druck von 8,9 bar ausgelegt, und ihr Betriebsgewicht betrug 33 t, wovon 12,5 t auf das Reibungsgewicht entfielen. Diese Lokomotiven zogen 20 Jahre lang den »Continental Mail Express« von London zum Admiralitätskai in Dover. Sie erreichten dabei die Geschwindigkeit von 80 Meilen/h (96,5 km/h).

Victorian Railways. Diese Gesellschaft ließ 1862 Lokomotiven der Klasse B mit der Achsfolge 1B bauen. Dank des ausgereiften Entwurfs und der perfekten Konstruktion zählten diese Lokomotiven zu den besten Australiens. Die erste Lieferung bestand aus 26 Maschinen, die zwischen 1862 und 1864 bei Beyer Peacock & Co. und R. & W. Hawthorn in England hergestellt wurden; 1872 folgten weitere sechs, und 1880 die letzten zwei Maschinen, die diesmal jedoch bei Phoenix Foundry in Ballarat in Australien gebaut wurden. Die typisch englischen Konstruktionsmerkmale (Innenzylinder, Außenrahmen mit blechverkleideten Holmen, äußere Kuppelstangen) trugen dieser Lokomotivklasse den Beinamen »Old English« ein. Der ursprünglich eingebaute Kamin mit Funkenfänger wurde später durch einen zylindrischen Schornstein ersetzt.

Metropolitan Railway. Dies sind die ersten Lokomotiven der Londoner Untergrundbahn, die bereits 1864 über ein großes Netz verfügte. Der Entwurf der Lokomotive stammte von Sir John Fowler, und gebaut wurde sie bei Beyer Peacock & Co. in Manchester. Bemerkenswert sind die technischen Details: Das Fahrgestell mit der Achsfolge 2'B bestand aus einem vorderen Laufdrehgestell und zwei gekuppelten Achsen, die Zylinder saßen schräg an der Rauchkammer, die Steuerung war vom Typ Allan, der Kessel hatte 164 Heizrohre und war für einen Druck von 8,9 bar ausgelegt. Die Tenderlokomotiven hatten eine Kondenseinrichtung, in der sich der Dampf aus den Zylindern niederschlug. Das Betriebsgewicht betrug 42 t, wovon 31 t auf das Reibungsgewicht entfielen. Nach den Unterlagen des Herstellers wurden zwischen 1864 und 1889 mindestens 148 Lokomotiven dieser Art gebaut, von denen 120 bei der Londoner Untergrundbahn zum Einsatz kamen. Als 1905 dieses Streckennetz elektrifiziert wurde, kamen sie auf Nebenbahnen oder wurden ausgemustert und zerlegt. Eine dieser Maschinen steht heute im London Transport Museum im Syon-Park in Brentford.

Staatsspoorwegen *(rechts).* Für die niederländischen Staatsbahnen war über 50 Jahre die Beyer Peacock & Co. in Manchester der Hauptlieferant für Lokomotiven. Die hier abgebildete Maschine gehörte zu einer Serie von 33 Lokomotiven, die 1865 abgeliefert worden waren und die wegen ihrer guten Leistungsfähigkeit und ihres eleganten Aussehens berühmt wurden. Sie hatten die Achsfolge 1B, Innentriebwerk und 1,67 m große Treibräder. Die Feuerung befand sich traditionsgemäß zwischen den beiden Treibachsen; zum Schutz des Personals diente eine einfache Blechplatte. Diese erste Lokomotivbaureihe, der bis 1872 noch weitere folgten, prägte lange Zeit das Aussehen des niederländischen Eisenbahnmaterials.

Chemin de fer Liégeois-Limburgeois *(unten).* Der Belgier Saint-Léonard aus Lüttich baute 1865 drei Tenderlokomotiven nach dem System Vaessen für diese Eisenbahngesellschaft, die ein Jahr später der niederländischen Staatsbahn eingegliedert wurde. Die Vaessen-Maschinen waren sehr ungewöhnlich (u. a. hatten diese Lokomotiven zum erstenmal Belpaire-Feuerung). Die Achsfolge 2'C stellte für jene Zeit in Europa eine Ausnahme dar. Das Laufgestell mit den eng beieinanderliegenden Achsen und die schräg und relativ hoch an der Rauchkammer sitzenden Zylinder ermöglichten eine gute Kurvengängigkeit.

Herford. 1866 baute Haswell in Wien für die Köln-Mindener Eisenbahn diese Maschine. Die Lokomotive mit der Achsfolge 1B hatte eine Stephenson-Feuerung und zum erstenmal einen Kessel, der nicht aus Gußeisen, sondern aus Stahl gefertigt worden war. Man versuchte auch, den Kalkablagerungen an den Kesselwänden vorzubeugen, was jedoch mit der damaligen Technologie noch nicht gelang. Erst gegen Ende des vorigen Jahrhunderts konnte dieser Mangel durch Zusätze bei der Speisewasseraufbereitung gemindert werden.

Reseau du Nord · Nr. 2451–2551. Der englische Lokomotivkonstrukteur Sharp vertrat die Ansicht, daß dreiachsige Lokomotiven mit einer hinteren Laufachse eine bessere Ausnutzung des Reibungsgewichts und der Laufstabilität hätten als solche mit einer vorderen Laufachse. Diese Auffassung wurde sowohl von der Paris-Lyon-Méditerranée (PLM) als auch der Reseau du Nord geteilt; letztere ließ 1867 mehrere Exemplare dieser hier dargestellten Lokomotive bauen. Sie hatten Innentriebwerk und Treibräder mit dem Durchmesser von 1,8 m, und sie wurden vor allem im schnellen Reise- und Güterzugverkehr eingesetzt. Die Lokomotiven, die ein Betriebsgewicht von 32,4 t hatten (Reibungsgewicht 23 t), fuhren die Güterzüge Tag für Tag mit Frischfisch-Ladung von den atlantischen Fischereizentren nach Paris.

New South Wales Government Railways. Zwischen 1865 und 1870 baute Beyer Peacock & Co. 13 Lokomotiven der Klasse 23 für diese bedeutende australische Eisenbahngesellschaft. Auffallend waren die schräg angeordneten Zylinder (Durchmesser 457 mm, Hub 610 mm) und der große Abstand zwischen Treib- und vorderer Laufachse. Die Treibräder der ersten drei Lokomotiven hatten den Durchmesser von 1,75 m, die der später folgenden nur noch 1,68 m, um die Zugkraft zu erhöhen. Die Lokomotiven der Klasse 23 wurden zunächst 25 Jahre lang vor schnellen Reise- und Postzügen eingesetzt, anschließend versahen sie noch als Nebenbahn- und Reservelokomotiven ihren Dienst.

Landwührden. Georg Krauss erbaute 1867 in München diese Lokomotive, die gleichzeitig seine erste war, und stellte sie im gleichen Jahr auf der Weltausstellung in Paris vor, wo sie eine Goldmedaille erhielt. Die einfache Lokomotive mit der Achsfolge B (Treibraddurchmesser 1,52 m) hatte ein Außentriebwerk und einen Kessel ohne Aufbauten, der für einen Druck von 9,8 bar ausgelegt war. Das Reibungsgewicht, das dem Betriebsgewicht entsprach, lag bei 27 t. Die Maschine wurde von der Oldenburgischen Staatsbahn in Betrieb genommen und war bis 1900 im Einsatz.

Ardennes. Diesen Namen trugen alle Lokomotiven vom Typ Bourbonnais der Compagnie de l'Est, die in den Ardennen zum Einsatz kamen. Die »Ardennes« hatten gegenüber den in Europa weitverbreiteten Original-Bourbonnais-Lokomotiven einen größeren Achsstand und weit vorgezogene Zylinder, um das Gewicht der hinten überhängenden Feuerung etwas abzufangen. Zwischen 1856 und 1884 waren insgesamt 346 Lokomotiven dieses Typs bei der Région Est im Einsatz.

Reihe A3. Die erste Lokomotive, die 1869 auf der finnischen Strecke von Riihimäki nach Petersburg zum Einsatz kam, war von Dübs in Glasgow gebaut worden und entsprach mit ihrer Achsfolge 2'B der Baureihe A1 (s. S. 66). Die Rostfläche wurde jedoch auf 1,24 m² vergrößert, die Heizfläche auf 81,7 m² reduziert und der Treibraddurchmesser auf 1,7 m erhöht. Außerdem hatte diese Lokomotivreihe eine Innensteuerung der Bauart Stephenson.

East Indian Railway *(unten)*. Diese Gesellschaft war das größte der acht Unernehmen, die im vergangenen Jahrhundert die Genehmigung hatten, auf der indischen Halbinsel Eisenbahnen zu betreiben. Bei dieser Gesellschaft kamen auch die Lokomotiven mit der Achsfolge C zu ihrem größten Ruhm. So waren 1930 noch über 1000 Stück im Einsatz. Die hier abgebildete Maschine, von Neilson & Co. in Glasgow gebaut, hatte ein Innentriebwerk, einen Kessel mit dem Dampfdruck von 8 bar und Treibräder mit dem Durchmesser von 1,52 m. Das Reibungsgewicht betrug 34 t, in der Ebene konnte sie Züge mit 470 t ziehen.

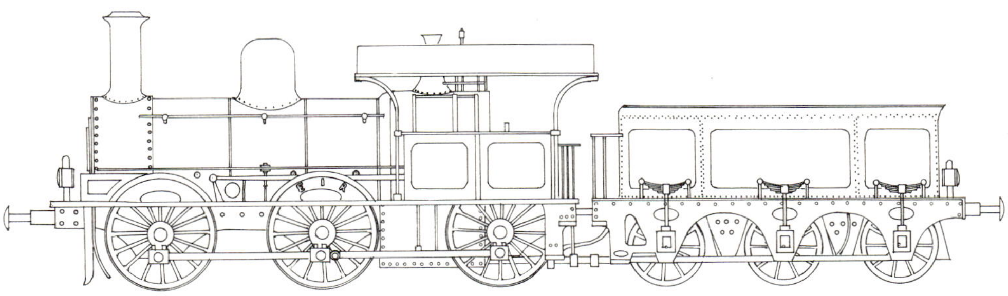

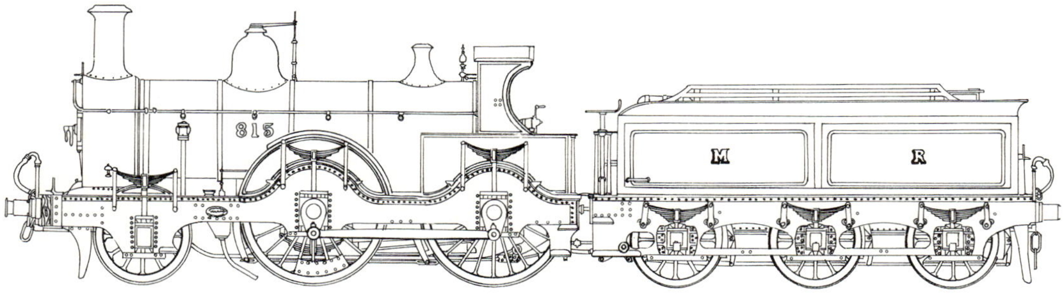

Kirtley. 1870 entwarf Matthew Kirtley für die Midland Railway eine Schnellzuglokomotive. Neilson & Co., Glasgow, baute nach diesem Entwurf 48 Lokomotiven. Diese Fahrzeuge hatten auf technischem Gebiet ein sehr hohes Niveau, da sie ausschließlich aus bewährten Elementen zusammengesetzt waren. Die Lokomotiven hatten das mittlerweile traditionelle Fahrgestell mit massiven Außenholmen, Innentriebwerk und ganz außen sitzender Kuppelstange. Die Zylinder hatten einen Durchmesser von 457 mm und den Kolbenhub von 610 mm. Außerdem waren die Lokomotiven mit Stephenson-Steuerung ausgestattet und hatten Treibräder mit dem Durchmesser von 2,06 m. Der Kessel enthielt 223 Heizrohre, und die gesamte Heizfläche betrug 113,8 m², das Gesamtgewicht der Maschine 40,5 t. Die Lokomotiven waren beim Personal sehr beliebt, da sie leicht und schnell zu bedienen waren. Die letzte »Kirtley« mit der Nummer 827 wurde erst im Juli 1936 ausgemustert.

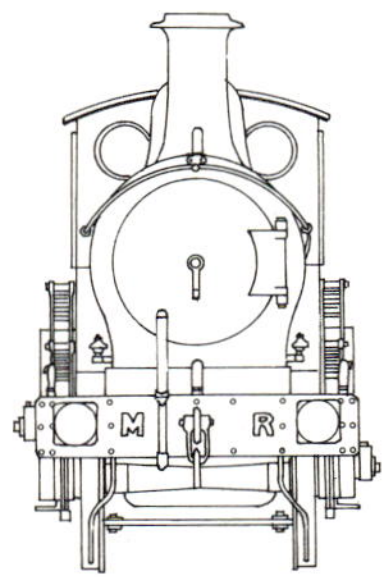

Stirling. Als Patrick Stirling 1870 für die Great Northern Railway diese Lokomotive mit der Achsfolge 2'A1 bauen ließ, erkannten nur wenige, daß das Fahrzeug, das aus bewährten Bauteilen zusammengesetzt worden war, eine Revolution im Dampflokomotivbau bedeutete. Die Maschine von Stirling, die sich an die englischen Single-driver-Konstruktionen anlehnte, hatte vorne ein zweiachsiges Laufgestell mit großem Achsstand und hinten zur Stützung der Feuerung eine zusätzliche Laufachse. Die Zylinder waren außen angeordnet, damit der Kessel und dadurch der Schwerpunkt nicht zu hoch zu liegen kam. So entstand eine schnelle und elegante Lokomotive, die eine große Laufruhe besaß. Von dieser Maschine wurden 53 Stück gebaut. Mit den 2,46 m großen Treibrädern fuhren sie von London nach York mit einer Reisegeschwindigkeit von 87 km/h. Die »Stirling« hatte als erste englische Lokomotive ein vorderes Laufdrehgestell. Die Nr. 1 steht im Eisenbahnmuseum von York.

Ventnor (Isle of Wight Railway) · 1868

Die Tenderlokomotive

Mit der fortschreitenden Entwicklung des Eisenbahnnetzes in den europäischen Ländern tauchten neue Probleme auf. Zum einen endeten die Bahnstrecken, die von außen an die größeren Städte herangeführt wurden, meist an verschiedenen Stellen, so daß zwischen diesen Bahnhöfen kürzere Verbindungsstrecken gebaut werden mußten. Zum anderen sollte die Vorortbevölkerung, die in der Stadt arbeitete und die Stadtmenschen, die sich in der Umgebung erholen wollten, schnell in die eine oder andere Richtung gefahren werden; denn diese Vororte verfügten oft nicht einmal über eine einfache Straßenverbindung zur Stadt. Infolge der Lage dieser Orte war jedoch auch vorauszusehen, daß kein großes Verkehrsaufkommen zu erwarten war. Für diese Bahnstrecken entstanden daher Lokomotiven, die sowohl leichte Personen- als auch Güterzüge über kurze Entfernungen ziehen konnten. Für diese Maschinen war es nicht erforderlich, große Mengen Wasser und Kohle mitzuführen, da ja nach relativ kurzer Zeit immer nachgefüllt werden konnte. Man entschloß sich deshalb, sowohl den Wasser- als auch den Kohlenbehälter unmittelbar auf der Lokomotive unterzubringen. Durch diese Anordnung konnten die Fahrzeuge auch für die Rückwärtsfahrt besser konstruiert werden, damit die Lokomotiven nicht ständig auf einer Drehscheibe gewendet werden mußten. Die Tenderlokomotiven waren in allen europäischen Ländern mit großem Erfolg im Einsatz im Gegensatz zu den Vereinigten Staaten, wo wegen der weiten Strecken und der schweren Eisenbahnwagen diese Lokomotiven nur in kleiner Zahl zum Einsatz kamen. Nicht einmal im Rangierdienst fanden sie Verwendung.

Die Tenderlokomotive war ein Universalfahrzeug, nicht nur für leichte Züge, auch als Hilfs- und Schiebelokomotive und als Rangierlokomotive war sie überall anzutreffen. Auf dieser Seite sind zwei englische Konstruktionen abgebildet: Die »Jura«, 1866 von Neilson & Co., Glasgow, für die London Chatham and Dover Railway gebaut, kam auf den Vorortstrecken um die englische Hauptstadt zum Einsatz, und die »Ventnor«, von Beyer Peacock & Co. für die Isle of Wight Railway gebaut, versah zusammen mit sechs weiteren Maschinen dieses Typs zwischen 1868 und 1923 den Dienst auf dem gesamten Eisenbahnnetz der Insel.

Jura (London Chatham and Dover Railway) · 1866

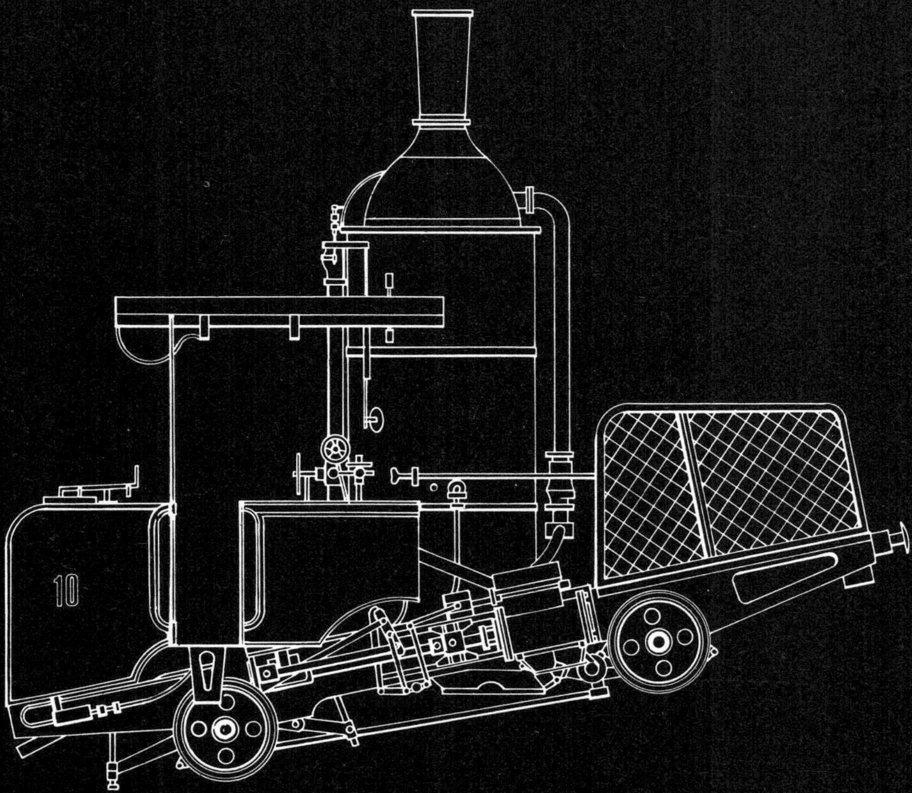
10

Die Eroberung der Berge

Alb. Diese Lokomotive wurde 1849 von Joseph Trick von der Maschinenfabrik Esslingen entworfen. Sie war eine der ersten Lokomotiven der Welt, die für Steilstrecken gebaut wurde und kam in der Schwäbischen Alb zum Einsatz. Die »Alb« hatte drei gekuppelte Achsen und die gleiche Feuerung und den gleichen Kessel wie die Langrohrkessel-Konstruktionen. Die Aufhängung der Achsen war jedoch neu: Die Blattfedern jeder Achse waren über Ausgleichshebel miteinander verbunden. Die Zylinder waren außen und geneigt angeordnet, und die Treibräder hatten den Durchmesser von 1,22 m. Zur Erzielung eines hohen Reibungsgewichtes wurden viele Teile, auch die Räder, aus Gußeisen hergestellt. Die »Alb« zog am 1. November 1849 einen 120-t-Zug über die Geislinger Steige (22‰). Die Lokomotiven dieser Bauart beanspruchten den Oberbau zu stark, so daß man sich entschloß, die vordere Treibachse in eine Laufachse umzuwandeln.

Man muß zum Beginn der fünfziger Jahre zurückkehren, um einem Umstand gerecht zu werden, der eine Besonderheit in der technischen und geschichtlichen Entwicklung der Eisenbahn darstellt. In jener Zeit fuhren die Lokomotiven fast überall, wo es flaches Land und weite Ebenen gab. In den Bergen war jedoch noch keine einzige Eisenbahn zu finden.

Der erste Versuch, diesen Mangel zu beheben, wurde in Österreich unternommen. Der in Venedig geborene Karl von Ghega war am Wiener Hofe einer der größten Befürworter der Eisenbahn. Er war es auch, der die Behörden zur Genehmigung des Baus einer Eisenbahnstrecke über den Semmering bewegen konnte. Diese Strecke sollte die dritte Verbindung zwischen dem Meer und der Mitte des Reiches werden. Die Arbeiten an dieser Strecke begannen 1848. Sie führte über viele Viadukte, durch viele Tunnels und erreichte Steigungen bis 25‰. Da zu jener Zeit jedoch keine Dampflokomotive eine solche Strecke hätte bewältigen können, schrieb die österreichische Verwaltung einen Wettbewerb für eine Güterzuglokomotive aus. In dieser Ausschreibung waren zahlreiche technische Daten festgelegt: z. B. Zugkraft, Geschwindigkeit, Kesseldruck und Brennstoffart. Aus damaliger Sicht schienen diese Forderungen jedoch unerfüllbar. Als Anreiz setzte man als ersten Preis 20 000 Dukaten für diejenige Lokomotive aus, die alle Bedingungen am besten erfüllte. Der zweite Preis betrug 10 000, der dritte 9000 und der vierte Preis 8000 Dukaten.

Für den 31. Juli 1851, den Tag, an dem der Wettbewerb entschieden werden sollte, waren vier Lokomotiven angemeldet. Jede war nach einem anderen Konstruktionsprinzip gebaut worden. Als Siegerin ging die »Bavaria« von Maffei aus München hervor – das aber nur, weil die zur Verfügung stehende Zeit nicht ausreichte, um die Leistungsfähigkeit der Gelenklokomotiven »Wiener Neustadt« und »Seraing« voll unter Beweis zu stellen. Leider erwiesen sich diese drei Lokomotiven und mehr noch die vierte – die »Vindobona« – für den Betrieb auf der Bergstrecke als untauglich. Trotz des Mißerfolges wurde die Entwicklung von Gebirgslokomotiven nun verstärkt vorangetrieben.

→ S. 81

Bavaria. Diese Lokomotive war die Siegerin des Wettbewerbs auf der Semmeringstrecke. Sie war von Maffei in München gebaut worden und nutzte das Reibungsgewicht optimal, da alle Achsen angetrieben waren. Jeweils zwei der vier Achsen waren über Stangen gekuppelt, und zwischen der zweiten und dritten Achse war eine Kette eingebaut. Diese Antriebsform hatte Stephenson schon 30 Jahre vorher bei den Killingworth-Lokomotiven angewandt. Zusätzlich zu den Treibachsen der Lokomotive wurde noch die erste Achse des Tenders über eine Kette mitangetrieben, die ihrerseits mit Stangen an die anderen Tenderachsen gekuppelt war. Dieser komplizierte Antrieb hatte zwar ziemliche Mängel, trotzdem konnte die »Bavaria« bei den Wettfahrten am Semmering die besten Ergebnisse erzielen. Sie zog einen Zug mit 132 t auf der 25‰-Steigung mit 18 km/h.

Vindobona. Diese Lokomotive hatte das normalste Aussehen von allen Maschinen, die am Semmering-Wettbewerb teilgenommen hatten, und war auch gleichzeitig die schlechteste. Sie war von Haswell mit der Achsfolge C gebaut worden. Während der Probefahrt bemerkte man, daß ihr Gewicht zu groß war, so baute man noch eine vierte Achse ein. Der Kessel war wie bei der »Seraing« aus zwei zylindrischen Teilen zusammengesetzt und hatte in seinem Inneren 286 Heizrohre. Die Feuerung, die eine ungewöhnliche Form hatte, war zunächst weit überhängend und hatte viel Ähnlichkeit mit denen, die der Belgier Belpaire später baute. Wegen des hohen Schienenverschleißes ließ man die »Vindobona« zu den Probefahrten nur mit einer vorderen Lauf- statt Treibachse zu. Das verringerte Reibungsgewicht führte zu häufigem Schleudern.

Seraing. Ebenfalls für den Semmering-Wettbewerb gedacht, wurde diese Lokomotive von Cockerill zum Teil nach einem Entwurf gebaut, für den der Ingeieur J. F. Laussmann der bergisch-brandenburgischen Eisenbahn ein Patent erhalten hatte. Auch die »Seraing« hatte zwei getrennte Antriebsgestelle mit jeweils zwei Achsen. Die Zylinder saßen innen an beiden Enden der Lokomotive. Um ein langes Rohrsystem zu vermeiden, wurde die Feuerung in der Mitte angeordnet. Die Brennstoffzufuhr erfolgte durch zwei seitliche Türen. Die Konstruktion hatte bereits Horatio Allen bei seiner »South Carolina« (s. S. 20) angewandt. Die »Seraing« war zunächst als Tenderlokomotive gebaut worden; da sie aber wegen ihres überhöhten Gewichts in vollbeladenem Zustand die Wettbewerbsbedingungen nicht erfüllte, mußte ein zusätzlicher Wagen für die Brennstoffvorräte und das Wasser angehängt werden. Wegen des hohen Brennstoffverbrauchs kam diese Lokomotive nur auf den dritten Platz.

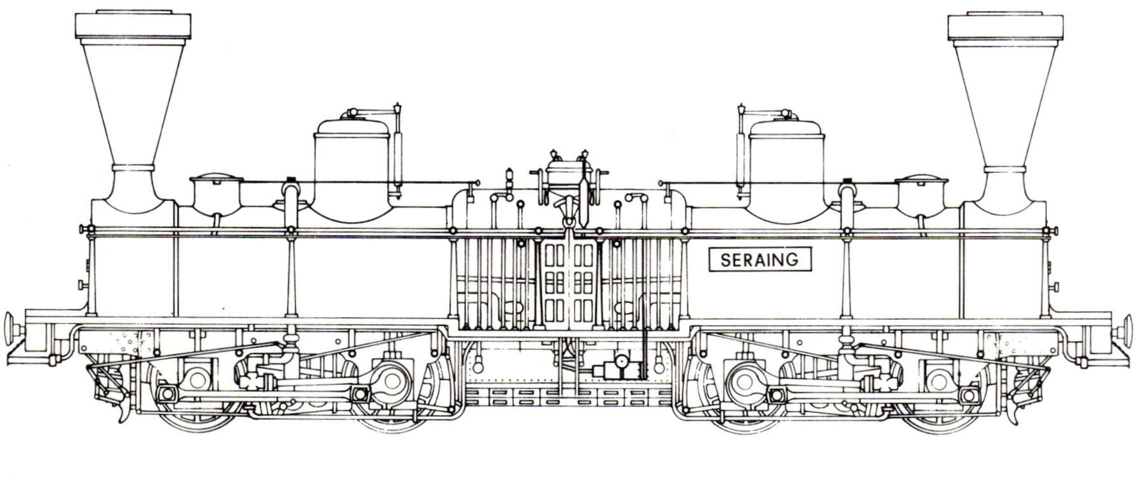

Die Mastodonti dei Giovi

Fast zur gleichen Zeit wie der Semmering-Wettbewerb ausgetragen wurde, sollte eine Verbindung zwischen Turin und dem Hafen von Genua, dem lebenswichtigen Handelsumschlagplatz und Industriezentrum für das gesamte ligurische und piemonteser Hinterland, erstellt werden. Dazu mußten aber die Apenninen mit einem 3260 m langen Tunnel unter dem Jaufengebirge (Giovi) und einer steigungsreichen Strecke mit bis zu 35‰ überwunden werden. Der Piemonteser Ingenieur Germano Sommeiller, der auch zu den Erbauern des Fréjus-Tunnels zählt, wollte mit Lokomotiven der Achsfolge B das Problem lösen, indem er jeweils zwei der Fahrzeuge, die bei Cockerill entworfen worden waren, Rücken an Rücken kuppelte. 1858 wurden von Cockerill in Seraing und Robert Stephenson & Co. in Manchester 20 derartige Lokomotiven gebaut. Sie hatten ein Außentriebwerk mit Stephenson-Steuerung, der Treibraddurchmesser betrug 1,07 m, die Leistung jeder einzelnen Lokomotive erreichte 140 kW, und das Reibungsgewicht, das dem Betriebsgewicht entsprach, betrug 28 t. Die 10 Doppellokomotiven konnten Züge mit 150 t Gewicht mit einer Durchschnittsgeschwindigkeit von 22 km/h auf der Strecke von Pontedecimo nach Busalla befördern. Die Höchstgeschwindigkeit dieser »Mastodonti dei Giovi« betrug 35 km/h.

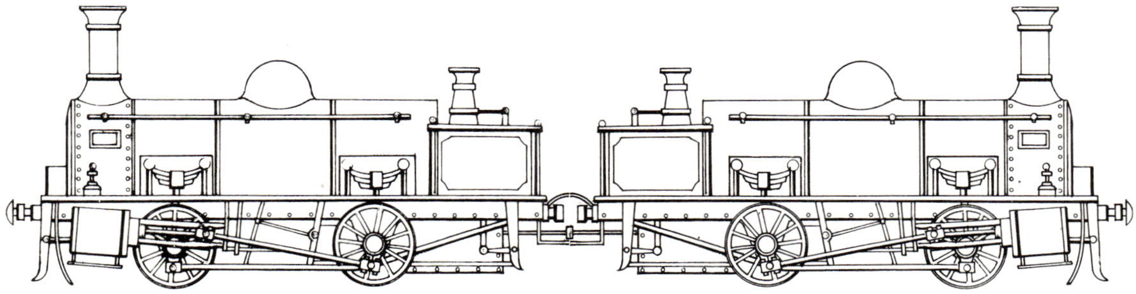

Wiener Neustadt. Diese Lokomotive, die mit drei anderen beim Wettbewerb am Semmering teilnahm, war von Günther in Wiener Neustadt gebaut worden. Auf dem Fahrgestell saß ein großer Kessel mit elliptischem Querschnitt, und darüber war ein weiterer Behälter angeordnet, auf dem in der Mitte ein viereckiger Dampfdom saß. An den Außenseiten des Kessels waren die Wasserbehälter angebracht. Eine revolutionierende Neuheit war das Fahrwerk: Es bestand aus zwei voneinander unabhängigen Fahrgestellen mit je zwei gekuppelten Treibachsen und zur Mitte hin angeordneten Zylindern. Diese Anordnung entspricht dem Lokomotivtyp Meyer, der 1873 auf der Weltausstellung in Wien vorgestellt wurde. Die »Wiener Neustadt« war die einzige Tenderlokomotive, die an dem Semmering-Wettbewerb teilnahm, und wegen des dadurch begrenzten Brennstoffvorrats erwies sie sich als unzureichend. Man wollte die Lokomotive nur kaufen, wenn diesem Übel abgeholfen würde, obwohl sie den zweiten Platz belegte und wegen ihrer technischen Neuerungen großes Interesse erregt hatte.

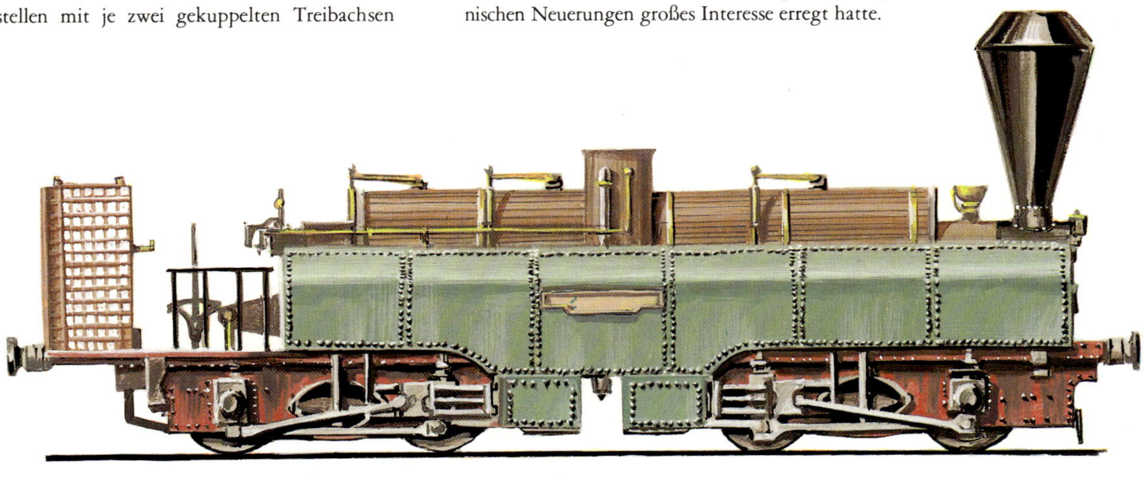

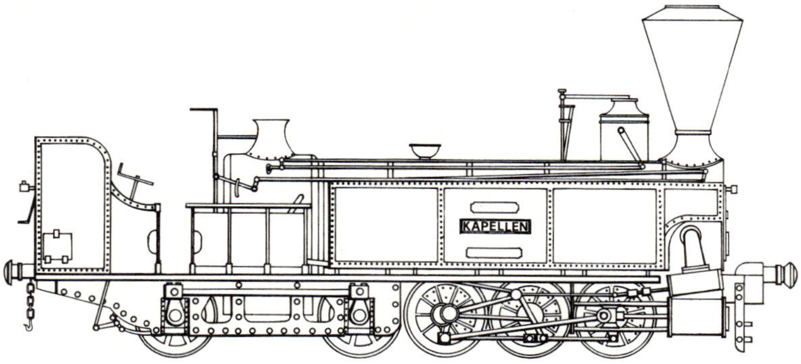

Kapellen (Semmering-Bahn) · 1853

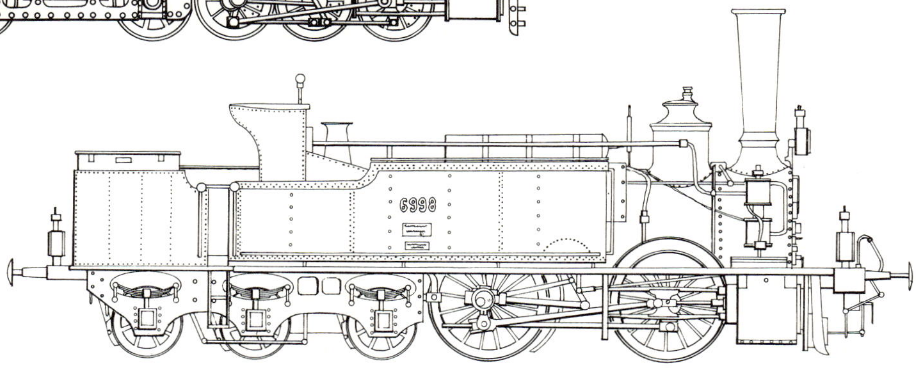

Schweizerische Centralbahn · 1854

Die Lokomotiven vom Typ Engerth

Die Lokomotiven, die am Semmering-Wettbewerb teilgenommen hatten, enttäuschten alle etwas wegen der komplizierten Fahrwerkskonstruktionen mit Ketten oder geteilten Rahmen. Der Österreicher Wilhelm Engerth war es, der einen ebenso revolutionären wie gewagten Entwurf ausarbeitete. Im Dezember 1852 erhielt er das Patent für eine Steilstreckenlokomotive, bei der die erste Achse des Tenders, die nahe an der hinteren Treibachse der Lokomotive saß, über Zahnräder mitangetrieben wurde. Der Rahmen des Tenders war dabei um die Feuerung herumgebaut worden, so daß diese sich auch auf dem Tender abstützen konnte. Es entstand so eine sogenannte Stütztenderlokomotive, die ein hohes Reibungsgewicht hatte, da nicht nur Treibachsen der Lokomotive, sondern auch alle Tenderachsen über Stangen gekuppelt waren. Die Engerth-Lokomotiven mit der Achsfolge C+B absolvierten im November 1853 auf der 41 km langen Semmeringbahn ihre ersten Versuchsfahrten. Dabei zeigte sich, daß sie außergewöhnlich leistungsfähig und sparsam im Brennstoffverbrauch waren. Deshalb wurden 26 Lokomotiven bei Cockerill in Belgien und der Maschinenfabrik Esslingen in Deutschland gebaut. Die »Kapellen«, eine der bekanntesten Engert-Konstruktionen, hatte Treibräder mit dem Durchmesser von 1,07 m, einen Kessel, der für einen Druck von 7,2 bar ausgelegt war, eine Rostfläche von 1,28 m² und eine Heizfläche von 140,5 m². Ihr Betriebsgewicht betrug 56 t, das Reibungsgewicht 39 t.

Die Engert-Konstruktionen kamen auch in der Schweiz zum Einsatz. Die Centralbahn bestellte 26 Lokomotiven bei Emil Kessler, die dieser zwischen 1854 und 1858 auslieferte. Die Achsfolge wurde aber in B+3 abgeändert. Die Mehrzwecklokomotiven konnten auf 10-‰-Steigungen noch 220-t-Züge ziehen. Die Höchstgeschwindigkeit dieser Maschinen betrug 60 km/h. In der Schweiz waren insgesamt 110 Lokomotiven der Bauart Engerth im Einsatz (s. S. 62). Einige von ihnen hatten sogar ein Innentriebwerk. Die letzte Lokomotive dieses Typs wurde 1905 ausgemustert.

Auch in Frankreich wurden Engerth-Lokomotiven eingesetzt. 1856 stellte die Compagnie du Nord die erste Maschine mit der Achsfolge B+3 in Dienst, später folgten Lokomotiven mit dei Achsfolge D+2. Letztere, von Schneider ebenfalls nach dem Entwurf von Engerth gebaut, konnten auf Steigungen von 5‰ Züge mit 40 Wagen und einem Gesamtgewicht von 450 t befördern. Die französischen Lokomotiven hatten wegen der kleineren Wasserbehälter ein weniger massiges Aussehen als die österreichischen und Schweizer Maschinen. Auf den Hauptstrecken in Nordfrankreich verkehrten diese Maschinen einwandfrei, während sie im Osten sehr zu Entgleisungen neigten. Daher wurde ab 1860 der Stütztender in einen normalen Tender umgebaut.

Chemin de Fer du Nord · 1856

La Rampe. Die Engerth-Lokomotiven hatten zwar bewiesen, daß sie gute »Bergsteiger« waren, daß sie andererseits aber einen wesentlichen Mangel hatten: die über Zahnräder angetriebenen Tenderachsen. Edouard Beugniot, Ingenieur bei Koechlin in Mülhausen, entwickelte den Stütztender weiter. Er lagerte die erste Tenderachse außen im Tenderrahmen und innen im Lokomotivrahmen. Die »La Rampe« war 1859 für die Strecke Marseille–Lyon gebaut worden. Sie hatte vier Kuppelachsen, wovon die beiden vorderen eine Querverschieblichkeit von 20 mm aufwiesen. Die Zylinder lagen innen, die Treibräder hatten den Durchmesser von 1,2 m; das Gesamtgewicht betrug 71 t bei einem Reibungsgewichtsanteil von 47 t.

1853 gelang es schließlich Engerth, die Semmeringstrecke mit einer Reibungslokomotive bei zufriedenstellenden Ergenissen zu durchfahren. Aus dieser Konstruktion gingen später die Stütztenderlokomotiven des Franzosen Beugniot hervor, die vor allem auf den italienischen Gebirgsstrecken anzutreffen waren. Zur gleichen Zeit wurden auch die ersten dreifach und vierfach gekuppelten Lokomotiven konstruiert. Dazu gehörten auch die »Bourbonnais«, vielseitige Maschinen, die in ganz Europa verkehrten. Um 1870 wurde für den Betrieb auf noch steileren Strecken die erste Zahnradbahn entworfen.

Parallel zu den Lokomotiven wurden auch immer imposantere Viadukte und immer längere Tunnels gebaut. So entstand 1871 der erste große Alpentunnel bei Fréjus, der vom italienischen Bardonecchia nach Brindisi führte. Ihm folgte 1882, nach einer Bauzeit von siebeneinhalb Jahren, der Gotthard-Tunnel, und im Jahre 1905 wurde dann auch der Simplon-Tunnel fertiggestellt. Auch durch die Apenninen wurden Tunnels gebaut, die es ermöglichten, Eisenbahnstrecken zwischen dem Tyrrhenischen Meer und der Po-Ebene sowie zum Adriatischen Meer zu betreiben. Die Strecke durch das Jaufengebirge, die Turin mit Genua verbindet, wurde 1854 eröffnet. Zehn Jahre später folgte die Porrettana-Strecke von Bologna nach Florenz und 1866 dann die Strecke von Rom nach Ascona.

Während man in vielen Ländern Europas beim Bau von Eisenbahnlinien große Hindernisse überwinden mußte, konnte sich in Großbritannien das

→ S. 86

Petiet. Jules Petiet, Chefingenieur der französischen Chemin de fer du Nord, entwarf 1862 eine ungewöhnliche, aber sehr leistungsfähige Tenderlokomotive. An den Enden der Lokomotive war jeweils eine Treibachse mit zwei Zylindern angeordnet, und dazwischen saßen drei Laufachsen mit kleineren Rädern. Die Feuerung lag über diesen Laufachsen und erstreckte sich dadurch fast über die gesamte Länge des Fahrzeugs, wodurch eine große Rostfläche (2,61 m²) erzielt wurde. Um den Schwerpunkt niedrigzuhalten, wurden die Wasserbehälter in den Rahmen gehängt. Auf dem Kessel selbst, der kleiner als gewöhnlich war, befand sich ein zylindrischer Vorwärmer, durch den Abdampf und Rauchgase geleitet wurden, bevor sie durch das gekrümmte Rohr in der hinteren Hälfte der Lokomotive ins Freie geleitet wurden. Diese Steilstreckenmaschinen hatten wegen des großen Achsstandes eine schlechte Kurvengängigkeit. Petiet baute noch weitere Maschinen – allerdings ohne Laufachsen – mit der Achsfolge D und F, die aber alle relativ schwach waren.

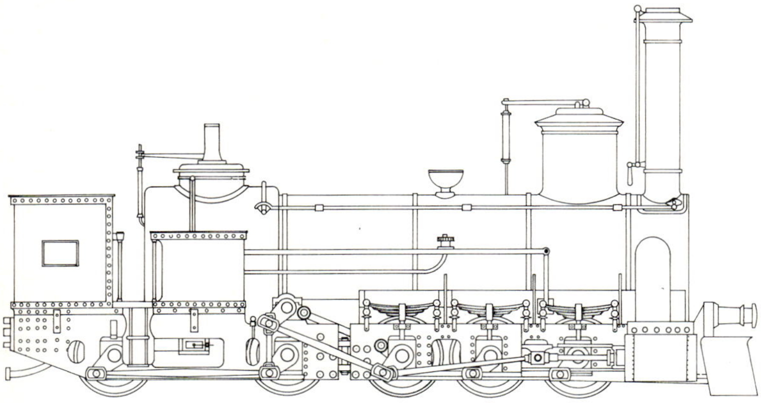

Steierdorf. Pius Fink, ein Mitarbeiter Engerths, versuchte 1862 erneut, die Tenderachsen mit anzutreiben. Er dachte dabei an eine Art Blindwelle, die über der ersten Tenderachse angebracht war und von der letzten Treibachse der Lokomotive über Stangen angetrieben wurde. Eine senkrechte Stange trieb dann die erste, und eine Kuppelstange die weiteren Tenderachsen an. Die »Steierdorf« brachte auf den ungarischen Strecken zwischen Jaszenova, Oravicza und Steierdorf hervorragende Ergebnisse. Diese Blindwelle, mit der man das Reibungsgewicht voll nutzen konnte, fand in den folgenden Jahren viele Befürworter.

Cantal. Auf der Strecke Murat–Aurillac der Paris-Orlèans-Linie (PO) im Zentralmassiv mußten Tenderlokomotiven mit einem großen Reibungsgewicht eingesetzt werden, die die langen Steigungen mit 30‰ zum Lioran überwinden konnten. Victor Fourquenot entwarf dafür eine Lokomotive mit fünf Treibachsen, die erste Europas, mit überhängender Feuerung und doppelter Tür für die Brennstoffzufuhr. Der Rahmen hatte in Höhe der letzten beiden Achsen einen verstärkten Längsträger. Alle Achsen, mit Ausnahme der mittleren, hatten ein seitliches Spiel zwischen 7 und 17 mm. Der Sandkasten saß an ungewöhnlicher Stelle: Auf der Rauchkammer und zudem um den Kamin herum. Die Lokomotiven der Cantal-Reihe waren jedoch nicht erfolgreich. Sie konnten zwar 150-t-Züge mit einer Geschwindigkeit von 20 km/h auf dieser Steilstrecke ziehen, aber durch das hohe Betriebsgewicht von 60 t fielen sie häufig wegen heißgelaufener Lager aus.

Zaragoza–Barcelona. Auf dieser durch viele Steigungen gekennzeichneten Strecke wurden 1865 diese Lokomotiven mit der Achsfolge D in Betrieb genommen und blieben in Spanien fast ein Jahrhundert im Einsatz. Sie gehörten zu einer Serie von 12 Lokomotiven, die bei der Avonside Engine Co. in Bristol gebaut wurden. 1877 folgte eine zweite Serie von 8 Lokomotiven, diesmal bei Schneider in Frankreich gebaut. Die Zylinder (Durchmesser 505 mm, Kolbenhub 610 mm) waren außen angeordnet. Außerdem hatten die Maschinen Stephenson-Steuerungen und Treibräder mit dem Durchmesser von 1,29 m, und das Gesamtgewicht – einschließlich Tender – betrug 75 t. Sie wurden für die spanische Breitspur von 1676 mm gebaut.

Escalador de Montes (Chimbote-Strecke) · 1873

Reihe R (Neuseeland) · 1878

Die Fairlie-Lokomotiven

Zur Erschließung von verkehrsarmen Gebieten in Europa und für die Entwicklungs- und Kolonialstaaten mußten schnell und billig Bahnstrecken gebaut werden, die oft kurven- und steigungsreich ausfielen. Der Engländer Robert Fairlie, der sich an die Konzeption der »Seraing« des Semmering-Wettbewerbs erinnerte, ließ sich 1864 eine Doppellokomotive patentieren, die zwei zweiachsige Fahrgestelle hatte. Die »Little Wonder«, die auf der 597-mm-Schmalspurbahn der Festiniog Railway in Nordwales zum Einsatz kam, erregte wegen ihrer großen Leistungsfähigkeit auf den kurvenreichen Strecken, die Steigungen bis zu 12‰ erreichten, großes Aufsehen.
Die Fairlie-Lokomotiven waren überall dort anzutreffen, wo es an Zeit und Geld mangelte, größere und bessere Bahnstrecken zu bauen. Man sah sie nicht nur in Mitteleuropa, sondern auch in Schweden, Rußland, Mexiko, Südamerika, Australien und Neuseeland. Die Lokomotiven hatten alle die Feuerung in der Mitte und an jedem Ende einen eigenen Kessel, der auf einem zwei- oder dreiachsigen Fahrwerk saß. Die beiden Zylindergruppen waren identisch, arbeiteten aber unabhängig voneinander.
Nach diesem Schema entstand 1885 die »Taliesin« für die Festiniog Railway, die aus der »Little Wonder« des Jahres 1869 weiterentwickelt worden war. Ebenso wie die »Escalador de Montes«, die Avonside Engine Co. 1873 für die Chimbote-Strecke in Peru baute, hatte sie die Achsfolge C+C.
Es gab auch »einfache« Ausführungen des Fairlie-Typs mit nur einem Kessel und einem Triebgestell. Der hintere Teil der Lokomotive saß dabei auf einem Laufgestell. Diese Version war in Neuseeland sehr beliebt. Als Reihe R und S wurden sie dort zwischen 1878 und 1945 im schnellen Personenzugverkehr eingesetzt.

Taliesin (Festiniog Railway) · 1885

Hessische Ludwigsbahn. Die erste deutsche Lokomotive mit vier Treibachsen wurde 1869 in der Maschinenfabrik Esslingen für die hessische Ludwigsbahn gebaut. Gemäß den damals in Deutschland und Österreich üblichen Konstruktionsschemata hatte sie einen Außenrahmen mit doppelten Längsträgern, an denen außen das Triebwerk saß. Diese Lokomotive hatte eine Heizfläche von 167 m^2 und einen Kesseldruck von 8,8 bar. Die Treibräder hatten den Durchmesser von 1,09 m, und das Betriebsgewicht betrug 45 t.

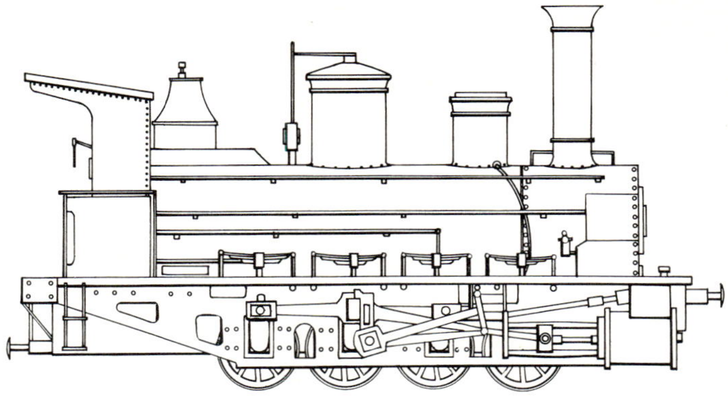

Südbahngesellschaft. Die Gebirgslokomotiven vom Typ Beugniot mit Stütztender wurden sowohl als Zug- als auch als Schublokomotiven eingesetzt. In Italien lösten sie die »Mastodonti dei Giovi« ab und kamen auch auf der Porrettana-Strecke zum Einsatz. Die hier abgebildete Lokomotive war gegen Ende der sechziger Jahre bei der österreichischen Südbahngesellschaft auf der Strecke nach Triest im Einsatz.

Tarragona–Barcelona–Francia. 1878 bauten die englischen Konstrukteure Sharp Stewart & Co. für diese bedeutende spanische Eisenbahngesellschaft eine Serie von fünf Lokomotiven, die als Reserve- und Einsatzlokomotiven noch vor wenigen Jahren im Einsatz waren. Es waren typisch englische Lokomotiven mit vier Treibachsen, deren Räder den Durchmesser von 1,39 m hatten. Die Zylinder wurden über eine Stephenson-Steuerung geregelt. Auffallend war das Fehlen des damals üblichen Sandkastens. 1879 und 1880 folgten der ersten Serie zwei weitere mit je vier Lokomotiven, die vom gleichen Hersteller stammten.

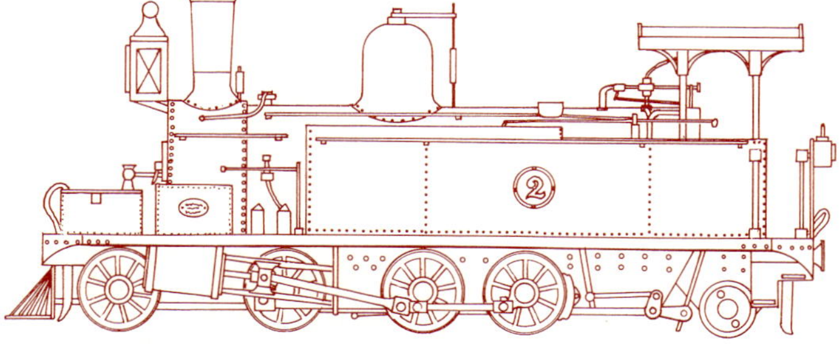

Cape Government Railway. Dies war eine der ersten Eisenbahnen in Südafrika. Sie bestand aus drei Gesellschaften: der Cape Western, der Cape Midland und der Cape Eastern. Diese Unterteilung entstand wegen der fehlenden Verbindungsstrecken zwischen Kapstadt, Port Elizabeth und East London. Für die Hauptbahnen, die mit Gleisen der Spurweite 1067 mm ausgerüstet waren, baute Robert Stephenson & Co. 1874 eine Serie von sechs Lokomotiven mit der Achsfolge 1'C1'. Ihre Zylinder hatten 381 mm Durchmesser und einen Hub von 508 mm. Die drei gekuppelten Treibachsen hatten Räder mit einem Durchmesser von 970 mm. Die Lokomotiven waren mit Stephenson-Steuerung ausgestattet und hatten ein Betriebsgewicht von rund 29 t.

D 3/3 Centralbahn · 1871

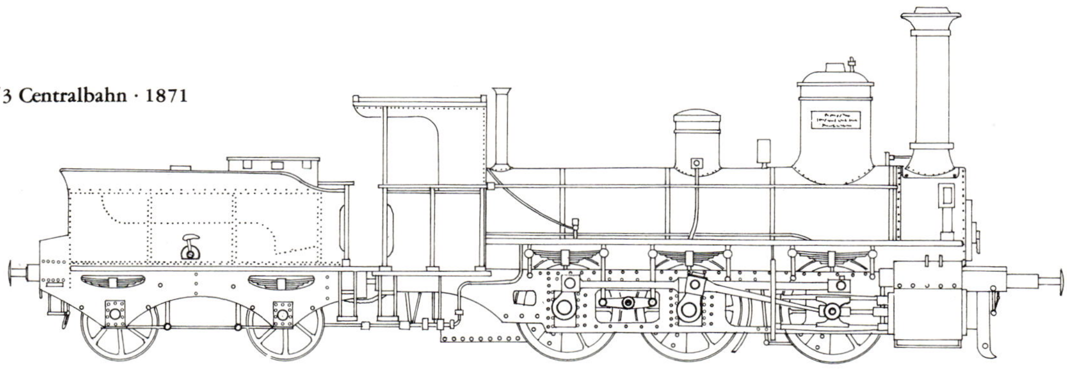

In den Schweizer Alpen

Die Schweiz war das Land, in dem die Eisenbahningenieure auf die größten topographischen Schwierigkeiten stießen. Daher entstanden hier auch die unterschiedlichsten Konstruktionen, die nicht nur gegen die großen Höhenunterschiede anzukämpfen hatten, sondern auch gegen das Wetter im Winter. Auf den Gebirgsstrecken spielte sich ein erbitterter Kampf zwischen Natur und Technik ab. So entstanden lange Tunnel, schwindelerregende Viadukte und Gleisanlagen an Steilhängen. Die Schweizer Lokomotiven der damaligen Zeit hatten alle zur optimalen Nutzung des Reibungsgewichts nur Fahrwerke mit der Achsfolge B, C oder D.

Aus der ersten Serie verdient eine zweiachsige Lokomotive besondere Aufmerksamkeit, die 1874 in der Maschinenfabrik Winterthur im Auftrag der Gotthardbahn gebaut worden war. Sie hatte eine Heizfläche von 80,5 m² und eine. Rostfläche von 1,1 m², der Kessel war für einen Druck von 9,8 bar ausgelegt; die Treibräder hatten den Durchmesser von 1,33 m. Diese Tenderlokomotiven, von denen vier Stück gebaut wurden, hatten ein Betriebsgewicht von 29 t und eine Höchstgeschwindigkeit von 50 km/h. Zehn Jahre später führte die Gotthardstrecke über einen neuen Paß und ging als »Via delle Genti« in die Geschichte ein. Auf ihr kam eine Serie von 36 Güterzuglokomotiven zum Einsatz; 27 davon waren bei Maffei in München gebaut worden. Das Gesamtgewicht der Schlepptender-Lokomotiven betrug 79 t, 53 t entfielen davon auf das Reibungsgewicht. Sie erbrachte eine Leistung von 440 kW und erreichte die Höchstgeschwindigkeit von 45 km/h. Sie waren über 30 Jahre in Doppel- und Dreifachtraktion im Einsatz.

Die Centralbahn nahm 1871 bis 1873 Lokomotiven mit drei Treibachsen in Betrieb, die in der deutschen Maschinenfabrik Esslingen hergestellt worden waren. Sie hatten folgende technische Details: Außenrahmen mit doppelten Längsträgern, überhängende Feuerung, Außentriebwerk mit Zylindern, die einen Durchmesser von 421 mm und einen Hub von 632 mm aufwiesen, und Treibräder mit dem Durchmesser von 1,26 m. Das Gesamtgewicht betrug 52 t, das Reibungsgewicht 35,6 t.

E 2/2 Gotthardbahn · 1872

D 4/4 Gotthardbahn · 1882

Paris–Lyon–Méditerranée. Aufgrund der guten Erfahrungen, die man bei der Paris-Orlèans-Linie (PO) mit den vierfachgekuppelten Lokomotiven gesammelt hatte, interessierte man sich auch bei der PLM für diese Konstruktion. Durch eine Verlängerung des Rahmens dieser Lokomotiven konnte man eine größere Feuerung einbauen. So entstand ein Fahrzeug mit vier Treibachsen, einer Rostfläche von 2,08 m² und einem Kessel, der auf 8,8 bar ausgelegt war. Später erhöhte man den Druck zunächst auf 9,8 bar und schließlich sogar auf 10,8 bar. Die Treibräder hatten den Durchmesser von 1,26 m, und das Betriebsgewicht betrug fast 52 t. Diese Lokomotiven waren sehr leistungsfähig und für die Beförderung von schweren Güterzügen auf steigungs- und krümmungsreichen Strecken bestens geeignet. So kamen sie vor allem auf den Strecken Grenoble–Veyne, Veyne–Briancon und auf den 30-‰-Steigungen zum Mont-Cenis-Tunnel zum Einsatz. Zwei Lokomotiven – eine vorne, eine hinten – konnten 30-Wagen-Züge mit einem Gewicht von 400 t mit einer Geschwindigkeit von 18 km/h auf den 25-‰-Steigungen befördern. Es wurden insgesamt 134 Lokomotiven dieses Typs gebaut; sie waren bis vor wenigen Jahren im Einsatz.

Eisenbahnnetz ohne diese besonderen Probleme entwickeln. Von 9800 km Streckennetz im Jahre 1850 vergrößerte sich das Netz sehr rasch: 1853 waren es bereits 13 400 km. 1877 wurde der Betrieb bereits auf 23 000 km abgewickelt, und 1882 waren es fast 30 000 km. Wie wir im nächsten Kapitel sehen werden, begann mit dem Ende des Amerikanischen Bürgerkrieges in den USA ein neuer Aufschwung im Eisenbahnbau, der seinen Höhepunkt 1869 hatte, als die erste transkontinentale Eisenbahnstrecke eröffnet wurde.

In den zwanzig Jahren zwischen 1850 und 1870 wurden auch Gebirgsbahnen in Indien bis zu den Füßen des Himalaja, in den mittelamerikanischen Gebirgen, in den Anden, in Australien und in Neuseeland gebaut.

Darjeeling Himalayan Railway. Diese Bahnlinie, die 1881 eröffnet wurde, verband das Zentrum von Siliguri am Rand des indischen Flachlandes mit Darjeeling, einem Kurort in den großen Bergen im Norden des Landes. Die Strecke war 82 km lang, hatte einen Höhenunterschied von 1920 m aufzuweisen und war mit Kurven von einem Radius von 130 m und Steigungen von 31‰ trassiert worden. Die ersten acht Lokomotiven mit der Achsfolge B, die sowohl als Personen- als auch als Güterzuglokomotiven verwendet werden konnten, waren bei Sharp Stewart & Co. gebaut worden. Es handelte sich um Tenderlokomotiven mit kurzem Achsstand. 1886 wurden die seitlichen Wasserbehälter durch auf den Kessel aufgesattelte ersetzt. Der Treibraddurchmesser betrug bei den ersten Lokomotiven 610 mm, bei den später folgenden 660 mm. Die Maschinen hatten ein Betriebsgewicht von 11 t; damit war es möglich, eine Anhängelast von 18 t zu befördern, später konnte diese auf 27 t erhöht werden. Die erste Serie dieser Lokomotiven war bis 1894 im Einsatz, die allerletzte wurde dagegen erst 1954 ausgemustert.

Die Wiedergeburt der Zahnradbahn

John Blenkinsop hatte 1812 behauptet, daß eine optimale Fortbewegung nur mit einer Zahnstange und Zahnradantrieb erreicht werden könnte und baute deshalb damals seine »Prince Royal« (s. S. 10). 50 Jahre später wurde dieses Konstruktionsprinzip von dem Ingenieur Niclaus Riggenbach aus Basel wieder aufgegriffen. Er ordnete die Zahnstange aber in Gleismitte an. Riggenbach erhielt für diesen Entwurf am 12. August 1863 ein Patent; doch zunächst wurde keine Bahn nach diesem Prinzip gebaut. Erst 1869 baute der Amerikaner Silvester Marsh die erste Zahnradbahn. Seine Lokomotive, die »Old Peppersass«, hatte einen senkrechten Kessel und Kettenantrieb. Sie wurde auf der Strecke auf den 1917 m hohen Mount Washington eingesetzt. Die Strecke war 6 km lang und hatte eine maximale Steigung von 37‰. Erst nach der Eröffnung dieser Bahn wurde am 9. Juni des gleichen Jahres von den Kantonsbehörden in Luzern Riggenbach die Erlaubnis erteilt, die erste europäische Zahnradbahn zu bauen, die Vitznau-Rigi-Bahn. Die Strecke zwischen den Orten Vitznau und Rigi war 7 km lang und hatte einen Höhenunterschied von 1003 m aufzuweisen. Eine Reibungsbahn mit einer maximalen Steigung von 25‰ hätte eine Länge von 70 km gehabt, wäre viel teuerer gekommen und hätte eine längere Bauzeit benötigt. Die ersten drei Lokomotiven, die in den Centralbahnwerkstätten in Olten im Jahre 1870 gebaut wurden, hatten einen senkrechten Kessel, um so den Wasserstand im ganzen Kessel möglichst gleichmäßig hoch zu halten. Die Zylinder wirkten bei diesen Maschinen direkt auf die Zahnradwelle. Die Leistung betrug 125 kW bei einem Kesseldruck von 9,8 bar, und die Höchstgeschwindigkeit lag bei 9 km/h.

Die Eisenbahnen nach dem Riggenbachsystem ermöglichten eine Erweiterung der Bahnstrecken in unzugängliche Gegenden. Es entstanden aber auch andere Zahnstangensysteme. Eines davon hatte die Pilatus-Bahn, die Edouard Locher mit einer Steigung bis zu 48%, der größten Steigung der Welt, gebaut hatte. Locher war überzeugt, daß eine derart steile Bahn nicht mit einem Riggenbach-Zahnstangensystem auskommen würde. Er baute daher ein waagrecht angeordnetes Zahnrad-Zahnstangen-System ein. Er setzte auch den Kessel quer zur Fahrtrichtung und liegend auf den Rahmen, dadurch konnte er einen Stehkessel vermeiden. Die ersten Lokomotiven der Pilatus-Bahn wurden von der Maschinenfabrik Winterthur gebaut. Sie waren mit dem Passagierteil (64 Plätze) zu einer Art Triebwagen vereint. Das Fahrzeug hatte ein Gewicht von 12 t.

Vitznau-Rigi-Bahn · 1870

Pilatus-Bahn · 1886

Mount Washington Railway · 1869

Die Erschließung des amerikanischen Westens

Der große Drang in den amerikanischen Westen fiel mit dem Bau der ersten Eisenbahnstrecken an der Atlantikküste zusammen. Nachdem die ersten Pioniere an der Pazifikküste angekommen waren, entstanden auch dort bald Eisenbahnlinien. Doch die hohen Berge, die dazwischenlagen, verhinderten zunächst eine Verbindung der beiden Eisenbahnnetze im Osten und im Westen der Vereinigten Staaten.

Mit dem Beginn des Bürgerkrieges zwischen den Nord- und Südstaaten im Jahre 1860 gewann die Eisenbahn jedoch zusehends an Bedeutung – zum einen für die Lösung von Nachschubproblemen, zum anderen aber auch bei der Evakuierung der Bevölkerung und nicht zuletzt auch als Kampfmittel selbst. In dieser Zeit wurde eine große Zahl von Lokomotiven des Typs America gebaut, die bis zum Beginn des 20. Jahrhunderts das Rückgrat des amerikanischen Lokomotivparks bildeten (s. S. 26 u. 58). Diese Fahrzeuge, von Rogers entworfen, hatten ein vorderes zweiachsiges Laufgestell, einen schwanenhalsförmigen Längsträger, und sie waren mit einer Feuerung ausgerüstet, die meist einen größeren Querschnitt hatten als der Kessel. Die Lokomotiven wurden nicht mehr mit Holz, sondern mit Kohle befeuert. Das Holz war während des Krieges ziemlich teuer geworden; die Kohle hatte besseren Heizwert und konnte in den ab 1861/62 verwendeten Stahlkesseln verheizt werden.

William Crooks. Dies ist die erste Lokomotive, die im amerikanischen Bundesstaat Minnesota zum Einsatz kam. Sie war eine klassische America-Konstruktion und im September 1861 von der New Jersey Locomotive & Machine Company in Paterson, NY, an die St. Paul & Pacific Railroad abgeliefert worden. Die Zylinder hatten den Durchmesser von 305 mm und einen Hub von 559 mm. Der Treibraddurchmesser betrug 1,6 m, der Kessel war für den Druck von 7,5 bar ausgelegt, und das Betriebsgewicht betrug 46,3 t. Bei ihrem ersten Einsatz zog diese Lokomotive einen Personenzug auf der 16 km langen Strecke von St. Paul nach St. Anthony. Sie konnte vor ihrer Verschrottung bewahrt werden und ist heute im Originalzustand im Besitz der Great Northern Railway.

Pennsylvania. Die Maschine wurde von James Millholand als Schiebelokomotive für Kohlenzüge auf der Strecke von Schuylkill nach Delaware entworfen. Sie lehnte sich in der Konstruktion an die »Camel« von Ross Winans (s. S. 27) an. Wegen der langen und schmalen Feuerung dieser Lokomotiven war es zwar möglich, die Rostfläche auf 2,9 m² zu vergrößern, aber die Brennstoffzufuhr wurde sehr kompliziert und außerdem der Platz für den Kessel eingeschränkt. Die »Pennsylvania«, die 1863 an die Philadelphia & Reading abgeliefert wurde, war die erste Lokomotive mit sechs Treibachsen; ihre Treibräder hatten den Durchmesser von 1,09 m. Die Heizfläche im Kessel betrug 130 m², und das Betriebsgewicht, das gleich dem Reibungsgewicht war, betrug – für die damalige Zeit absolut ungewöhnlich – 50 t. Eine Besonderheit war, daß sie keine Brennstoffvorräte mit sich führte; wegen der kurzen Steigungsstrecke war es möglich, an den jeweiligen Endpunkten den Brennstoff zu ergänzen.

Consolidation. Der Trend zu schweren Güterzuglokomotiven mit vielen Kuppelachsen für Steilstrecken erreichte 1866 seinen Höhepunkt, als Baldwin diese Maschine mit der Achsfolge 1'D an die Lehigh Valley RR ablieferte. Diese Achsfolge wurde nach der Lokomotive auch »Consolidation« genannt. Der Entwurf stammte von Alexander Mitchell: Zylinder mit 508 mm Durchmesser und 610 mm Hub, eine Rostfläche von 2,31 m², Treibräder mit 1,22 m Durchmesser und ein Betriebsgewicht von 39 t. Mit der »Consolidation« gelang es erstmals, hohes Reibungsgewicht und vernünftige Fahrgeschwindigkeit zu kombinieren, zwei Eigenschaften, die für den Güterverkehr von großer Bedeutung waren.

Der vielfach für undurchführbar gehaltene Plan, eine Eisenbahnstrecke vom Atlantik zum Pazifik zu bauen, geht auf das Jahr 1859 zurück. In diesem Jahr schlug Theodore Dehone Judah dem amerikanischen Kongreß den Bau dieser Bahnstrecke vor, doch hatte er keinen Erfolg. So gründete er 1861 trotz finanzieller und wirtschaftlicher Hindernisse die Central Pacific Railroad Company of California. Im Anschluß daran versuchte er nochmals in Washington, sein Projekt durchzubringen. Am 1. Juli 1862 schließlich erließ Präsident Lincoln den Pacific Railroad Act, die den Bau einer Eisenbahnlinie der Central Pacific von San Francisco bis zur kalifornischen Ostgrenze gestattete. Falls die vom Osten her beginnende Union Pacific Railroad Company nicht rechtzeitig ihren Teil fertigstellen sollte, durfte die Central Pacific auch die kalifornische Grenze überschreiten. Am 8. Januar 1863 wurde in Sacramento in Kalifornien die erste Schwelle verlegt, doch ging der Bau nur schleppend voran, da der Staat wegen des Krieges mit dem Süden in finanzielle Schwierigkeiten gekommen war und den Bau nicht so unterstützen konnte, wie es vorgesehen war.

Da außerdem die kalifornische Bevölkerung mehr Interesse am Gold als am Eisenbahnbau fand, mußte eine große Zahl chinesischer Arbeitskräfte unter Vertrag genommen werden, die zum Teil sogar extra für dieses Projekt ihr Heimatland verlassen hatten. Man schätzt, daß etwa 10 000 Chinesen

→ S. 92

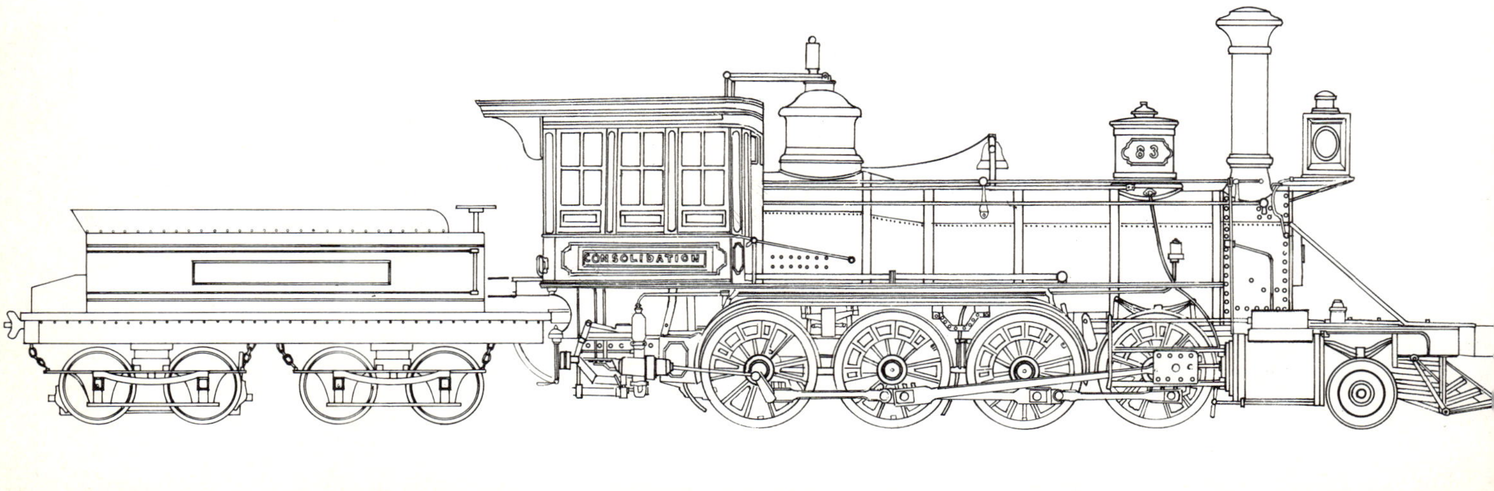

America. Sie war eine der Lokomotiven, die auf der Weltausstellung in Paris 1867 großes Aufsehen erregten. Sie ist eine der vielen Lokomotiven des America-Typs und stellte daher auch technisch keine Besonderheit dar. Die Herstellerfirma, die Grant Locomotive Works in Paterson, NY, ließ jedoch den gesamten Kessel mit einem Silber-Nickel-Blech verkleiden, und auch Teile des Triebwerks waren aus diesem Material hergestellt. Die Führerhauswände, ein künstlerisches Meisterwerk, waren aus Edelholz. Die »America« erhielt hierfür auf der Weltausstellung eine Goldmedaille. Nach ihrer Rückkehr in die Vereinigten Staaten wurde sie an die Chicago, Rock Island & Pacific RR verkauft und zog im Mai 1869 den ersten Zug in Iowa. Ab 1871 wurde die »Silver Engine« – wie man sie später nannte – für Postzüge auf der Strecke Chicago–Omaha verwendet.

Seminole. Auch diese Lokomotive erlangte eine gewisse Berühmtheit. Sie wurde im April 1867 von der Rogers Locomotive & Machine Company, Paterson, NY, an die Union Pacific RR abgeliefert und war ein typisches Beispiel für die damalige Modeerscheinung, Schnellzuglokomotiven farbenfroh und reichlich verziert zu bauen. Die »Seminole«, die sowohl vor Reise- als auch vor Güterzügen eingesetzt wurde, hatte Zylinder mit einem Durchmesser von 406 mm und einem Hub von 559 mm. Der Treibraddurchmesser betrug 1,37 m, und der Kessel war für einen Druck von 8,9 bar ausgelegt. Die amerikanische Maschine entwickelte eine Leistung von rund 360 kW und hatte ein Betriebsgewicht von 27 t.

Pride of the Prairie. Diese Lokomotive, die bei der Union Pacific RR die Nummer 119 hatte, war von Rogers gebaut worden und eine typische America-Konstruktion, mit großen Treibrädern, einem robusten Rahmen, zwei Dampfdomen – einer davon auf der Feuerung, der andere auf dem Kessel –, und jeder Zylinder hatte seinen eigenen Dampfauslaß. Die »Pride of the Prairie« wurde, wie die meisten Lokomotiven nach dem Ende des Bürgerkriegs, mit Kohle befeuert. Das Holz, das viele Jahre Hauptbrennstoff war, wurde mehr und mehr durch die billige Kohle verdrängt. Am 10. Mai 1869 wurde die erste transkontinentale Eisenbahnlinie Amerikas eröffnet. Dieses Ereignis wurde in Promontory Point in Utah durch die Berührung der Kuhfänger der Nr. 119 der Union Pacific und der »Jupiter« der Central Pacific gefeiert.

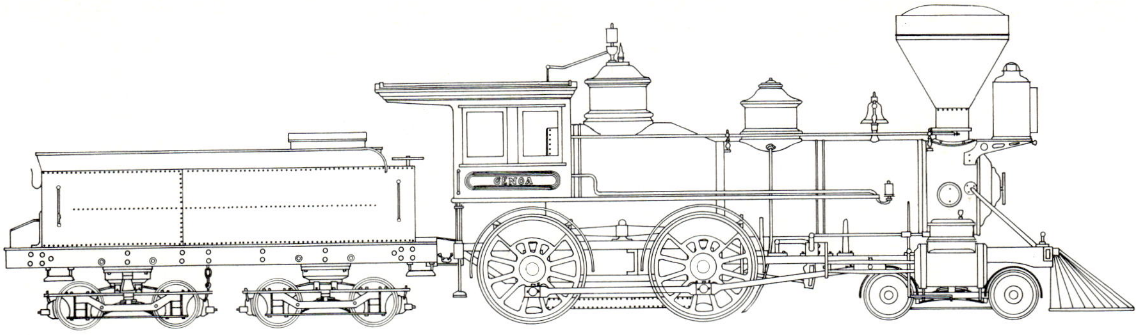

Genoa. Auch sie war eine der zahlreichen America-Konstruktionen mit der Achsfolge 2'B, die Baldwin um 1870 baute. Diese Lokomotive wurde an die Virginia & Truckee RR geliefert und war eine der letzten mit Holzfeuerung. Sie hatte auch einen großen Kamin mit Funkenfänger, der das Aussehen eines auf der Spitze stehenden Kegels hatte. Diese Bauform verschwand aber in den darauffolgenden Jahren fast vollständig. Allmählich ging auch die Pionierzeit der Dampftraktion in den USA zu Ende. Die Chronisten der damaligen Zeit stellen den America-Typ als eine billige Maschine dar – sie kostete damals zwischen 8000 und 9000 Dollar, während für die vergleichbaren englischen Konstruktionen 11.000 Dollar bezahlt werden mußten.

am Bau des westlichen Abschnitts dieser Bahn beteiligt waren.

Die Union Pacific begann am 19. Oktober 1865 in der Stadt Omaha mit dem Bau ihres Abschnitts. Ihre Arbeitskräfte waren ehemalige Soldaten aus beiden Lagern und andere Männer unterschiedlichster Herkunft, darunter auch Iren, die im Hafen von Boston gearbeitet hatten. Der Bau der Union Pacific wurde sehr durch diese häufig gewalttätigen Arbeiter behindert; auch mußte man des öfteren Indianerüberfälle abwehren.

Im November 1866 erreichte die von Osten kommende Strecke Nebraska, im Februar 1867 Julesbury in Colorado, und im November des gleichen Jahres war man bereits bis Cheyenne im Staate Wyoming vorgedrungen. Am 10. Mai 1869 schließlich konnte die Eröffnung der gesamten Strecke gefeiert werden, nachdem die beiden Bahngesellschaften in Promontory Point im Staate Utah zusammengetroffen waren.

In jenen Jahren wurde die Entwicklung der Lokomotiven vom Typ America langsam aber beständig vorangetrieben. Die Maschinen bekamen immer

→ S. 94

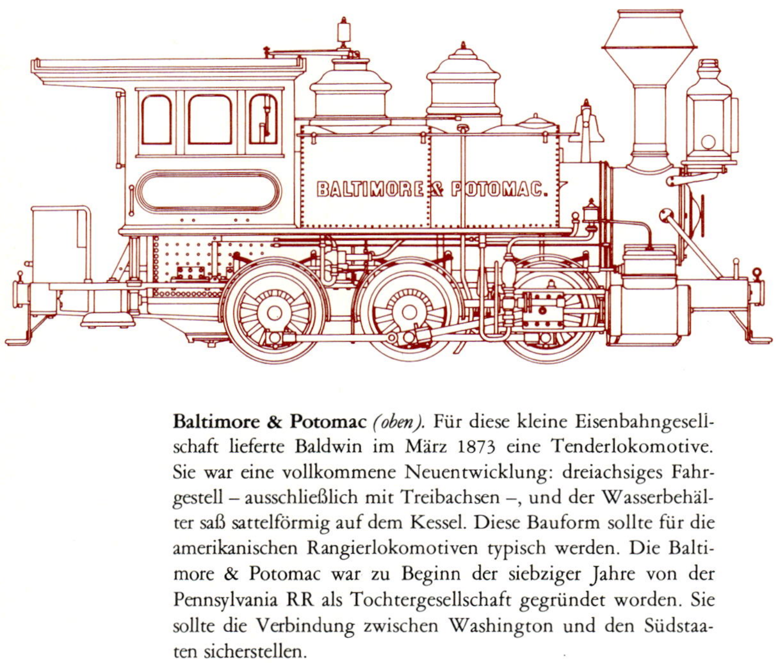

Baltimore & Potomac *(oben).* Für diese kleine Eisenbahngesellschaft lieferte Baldwin im März 1873 eine Tenderlokomotive. Sie war eine vollkommene Neuentwicklung: dreiachsiges Fahrgestell – ausschließlich mit Treibachsen –, und der Wasserbehälter saß sattelförmig auf dem Kessel. Diese Bauform sollte für die amerikanischen Rangierlokomotiven typisch werden. Die Baltimore & Potomac war zu Beginn der siebziger Jahre von der Pennsylvania RR als Tochtergesellschaft gegründet worden. Sie sollte die Verbindung zwischen Washington und den Südstaaten sicherstellen.

Countess of Dufferin *(unten).* Diese Lokomotive kann noch heute im Sir William Whyte Park in Winnipeg bewundert werden; sie ist ein Symbol für die Expansion des Schienennetzes über die endlosen Weiten Kanadas. 1872 wurde sie von den Baldwin Locomotive Works in Philadelphia im Auftrag der amerikanischen Northern Pacific Railroad hergestellt. Diese Eisenbahngesellschaft verkaufte sie wenige Jahre später an den Unternehmer Joseph Whitehead, der sie als Arbeitslokomotive auf seinen Baustellen in den weiten Ebenen Manitobas einsetzte. 1881 war sie Nr. 1 bei der neugegründeten Canadian Pacific Railway. Doch damit war es noch nicht genug: 1897 kam sie zu einer Holzverarbeitungsgesellschaft nach Britisch-Kolumbien, und 1910 wurde sie an die Canadian Pacific Railway zurückverkauft und wurde von ihr als Denkmal der Nachwelt erhalten.

San Juan. Von großem Interesse waren die Mason-Bogie-Konstruktionen. Zwischen 1870 und 1880 baute William Mason für die Schmalspurbahnen (914 mm) der Denver, South Park & Pacific RR diese Lokomotiven. Sie kamen zum Einsatz auf den Strecken von Denver, im Herzen der Rocky Mountains, nach Leadville und Gunnison, wo sich die Silberminen befanden. Eine Besonderheit dieser Tenderlokomotiven war das vordere Fahrgestell, das aus drei Treibachsen, einer Laufachse und dem Antrieb bestand und drehbar im Hauptrahmen gelagert war; dadurch konnte eine gute Kurvengängigkeit erreicht werden. Neben der »San Juan« wurden von diesem Typ noch 17 weitere Exemplare gebaut.

Uncle Dick. Diese Lokomotive war seinerzeit die größte und stärkste Tenderlokomotive aus amerikanischer Produktion. Sie wurde 1878 eigens als Schiebelokomotive für die provisorische Bahnlinie auf den Raton-Paß entworfen, einer Strecke, die von der New-Mexico & Southern-Pacific-Gesellschaft betrieben wurde. Nach Fertigstellung der Tunnels und der damit verbundenen Einstellung der Paßstrecke wurde die »Uncle Dick« bis zu ihrer Ausmusterung 1921 für leichtere Einsätze verwendet. Sie hatte die Achsfolge 1'D (»Consolidation«). Ihre Treibräder hatten einen Durchmesser von 1,07 m, die Zylinder 508 mm Durchmesser und 660 mm Hub, und der Dampfkessel war für einen Druck von 9,8 bar ausgelegt worden. Sie hatte ein Betriebsgewicht von 65 t und erreichte eine Zugkraft von rund 100 kW.

Philadelphia & Reading. 1880 lieferten die Baldwin Locomotive Works die 5000. Lokomotive ab. Es handelte sich dabei um eine für die USA ungewöhnliche Konstruktion. Jenseits des Atlantik wurden nur sehr wenige Single-driver-Lokomotiven gebaut. John E. Wootten, ein Ingenieur der Philadelphia & Reading, der diese Lokomotive entwarf, setzte den Kessel über die Räder und baute eine Feuerung ein, die sich über die gesamte Fahrzeugbreite erstreckte und mit Anthrazit beheizt wurde. Die Feuerung erhielt dadurch eine Rostfläche von 5 m². Das Fahrwerk mit der Achsfolge 2'A1 hatte Treibräder mit 1,98 m Durchmesser und das Betriebsgewicht der Lokomotive betrug 38,6 t. Angesichts des nicht immer einwandfreien Oberbaus auf vielen amerikanischen Strecken der damaligen Zeit konnten die Single-driver-Lokomotiven wegen der hohen Last auf der einzigen Treibachse nicht voll ihre Leistungsfähigkeit unter Beweis stellen. Deshalb wurden die Versuchsfahrten von der Philadelphia & Reading bald abgebrochen, obwohl die Lokomotive bei diesen Fahrten 145 km/h erreicht hatte. Sie wurde an die Eames Vacuum Brake Company in England verkauft, wo sie als Demonstrationsobjekt für Saugluftbremsen Verwendung fand.

Gobernador. Ab 1882 wetteiferte man um den Bau der größten Lokomotive der Welt. Den Anfang machte die Lehigh Valley Company mit der »Champion«. Sie hatte die Achsfolge 2'D und war leistungsfähiger als die ersten Consolidation-Maschinen. Die nächste Lokomotive wurde im Auftrag der Central Pacific in Sacramento gebaut. Sie hatte ebenfalls die Achsfolge 2'D, war aber um 10 t schwerer als die »Champion«. 1884 ließ die Central Pacific eine noch größere Lokomotive bauen, die »Gobernador«. Sie war von A. J. Stevens für die Gebirgsstrecken in der Sierra Nevada entworfen worden und besaß die Achsfolge 2'E. Ihre Treibräder hatten den Durchmesser von 1,45 m, ihr Betriebsgewicht betrug 67 t. Wegen ihres großen Achsstandes und den damit verbundenen Schwierigkeiten bei Kurvenfahrten wurde diese Konstruktion jedoch nicht weiterentwickelt. Die Stevens-Lokomotiven mit drei und vier gekuppelten Treibachsen waren jedoch lange Jahre zufriedenstellend im Einsatz.

New York, Philadelphia & Norfolk Railroad (NYP & NRR) *(oben)*. 1884 übernahm die Pennsylvania RR zunächst nur die Kontrolle über die NYP & NRR. Später wurde sie ganz übernommen. Die hier abgebildete Lokomotive war mit der Baureihe D8ª der Pennsylvania RR identisch und gehörte zu den modernsten Lokomotiven der America-Bauart. Sie war von Baldwin gebaut worden. Ihre Zylinder hatten den Durchmesser von 457 mm und einen Hub von 610 mm, der Kesseldruck betrug 9,4 bar, die Treibräder hatten den Durchmesser von 1,57 m, und das Betriebsgewicht lag bei 38,6 t. Der Kessel und die Feuerung waren jedoch kleiner als üblich. Ungbewöhnlich war auch der zurückgesetzte Schornstein, der weit hinten angeordnete Dampfdom und der hinter der Treibradverkleidung liegende Sandkasten.

größere Kessel, die wegen des eingeengten Raumes zwischen den Rädern höher gesetzt werden mußten. Die Leistungsfähigkeit steigerte sich dadurch wesentlich, und man stellte schließlich Geschwindigkeitsrekorde auf, die man bisher für unglaublich gehalten hatte. Besonders erfolgreich waren zunächst die Maschinen mit der Achsfolge 2'B, doch wurden sie mehr und mehr von anderen Konstruktionen abgelöst. 1860 stellten sie 80 Prozent des gesamten amerikanischen Lokomotivparks dar, 10 Jahre später betrug ihr Anteil noch 60 Prozent, 1885 noch 50, 1890 jedoch nur noch 15 Prozent, und um die Jahrhundertwende waren sie praktisch ganz verschwunden.

Sie wurden abgelöst durch Maschinen vom Typ Mogul (Achsfolge 1'C), Consolidation (Achsfolge

→ S. 96

Pennsylvania Railroad (PRR). Diese Lokomotive war der erste Consolidation-Typ der Reihe R, die von der PRR im Oktober 1885 in Altoona gebaut wurde. Sie ähnelte stark den Lokomotiven der Lehigh Valley Company, ihr Kessel lag jedoch wesentlich höher. Diese Anordnung sollte sich später allgemein durchsetzen. Einige Lokomotiven dieser Serie, die aus 111 Maschinen bestand, hatten eine Belpaire-Feuerung, auch dies wurde wenige Jahre später zur Regel. Die Lokomotiven der Reihe R (später wurden sie H3 genannt) hatten Zylinder mit dem Durchmesser von 508 mm und dem Hub von 610 mm. Der Treibraddurchmesser betrug 1,27 m, der Kessel war für einen Druck von 9,6 bar ausgelegt, und das Betriebsgewicht dieses Consolidation-Typs erreichte 52 t, wovon auf das Reibungsgewicht 45,6 t entfielen.

Atchison, Topeka & Santa Fe. Gegen Ende der achtziger Jahre erfreuten sich die Lokomotiven vom Typ Mogul (Achsfolge 1'C) in den USA großer Beliebtheit. Sie kamen sowohl vor Güter- als auch vor Personenzügen zum Einsatz. Diese Lokomotive wurde 1888 von den Baldwin Locomotive Works für die Atchison, Topeka & Santa Fe gebaut. Zehn Jahre vorher hielt man in Amerika Lokomotiven mit drei Treibachsen noch nicht für erforderlich, jetzt jedoch wurden von fast allen Eisenbahngesellschaften der USA derartige Lokomotiven bestellt – sogar aus Lateinamerika kamen Aufträge. Sie wurden viele Jahre lang von den amerikanischen Herstellern auch als Hilfs-, Reserve- und Einsatzlokomotiven angeboten.

Denver and Rio Grande. Dies war eine typische »Ten-wheeler« der westlichen Staaten der USA. Sie kam vor allem auf den steigungs- und kurvenreichen Strecken in den Rocky Mountains zum Einsatz, wo leistungsstarke Lokomotiven sehr gefragt waren. Baldwin hatte sie 1887 im Auftrag der Denver and Rio Grande gebaut. Ihre Zylinder hatten 457 mm Durchmesser und einen Hub von 610 mm; der Treibraddurchmesser betrug 1,37 m, und das Betriebsgewicht lag bei 44 t. Da eine allgemeine Umstellung von Holz- auf Kohlefeuerung im Gange war, kam man auch von den Funkenfängern auf dem Kamin ab.

1′D), Ten-wheeler (Achsfolge 2′C) und Atlantic (Achsfolge 2′B1′). In dieser Zeit entstanden auch gigantische Lokomotiven – damals die größten der Welt. Sie waren für den Güterverkehr über die Rocky Mountains und über das Allegheny-Gebirge vorgesehen. Die erste dieser Maschinen war die »Champion«, sie war 1882 von der Lehigh Valley Company mit der Achsfolge 2′D gebaut worden. Sie war im Prinzip nur eine Consolidation mit einer zweiten vorderen Laufachse und bekam die Typenbezeichnung Mastodon. Später folgten weitere Maschinen mit dieser Achsfolge. Besondere Erwähnung verdient noch eine 2′E-Lokomotive – die »Gobernador« – die 1884 im Auftrag der Central Pacific in Sacramento gebaut wurde.

Doch nicht immer waren diese Kolosse auch leistungsfähig; des öfteren war ihr Bau ein enormer finanzieller Verlust. Trotzdem begann in jener Zeit eine Entwicklung, die der Eisenbahn in den USA zu großem Ansehen verhalf.

Pennsylvania & New York Railroad. Wegen des schwachen Oberbaus auf den Strecken jenseits des Ozeans war es erforderlich, die Achslasten der Fahrzeuge relativ niedrig zu halten. Die einzige Möglichkeit, trotzdem noch hohe Zugkräfte zu erzielen, war der Einbau möglichst vieler Treibachsen. 1887 baute Baldwin für die Pennsylvania & New York RR eine Lokomotive mit der Achsfolge 2′D unter besonderer Berücksichtigung einer optimalen Reibungsgewichtsnutzung. Sie hatte Zylinder mit dem Durchmesser von 508 mm und dem Kolbenhub von 670 mm, Treibräder mit dem Durchmesser von 1,28 m und den Kesseldruck von 9,0 bar. Das Betriebsgewicht erreichte 51 t. Sie war aus dem damaligen Consolidation-Typ weiterentwickelt worden und hatte nur wegen der Gewichtsverteilung ein zweiachsiges Laufgestell bekommen, das wegen der relativ niedrigen Geschwindigkeit nicht von großem Nachteil auf die Laufeigenschaften war.

Colorado Midland Railway. Diese Lokomotive gehörte zu einer Serie von 12 Lokomotiven mit der Achsfolge 2′C, die 1887 von den Schenectady Locomotive Works an die Colorado Midland Railway geliefert wurde. Diese Gesellschaft baute die erste Strecke in den Rocky Mountains, die mit Regelspurweite ausgestattet war. Auf dieser Strecke verkehrten diese Ten-wheeler-Lokomotiven, die mehr und mehr den America-Typ ablösten. Gegenüber diesen hatten die Ten-wheeler-Maschinen vor allem den Vorteil, daß sie mit allen Treibraddurchmessern zwischen 1,32 m und 1,52 m ausgerüstet werden konnten, wodurch man sie leichter an die unterschiedlichen Bedürfnisse der verschiedenen Eisenbahngesellschaften anpassen konnte. Die Lokomotiven der Colorado Midland Railway hatten Treibraddurchmesser von 1,45 m. Bei dem Betriebsgewicht von 53,1 t konnten sie eine Zugkraft von 67,5 kN entwickeln. Leider mußte die Colorado Midland Railway bald einen Großteil ihres Streckennetzes aufgeben, lediglich die Strecke von Colorado Springs nach Criple Creek wurde bis 1940 weiterbetrieben.

Chicago, Milwaukee & St. Paul Railway. Diese Eisenbahngesellschaft nahm zwischen 1889 und 1893 mehrere Lokomotiven in Betrieb, die bei der Schenectady and Rhode Island Locomotive Works gebaut worden waren, und wie Ten-wheeler-Maschinen aussahen. Sie hatten jedoch eine zusätzliche Laufachse unter dem Führerhaus. Diese Fahrzeuge waren als Schnellzuglokomotiven konzipiert worden. Die Zylinder hatten unterschiedliche Durchmesser (rechts 553 mm und links 787 mm), der Hub lag bei beiden bei 660 mm, die Treibräder hatten den Durchmesser von 1,98 m (die Mittelachse hatte spurkranzlose Räder), die Rostfläche betrug 3,1 m² im Kessel herrschte ein Druck von 13,7 bar, und von den 66 t Betriebsgewicht entfielen 40,8 t auf das Reibungsgewicht. Es ist bis heute nicht geklärt, ob diese 2'C1'-Maschinen als die ersten Pacific-Lokomotiven der Welt anzusehen sind oder als Abkömmlinge der Ten-wheeler-Konstruktion betrachtet werden müssen.

Philadelphia & Reading. Diese Eisenbahngesellschaft bevorzugte mehr als jede andere die Lokomotiven vom Typ Camel von Ross Winans und James Millholland und entwickelte diese noch weiter. 1890 bauten die Baldwin Locomotive Works im Auftrag der P & R eine Lokomotive mit der Achsfolge 1'D und einer für diese Maschinen typischen Wootten-Feuerung. Das Führerhaus war etwa in der Mitte über dem Kessel angeordnet. Der Heizer hatte eine eigene Plattform auf dem Tender, von wo aus er mit einer Schaufel oder einer mechanischen Fördereinrichtung den Feuerraum beschickte. Diese Lokomotivkonstruktion fand viel Anklang und bekam den Beinamen »Camelback« oder »Mother Hubbard«.

Empire State Express. Ab 1890 erfaßte viele amerikanische Eisenbahngesellschaften der Geschwindigkeitsrausch. So auch die New York Central & Hudson River Railroad, die der Pennsylvania einen harten Konkurrenzkampf lieferte. 1893 stellte sie eine America-Maschine mit der Nummer 999 in Dienst und brachte an ihrem Tender die Aufschrift »Empire State Express« an. Dies war der Name eines Schnellzugs, der auf der Strecke von New York nach Buffalo verkehrte. Die 999 war von William Buchanan entworfen worden. Sie hatte Treibräder mit dem Durchmesser von 2,18 m, der Zylinderdurchmesser betrug 483 mm, der Hub 610 mm, der Kessel war für einen Druck von 11,4 bar ausgelegt, und das Gesamtgewicht (Lok+Tender) lag bei 92 t. Am 10. Mai 1893 stellte sie mit 181 km/h einen Geschwindigkeitsrekord auf: Vor einem Personenzug erreichte sie diese Geschwindigkeit bei Batavia, NY. Es ist zwar nicht bekannt, wie der Rekord kontrolliert wurde, er erscheint aber realistisch, da dieser Zug einen Tag zuvor die Geschwindigkeit von 164 km/h erreicht hatte. Jedenfalls erregte dieser Rekord in der ganzen Welt großes Aufsehen.

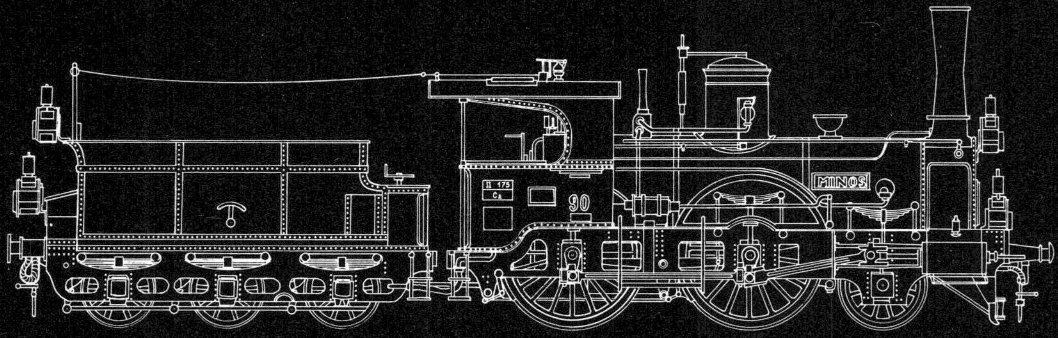

Zwei Jahrzehnte technischer Fortschritt

Etwa ab 1870, also nach einem halben Jahrhundert Entwicklungszeit, stand es fest, daß die Eisenbahn sich zu einer leistungsfähigen und unentbehrlich gewordenen Institution entwickelt hatte. Man war stolz auf den Fortschritt, der durch sie ermöglicht worden war, und betrieb mit gefestigtem Vertrauen die Weiterentwicklung und Verbesserung. Man konnte sich jedoch noch immer nicht zum Serienbau einer Dampflokomotive nach diesem oder jenem bekannten Schema durchringen, sondern versuchte nach wie vor, durch alle möglichen Maßnahmen die Konstruktionen zu verbessern.

Immer wieder zum Beispiel wurde die Form des Rahmens und die Stellung der Zylinder geändert; auch über die Zahl der Treibachsen gab es unterschiedliche Ansichten. Waren die einen entschiedene Verfechter der Single-driver-Anordnung, so konnten wiederum andere nicht genug Achsen zusammenkuppeln. Für die Konstruktion der Dampflokomotive war diese Zeit wohl die entscheidendste Phase ihrer langen Entwicklungsgeschichte.

Wir dürfen auch nicht vergessen, daß in den Anfangsjahren Eisenbahnen nur speziell für jeweils bestimmte Einsatzzwecke konstruiert worden waren. Man war an den jeweiligen Stand der Technik gebunden, und es fehlte außerdem auch die Erfahrung der späteren Jahre. So hatte man die Gleise mit Holzschwellen entweder direkt auf dem Boden oder auf einer Granitbasis verlegt. Die eisernen Schienen waren jedoch sehr steif, und so kam es häufig zu Betriebsstörungen. Deshalb ging man

→ S. 105

Great Southern and Western Railway. Die ersten Lokomotiven Irlands kann man wegen ihrer großen Stückzahl und ihrer einheitlichen Bauformen einer bestimmten Klasse zuordnen. Fast alle diese Lokomotiven – insgesamt 111 Stück – waren nach Entwürfen von A. Mac Donnell von der Inchicore-Company gebaut worden. Die letzte wurde 1903 in Dienst gestellt. Die Lokomotiven hatten die Achsfolge C und Innenantrieb, und sie ähnelten den Güterzuglokomotiven vom Typ DX von John Ramsbottom (s. S. 55). Sie wurden für alle möglichen Zwecke verwendet; 1959 war noch etwa die Hälfte von ihnen im Einsatz. Die Lokomotive mit der Nummer 184 ist vollkommen restauriert worden und befindet sich nun im Besitz der Railway Preservation Society of Ireland.

Pythagoras. Sie hatte die Nr. 31 und gehörte zu einer Serie von Lokomotiven, die 1870 und 1871 für den Personenzugeinsatz auf der Österreichischen Nordwestbahn (ÖNWB) gebaut wurden. Mit ihrer Achsfolge 2'B und den sonstigen Konstruktionselementen entsprach sie der Konzeption, die von den Habsburger Eisenbahnen her bekannt war. Sie hatte einen Außenrahmen mit zwei breiten Holmen, an dessen Außenseite das Triebwerk mitsamt der Steuerung angebracht war, und ihr Kessel saß relativ weit hinten. Die Lokomotiven dieser Serie, die auf der Strecke Wien–Prag im Einsatz waren, konnten mit einer Anhängelast von 100 t eine Steigung von 10‰ mit 42 km/h bewältigen.

Metz. Zu Anfang der siebziger Jahre war dies eine der modernsten Lokomotiven Europas. Mit ihrem länglichen Kessel, der auf zwei Treibachsen (Treibraddurchmesser 1,98 m) und einer Laufachse ruhte, hatte sie ein sehr elegantes Aussehen. Die Zylinder waren vor der Laufachse außen und die Stephenson-Kulissensteuerung innen angeordnet. Die Feuerung – zwischen der zweiten und dritten Achse eingebaut – hatte einen sehr tief liegenden Rost mit einer Fläche von 1,57 m². Die Köln-Mindener Eisenbahn ließ 30 Lokomotiven dieses Typs bauen: 12 von Borsig in den Jahren 1871 und 1872, die anderen 18 von Hartmann 1873 und 1874. Diese Lokomotiven mit dem ungewöhnlich großen Achsstand kamen vor Schnellzügen zwischen Berlin und Köln zum Einsatz. Mit einem Zug aus 10 Wagen konnten sie noch eine Geschwindigkeit von 70 km/h erreichen.

Shimbashi-Jokohama. Die erste Lokomotive, die 1871 im »Reich der aufgehenden Sonne« zum Einsatz kam, war von der Vulcan Foundry Ltd. gebaut worden; die anderen 9 Lokomotiven dieser Serie wurden bei Lancashire & Yorkshire Engine & Co., bei Avonside Engine & Co., bei Sharp Stewart & Co. und bei Dübs & Co. gebaut. Sie waren Tenderlokomotiven mit der Achsfolge 1B, einem Eigengewicht zwischen 19 und 25 t, und sie hatten Außentriebwerke mit Stephenson-Steuerung. Bei ihrer Ablieferung hatten sie ein offenes Führerhaus, das jedoch kurz danach überdacht wurde. Zum Einsatz kamen sie auf der 28,8 km langen Strecke von Shimbashi (Tokio) nach Jokohama.

Humboldt. Dies ist einer der interessantesten Dreikuppler; sie war die erste Lokomotive, die 1871 von Floridsdorf, einem bedeutenden Lokomotivkonstrukteur, gebaut wurde. Die »Humboldt«, die als Güterzuglokomotive für die Österreichische Nordwestbahn (ÖNWB) projektiert war, hatte einen genieteten Außenrahmen. Ihre Zylinder hatten den Durchmesser von 435 mm und einen Hub von 632 mm, der Kessel war für den Druck von 9,8 bar ausgelegt worden, die Rostfläche erreichte die Größe von 1,71 m², die Heizfläche betrug 135 m², die Treibräder hatten den Durchmesser von 1,18 m.

Wheatley. Dieser Lokomotivtyp stellte eine technische Neuheit dar; sie war 1871 von T. Wheatley gebaut worden. Das Fahrgestell mit der Achsfolge 2'B (Treibraddurchmesser 1,98 m) hatte innenliegende Holme und ein Innentriebwerk. Diese Konzeption wurde viele Jahre bei englischen Schnellzuglokomotiven angewandt. Auch die North British Railway setzte diese Lokomotiven vor schnellen Personen- und Postzügen ein. Eine dieser Maschinen – sie hatte die Nummer 224 – war am 28. Dezember 1879 in ein schweres Unglück verwickelt: Als sie in der Nacht mit einem Postzug über eine Brücke fuhr – bei uns in Erinnerung durch Fontanes Gedicht »Die Brücke am Tay« –, brach diese unter der Last zusammen, und der ganze Zug stürzte ins Wasser. Alle 78 Personen, die sich in diesem Zug befanden, kamen dabei ums Leben. Das war die bis dahin schwerste Eisenbahnkatastrophe in England. Die Lokomotive wurde Wochen später wieder in Betrieb genommen und blieb bis 1918 im Einsatz.

Fletcher. Sie gehörte zur Reihe 901 der North Eastern Railway und war seinerzeit die leistungsfähigste Lokomotive Englands. Edward Fletcher, der 1829 an der Seite Stephensons wesentlich zum Erfolg der »Rocket« in Rainhill beigetragen hatte, baute 1872 die erste Serie von 55 Maschinen dieser Reihe. Sie hatten einen einfachen und robusten Aufbau, wirkten sehr elegant und waren zudem sehr sicher. Die Reihe 901 hatte Zylinder mit dem Durchmesser von 430 mm und einem Hub von 610 mm. Das Triebwerk war an den Innenholmen angebaut, die Treibräder hatten einen Durchmesser von 2,16 m; das Gewicht betrug rund 40 t. Diese Lokomotiven ermöglichten es, die Strecke von der Kings-Cross-Station in London nach Edinburgh mit dem »Flying Scotsman« bei einer Reisegeschwindigkeit von 76 km/h in 9 Stunden zurückzulegen. 1888 zog eine Lokomotive dieser Klasse einen 8-Wagen-Zug mit 95 km/h, was eine außerordentliche Leistung für die damalige Zeit bedeutete.

Wörth. Diese Lokomotive der sächsischen Staatsbahn war 1872 von Hartmann gebaut worden. Sie war eine Personenzuglokomotive mit der Achsfolge 1B, hatte Stephenson-Steuerung und Außenzylinder. Auffallend war die Lage der Feuerung zwischen den Treibachsen und die Rauchkammer, die einen größeren Durchmesser als der Kessel hatte.

Nordostbahn. Als Güterzugmaschinen für Gebirgsstrecken waren diese Lokomotiven in der Schweiz weit verbreitet. Sie wurden 1870 von Schwartzkopff in Berlin gebaut. Ihre technischen Daten waren: Rostfläche 1,5 m², Heizfläche 87,6 m², Kesseldruck 11,8 bar, Achsstand 2,5 m, Länge über Puffer (LüP) 12, 4 m, Reibungsgewicht 24,5 t und Höchstgeschwindigkeit 65 km/h. Ausgemustert wurden diese Lokomotiven im Jahr 1890.

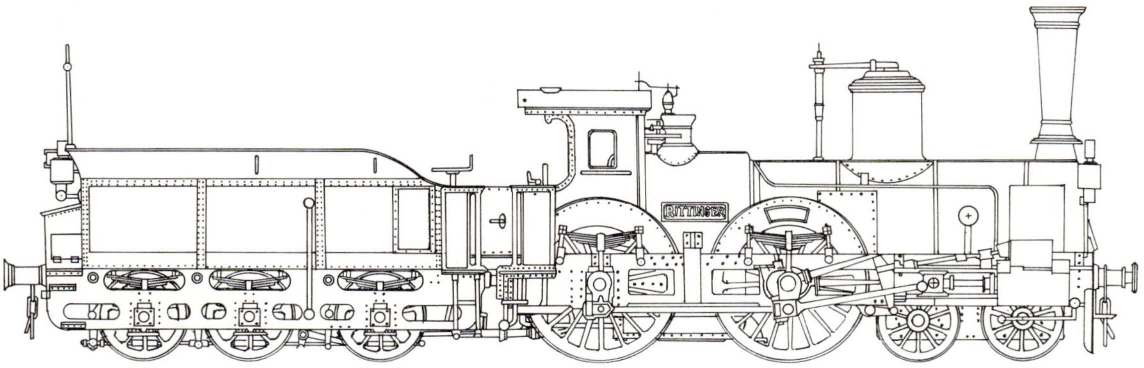

Rittinger. Die Maschine wurde 1873 auf eigene Kosten von G. Sigl in Wien erbaut. Sie sollte beweisen, daß die nach dem Prinzip Hall gebauten Maschinen mit doppelten Holmen und vorderem Laufgestell eine hohe Laufstabilität besitzen. Die »Rittinger« wurde 1873 als Schnellzuglokomotive der Zukunft in Paris vorgestellt. Ihre Zylinder hatten den Durchmesser von 411 mm und einen Hub von 632 mm; die Feuerung war zwischen den Treibachsen angeordnet. Die Höchstgeschwindigkeit dieser Lokomotive, die von der Österreichischen Nordwestbahn als Versuchslokomotive übernommen wurde, betrug 80 km/h.

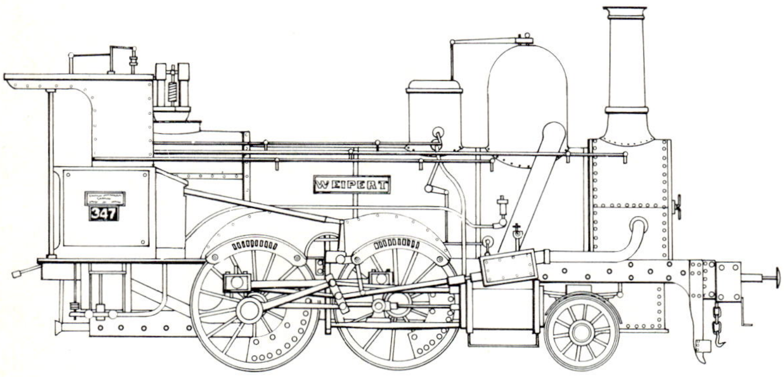

Weipert. Diese Lokomotive wurde 1872 von Hartmann für die sächsiche Staatsbahn gebaut. Sie hatte nach einem Entwurf von Novotny nur eine vordere Laufachse. Um dieser Achse ein großes seitliches Spiel zu gewähren, waren die Zylinder relativ weit hinten angeordnet worden. Dadurch fielen auch die Treibstangen ziemlich kurz aus. Ungewöhnlich war die Dampfzu- und -abfuhr der Zylinder: Die Zuleitungen saßen unmittelbar am Dampfdom, und die Abdampfleitungen führten direkt in die Rauchkammer.

L'Avenir. Von Georg Meyer entworfen und dem Franzosen Cail gebaut, hatte diese Lokomotive dieselbe Konzeption wie die »Wiener Neustadt« (s. S. 79). Der Stahlkessel der Lokomotive stützte sich auf zwei bewegliche Triebgestelle. Leider führte dies häufig zu Schäden an der Maschine. Sie wurde als Versuchslokomotive für die Compagnie de l'Etat erbaut, die eine Ausschreibung für eine möglichst billige Lokomotive veranstaltet hatte. Die Probefahrten wurden auf Nebenstrecken der französischen Chemin de fer du Nord, in der Schweiz, in Luxemburg und auf der Strecke der Paris–Orléans durchgeführt; anschließend wurde sie an die Compagnie des Charentes verkauft. Der Name »L'Avenir« sollte richtungsweisend für diese Konstruktion sein. Die Leistung von über 440 kW und die guten Laufeigenschaften auf gebirgigen und kurvenreichen Strecken waren zwar recht bemerkenswert, fanden aber in der damaligen Zeit kaum Beachtung; so wurde sie schon 1866 ausgemustert.

Reihe A 4. In den Jahren 1872 und 1873 lieferten die Baldwin Locomotive Works aus Philadelphia 9 Lokomotiven an die finnische Privatbahngesellschaft Hyvinkää – Hanko. Sie gehörten zum America-Typ (Achsfolge 2'B) und kamen auf der Strecke von Helsinki nach Petersburg zum Einsatz. Die Zylinder hatten den Durchmesser von 381 mm, die Rostfläche betrug 1,2 m², die Heizfläche 67,1 m². Der Kessel war für einen Druck von 8,3 bar ausgelegt, und das Betriebsgewicht lag bei 30 t, wovon auf das Reibungsgewicht 18,2 t entfielen. Diese Schnellzuglokomotiven waren bis 1918 im Einsatz.

Terrier. Diesen Namen trugen 50 Lokomotiven mit der Achsfolge C, die in den Jahren 1872 bis 1880 von der London Brighton and South Coast Railway in Betrieb genommen wurden. Diese Lokomotiven sollten für die Londoner Untergrundbahn verwendet werden, wo sie aber nie zum Einsatz kamen. Sie hatten ein Betriebsgewicht von 27,5 t und entwickelten eine Zugkraft von 30,5 kN. 1923 kamen einige Lokomotiven auf die Insel Wight.

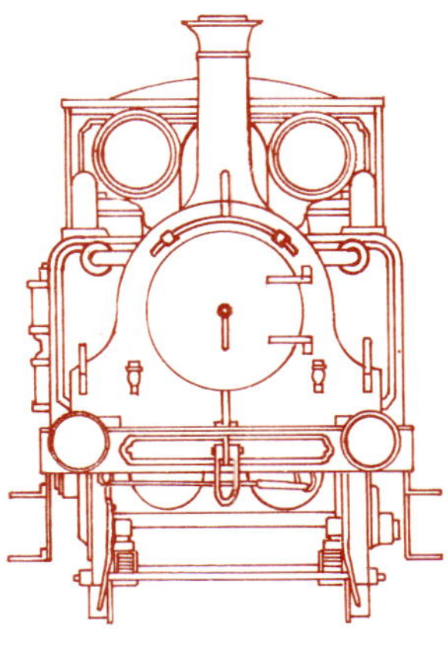

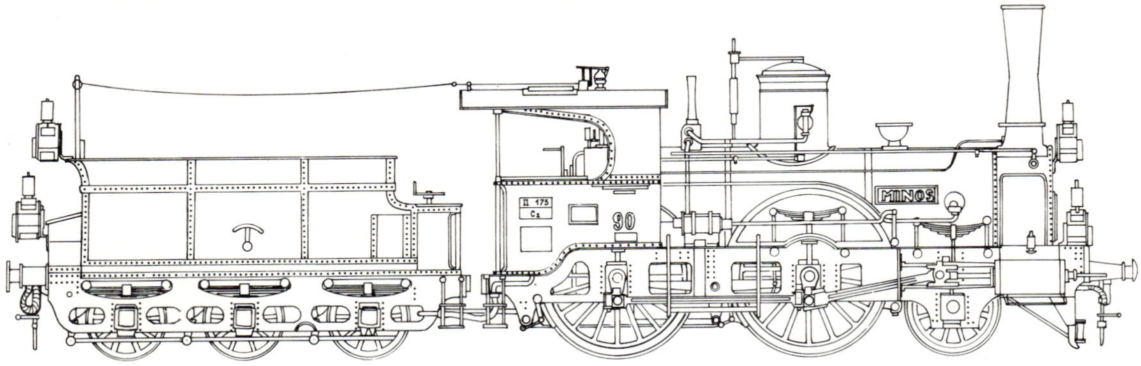

Minos II. Floridsdorf baute diese Lokomotive 1873 für die Kaiser-Ferdinands-Nordbahn (KFNB) mit der Achsfolge 1A1. Zehn Jahre später wurde sie modernisiert und erhielt dabei die Achsfolge 1B. Die Zylinder hatten den Durchmesser von 382 mm und einen Hub von 632 mm. Der Treibraddurchmesser betrug 1,96 m, und der Kessel war für einen Druck von 9,8 bar ausgelegt. Von den 39 t Betriebsgewicht entfielen 27 t auf das Reibungsgewicht. Sie blieb bis 1913 bei der Bahnlinie Wien–Brünn im Einsatz.

Urban. So hieß eine Reihe von Lokomotiven, die für die belgische Compagnie Grand Central von Couillet und Saint-Léonard 1866 bis 1877 gebaut wurden. Diese leistungsfähigen Maschinen hatten die Achsfolge 1'B, eine Feuerung vom Typ Belpaire, einen sehr tief liegenden Kessel und Treibräder mit dem Durchmesser von 2,10 m; die Zylinder saßen zwischen Lauf- und erster Treibachse. Die Länge der schweren und schnellen Lokomotive betrug – ohne Tender – 8,5 m, das Betriebsgewicht lag bei 37 t. Am 1. Januar 1897 übernahm die belgische Staatsbahn die Compagnie Grand Central und mit ihr diese Lokomotiven, die sie vor allem auf der Strecke zwischen Brüssel und Anvers einsetzte.

Andaluces. Die Firma Hartmann baute zwischen 1877 und 1901 für die Eisenbahnen in Andalusien 23 Lokomotiven mit der Achsfolge C; zwei weitere wurden 1883 von der Société Russe aus Petersburg geliefert. Diese Lokomotiven für gemischten Dienst hatten Zylinder mit dem Durchmesser von 450 mm und einem Hub von 650 mm, Stephenson-Steuerung und Treibräder mit einem Durchmesser von 1,3 m. Das Gesamtgewicht einschließlich Tender betrug 65,3 t. Die Maschinen kamen lange Zeit in den Bezirken Cadiz, Cordoba, Algeciras und Utrera zum Einsatz. Für die Lokomotivführer der RENFE galten sie als die besten Dampflokomotiven Spaniens.

bald dazu über, die Schienen aus Stahl – sie hatten damals ein Metergewicht von 35 kg – zu fertigen und diese mit den Schwellen in Schotter zu betten, so daß das Gleis eine gewisse Elastizität bekam und auch nach starken Regengüssen oder gar Überschwemmungen rasche Entwässerung möglich war. Die neue Art des Oberbaus gestattete in der Folge auch den Bau von schnelleren und schwereren Lokomotiven, die man immer dringender brauchte, da sonst bis zu drei oder vier Lokomotiven zur Beförderung eines einzigen Güter- oder Personenzuges eingesetzt werden mußten. Besonders die Güterzüge wurden in jener Zeit immer schwerer, da man die zu Anfang verwendeten kurzen Fahrzeuge mehr und mehr durch lange zwei- und dreiachsige Wagen ersetzte. Diese Fahrzeuge hatten bereits Gewichte bis zu 20 t. → S. 110

Glasgow and South Western Railway. James Stirling baute im Gegensatz zu seinem Bruder Patrick, dem Konstrukteur der Single-driver-Maschinen (s. S. 74), Lokomotiven mit zwei Treibachsen. Den Höhepunkt seines Lokomotivbaus erreichte er 1873 mit dem Bau eines Protoyps für die Glasgow and South Western Railway, dem in den folgenden vier Jahren eine Serie von 22 Lokomotiven folgte. Diese Lokomotiven hatten eine Dampfhilfssteuerung zur Betätigung der Fahrtrichtungswechseleinrichtung. Ab 1876 kamen diese Personenzugmaschinen auf der Strecke von Carlisle nach Glasgow zum Einsatz.

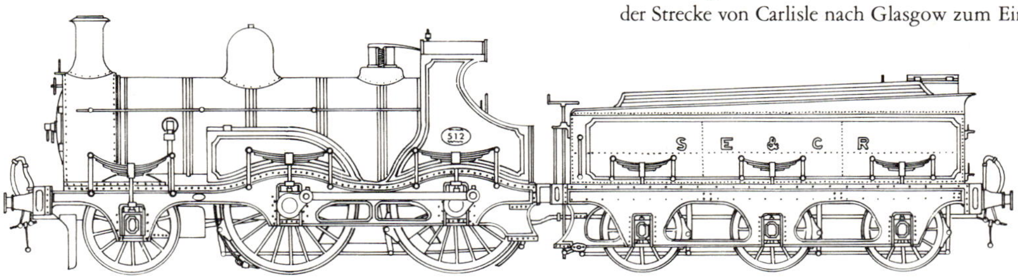

South Eastern and Chatham Railway. Diese Gesellschaft nahm 1873 vier Schnellzuglokomotiven in Betrieb, die von William Martley konstruiert worden waren und die Namen »Europa«, »Asien«, »Afrika« und »Amerika« trugen. 1876 wurden zwei weitere Lokomotiven dieses Typs gebaut. Entsprechend der englischen Tradition hatten auch diese Lokomotiven die Achsfolge 1B, Außenrahmen mit gebogenen Holmen, Innentriebwerk und einen großen Dampfdom aus Messing. Die Federungen der Achsen saßen über den Rahmen der Lokomotive und des Tenders, was der Eleganz der Maschine keinen Abbruch tat. Die ersten vier Lokomotiven dieser Baureihe waren von Sharp Stewart & Co. gebaut worden, während die beiden anderen in den Werkstätten der Eisenbahngesellschaft in Longhedge, Battersea, hergestellt wurden. Innerhalb kürzester Zeit wurden sie als schnelle und sehr sichere Maschinen bekannt und bekamen im Volksmund den Namen »Mail Engines«, da sie vor dem Postzug London–Dover eingesetzt wurden. Sie erreichten dabei eine Durchschnittsgeschwindigkeit von 72 km/h.

Livingstone. Der Österreicher Anton Eibel entwarf diese Lokomotive. Sie wurde 1874 zusammen mit ihrer Schwestermaschine »Foucault« von Floridsdorf gebaut. Nach der Entstehung der »Rittinger« im Jahre 1873 (Achsfolge 2'B) wurden in Österreich in kürzester Zeit alle Lokomotiven mit der Achsfolge 1B ersetzt. Die »Livingstone« hatte ebenfalls zwei Treibachsen und ein zweiachsiges Laufgestell, jedoch mit relativ großem Achsstand. Die Holme des Rahmens waren zwischen den Treibrädern eingebaut, auf eine vorn oder hinten überhängende Konstruktion wurde verzichtet: Die Feuerung saß zwischen den Treibachsen, die Zylinder waren am hinteren Ende des Laufgestells angebaut. Einen 12-Wagen-Zug (96 t) konnte die »Livingstone« mit einer Geschwindigkeit von 60 km/h über eine Steigung von 10‰ ziehen. Ihre Höchstgeschwindigkeit lag bei 80 km/h.

Die Entstehung der Verbundlokomotiven

Der Ehrgeiz der Konstrukteure, den Wirkungsgrad der Dampfmaschinen zu verbessern, führte zum Bau von stationären Anlagen mit Dampfkesseln mit Hunderten von Heizrohren, die mit riesigen Feuerungen kombiniert wurden. Dementsprechend stieg auch der Kesseldruck: 1870 hatten viele Dampfkessel bereits einen Druck von 9,8 bar, einige sogar 11,8 bar. An diesen stationären Dampfmaschinen war auch eine doppelte Dampfdehnung mit Erfolg getestet worden. 1873 baute der Schweizer Ingenieur Anatole Mallet zum erstenmal eine Lokomotive nach diesem Prinzip. Der Hochdruckdampf kam zunächst in den einen Zylinder, wo er sich teilweise entspannte, und anschließend in den zweiten Zylinder, wo der restliche Druck dann in Arbeit umgesetzt wurde. Das führte zu dem Ergebnis, daß der Temperatursprung in den Zylindern vermindert und dadurch die Kondensation des Dampfes in denselben verringert werden konnte. Damit die Zylinder trotz der unterschiedlichen Dampfdrücke etwa dieselbe Arbeit abgeben konnten, mußte der Niederdruckzylinder mit einem größeren Durchmesser ausgestattet sein als der Hochdruckzylinder. Für diese Konstruktion erhielt Mallet am 10. Oktober 1874 das Patent, nachdem er seine ersten Versuche mit der »Anglet« und zwei weiteren Lokomotiven in Frankreich auf der Strecke Bayonne–Biarritz mit Erfolg abschließen konnte. Die Verbundlokomotiven (engl. compound) mit zwei Zylindern werden auch Zwillingsmaschinen genannt. Die »Anglet« war eine kleine Tenderlokomotive mit der Achsfolge B1, der Hochdruckzylinder hatte den Durchmesser von 240 mm, der Niederdruckzylinder 400 mm, und der Hub beider Zylinder betrug 450 mm. Der Kessel war für einen Druck von 11,8 bar ausgelegt, der Treibraddurchmesser betrug 1,2 m. Sie zog Züge mit Doppelstockwagen (50 t) auf einer 15‰-Steigung mit einer Geschwindigkeit von 40 km/ h. Die Brennstoffersparnis betrug bei dieser Konstruktion etwa 25 Prozent. Das Verbundsystem war zwar nicht ohne Mängel, beeinflußte aber die Entwicklung in den folgenden Jahren entscheidend.

Ardross. Diese Lokomotive der Baureihe F wurde von David Jones im Jahre 1873 für die schottische Highland Railway entworfen. Der Ursprung geht auf den Crewe-Typ von Alexander Allan (s. S. 42) zurück mit ihren typischen schräg liegenden vorderen Holmen und den daran angebauten Zylindern sowie der etwas zurückgesetzten Rauchkammer. Das Gewicht der Lokomotive (43 t) war sehr gut verteilt, da der Abstand der beiden Treibachsen relativ groß war. Der Durchmesser der Treibräder betrug 1,9 m, der Kesseldruck 9,8 bar, und die Zugkraft der Lokomotive lag bei 62 kN. Jones baute diesen Lokomotivtyp in mehreren Kleinserien bis 1901. Erst in diesem Jahre wurde die Fahrgestellkonstruktion des Crewe-Typs endgültig aufgegeben

Gylfe. Sie wurde von der Maschinenfabrik Esslingen 1875 für die Sjaellandske Jernbaneselskab in Dänemark gebaut. Sie gehörte zu einer Serie von 12 Personenzuglokomotiven mit der Achsfolge B1 und entsprach den Lokomotivkonstruktionen im Deutschland dieser Zeit. Ihre Zylinder hatten den Durchmesser von 406 mm und einen Hub von 559 mm; der Kesseldruck lag bei 8,8 bar, der Treibraddurchmesser betrug 1,64 m, und von den 50,9 t Gesamtgewicht entfielen 24 t auf das Reibungsgewicht. Sie kam auf 90 km/h, auf ebenen Strecken konnte sie die Durchschnittsgeschwindigkeit von 70 km/h erreichen.

Sträken. August Borsig baute 1874 für die schwedische Eisenbahnstrecke von Stockholm nach Göteborg diese Personenzuglokomotiven. Sie hatten vor der Laufachse angeordnete Außenzylinder, eine Allan-Steuerung, Treibräder mit dem Durchmesser von 1,57 m, einen Kessel für 9,8 bar und ein Betriebsgewicht von 53,5 t; das Reibungsgewicht lag bei 21,2 t, und die Höchstgeschwindigkeit betrug 75 km/h. Der spezielle Funkenfänger am unteren Ende des Kamins sorgte für eine vollständige Zerkleinerung der Brennstoffreste in der Rauchkammer. Eine dieser 53 Maschinen steht im Eisenbahnmuseum in Gävle.

Precedent. Diese Lokomotive gehört zu der letzten englischen Baureihe mit der Achsfolge 1B. Sie war ähnlich gebaut wie die »Newton« von John Ramsbottom, hatte aber einige Veränderungen, die 1874 von Francis W. Webb angebracht worden waren. Sie gehörte der London and North Western Railway. Die »Precedent« zählt zu einer Serie von 70 Lokomotiven, die in den Jahren 1874 bis 1882 in der Maschinenfabrik von Crewe gebaut wurden. Eine dieser Lokomotiven – sie waren schwarz gestrichen und hatten weiße Zierstreifen – erreichte 1895 die Geschwindigkeit von 142 km/h. Im Regeleinsatz vor Personenzügen fuhren diese Lokomotiven mit einer Durchschnittsgeschwindigkeit von 108 km/h. Dank dieser außerordentlichen Leistungsfähigkeit wurde die letzte Lokomotive erst im Jahre 1932 ausgemustert.

Paris–Orléans · Nr. 265–390 *(oben)*. Für die schnellen und immer schwerer werdenden Züge baute ab 1876 der Ingenieur Fourquenot eine Reihe von 126 Lokomotiven, ähnlich den Maschinen mit den Nummern 210–212 (s. S. 65), die wegen ihrer großen Erfolge in Frankreich die Grundlage für eine neue Generation von Schnellzuglokomotiven bildeten. Die neue Konstruktion hatte bessere Laufeigenschaften, da sie zu der von den alten Lokomotiven übernommenen Achsfolge 1B noch eine weitere Laufachse unter dem Führerhaus eingebaut bekam. Der Rahmen war für diese Achse gabelförmig erweitert, so daß sie außen gelagert werden konnte. Die Kessel waren zunächst für einen Druck von 8,8 bar – später 9,8 bar ausgelegt. Trotz ihrer ungewöhnlichen Fahrgestelle hatten diese Lokomotiven ein gutes Aussehen. Der Kessel, die Zylinder, der Dampfdom und der Sandkasten hatten eine Messingverkleidung. Diese Lokomotiven wurden viele Jahre vor Schnellzügen auf der Strecke Paris–Bordeaux eingesetzt. Sie erreichten auf dieser 578 km langen Strecke mit einem 160-t-Zug eine Geschwindigkeit von 75 km/h. Später wurde noch eine zweite Serie gebaut. Von den insgesamt 162 Maschinen waren 1938 noch 115 im Einsatz. Eine ist heute im Eisenbahnmuseum in Mülhausen zu bewundern.

Outrance *(unten)*. Diese ungewöhnliche Lokomotive war am 29. Juni 1877 von der Société Alsacienne in Belfort an die Compagnie du Nord übergeben worden. Sie war nach englischem Vorbild von Archibald Sturrock erbaut worden, hatte aber ein vorderes Laufgestell mit zwei außengelagerten Laufachsen. Der Rahmen der Lokomotive war typisch englisch: Er bestand aus zwei massiven Außenholmen, an deren Außenseite die Kuppelstangen angeordnet waren. Die Feuerung vom Typ Belpaire hatte einen rechteckigen Querschnitt, und auf ihr saß ein Regler vom Typ Crampton. Diese Baureihe bestand aus 49 Einheiten und wurde bis zum Jahre 1882 gebaut. Die letzten 12 Lokomotiven hatten jedoch kein vorderes Laufgestell, sondern nur eine einzelne Laufachse. Die Lokomotiven konnten Schnellzüge mit der Durchschnittsgeschwindigkeit von 100 km/h befördern. 1890 erreichte eine dieser Lokomotiven sogar 127 km/h.

New South Wales Government Railways. Die Lokomotiven der Baureihe 79 wurden 1877 in Australien in Betrieb genommen und entsprachen in ihrer Konzeption den Fahrzeugen des Herstellerlandes England. Beyer, Peacock & Co. baute 34 Einheiten und Dübs in Glasgow 26 Einheiten nach dem Schema der Tenderlokomotive »Metropolitan«, die für die Londoner U-Bahn gebaut worden war (s. S. 71). Im Gegensatz zu den U-Bahn-Lokomotiven hatten die australischen Maschinen jedoch einen dreiachsigen Tender. Interessant war die Anlenkung des vorderen Laufwerks, das über einen Ausleger an einem Drehzapfen nahe der ersten Treibachse gelagert war. Von der Baureihe 79, die die Reihe 23 ablösen sollte, wurden insgesamt 68 Maschienen gebaut; die letzten acht 1882 in Sydney. Heute sind noch drei vorhanden, eine davon sogar betriebsfähig.

North British Railway *(unten).* Dugald Drummond entwarf 1876 für diese Gesellschaft eine Lokomotive mit der Achsfolge 2'B. Dieser Baureihe, die lange im Einsatz war, verdankt Drummond seinen Ruf als bedeutender Lokomotivkonstrukteur und großer Ästhet. Er hatte lange Zeit mit William Stroudley gearbeitet und dabei viel Erfahrung im Bau von großen aber einfachen Lokomotiven sammeln können (s. S. 112). Im Gegensatz zu Stroudley bevorzugte er jedoch ein zweiachsiges vorderes Laufgestell; dadurch erhielten die Lokomotiven ein modernes schlankes Aussehen und erreichten dabei eine hohe Laufstabilität. Die Baureihe »Waverley«, auch Baureihe 476 genannt, der North British Railway hatte folgende technische Daten: Zwei Innenzylinder mit dem Durchmesser von 457 mm und einem Hub von 660 mm, Treibräder mit Durchmesser von 1,98 m und Betriebsgewicht von 44 t. Auffallend war die Länge der Kuppelstangen (2,74 m). Von diesem Lokomotivtyp wurden 12 Exemplare gebaut, die auf der Strecke Edinburgh–Carlisle zum Einsatz kamen. Diese Fahrzeuge waren gleichzeitig Prototypen für Lokomotiven, die Drummond später an die Caledonian Railway und an die South Western Railway lieferte.

Preußische Staatsbahn Reihe P2 *(oben).* Dies war ein weitverbreiteter Lokomotivtyp der preußischen Staatsbahn, die gegen Ende der siebziger Jahre zum erstenmal nach Normen gebaut wurde. Die preußische Staatsbahn betrieb in jener Zeit eine Politik, derzufolge alle Fahrzeuge nach vereinheitlichten Schemata gebaut werden sollten. Die Reihe P2 war eine Mehrzwecklokomotive und wurde in einer Stückzahl von 242 Einheiten in den Jahren 1877 bis 1885 von verschiedenen Herstellern gebaut. Sie hatte Zylinder mit einem Durchmesser von 420 mm und einem Hub von 600 mm, der Kessel war für einen Druck von 9,8 bar ausgelegt; die Treibräder hatten einen Durchmesser von 1,73 m, und das Betriebsgewicht betrug 36,7 t (Reibungsgewicht 24,5 t). Sie konnte 339 t schwere Güterzüge auf einer 2-‰-Steigung mit 40 km/h befördern und 93 t schwere Personenzüge mit 80 km/h.

Der Bau von schwereren Lokomotiven brachte jedoch auch Änderungen an der Streckenausrüstung mit sich: So mußten Brücken verstärkt, Kohlenbansen und Wasserreservoirs in den Depots erweitert und neue Drehscheiben zum Wenden der Lokomotiven gebaut werden. Gerade der letzte Punkt entwickelte sich in England zu einem großen Hindernis für den Bau von leistungsfähigeren Lokomotiven.
Mit der Zunahme des Gewichts und der Geschwindigkeit der Reisezüge – mittlerweile fuhr man bereits mit 100 km/h – wurde auch die Entwicklung einer Einrichtung erforderlich, die den Zug in angemessener Zeit zum Halten bringen konnte. Man hatte dieser Sache bisher noch wenig Bedeutung beigemessen und daher nun einen enormen Nachholbedarf, nicht zuletzt auch wegen der von Eisenbahngegnern vertretenen Ansicht, daß dieses Verkehrsmittel äußerst gefährlich sei. Es hatten sich in Europa und Amerika bereits mehrere schwere Eisenbahnunfälle ereignet. Jenseits des Ozeans erfolgte 1869 die bedeutendste Erfindung auf dem Gebiet der Bremsausrüstung von Eisenbahnfahrzeugen. George Westinghouse konstruierte eine

→ S. 114

Jungfrau. Diese Tenderlokomotive gehört zu einer Serie von fünf Maschinen, die die Lokomotiv- und Maschinenfabrik Winterthur 1878 für die Schweizer Centralbahn baute. Sie hatten die für jene Zeit in Europa ungewöhnliche Achsfolge 1'C (»Mogul«), Zylinder mit dem Durchmesser von 420 mm und einem Hub von 600 mm, Treibräder mit 1,28 m Durchmesser, Rostfläche von 1,6 m², Heizfläche von 180 m² und einen Kessel, der für einen Druck von 9,8 bar ausgelegt war. Wie es bei den Schweizer Lokomotiven jener Zeit üblich war, hatten auch diese Maschinen einen Crampton-Regler. Sie trugen, entsprechend der Schweizer Bezeichnungsart, die Typenbezeichnung Ed 3/4 und hatten ein Betriebsgewicht von 52,1 t – das Reibungsgewicht lag bei 41,4 t – und entwickelten eine Zugkraft von rund 40 kN. Die Höchstgeschwindigkeit dieser Maschinen lag bei 55 km/h.

Paris-Lyon-Méditerranée *(unten).* Dies ist eine der elegantesten und leistungsfähigsten Lokomotiven jener Zeit. Sie ging aus der Reihe 201-250 vom Typ Fourquenot hervor und wurde 1876 gebaut. Sie hatte die Achsfolge 1'B1', einen Kessel vom Typ Belpaire und eine Steuerung vom Typ Gooch. Der Treibraddurchmesser betrug 2,1 m, der Kessel war für den Druck von 8,8 bar ausgelegt und das Betriebsgewicht lag bei 49,7 t, wovon 27,1 t auf das Reibungsgewicht entfielen. Wegen der langen und niedrigen Form, der riesigen Treibräder, des großen Dampfdoms und der ungewöhnlichen Form des Sandkastens waren diese Maschinen sehr bekannt. Die PLM ließ 400 Einheiten hauptsächlich in eigenen Werkstätten bauen, lediglich 40 Exemplare wurden von Sharp Stewart & Co. in England geliefert. Sie kamen vor allem auf der Strecke Paris–Dijon und Paris–Lyon–Marseille vor Personenzügen zum Einsatz.

Rete Adriatica · Reihe 150 *(oben).* Gegen Ende der achtziger Jahre entstanden in Italien das Rete Adriatica, das Rete Mediterranea und das Rete Sicilia; diese waren im April 1885 offiziell gegründet worden. Inzwischen hatte das Ufficio Studi Locomotive in Florenz für das Rete Adriatica eine Lokomotive mit der Achsfolge 2'B entworfen. Die Baureihe 150, die aus diesem Entwurf hervorging, wurde zwischen 1881 und 1884 von Borsig in Berlin und Ansaldo in Genua in einer Stückzahl von 26 Exemplaren gebaut. Die Lokomotiven mit dem Fahrwerk vom Typ America hatten Stephenson-Steuerung und Zylinder mit 432 mm Durchmesser und 610 mm Hub; der Kessel war für einen Druck von 9,8 bar ausgelegt, und die maximale Leistung betrug 367 kW. Die Höchstgeschwindigkeit lag bei 85 km/h und die maximale Zugkraft betrug 47 kN.

Preußische Staatsbahn · Reihe T3. Diese Tenderlokomotive war in ganz Deutschland bekannt. In einer ersten Serie wurden ab 1878 über 400 Maschinen gebaut. Insgesamt kamen 1300 Einheiten zum Einsatz, ohne die bei Privatbahnen und Industriefirmen eingesetzten mitzurechnen. Die Reihe T3 war eine Rangierlokomotive mit der Achsfolge C, Außenzylindern mit 350 mm Durchmesser und 550 mm Hub, Treibrädern mit 1,1 m Durchmesser und einer Steuerung vom Typ Heusinger. Ihr Betriebsgewicht, das voll als Reibungsgewicht genutzt wurde, lag bei 11 t pro Achse. Sie war eine vielseitig einsetzbare Lokomotive und sehr robust gebaut. Jahrzehntelang bildete sie das Rückgrat des Rangierlokomotivparks in Deutschland.

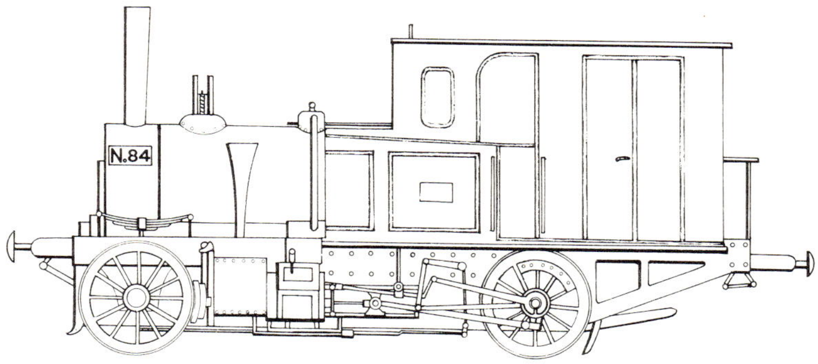

Valkyrian *(unten).* Dies ist eine der fünf Lokomotiven der Baureihe Cb, die 1886 von der schwedischen Staatsbahn in Betrieb genommen wurden. Zwischen den beiden Treibachsen – die Lokomotiven hatten die Achsfolge 2′B – war die Belpaire-Feuerung angeordnet. Die Außenzylinder hatten einen Durchmesser von 419 mm, einen Hub von 559 mm und wurden mittels einer Allan-Steuerung mit Dampf gespeist. Außergewöhnlich war der im Vergleich zu den Treibrädern große Durchmesser der Laufräder von 1,1 m; die Treibräder hatten einen Durchmesser von 1,88 m. Der Kessel der Lokomotive war auf 9,8 bar ausgelegt, und ihr Betriebsgewicht betrug 40,5 t; das Reibungsgewicht lag bei 25,5 t. Diese Maschinen, die 90 km/h erreichen konnten, hatten wegen ihrer unausgewogenen Gewichtsverteilung schlechte Laufeigenschaften. Sie wurden daher zwischen 1903 und 1905 zur Baureihe Cc umgebaut.

Preußische Staatsbahn. August von Borries, Direktor der Fahrzeugabteilung bei der hannoverschen Staatsbahn, war ein entschiedener Befürworter der Konstruktionsprinzipien von Anatole Mallet für Lokomotiven mit gekoppelten Aufbauten. Daher versuchte er sich auch selbst an dieser Konzeption und ließ 1880 bei Schichau zwei kleine Tenderlokomotiven mit der Achsfolge 1A für die Strecken Hannover–Kreiensen und Notheim–Ottbergen bauen. Im Anschluß an das Führerhaus ließ er bei diesen Fahrzeugen einen kleinen Gepäckraum einbauen. Damit wurde eine Lösung gefunden, die später in vielen Ländern anzutreffen war. Untersuchungen bestätigten, daß der kombinierte Aufbau – wenn er auch kompliziert war und vom Lokomotivpersonal erhöhte Aufmerksamkeit beim Rangieren erforderte – sowohl eine Energieersparnis als auch eine Leistungssteigerung des Fahrzeuges bewirkte. Von Borries wurde in den folgenden Jahren auch ein bedeutender Pionier für die Verbundmaschinen (Lokomotiven mit doppelter Dampfdehnung in den Zylindern).

Baureihe G · 1881

Die Stroudley-Lokomotiven

William Stroudley war lange Jahre als Oberaufseher für den Fahrzeugpark der London Brighton and South Coast Railway tätig. Von ihm stammten auch einige Entwürfe der erfolgreichen englischen Lokomotiven. Unter anderem entwarf er die Tenderlokomotive »Terrier« mit der Achsfolge C (s. S. 103) und die Baureihe G, die zu den letzten englischen Single-driver-Maschinen gehört und wegen ihrer hohen Leistungsfähigkeit und exakten Bauweise berühmt war. Von diesem Typ wurden 24 Lokomotiven in Brighton in den Jahren 1881 und 1882 gebaut, und sie entsprachen den traditionellen englischen Bauformen: Innenzylinder (Durchmesser 432 mm und Hub 610 mm) und große Treibräder (1,98 m). Sie wurden vor allem vor Schnellzügen auf der Strecke London–Portsmouth eingesetzt und erst 1908 aus dem Verkehr gezogen. Stroudley entwickelte aus der Baureihe G einen weiteren Schnellzuglokomotivtyp, der so gut gelungen war, daß er in ganz Europa das Interesse der Lokomotivkonstrukteure hervorrief. Der neue Typ – »Gladstone« genannt – wurde in 36 Exemplaren in den Jahren 1882 bis 1891 hergestellt. Er hatte die Achsfolge B1, seine Treibräder hatten den Durchmesser von 1,98 m – wie bei der Reihe G –, der Kessel war für einen Druck von 10,3 bar ausgelegt, und das Betriebsgewicht lag bei 40 t. Die Lokomotiven hatten auch bei höheren Fahrgeschwindigkeiten gute Laufeigenschaften, was man ihnen zunächst nicht zugetraut hatte. Sie blieben bis 1930 im Einsatz, und die erste dieser Reihe – mit der Nummer 214 – steht heute im Eisenbahnmuseum in York.

Baureihe Gladstone · 1882

New Zealand Railway. Obwohl Neuseeland zum britischen Empire gehörte, wollte man doch auf den eigenen Eisenbahnstrecken auch die bekannten amerikanischen Lokomotivkonstruktionen selbst testen. Man gab deshalb 1877 an die Rogers Locomotive Company den Auftrag zum Bau zweier 1'B1'-Lokomotiven, die sich den Gegebenheiten Neuseelands besser anpassen sollten als die britischen Konstruktionen. Die amerikanischen Lokomotiven waren wegen ihrer guten technischen Eigenschaften und ihrer robusten Konstruktion ein großer Erfolg. So wurden von der Baureihe K weitere sechs Lokomotiven bestellt. Die Maschinen entsprachen dem amerikanischen Baustil jener Zeit. Auf den schwierigen Gebirgsstrecken beförderten diese Lokomotiven Schnellzüge mit 52 km/h. Sie konnten aber im ebenen Gelände mit Leichtigkeit auch 100 km/h erreichen.

Southend. Diese Tenderlokomotive gehört zu den größten, die 1880 in England im Einsatz waren. Sie war von William Adams entworfen und von Sharp Stewart & Co., Manchester, gebaut worden. Von diesem Typ wurden 36 Stück gebaut, und sie blieben bis zum Jahre 1930 im Einsatz. Die Lokomotiven hatten die Achsfolge 2'B1' und einen geradlinigen Außenrahmen. Das Betriebsgewicht lag bei 56,1 t. Die größte Last, die auf eine Achse entfiel, betrug 16 t.

Staatsspoorwegen · Nr. 301–475. Die niederländischen Staatsbahnen erhielten 1880 ihre ersten Lokomotiven, die von Beyer Peacock & Co. in Manchester bis 1895 in einer Serie von 176 Einheiten gebaut wurden. Sie hatten einen massiven Außenrahmen, Innentriebwerk und eine Feuerung vom Typ Belpaire, die zwischen den beiden Treibachsen angeordnet war. Die Zylinder hatten 457 mm Durchmesser und 660 mm Hub, der Treibraddurchmesser betrug 2,13 m, und die Lokomotive erreichte am Kamin eine Höhe von 4,11 m. Der dreiachsige Tender hatte ein Fassungsvermögen von 13 m³. Eine dieser Lokomotiven, sie trägt die Nummer 326, steht heute im Eisenbahnmuseum von Utrecht.

Schweizer Centralbahn. Dies ist eine der stärksten Tenderlokomotiven der Schweiz, die im vorigen Jahrhundert im Einsatz war. Sie gehörte zu einer Serie von 5 Lokomotiven, die zwischen 1882 und 1884 von der Centralbahn in den eigenen Werkstätten in Olten gebaut wurden. Sie hatten als erste europäische Maschinen die Achsfolge 1′C1′. Die Zylinder hatten 450 mm Durchmesser und 600 mm Hub und die Treibräder einen Durchmesser von 1,51 m. Interessant war der für die Schweiz ungewöhnliche Außenrahmen, eine Konstruktion, die jedoch damals in Österreich und Deutschland weit verbreitet war. Das Betriebsgewicht betrug 65,7 t, das Reibungsgewicht 43,5 t. Diese Maschinen, die zur Baureihe Eb 3/5 gehörten, hatten eine Leistung von 590 kW und eine Zugkraft von 47 kN; sie erreichten eine Höchstgeschwindigkeit von 75 km/h.

Pumpe, die mit Dampf betrieben wurde und in einer Reihe von Behältern Druckluft erzeugte. Diese Behälter wurden auf der Lokomotive und unter den Wagen angebracht und über flexible Leitungen miteinander verbunden. Die in den Behältern vorhandene Druckluft wirkte dann bei Betätigung eines Hebels durch den Lokomotivführer auf die Bremsbacken und brachte den Zug zum Halten. Das gleiche geschah auch dann, wenn die Verbindung zur Lokomotive abriß.

Neben der Westinghouse-Bremse wurden in Amerika und Europa auch verschiedene andere Luftdruckbremssysteme entwickelt, doch das System Westinghouse erreichte die größte Bremswirkung und bot die beste Sicherheit. Dennoch dauerte es fast zwanzig Jahre, bis diese Erfindung allgemein anerkannt wurde.

Auch über ein anderes Konstruktionselement wurde in den Jahren zwischen 1870 und 1890 viel diskutiert: das vordere Laufgestell. Gegenüber den einachsigen Laufgestellen mußte bei den zweiachsigen ein Drehzapfen eingebaut werden; dieser Kon-

→ S. 116

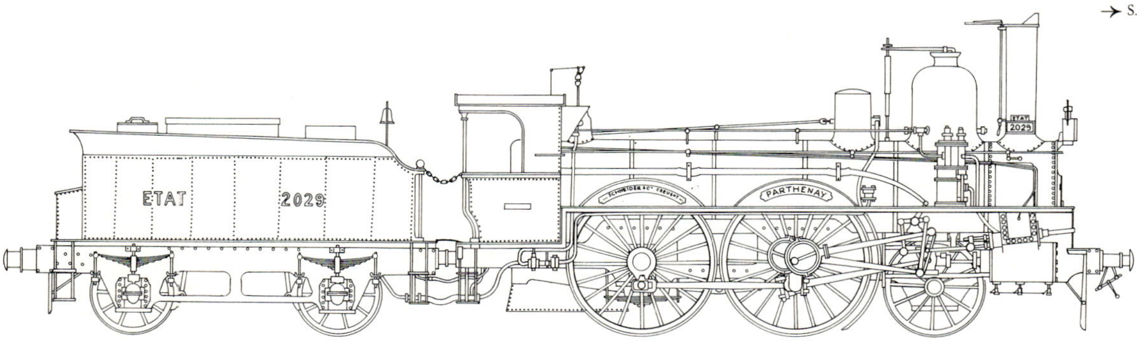

Parthenay *(oben).* Um den Bedarf an starken Lokomotiven für schwere Personenzüge auf schwierigen Strecken zu decken, übernahm die Compagnie de l'État von der Compagnie de la Vendée, mit der sie im Mai 1878 vereint worden war, eine Reihe von Lokomotiven und bezeichnete sie mit den Nummern 2011–2068. Diese Lokomotiven waren von Schneider und Fives-Lille nach einem Entwurf von Fourquenot hergestellt worden. Fourquenot, der auf den Lokomotivbau in Frankreich großen Einfluß hatte, baute drei Achsen mit kurzem Abstand unter dem Kessel ein, wodurch die Feuerung hinten und die Rauchkammer vorne überhing. Die Rostfläche betrug bei diesen Fahrzeugen 1,33 m² und die Heizfläche 119 m². Auf der Steigung von Rivarennes (15‰) konnten sie einen 75-t-Zug mit der Geschwindigkeit von 44 km/h ziehen. Auf der Strecke von Paris nach Bordeaux erreichten sie mit 200-t-Zügen die Geschwindigkeit von 90 km/h.

Strade Ferrate Meridionali *(unten).* In Italien entworfen und von August Borsig in Berlin 1882 gebaut, ist diese Lokomotive die erfolgreichste Maschine ihrer Art, die in Italien mit der dort sehr verbreiteten Achsfolge 2′B entwickelt worden war (s. S. 110 und 112). Die hier abgebildete Lokomotive wurde in einer Stückzahl von 17 Exemplaren hergestellt und war gleichzeitig Grundlage für viele Umbauten an anderen Lokomotiven, die längs der Adria verkehrten. Die Fahrzeuge hatten Außenzylinder, Stephenson-Steuerung, ein Laufgestell mit großem Achsstand und eine Feuerung, die zwischen den Treibrädern eingebaut war. Der Treibraddurchmesser betrug 1,85 m, der Kessel war für einen Druck von 9,8 bar ausgelegt und bei der Geschwindigkeit von 60 km/h entwickelte sie ihre höchste Leistung von 367 kW. Ihre Höchstgeschwindigkeit betrug 95 km/h; ihr Betriebsgewicht lag bei 40 t, wovon 27 t auf das Reibungsgewicht entfielen.

Preußische Staatsbahn · Reihe T0. Diese kleine und eigenartige Tenderlokomotive war Ende des 19. Jahrhunderts im Bezirk Hannover vor Lokalbahnzügen anzutreffen. Sie war 1883 bei Henschel gebaut worden und hatte die Achsfolge 1A. Die Achse am hinteren Ende des Fahrgestells wurde durch zwei Zylinder angetrieben, die etwa in Fahrzeugmitte eingebaut worden waren und über auffallende Dampfleitungen gespeist wurden. Der Treibraddurchmesser betrug 1,13 m, der Kesseldruck lag bei 11,8 bar, der Feuerrost hatte eine Fläche von 0,8 m², die Heizfläche betrug 34,5 m², und das Betriebsgewicht dieser Lokomotive, die zu den kleinsten der Welt zählt, lag bei 20 t (Reibungsgewicht 10,6 t).

Österreich-Ungarische Staatseisenbahn. Diese Gesellschaft nahm 1882 die ersten Lokomotiven der Reihe I in Betrieb. Diese Lokomotiven waren mit Maschinen der Paris-Orléans-Gesellschaft verwandt. Die technischen Daten sind: Achsfolge 1'B1', Außenzylinder, Rostfläche 2,3 m², Heizfläche 143 m², Kesseldruck 8,8 bar, Treibraddurchmesser 1,8 m und Reibungsgewicht 26,7 t. Eine Besonderheit der österreichischen Konstruktion war das Rohr zwischen den Kesselaufbauten und die zweiteilige Rauchkammertür. Die Lokomotiven kamen im Schnellzugdienst auf der Strecke Wien–Budapest zum Einsatz und erreichten eine Höchstgeschwindigkeit von 90 km/h. Bis zum Jahre 1891 wurden insgesamt 32 Exemplare gebaut.

Natal Government Railways. Die Lokomotive gehörte zur ersten Lokomotivgeneration, die auf der Kapspur (1067 mm) im südafrikanischen Natal zum Einsatz kam. Sie war 1882 von Kitson & Co. mit der Achsfolge 2'C1' gebaut worden. Diese Tenderlokomotive hatte in den Rahmen integrierte Außenzylinder mit Stephenson-Steuerung, das Betriebsgewicht betrug 29,1 t; die maximale Zugkraft lag bei 70,6 kN. Weitere 36 Lokomotiven wurden bis 1885 auch von Stephenson & Co. gebaut.

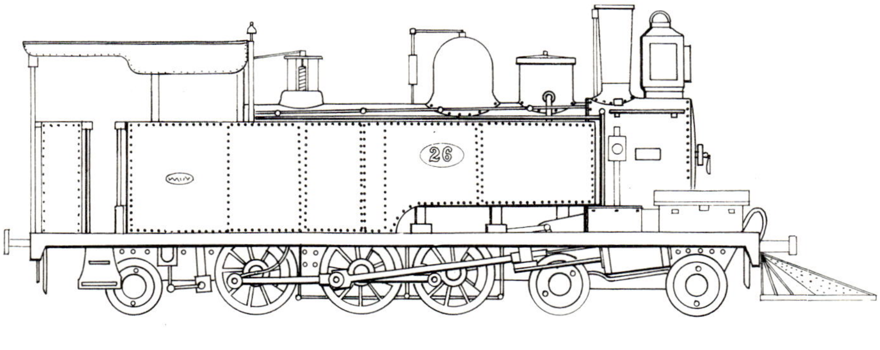

Dean. Die Great Western Railway hatte seinerzeit nicht nur im Personenverkehr, sondern auch im Güterverkehr einen guten Ruf. Einen Teil dieser Anerkennung verdankte sie den Lokomotiven mit der Achsfolge C, die von William Dean entworfen worden waren und ab 1883 in Betrieb genommen wurden. Insgesamt wurden 280 Stück gebaut. Zahlreiche davon waren nach dem 2. Weltkrieg noch im Einsatz. Während des 1. Weltkrieges waren sie auch in Frankreich und im Nahen Osten im Dienst. Eine dieser Lokomotiven steht heute im Museum der Great Western in Swindon.

Compagnie de l'Ouest. Diese Güterzuglokomotiven wurden in großer Stückzahl gebaut. 1883 waren die Maschinen von der Société Alsacienne des Constructions Mécaniques für die Compagnie de l'Ouest gebaut worden. 1909 wurde diese Gesellschaft mitsamt den Lokomotiven von der Reseau de l'État übernommen. Die Lokomotiven mit der Achsfolge C hatten Außenzylinder, eine Steuerung vom Typ Gooch, und auf dem Kessel saß ein Regler vom Typ Crampton. Der Durchmesser der Treibräder lag bei 1,44 m. Lange Jahre hindurch waren die Lokomotiven, die eine Höchstgeschwindigkeit von 60 km/h erreichten, im Osten Frankreichs im Einsatz. 1909 waren – mit Ausnahme von 10 Maschinen, die auf doppelte Dampfdehnung umgebaut waren – noch alle Lokomotiven (insgesamt waren es 341) im Einsatz. Eine der wenigen, die bis zum Juli 1964 in Betrieb waren, hatte insgesamt 1.650.000 km zurückgelegt.

struktionsform schrieb man jedoch schlechte Laufeigenschaften zu. Besonders auf geraden Strecken neigten die Lokomotiven zu Schlingerbewegungen, was gelegentlich zu Entgleisungen führte. In den USA hatte man zwar mit zweiachsigen Laufwerken bei den America-Maschinen große Erfolge zu verzeichnen, doch kamen diese Fahrzeuge aus den obengenannten Gründen in England, Frankreich, Österreich und Deutschland kaum zum Einsatz. Die schlechten Erfahrungen hatte man bereits 30 Jahre mit den Norris-Lokomotiven sammeln können, die für ihre ungünstige Gewichtsverteilung – das vordere Laufwerk war wesentlich geringer belastet als das hintere – bekannt waren. Dennoch besaß das vordere Laufgestell auch einige Vorzüge, die für den Bau von schnellen Lokomotiven entscheidend sind. Thomas Wheatley baute daraufhin 1871 die erste englische Lokomotive mit einem vorderen zweiachsigen Laufgestell. Ihm folgten dann Kirtley, Drummond, Sacrè, Connor, William, Adams und Johnson, alles Engländer, die das zweiachsige Laufgestell bei ihren Lokomotiven übernahmen. Auf dem europäischen Festland war der

→ S. 120

Webb Coal Tank *(unten)*. Eine beim Publikum sehr bekannte Konstruktion war diese Tenderlokomotive mit der Achsfolge C1, die von Francis W. Webb im Jahre 1881 für die London and North Western Railway entworfen worden war. Die Konzeption war typisch englisch: Innenzylinder (432 mm Durchmesser, 610 mm Hub), Treibräder mit 1,36 m Durchmesser und ein Kesseldruck von 10,4 bar. Ungewöhnlich waren die großen Abstände zwischen den Treibachsen. Das Gewicht dieser Tenderlokomotive, die bis 1896 in einer Auflage von 300 Stück gebaut wurde, lag bei 43,8 t, und ihre Zugkraft betrug 65,7 kN.

New Zealand Government Railway. Aufgrund der hervorragenden Ergebnisse, die die Reihe K erzielte, bestellte Neuseeland bei amerikanischen Herstellern weitere Lokomotiven. Die Baldwin Locomotive Company lieferte 1885 diese »Prairie« (Achsfolge 1'C1'), die in Neuseeland zur Reihe N gehörte. Auch diese Maschinen erfüllten auf der schwierigen Strecke zwischen Christchurch und Dunedin voll die in sie gesetzten Erwartungen. Sie hatten Zylinder mit 381 mm Durchmesser und 508 mm Hub, der Treibraddurchmesser betrug 1,24 m. Der Druck im Kessel war mit 9,3 bar für die damalige Zeit erstaunlich niedrig; dennoch war ihre Leistung gegenüber der Reihe K um 30 Prozent höher. Die Lokomotiven wogen 45,5 t und konnten Personenzüge mit 100 km/h befördern. Auch im Güterverkehr zogen sie 700 t schwere Züge mit 40 km/h.

Victorian Railways. Dies war die berühmteste Lokomotive, die im vorigen Jahrhundert in Australien im Einsatz war. Sie gehörte zur Reihe A, hatte die Achsfolge 2'B und wurde 1884 von Beyer Peacock & Co., Manchester, in einer Auflage von 10 Stück gebaut. Sie entsprach in etwa der Konstruktion, die derselbe Hersteller für die New South Wales Railways geliefert hatte, mußte aber für die bei der Victorian Railways vorhandene Breitspur (1600 mm) umkonstruiert werden. Diese Schnellzuglokomotiven kamen auf der Strecke zwischen Melbourne und Albury – einem Teilstück der Strecke nach Sydney – zum Einsatz. Wegen ihres eleganten Aussehens und ihrer Schnelligkeit bekamen diese Maschinen (amtlich Old A genannt) im Volksmund den Beinamen »Peacock Highflyers«. Sie stellten gleichzeitig die Grundlage für eine neue Reihe (New A) dar, von der 15 Exemplare mit etwas größeren Abmessungen bei der Phoenix Foundry gebaut wurden.

Preußische Staatsbahn · Reihe S1. In den zehn Jahren zwischen 1885 und 1895 wurden 261 Lokomotiven nach einem Entwurf aus der technischen Abteilung der Direktion Magdeburg gebaut. Diese Fahrzeuge mit der Achsfolge 1'B wurden großenteils von August Borsig in Berlin geliefert. Die Lokomotiven hatten zwischen den beiden Treibachsen die Feuerung mit einer Rostfläche von 2,07 m² eingebaut. Die Zylinder hatten einen Durchmesser von 420 mm und einen Hub von 600 mm, und der Treibraddurchmesser betrug 1,98 m. Das Betriebsgewicht lag bei 41,3 t, das Reibungsgewicht bei 27,6 t. Sie erwiesen sich als starke und schnelle Maschinen: So zogen diese Lokomotiven auf der Strecke von Berlin nach Hannover 170 t schwere Schnellzüge mit einer maximalen Geschwindigkeit von 85 km/h.

Central Argentina. 1884 und 1885 übergab die englische Firma Neilson 16 Lokomotiven mit der Achsfolge 2'C an die Central Argentina Co. Die Konzeption entsprach den Güterzuglokomotiven, die David Jones wenige Jahre zuvor an die Highland Railway in Schottland und die Punjab Northern State Railway in Indien geliefert hatte. Sie hatten ein Außentriebwerk und drei Treibachsen mit 1,37 m großen Rädern; der Kesseldruck betrug 10,4 bar, und das Gesamtgewicht (einschließlich Tender) lag bei 74 t, wovon auf das Reibungsgewicht 34,2 t entfielen.

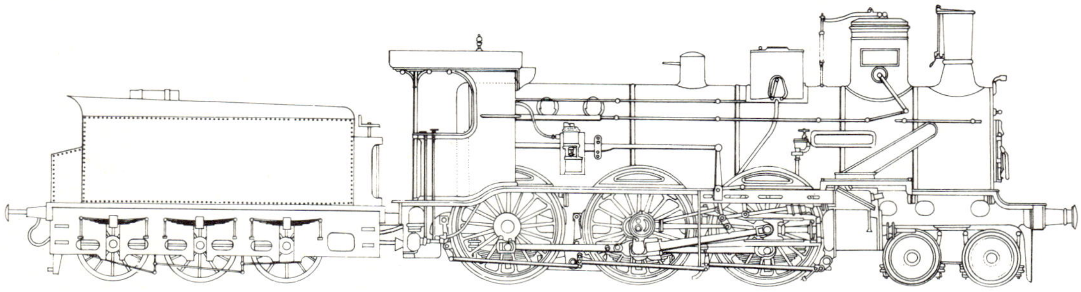

Vittorio Emanuele II. Das Ingenieurbüro in Turin, das von Ing. Cesare Trescot geleitet wurde, entwarf 1884 für das neugegründete Rete Mediterranea eine Lokomotive mit der Achsfolge 2'C. Diese Lokomotive, die gleichzeitig die erste europäische Schlepptenderlokomotive mit dieser Achsfolge war, diente als Versuchsfahrzeug zur Erzielung eines höheren Reibungsgewichts und einer besseren Verdampfung. Das war allein erforderlich, weil die vorhandenen Lokomotiven für die Strecke im Jaufengebirge zu schwach wurden. Die technische Besonderheit der »Vittorio Emanuele« war die Integration der Feuerung in den Dampfkessel; dadurch konnte die Heizfläche vergrößert werden. Zur Erzielung eines guten Kurvenlaufs wurden die zwei Laufachsen des vorderen Fahrgestells in kurzem Abstand eingebaut. Die Außenzylinder lagen unmittelbar vor der ersten Treibachse und waren mit einer Gooch-Steuerung kombiniert. Der Kessel war für einen Druck von 9,8 bar ausgelegt, den man jedoch später auf 10,8 bar erhöhte. Mit der Leistung von 463 kW war sie in der Lage, einen 130-t-Zug über die 15-‰-Steigung im Jaufengebirge mit der Geschwindigkeit von 40 km/h zu befördern. (Die Höchstgeschwindigkeit betrug 80 km/h.) Die Reihe 300, die aus dieser Versuchslokomotive hervorging, wurde in den Jahren 1886 bis 1896 in 54 Exemplaren gebaut. Die Herstellerfirmen waren die Officine di Torino (Turin), die Officine Miani e Silvestri in Mailand, und Maffei in München.

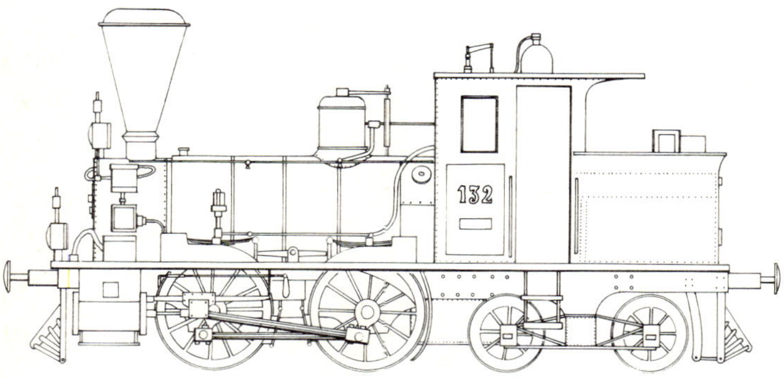

Reihe F1 · *(links).* 1885 übergab die SLM in Winterthur 12 Tenderlokomotiven an die finnischen Eisenbahnen. Sie waren nach dem Schema Forney gebaut. Forney hatte vor allem Lokomotiven für städtische Hochbahnen in den USA gebaut; in Europa waren seine Maschinen nur in Schweden, Dänemark und bei der Caledonian Railway in Schottland im Einsatz. Seine Konstruktionen hatten die Achsfolge B2' und waren vor allem für Strecken mit kleinen Krümmungsradien geeignet. Die finnischen Lokomotiven, die in der Schweiz gebaut worden waren, hatten eine Rostfläche von 0,9 m², eine Heizfläche von 40 m² und erreichten eine Zugkraft von 26,4 kN. Diese Lokomotiven, deren Höchstgeschwindigkeit bei 60 km/h lag, waren bis 1935 im Einsatz.

Schweizer Centralbahn. Für diese Gesellschaft wurden in den eigenen Werkstätten in Olten fünf Lokomotiven hergestellt, die als Reihe D 3/4 bezeichnet wurden; 1890 wurden zwei weitere gebaut. Die Achsfolge 1'C war für die damalige Zeit bei Schweizer Schlepptenderlokomotiven ungewöhnlich. Ungewöhnlich war auch, daß die Feuerung wesentlich höher war als der Kessel. Auf dem Kessel in der Nähe des Dampfdomes saß ein Regler der Bauart Crampton. Die Lokomotiven waren zur Beförderung schwerer Züge bestens geeignet; ihre Höchstgeschwindigkeit betrug 55 km/h. 1916 wurden sie jedoch bereits ausgemustert.

Österreichische Nordwestbahn *(rechts)*. 1884 lieferte die Maschinenfabrik der StEG an diese Eisenbahngesellschaft 10 Tenderlokomotiven mit der Achsfolge C. Dieses Fahrwerk war bereits bei den 1881 und 1882 gelieferten Lokomotiven der Reihe Xa und Xb eingebaut worden. Diese neue Reihe Xc hatte Zylinder mit dem Durchmesser von 342 mm und dem Hub von 500 mm, Treibräder mit dem Durchmesser von 1,01 m und einen Kessel für den Druck von 9,8 bar. Das Reibungsgewicht, das dem Betriebsgewicht entspricht, lag bei 36,5 t. Zwei weitere Baureihen mit ähnlichem Aussehen wurden von der Maschinenfabrik der StEG und der Lokomotivfabrik Floridsdorf als Reihe Xd und Xe abgeliefert. Zwischen 1881 und 1901 waren insgesamt 51 Lokomotiven dieser Art gebaut worden; zwei davon blieben bis 1964 im Einsatz.

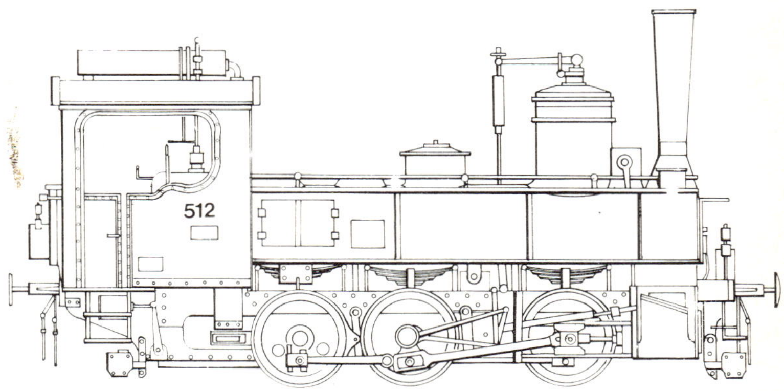

North Eastern Railway. Die Gesellschaft suchte 1885 nach einer Lokomotive, die in der Lage war, einen Nachtschnellzug über die 200 km lange Strecke von Newcastle nach Edinburgh ohne Betriebsaufenthalt zu befördern. Ihr wurde daher anonym ein Entwurf vorgelegt, den man später Wilson Worsdell zuschrieb. Die Lokomotivbaureihe, die nach diesem Entwurf gebaut wurde, bekam jedoch den Namen »Tennant«, nach dem Generaldirektor der Gesellschaft. Diese Tennant-Maschinen, die in den Darlington Works hergestellt wurden, hatten Zylinder mit 457 mm Durchmesser und 610 mm Hub, sowie Treibräder mit dem Durchmesser von 2,13 m, die Kessel waren für einen Druck von 9,7 bar ausgelegt. Das Betriebsgewicht der Lokomotiven betrug 42,2 t und das der vollbeladenen Tender 31 t. Die »Tennant« hatten einen Gesamtachsstand von 5,08 m, was für eine Lokomotive, die auf schwierigen Strecken zum Einsatz kam, beachtlich war. Die Durchschnittsgeschwindigkeit lag bei ebenfalls beachtlichen 100 km/h, die Höchstgeschwindigkeit bei 125 km/h.

Österreicher Ritinger bahnbrechend für diese Konstruktion, gefolgt von ähnlichen Ausführungen in der Schweiz und in Italien. Die Franzosen hatten 1877 jedoch wenig Erfolg mit ihren Outrance-Maschinen, so daß es noch zehn Jahre dauerte, bis auch dort Lokomotiven mit der Achsfolge 2'B gebaut wurden. Auch in Deutschland konnte man sich erst um die Jahrhundertwende zu dieser Konstruktion entschließen.

Die Lokomotiven waren in jener Zeit noch keine komplizierten Maschinen, sondern ziemlich einfach und robust gebaut. Erst im letzten Viertel des 19. Jahrhunderts begann man an den Konstruktionen zu experimentieren, um höhere Leistungsfähigkeit zu erreichen. Der Schweizer Ingenieur Mallet entwickelte damals eine revolutionierende Methode, den Dampf zu nutzen, indem er ihn von dem einen Zylinder noch in den zweiten leitete

→ S. 124

Johnson *(oben)*. 1887 hielt man eigentlich die Lokomotiven mit nur einer Treibachse für überholt. Samuel Johnson glaubte jedoch, diese Konstruktion durch eine Sandstreueinrichtung, die mit Dampf betrieben wurde, verbessern und damit wieder attraktiv machen zu können. Von diesem Typ wurden dann tatsächlich noch einmal 90 Lokomotiven in Derby gebaut und in den Jahren 1887 bis 1900 an die Midland Railway abgeliefert. Sie hatten innenliegende Zylinder (470 mm Durchmesser und 600 mm Hub), Treibräder mit einem Durchmesser von zunächst 2,26 m, der dann später auf 2,36 m vergrößert wurde. Die Kessel waren auf einen Druck von 11,1 bar ausgelegt; bei den letzten Maschinen betrug der Kesseldruck sogar 12,5 bar. Die Johnson-Maschinen hatten eine Höchstgeschwindigkeit von 100 km/h. Eines dieser schönen Modelle erhielt auf der Pariser Weltausstellung im Jahre 1889 eine Goldmedaille.

Chemins de Fer du Nord *(unten)*. Die Société Alsacienne aus Belfort baute 1885 diese hervorragenden Maschinen mit einer Reihe technischer Neuheiten. Der Entwurf stammte von Alfred de Glehn aus Belfort und Gaston Bousquet, Chefingenieur der Nordbahngesellschaft. Die Lokomotive hatte vier Zylinder (2 Hoch- und 2 Niederdruckzylinder), von denen jeweils zwei eine der nichtgekuppelten Achsen antrieben. Die Maschinen hatten zunächst auch nur eine Laufachse. 1892 wurden sie umgebaut und erhielten dabei Kuppelstangen zwischen den Treibrädern und zusätzlich eine zweite vordere Laufachse. Die »Nord Nr. 701« hatte folgende technische Daten: Rostfläche 2,27 m², Heizfläche 101 m², Treibraddurchmesser 2,11 m, die zwei Hochdruckzylinder hatten den Durchmesser von 330 mm, die zwei Niederdruckzylinder 460 mm, und alle vier hatten einen Hub von 610 mm und waren mit einer Walschaerts-Steuerung kombiniert. Das Gesamtgewicht (einschließlich Tender) betrug 66,6 t, die Achslast der am stärksten belasteten Treibachse betrug 14,3 t. Die maximale Zugkraft lag bei 52 kN und die Höchstgeschwindigkeit bei 95 km/h.

Paris-Orléans · Nr. 1801-1831. Die letzte Lokomotive, die Fourquenot für die PO entwarf, war diese Personenzugmaschine für Gebirgsstrecken mit der Achsfolge 1'C, Innenzylindern mit 480 mm Durchmesser und 600 mm Hub, einer Außensteuerung vom Typ Gooch und einem Kessel mit zwei Dampfdomen, für den Druck von 9,8 bar ausgelegt. Die erste Lokomotive, die nach diesem Entwurf gebaut worden war, wurde am 27. Juni 1885 an das Depot in Paris übergeben. Sie hatte ein Betriebsgewicht von 51,5 t und ein Reibungsgewicht von 39,1 t. Insgesamt wurden 31 Lokomotiven dieses Typs gebaut und vor allem auf dem schwierigen Streckenabschnitt zwischen Tulle und Clermont eingesetzt. Auf dieser 25-‰-Steigung konnten diese Lokomotiven einen 125-t-Zug mit 40 km/h befördern. Sie blieben bis zur Elektrifizierung dieser Strecke im Einsatz.

Columbia *(oben).* Dies war eine der sonderbarsten Lokomotiven Belgiens. Alfred Belpaire entwarf sie 1888, gebaut hat sie Cockerill aus Seraing. Die Maschine war ziemlich unproportioniert, wodurch sie ein plumpes Aussehen bekam. Die Lokomotive hatte geschwungene Außenholme, innenliegende Zylinder, eine Belpaire-Feuerung, und der Kamin war viereckig – alles in allem eine ziemlich unglückliche Konstruktion. Diese Maschinen der Reihe 12 der belgischen Staatsbahn hatten eine Rostfläche von 4,7 m² (!) und entwickelten eine Leistung von 625 kW. Ihre Höchstgeschwindigkeit lag bei 110 km/h. 1922 wurden alle noch betriebsfähigen Lokomotiven (24 Stück) ausgemustert.

Caledonian Railway *(unten).* Diese berühmte Single-driver-Maschine wurde von Dugald Drummond entworfen und 1886 von Neilson & Co. für die Caledonian Railway gebaut. Sie hatte die Achsfolge 2'A1, Zylinder mit dem Durchmesser von 457 mm, 660 mm Hub und einen Kessel für einen Druck von 10,4 bar. Außerdem hatte sie einen Preßluftsandstreuer vom Typ Westinghouse; diese Konstruktion war eine Neuheit in der damaligen Zeit, verbreitete sich jedoch rasch in Europa und Amerika. Eine dieser Lokomotiven war 1888 an der berühmten Wettfahrt nach Edinburgh beteiligt und zog einen 100-t-Zug mit rund 100 km/h über die Strecke von Carlisle nach Edinburgh.

Nr. 51-100 Rete Sicula - 1888

Die italienische Schule

Nach der Vereinigung der Länder der italienischen Halbinsel zum Königreich betrieb man bei den verschiedenen Bahnen zwischen dem Tyrrhenischen und Adriatischen Meer verstärkt eine gemeinsame Entwicklung. Als Folge dieses Entschlusses sollten neue Bahnlinien und für diese Strecken neue Lokomotiven gebaut werden. Bei diesen Neukonstruktionen wollte man sich jedoch ganz der Abhängigkeit von der ausländischen Lokomotivindustrie entziehen. Das Ingenieurbüro des Rete Mediterranea in Turin und die Lokomotivversuchsanstalt des Rete Adriatica in Florenz, unter der Leitung der Ingenieure Frescot und Riva, entwarfen daraufhin eine Reihe von Lokomotiven, die sehr leistungsfähig waren (s. S. 118). Von diesen Baureihen sind zwei besonders hervorzuheben; sie hatten beide die Achsfolge 2'B: Für das Rete Mediterranea war es die Reihe 170 und für das Rete Adriatica die Reihe 180bis. Von der ersten Baureihe wurden 34 Exemplare zwischen 1889 und 1890 von verschiedenen Herstellern gebaut. Sie hatten Treibräder mit dem Durchmesser von 2,1 m, Kesseldruck von 11,8 bar, maximale Leistung von 441 kW und Höchstgeschwindigkeit von 100 km/h. Das Betriebsgewicht lag bei 49,8 t und die größte Achslast bei 15,9 t. Sie konnten 160 t schwere Züge in der Ebene mit 80 km/h befördern. Die Lokomotiven der Baureihe 180bis des Rete Adriatica wurden wegen ihres Einsatzes vor dem »Valigia delle Indie« auf der Strecke von Bardonecchia nach Brindisi berühmt. Die Baureihe bestand aus 36 Lokomotiven, die in den Jahren 1890 und 1891 von Breda in Mailand (24 Stück) und Ansaldo in Genua (12 Stück) gebaut wurden. Sie hatten Außentriebwerke, Treibräder mit dem Durchmesser von 1,92 m, einen Kesseldruck von 11,8 bar und der Leistung von 478 kW. Die Höchstgeschwindigkeit lag bei 100 km/h, die maximale Zugkraft betrug 64,5 kN und das Betriebsgewicht lag bei 48,3 t (Reibungsgewicht 29,5 t). Um auf längeren Streckenabschnitten ohne Betriebshalt fahren zu können, hatten die Lokomotiven einen dreiachsigen Tender, der 12 m³ Wasser und 4 t Kohle fassen konnte. Auch das Rete Sicula nahm 1888 sieben Lokomotiven mit der Achsfolge 2'B in Betrieb, die jedoch von der StEG in Wien gebaut worden waren. Sie hatten Außentriebwerke mit dem Zylinderdurchmesser von 420 mm und einem Kolbenhub von 600 mm, sowie einer Walschaerts-Steuerung; ihre Kessel waren für den Druck von 9,8 bar ausgelegt, und die Treibräder hatten den Durchmesser von 1,8 m. Die Leistung der Lokomotiven lag bei 380 kW – und das bei einer Geschwindigkeit von 60 km/h. Von diesen eleganten Maschinen wurden 1895 von Breda in Mailand nochmal 11 Stück gebaut. 1905 wurden die Fahrzeuge als Reihe 500 von der neugegründeten Staatsbahn (Ferrovie dello Stato – FS) übernommen.

Reihe 170 Rete Mediterranea · 1889

Reihe 180bis Rete Adriatica · 1890

Jubilee. Die Lokomotive entstand 1887, dem Jahr, als Königin Victoria von England ihr fünfzigjähriges Thronjubiläum feierte. Aus diesem Anlaß erhielt diese Lokomotive inoffiziell den Beinamen »Jubilee«. Sie war von William Adams entworfen und in den Werkstätten der London and South Western Railway in Nine Elms gebaut worden, eine typisch englische Konstruktion mit der Achsfolge B1 und für verschiedene Einsatzzwecke konzipiert. Sie hatte Innenzylinder mit 457 mm Durchmesser und 660 mm Hub, die Kuppelstangen lagen jedoch außen. Zwischen der hinteren Treibachse und der Laufachse war die Feuerung eingebaut. Von dieser Baureihe wurden 1892 und 1893 weitere 89 Lokomotiven gebaut – 49 in Nine Elms und 40 von Neilson & Co. Eine dieser Lokomotiven zog am 2. Februar 1901 auch den Trauerzug von Königin Victoria von Gosport nach Fareham. Ab 1928 wurde sie aus dem Verkehr gezogen; die letzte wurde aber erst 20 Jahre später ausgemustert.

Jysk – Fynske Statsbaner *(unten).* Die Lokomotiven der Bauart Fourney waren in Dänemark ziemlich erfolgreich. 12 Lokomotiven kamen dort zum Einsatz, davon waren sechs in den Jahren 1882 und 1883 bei Emil Kessler in Esslingen gebaut worden. Die von dem Amerikaner Matthias N. Fourney entworfene Konstruktion hatte die Achsfolge B2′, dadurch wurde das Reibungsgewicht von der Beladung der Tenders weitgehend unabhängig. Die dänischen Lokomotiven hatten Zylinder mit 305 mm Durchmesser und 406 mm Hub, Treibräder mit einem Durchmesser von 1,09 m und einen Kesseldruck von 9,8 bar. Ihr Reibungsgewicht lag bei 23,3 t. Die gekuppelten Achsen hatten einen Abstand von nur 1,6 m, was für die Kurvengängigkeit sehr von Nutzen war. Diese Mehrzwecklokomotiven erreichten die Höchstgeschwindigkeit von 45 km/h.

Düsseldorf *(oben).* Für die Königlich Bayerische Staatseisenbahn wurde diese Lokomotive von Krauss gebaut. Sie gehörte zu Reihe BX und war gleichzeitig die erste Verbundlokomotive und die letzte Lokomotive mit der Achsfolge 1′B in Deutschland. In den Jahren 1890 und 1891 wurden 14 Lokomotiven dieses Typs gebaut. Ihre technischen Daten sind: Rostfläche 1,95 m², Heizfläche 99 m², Kesseldruck 11,8 bar, Treibraddurchmesser 1,87 m. Das Verbundsystem war vom Typ Borries mit einem Hochdruckzylinder (430 mm Durchmesser) und einem Niederdruckzylinder (610 mm Durchmesser); der Hub beider Zylinder betrug 610 mm, die Steuerung war vom Typ Heusinger. Eine Besonderheit war das Krauss-Helmholtz-Gestell, bei dem die erste Treibachse über die vordere Laufachse mitgesteuert wurde. Dadurch konnte die Laufachse um 31 mm aus der Mittellinie herausschwenken, und mit ihr wurde die Treibachse um 25 mm querverschoben – ein wesentlicher Beitrag zur Verbesserung der Kurvenlauffähigkeit. Eine ähnliche Konstruktion wurde auch bei italienischen Lokomotiven eingebaut.

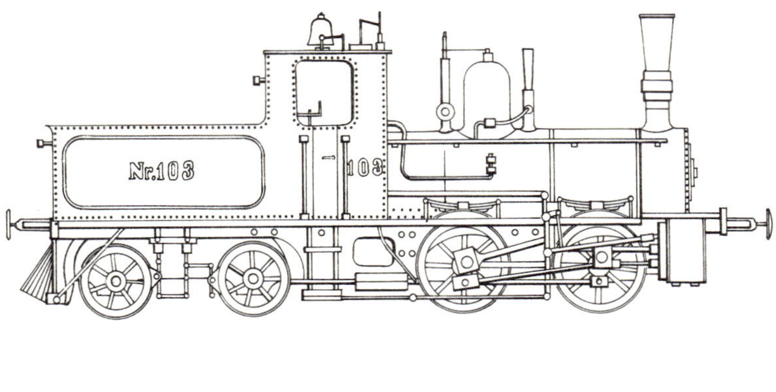

Reihe C1. Diese Lokomotive stellt einen Meilenstein in der Entwicklung des Dampflokomotivbaus in Frankreich dar. Sie hatte aber auch außerhalb ihres Heimatlandes großes Aufsehen erregt. Das Fahrzeug war die erste Verbundlokomotive der Paris-Lyon-Méditerranée (PLM). In den Werkstätten dieser Gesellschaft in Paris 1888 hergestellt, hatte sie die Achsfolge 1'B1. Die vordere Treibachse wurde von den innenliegenden Hochdruckzylindern und die hintere von den außenliegenden Niederdruckzylindern angetrieben. Der Stahlkessel war für einen Druck von 14,7 bar ausgelegt und mit einer Feuerung vom Typ Belpaire kombiniert. Die Treibräder hatten einen Durchmesser von genau 2 m. Die Zylinder wurden über eine Walschaerts-Steuerung versorgt; das Betriebsgewicht betrug 54 t und das Reibungsgewicht 29,6 t. Bei den Versuchsfahrten auf der Strecke Paris–Laroche in den Jahren 1888 bis 1890 entwickelte sie auf einer leichten Steigungsstrecke vor einem 240-t-Zug bei einer Geschwindigkeit von 71 km/h eine Leistung von 518 kW. Man erkannte auch, daß diese Vierzylinder-Lokomotiven den Oberbau weniger beanspruchten als die doch ziemlich unausgeglichenen Zweizylinder-Maschinen. Die Lokomotiven wurden bis 1914 auf der Strecke Paris–Dijonndingesetzt und anschließend von Nîmes aus noch auf Nebenbahnen verwendet.

und damit zweifach nutzte. Diese Form der doppelten Dampfdehnung war andererseits jedoch mit baulichen Komplikationen und einer exakteren Bedienung der Maschine verbunden, so daß diese Fahrzeuge die Erwartungen nicht voll erfüllen konnten, die man in sie gesteckt hatte. Diese Verbundlokomotiven erforderten auch eine bessere Wartung und Unterhaltung. Das wurde vom Personal nicht gern gesehen, zumal es dafür auch speziell ausgebildet werden mußte. Erst als die Bauart De Glehn mit vier Zylindern in Verbundanordnung eingeführt wurde, besserte sich diese Situation wesentlich.

Das Verbundprinzip wurde übrigens bei allen großen Lokomotiven angewandt, die ein gegliedertes Triebwerk hatten, eine Konstruktion, die Mallet etwa zehn Jahre später entworfen hatte. Sie wurde vor allem in den USA häufig gebaut. Neben den Verbundmaschinen wurden natürlich auch noch andere Konstruktionen entwickelt, die eine bessere Nutzung des Dampfes ermöglichen sollten.

Lancashire & Yorkshire Railway. Die erste Lokomotive dieser Baureihe wurde 1889 in den Werkstätten der Lancashire & Yorkshire Railway in Horwich gebaut. Insgesamt entstanden 330 Fahrzeuge dieses Typs. Der Entwurf stammte von John Aspinall, der auch die Achsfolge 1'B1' wählte. Die Zylinder hatten 457 mm Durchmesser und 660 mm Hub, der Treibraddurchmesser betrug 1,72 m und der Kesseldruck 11,1 bar. Das Betriebsgewicht bei voll beladenem Tender (2 t Kohle, 6,1 m^3 Wasser) lag bei 86 t. Die Lokomotive hatte eine maximale Zugkraft von 73,5 kN, und vor einem 10-Wagen-Zug erreichte sie 60 km/h. Die letzte Lokomotive dieser Baureihe wurde 1954 aus dem Verkehr gezogen und bei der Standard Gauge Steam Trust in Tyseley aufbewahrt.

Teutonic. Francis W. Webb, zusammen mit Worsdell der große Begründer des Verbundsystems in England, baute 1882 diese Versuchslokomotive, die den Beinamen »Experiment« erhielt. Die ersten Versuchsergebnisse dieser Lokomotive mit einzeln angetriebenen Achsen waren wenig zufriedenstellend. Aber nach einer Reihe von Umbauten gelang es Webb 1890, daraus eine Lokomotive für die London and North Western Railway zu entwickeln. Die Baureihe »Teutonic« wurde in einer Auflage von 10 Stück gebaut. Auch sie hatte nicht gekuppelte Treibachsen, zwei äußere Hochdruckzylinder (356 mm Durchmesser), die die hintere Treibachse antrieben, und zwei innenliegende Niederdruckzylinder (762 mm Durchmesser), die auf die vordere Treibachse wirkten – praktisch eine doppelte Single-driver-Maschine. Die »Teutonic« waren sehr schnelle Lokomotiven; sie konnten Schnellzüge mit einer Reisegeschwindigkeit von 100 km/h befördern. 1903 wurden alle Lokomotiven dieser Baureihe bereits ausgemustert.

North Eastern Railway. Diese Gesellschaft nahm 1888 Single-driver-Maschinen, die der Johnson-Typ der Midland-Railway mit der Achsfolge 2'A1 entsprachen, in Betrieb. Diese Reihe J der North Eastern Railway war ebenfalls eine Verbundlokomotive. Im Gegensatz zu August von Borries, der bei den Verbundmaschinen immer vier Zylinder einbaute, waren hier – nach dem Entwurf von T. Wilson Worsdell – nur zwei Zylinder vorgesehen. Bei den ersten Lokomotiven, die 1888 und 1889 gebaut wurden, hatte der Hochdruckzylinder einen Durchmesser von 457 mm und der Niederdruckzylinder von 660 m; der Hub betrug bei beiden 610 mm. Der Treibraddurchmesser betrug 2,13 m, und im Kessel herrschte ein Druck von 12,1 bar. Die zweite Serie, die 1889 und 1890 in einer Stückzahl von 10 Exemplaren gebaut wurde, hatte größere Abmessungen: Hochdruckzylinder 508 mm Durchmesser, Niederdruckzylinder 711 mm, Treibraddurchmesser 2,31 m. Das Betriebsgewicht betrug zwischen 43,5 und 46,5 t. Diese technisch sehr interessanten Lokomotiven waren beim Personal jedoch nicht so beliebt. Etwa vier bis fünf Jahre nach Inbetriebnahme wurden sie auf doppelte Dampfdehnung umgebaut. In diesem Zustand blieben sie bis 1920 in Betrieb.

Nederlandsche Rhijnspoor. »Rhine Bogie« wurden diese berühmten Lokomotiven genannt. Sie waren seit 1889 bei der holländischen Eisenbahn in Betrieb. Die 59 Einheiten waren von Sharp Stewart & Co. und Atlas Works gebaut worden, moderne englische Konstruktionen mit der Achsfolge 2'B, Innentriebwerk, Treibrädern mit 2,02 m Durchmesser und einem Kessel mit 10,1 bar Druck. Durch das vordere zweiachsige Lenkgestell hatten die Fahrzeuge gute Kurvenlauffähigkeit auch bei höheren Geschwindigkeiten.

P.O
2190

Das Goldene Zeitalter

Es war kurz vor der Jahrhundertwende. Der Frieden nach dem Deutsch-Französischen Krieg 1870/71 und das entstandene politische und soziale Gleichgewicht führten zu einer schnellen wirtschaftlichen Entwicklung der größeren Staaten – auch über ihre Grenzen hinaus. Amerika litt zwar noch unter den Folgen des blutigen Bürgerkrieges, bemühte sich aber, nach den Eroberungen der westlichen Territorien nicht nur eine große Industriemacht, sondern auch eine einheitliche Nation zu werden. In dieser Zeit spielte die Eisenbahn eine besonders große Rolle. Sie war das Rückgrat einer Entwicklung, deren Tragweite in jener Zeit niemand vorhersehen konnte. Die Dampfmaschine war nun endgültig aus dem Experimentierstadium herausgewachsen und so weit entwickelt, daß sie als Schrittmacher für neue große Entwicklungen des beginnenden 20. Jahrhunderts betrachtet werden kann.

Der Bau von Eisenbahnstrecken lief auf Hochtouren. In den Jahren 1880 bis 1890 waren jährlich rund 25 000 km gebaut worden – eine wahre Höchstleistung; an der Spitze befand sich Amerika, gefolgt von Indien, Frankreich, Deutschland, Kanada und Italien. Die Züge fuhren nun durchs Gebirge, nachdem man leistungsfähige Lokomotiven konstruiert und unter großem Aufwand lange Tunnels gebaut hatte. Auch breite Flüsse bildeten kein Hindernis mehr, da man nun auch im Brückenbau genügend Erfahrung besaß. Dennoch mußten die Konstrukteure harte Arbeit leisten, um den ständig steigenden Anforderungen gerecht zu werden.

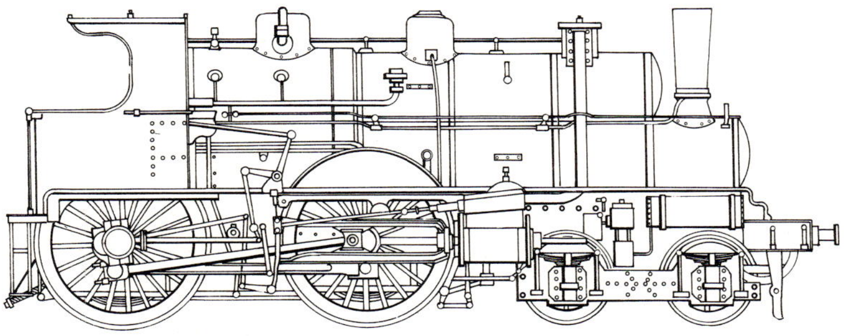

Flaman. In Frankreich fand das vordere Laufgestell lange Zeit keine Anerkennung. Andererseits wurden aber wegen der ständig steigenden Geschwindigkeiten der Schnellzüge die Laufeigenschaften der Lokomotiven mit starrer Achsanordnung immer schlechter, so daß dringend Abhilfe nötig wurde. Daher entwickelte man im Jahre 1890 eine neue Lokomotive nach dem Schema der Crampton-Konstruktion. Die erste Lokomotive dieser Generation wurde im Auftrag der Chemins de Fer de l'Est gebaut, das war die gleiche Gesellschaft, bei der auch die ersten Crampton (s. S. 49) eingesetzt worden waren. Wie bei diesen Maschinen saßen die hinterste Achse hinter der Feuerung und die Zylinder etwa in Fahrzeugmitte. Die vorderen Laufachsen wurden nun jedoch in einem eigenen Fahrgestell angeordnet. Auf dem Rahmen ruhte ein Kessel der Bauart Flaman, der aus zwei übereinanderliegenden zylindrischen Teilen bestand und im unteren die Heizrohre hatte, während der obere ausschließlich mit Wasser und Dampf gefüllt war. Die Lokomotive bekam dadurch einen niedrigen Schwerpunkt. Bis 1894 wurden insgesamt 40 Lokomotiven nach diesem Schema gebaut und mit den Nummern 801 bis 840 bezeichnet.

Die Mallet-Lokomotiven

Bereits 1890 zählte die Gotthardbahn zu den meistbefahrenen internationalen Eisenbahnverbindungen. Für ihre besonders schwierigen Steigungsabschnitte entwarf der Schweizer Ingenieur Anatole Mallet eine neue Lokomotivkonstruktion. Nachdem er bereits das Verbundsystem entwickelt hatte (s. S. 106), konstruierte er nun Lokomotiven mit einem geteilten Fahrwerk. Die hintere Triebwerksgruppe mit den Hochdruckzylindern saß fest im Rahmen, während die vordere mit den Niederdruckzylindern sich unabhängig vom hinteren Rahmen drehen konnte. Diese im Juni 1884 patentierte Lösung wurde 1889 zum erstenmal an einer kleinen Tenderlokomotive mit der Achsfolge B'B verwirklicht. Diese Lokomotive wurde noch im Entstehungsjahr auf der Pariser Weltausstellung vorgeführt und demonstrierte dort ihre große Leistungsfähigkeit, indem sie einen 10-t-Zug mit 14 km/h über eine Steigung von 7‰ beförderte.

Die Schweizer Eisenbahngesellschaften zeigten sofort reges Interesse an dieser Erfindung, da sie dringend leistungsfähige Lokomotiven für steile Strecken benötigten. So verkehrte auf der Gotthardstrecke bereits ein Jahr später, also 1890, eine Tenderlokomotive mit der Achsfolge C'C, die bei Maffei in München gebaut worden war. Diese Verbundmaschine mit 87 t Betriebsgewicht hatte zwei Hochdruckzylinder mit 400 mm Durchmesser und zwei Niederdruckzylinder mit 580 mm Durchmesser; alle vier Zylinder hatten einen Hub von 640 mm. Der Kesseldruck betrug 11,8 bar, die Treibräder hatten den Durchmesser von 1,23 m, und der Achsstand der beiden Triebgestelle betrug je 2,7 m. Sie entwickelte die Zugkraft von 83 kN und konnte einen 200-t-Zug auf einer Steigung von 26‰ mit 18 km/h befördern. Leider hatte der Kessel keinen guten Wirkungsgrad, so daß es bei dieser einen Maschine blieb.

Reihe B6. Diese Maschine zeigt, welchen Einfluß die englischen Konstruktionen auf den Fahrzeugpark in Japan hatten. Sie wurde 1890 von Dübs & Co. in einer ersten Serie geliefert. Später folgten weitere Maschinen dieser Baureihe, die bei North British Atlas Works & Co. und Sharp Stewart & Co. in England sowie in Kobe in Japan gebaut wurden. Sie hatten Zylinder mit 406 mm Durchmesser und 610 mm Hub, einen Treibraddurchmesser von 1,25 m, einen Kesseldruck von 12,3 bar und eine Stephenson-Steuerung. Ihr Betriebsgewicht betrug 51,2 t, das Reibungsgewicht 38,2 t. Diese geschlossenen Tenderlokomotiven mit der Achsfolge C1' hatten einen Achsstand von 6,02 m. Aus England wurden insgesamt 530 Exemplare importiert.

Das Verbundsystem, das eine bessere Nutzung des Dampfes ermöglichen sollte, wurde mit unterschiedlichem Erfolg von verschiedenen Ländern übernommen. Die Engländer standen dem Prinzip ziemlich ablehnend gegenüber, nachdem Francis W. Webb mit seiner im Jahre 1891 erbauten »Greater Britain« großes Pech hatte. Auch in Italien hielt man nichts von dieser Konstruktionsart. Die Belgier und Schweizer räumten ihr dagegen gewisse Chancen ein. Den größten Anklang fand diese Bauart bei den Franzosen und Österreichern. In Deutschland teilten sich die Konstrukteure in zwei Lager: die Bayern, die das Verbundsystem voll befürworteten, und die Preußen, die eine andere Methode der Leistungssteigerung anwendeten. Robert Garbe vertrat nämlich die Theorie, daß eine Vorwärmung für eine bessere Dampfnutzung von Vorteil wäre. Doch zumindest teilweise konnte der Bayer Anton Hammel diese Theorie widerlegen, indem er beide Systeme kombinierte und damit eine Lokomotive entwickelte, die eine bis dahin für

→ S. 135

Reihe B 3/4. Von 1890 bis 1901 wurden von der SLM in Winterthur 15 Lokomotiven für verschiedene Schweizer Eisenbahngesellschaften gebaut. Es waren für die damalige Zeit sehr gute Maschinen mit der Achsfolge 1'C und doppelter Dampfdehnung. Sie hatten einen kleinen zweiachsigen Tender, der 4 t Kohle und 9,6 m³ Wasser faßte, und sie konnten in der Ebene 900-t-Züge befördern.

PLM-Reihe B 111-400 *(oben).* Die Lokomotiven dieser Reihe entsprachen in etwa der Baureihe 121 der PLM, die seit 1876 auf der Strecke von Paris zur Côte d'Azur im Schnellzugeinsatz stand (s. S. 110). Nach längeren Versuchen hatte die PLM herausgefunden, daß Fahrzeuge mit vorderem Laufgestell bei hohen Geschwindigkeiten eine bessere Laufruhe besitzen, und ließ deshalb 1891 zunächst vier Lokomotiven umbauen. In den beiden folgenden Jahren waren es weitere 36 Maschinen; bis 1898 waren insgesamt 96 Lokomotiven umgebaut worden. Sie hatten alle die Achsfolge 2'B. Das vordere Laufgestell hatte zwei Achsen mit großem Achsstand, die hintere Treibachse lag hinter der Feuerung. Der Kessel wurde etwas verkürzt und die Federung wesentlich verstärkt, außerdem bekamen die Fahrzeuge ein Führerhaus. Diese Maschinen der Reihe B 111-400 konnten nun dank ihres Umbaus 115 km/h fahren – die alten Fahrzeuge erreichten nur 90 km/h – und blieben bis gegen Ende der dreißiger Jahre im Einsatz.

Wigmore Castle *(unten).* 1889, im Jahr als Daniel Gooch, der Verfechter der Breitspur (s. S. 37) starb, entschied sich die Great Western Railway, ihr Netz auf 1435 mm umzuspuren. Für diese Strecken ließ die Gesellschaft 40 ihrer Single-driver-Maschinen umbauen. Diese Fahrzeuge erhielten einen etwas längeren Rahmen und ein zweiachsiges Laufgestell. Parallel dazu wurden auch neue Maschinen mit der Achsfolge 2'A1 gebaut. Diese Fahrzeuge waren die stärksten und schönsten Lokomotiven mit nur einer Treibachse. Sie hatten Zylinder mit 483 mm Durchmesser und 610 mm Hub, den Treibraddurchmesser von 2,35 m, den Kesseldruck von 11,1 bar und ein Betriebsgewicht von 49 t. Die »Wigmore Castle« war eine dieser Maschinen, die bis 1915 im Einsatz waren.

Chemins de Fer de l'État (Belgien) · Reihe 6. Zwischen 1889 und 1891 nahmen die belgischen Staatsbahnen 32 Lokomotiven der Reihe 6 in Betrieb, die auf im Jahre 1885 gebaute Prototypen zurückgingen. Es waren Schnellzuglokomotiven für Gebirgsstrecken, und sie hatten die Achsfolge 1'C. Auf dem Fahrgestell mit Außenholmen und Innentriebwerk saß über die gesamte Fahrzeugbreite eine Feuerung vom Typ Belpaire, die eine Rostfläche von 6,7 m² (!) hatte. Leider waren diese Maschinen ziemlich reparaturanfällig und entwickelten nicht genügend Dampf. 1906 umgebaut, versahen sie bis 1921 ihren Dienst.

ÖNWB Reihe XIII *(oben).* Im Kernland und in den nordwestlichen Gebieten des Habsburgerreiches waren ab 1891 im Güterzugverkehr Lokomotiven mit der Achsfolge C im Einsatz. Diese Maschinen, die als Reihe XIII bezeichnet wurden, hatten Zylinder mit 470 mm Durchmesser und 632 mm Hub; ihre Treibräder hatten einen Durchmesser von 1,19 m. Der Dampf wurde über außen am Kessel angebrachte Leitungen vom Regler zu den Zylindern geführt, der Abdampf ebenfalls über äußere Leitungen in die Rauchkammer. Diese Lokomotiven hatten einen großen dreiachsigen Schlepptender mit einem Fassungsvermögen von 10,8 m³ Wasser und 7,3 t Brennstoff; dadurch konnte sie weite Strecken ohne Betriebsaufenthalt zurücklegen. 1891 bis 1896 wurden 18 Lokomotiven dieser Baureihe abgeliefert, die alle eine Höchstgeschwindigkeit von 45 km/h erreichten.

Greater Britain *(unten).* Diese Lokomotive wurde 1891 für die London and North Western Railway nach einem Entwurf von Francis W. Webb gebaut. Sie war eine Dreizylinder-Verbundmaschine nach dem System Teutonic, bei der die beiden äußeren Hochdruckzylinder die hintere Treibachse, und der in der Mitte angeordnete Niederdruckzylinder die vordere Treibachse antrieben. Um eine zu große Länge der Heizrohre im Kessel zu vermeiden, baute man zwischen Kessel und Rauchkammer eine Zwischenbrennkammer ein, die den Verbrennungsprozeß der Rauchgase zwischen erstem und zweitem Zug ermöglichen sollte, doch war wegen der zu niedrigen Temperatur der Gase nach dem ersten Zug diese Nachverbrennung nicht möglich. Dadurch war die Lokomotive ein ziemlicher Mißerfolg. Sie konnte zwar einen 350-t-Zug mit 120 km/h befördern, doch neigte sie andererseits wegen der nicht gekuppelten Achsen häufig zum Schleudern.

Nowosibirsk–Taschkent · Reihe N. Auf dieser russischen Eisenbahnstrecke kamen ab 1892 Lokomotiven mit der Achsfolge 1'C zum Einsatz. Von dieser Baureihe wurden bis 1913 über 1000 Stück gebaut. Die Lokomotiven bezeichnete man zu Ehren von Zar Nikolaus mit Reihe N, die sich in 13 Unterbauarten gliederte. Nachdem die Lokomotiven mit der Achsfolge 2'B (»America«) nicht so erfolgreich waren, wie man erwartet hatte (man machte ihre Konstruktion sogar für den schweren Unfall verantwortlich, den der kaiserliche Zug mit zwei dieser Lokomotiven an der Spitze hatte), suchte man nach einer neuen Konstruktion, die in der Lage sein sollte, 400-t-Züge mit 80 km/h zu ziehen. So entstand diese Baureihe in Zusammenarbeit von Professor N. L. Schtschukin mit dem Belgier A. Belpaire. Er baute schließlich diese Verbundmaschinen mit zwei Hochdruckzylindern (Durchmesser 540 mm, Hub 648 mm) und zwei Niederdruckzylindern (Durchmesser 748 mm, Hub 648 mm) sowie Treibrädern mit 1,7 m Durchmesser, einer Steuerung vom Typ Joy und einem Kesseldruck von 11,8 bar. Die Lokomotive allein hatte ein Gewicht von 54 t, die Achslast pro Treibachse betrug 14,5 t. Diese beliebten Maschinen waren lange Zeit im Einsatz, 1939 waren es etwa noch 500 Stück, und erst gegen 1960 waren dann fast alle ausgemustert.

Great Eastern Railway · Reihe T 19. Diese Lokomotive gehört zur Baureihe T19. Sie war von James Holden entworfen und in den Jahren 1886 bis 1897 in 110 Exemplaren erbaut worden. Ihre Zylinder hatten den Durchmesser von 457 mm und ein Hub von 610 mm; der Treibraddurchmesser betrug 2,13 m und der Kesseldruck 11,1 bar. Die Lok hatte die in ihren Entstehungsjahren weitverbreitete Achsfolge 1 B, mit einem Gesamtachsstand von 5,03 m, wodurch sie auch bei höheren Geschwindigkeiten gute Laufeigenschaften besaß. Im Jahre 1893 baute man eine dieser Maschinen auf Ölfeuerung um – sie wurde daraufhin »Petrolea« genannt –, man kam aber wegen der hohen Brennstoffkosten rasch wieder davon ab.

Jura-Simplon-Bahn · Reihe A2/4. Dies ist eine der interessantesten Personenzuglokomotiven, die Ende des vorigen Jahrhunderts in der Schweiz im Einsatz waren. In den Jahren 1892 bis 1896 waren bei der SLM in Winterthur 30 Lokomotiven dieser Baureihe gebaut worden. Sie war eine Zwillingsmaschine, deren Hochdruckzylinder den Durchmesser von 450 mm und deren Niederdruckzylinder den Durchmesser von 670 mm hatte; der Hub betrug bei beiden 650 mm. Die Treibräder hatten den Durchmesser von 1,83 m, der Kessel war für einen Druck von 11,8 bar ausgelegt, die Rostfläche erreichte eine Größe von 2,0 m²; die Heizfläche hatte 129 m². Das Gesamtgewicht einschließlich Tender betrug 82,1 t, die Achslast auf jeder Treibachse lag bei 14,9 t; die Höchstgeschwindigkeit betrug 90 km/h. Die Lokomotiven entwickelten eine Leistung von 492 kW, mit der sie in der Lage waren, einen 180-t-Zug auf einer 10-‰-Steigung mit 45 km/h zu befördern.

Preußische Staatsbahn · Reihe S3. Der deutsche Ingenieur August von Borries, der ein entschiedener Befürworter der Verbundmaschinen war, entwickelte auch noch eine andere Einrichtung zur Verbesserung des Wirkungsgrades. So entstand eine Lokomotive in zwei Versionen: Die eine war als Schnellzuglokomotive für weite Strecken vorgesehen und nach dem Verbundprizip gebaut, die andere sollte Personenzüge befördern und mit Sattdampf arbeiten, da die Brennstofferspamis gegenüber der Verbundmaschine bei den häufigen Halten nicht so bedeutend war. Die Schnellzuglokomotive, die dank ihres vorderen zweiachsigen Laufgestells eine gute und laufstabile Konstruktion war, wurde ab 1893 in 1072 Exemplaren gebaut und als Baureihe S3 bezeichnet. Die Personenzuglokomotive, die im Gegensatz zur Schnellzugvariante kleinere Treibräder hatte, wurde in 1191 Exemplaren gebaut und trug die Baureihenbezeichnung P4. Bemerkenswert an der S3 sind folgende technischen Daten: Hochdruckzylinder 460 mm Durchmesser, Niederdruckzylinder 680 mm Durchmesser, beide mit einem Hub von 600 mm, Treibraddurchmesser 1,98 m, Rostfläche 2,27 m², Heizfläche 118 m² und Achslast 15,2 t. Sie entwickelte die Zugkraft von 75 kN und konnte einen 320-t-Zug mit 75 km/h befördern.

New South Wales Governement Railway · Reihe P6 *(oben)*. Diese Lokomotive wird allgemein als die beste australische Maschine bezeichnet. Sie gehörte zu Baureihe P6, die ab 1891 entstand. Von den insgesamt 191 Einheiten baute Beyer Peacock & Co. 106 Maschinen, Baldwin 20 Maschinen, Clyde Engineering Company in Sydney 45 Maschinen, und in den bahneigenen Werkstätten in Everleigh wurden ebenfalls 20 Maschinen hergestellt. Die Achsfolge war 2'C mit 1,52 m großen Treibrädern. Die Zylinder hatten 508 mm Durchmesser und 660 mm Hub und waren mit einer Allan-Steuerung kombiniert. Das Betriebsgewicht betrug 88,5 t. Die Lokomotiven, die eine Zugkraft von 88,2 kN entwickelten, wurden im schweren Güter- und Personenzugdienst eingesetzt, konnte aber trotz ihrer kleinen Treibräder auch Schnellzüge auf der Strecke von Newcastle nach Albury mit 115 km/h ziehen. Auf der transkontinentalen Bahnstrecke Australiens von Port Augusta nach Kalgoorlie kamen nach ihrer Eröffnung Lokomotiven zum Einsatz, die der P6 nachgebaut worden waren; das zeigt, wie gut diese Konstruktion war.

London and South Western Railway · Reihe T3 *(unten)*. Für diese Gesellschaft entwarf William Adams 1892 eine hervorragende Schnellzuglokomotive als Gegenstück zu den Verbundmaschinen, die F. W. Webb für die London and North Western Railway gebaut hatte. W. Adams war der Meinung, daß Lokomotiven mit einfacher Dampfdehnung – wenn sie gut durchkonstruiert würden – ohne weiteres einen besseren Wirkungsgrad erreichen und damit den Brennstoffverbrauch senken könnten. Diese Lokomotiven mit der Achsfolge 2'B waren in der Tat sehr gut. Sie hatten auch bei höheren Geschwindigkeiten noch eine große Laufstabilität, dies vor allem dank des großen Achsstandes des vorderen Laufgestells (2,36 m). Sie zählten über viele Jahre zu den stärksten Maschinen ihrer Art.

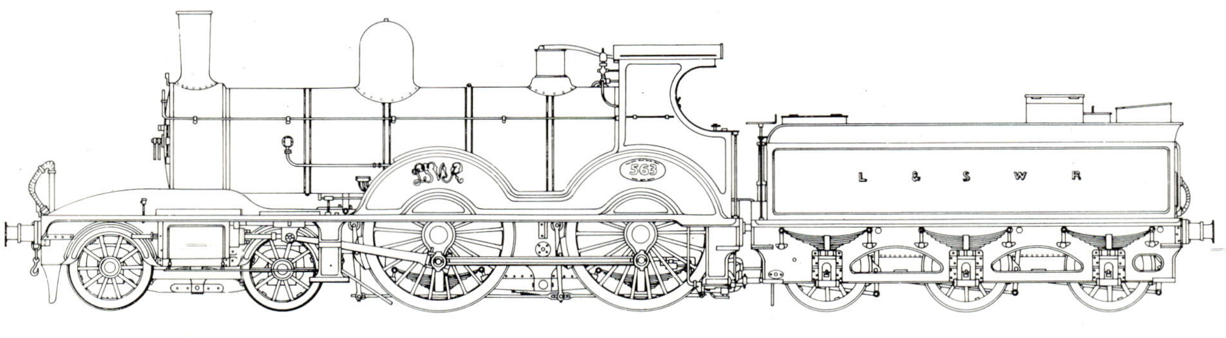

Philadelphia & Reading

World Columbian Exposition

1893 wurde aus Anlaß der 400-Jahr-Feier der Entdeckung Amerikas in Chicago eine große Ausstellung, die World Columbian Exposition, veranstaltet, an der die amerikanische Eisenbahnindustrie mit ihren neuesten Produkten teilnahm. Im Mittelpunkt des Interesses standen die Verbundmaschinen. Der technische Direktor der Firma Baldwin, Samuel Matthew Vauclain, hatte damals eine Lokomotive entworfen, bei der die Hoch- und Niederdruckzylinder mitsamt ihrer Steuerung in einem einzigen Teil gegossen worden waren. Dieses Bauteil wurde vor den Rahmen der Lokomotive gesetzt und diente gleichzeitig als Stütze für die Rauchkammer; dadurch wurde es sehr wartungsfreundlich. Von diesen Verbundmaschinen Typ Vauclain, die in Chicago ausgestellt worden waren, sind zwei besonders bemerkenswert. Es waren beides Schnellzuglokomotiven mit der Achsfolge 1'B1', welche nun die Bezeichnung »Columbia« erhielt. Die eine Maschine hatte 2,14 m große Treibräder, Hochdruckzylinder mit 330 mm und Niederdruckzylinder mit 559 mm Durchmesser, alle mit einem Hub von 660 mm und einen Kessel für Drücke bis 12,5 bar. Ihr Betriebsgewicht betrug 57 t, und die Achslast pro Treibachse lag bei 18 t. Die andere Maschine, die nach dem Camelback-Schema für die Philadelphia & Reading gebaut worden war, hatte eine Wootten-Feuerung. Die Zylinderdurchmesser waren wie bei der ersten Maschine, jedoch lag ihr Hub nur bei 610 mm. Auch bei dieser Lokomotive betrug der Kesseldruck 12,5 bar, jedoch hatte sie kleinere Treibräder (1,98 m), war aber schwerer (58,5 t).

Neben diesen Maschinen wurde in Chicago auch eine Gebirgslokomotive mit einfacher Dampfdehnung vorgestellt, die von den Brooks Locomotive Works in Dunkirk, New York, für die Great Northern Company erbaut worden war. Sie hatte eine Feuerung vom Typ Belpaire, Zylinder mit 483 mm Durchmesser und 660 mm Hub, Treibräder mit einem Durchmesser von 1,85 m und einen Kesseldruck von 12,5 bar. Diese erfolgreichen Maschinen kamen auf der nördlichen transkontinentalen Strecke nahe der kanadischen Grenze zum Einsatz.

Baldwin-Vauclain

Great Northern

Badische Staatsbahn Reihe IVe · 1894

Die Verbundmaschinen vom Typ De Glehn

Das von Alfred de Glehn entwickelte Vierzylinder-Verbundsystem fand in Europa großes Interesse. 1894 nahmen zwei verschiedene Eisenbahngesellschaften für ihre Gebirgsstrecken zwei ähnliche Maschinen in Betrieb. Die eine Maschine war von der Société Alsacienne des Constructions Mécaniques in 83 Exemplaren für die badische Staatsbahn gebaut worden. Sie hatte die Achsfolge 2′C, und ihre äußeren Hochdruckzylinder (350 mm Durchmesser, 640 mm Hub) wirkten auf die zweite Achse, die inneren Niederdruckzylinder (550 mm Durchmesser, 640 mm Hub) dagegen auf die erste Achse. Diese beiden Achsen waren mit der dritten über Kuppelstangen verbunden. Die sehr ruhig laufenden Maschinen konnten mit ihrem Betriebsgewicht von 58,8 t im Schwarzwald 150-t-Züge über eine Steigung von 2‰ mit 75 km/h befördern.
Die andere Maschine kam auf der Gotthardbahn in der Schweiz zum Einsatz und war bei der SLM in Winterthur gebaut worden. Auch sie hatte die Achsfolge 2′C. Ihre Hochdruckzylinder saßen innen und hatten einen Durchmesser von 370 mm, die Niederdruckzylinder saßen außen und hatten einen Durchmesser von 590 mm; der Hub betrug bei beiden 600 mm. Die Treibräder hatten einen Durchmesser von 1,61 m; das Betriebsgewicht betrug 64 t, davon Reibungsgewicht 45 t.

Gotthardbahn 3/5 · 1894

Reihe 860. Dies ist die erste in Japan gebaute Lokomotive. Sie war 1893 von Richard Francis Trevithick, einem Nachkommen des großen Erfinders der Dampflokomotive, entworfen und in Zusammenarbeit mit drei japanischen Ingenieuren nach achtmonatiger Bauzeit in Kobe fertiggestellt worden. Diese Tenderlokomotive mit der Achsfolge 1′B1′ war der englischen Bauweise der damaligen Zeit sehr ähnlich. Auch sie war eine Verbundmaschine mit einem Hochdruckzylinder (381 mm Durchmesser, 508 mm Hub) und einem Niederdruckzylinder (572 mm Durchmesser, 508 mm Hub). Aus den Aufzeichnungen der damaligen Zeit kann man entnehmen, daß diese Maschine, die auf der Strecke Kioto–Osaka im Dienst war, einen um etwa 15–20 Prozent niedrigeren Brennstoffverbrauch hatte als die Fahrzeuge mit einfacher Dampfdehnung.

Duke of Cornwall. Diese Maschine ist die erste einer Schnellzuglokomotivbaureihe mit der Achsfolge 2'B, die im Mai 1895 an die Great Western Railway abgeliefert worden war. William Dean hatte sie entworfen und demonstrierte damit, daß nach dem Abbau der Breitspurstrecken (1892) und den damit nicht mehr einsetzbaren Single-driver-Maschinen diese Eisenbahngesellschaft weiterhin leistungsfähig war. Die Lokomotiven hatten einen äußeren genieteten Rahmen, gefederte Achsen und einen Messing-Dampfdom. Bemerkenswert war der Kessel, mit Überhitzerrohren ausgestattet und für einen Druck von 12,4 bar ausgelegt, sowie die Speisewasserregelung, die auf dem Tender untergebracht war. Nach langjährigem Personenzugeinsatz kamen sie 1940 in den Güterzugdienst und blieben bis zum Ende des 2. Weltkrieges im Einsatz.

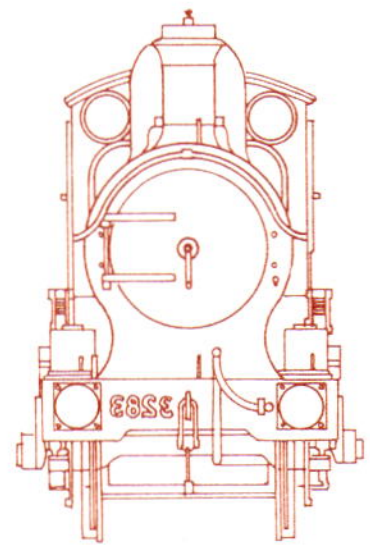

unerreichbar gehaltene Leistungsfähigkeit besaß. Den großen Durchbruch verdankt das Verbundsystem jedoch dem Franzosen De Glehn. Durch den Einbau von vier Zylindern, zwei außen angeordneten Hochdruckzylindern und zwei innen liegenden Niederdruckzylindern, erreichten seine Verbundlokomotiven eine hohe Laufruhe. Trotz der aufwendigen und unterhaltungsintensiven Konstruktion wurden diese Fahrzeuge in großer Stückzahl gebaut, da sie sehr schnell und leistungsfähig waren.

In Amerika war das Verbundsystem nur sehr kurzlebig, obwohl Baldwin zwischen 1895 und 1905 mit seinen Maschinen großes Aufsehen erregt hatte. Im zweiten Jahrzehnt des 20. Jahrhunderts nahmen jedoch die Aufträge rasch ab, da bei den amerikanischen Gesellschaften die Meinung vorherrschte, daß die Verbundmaschinen nur im mittleren Geschwindigkeitsbereich den anderen Konstruktionen überlegen wären. So kam das Verbundsystem nur bei den großen Mallet-Lokomotiven zur Geltung – und das nur, weil bei dieser Konstruktion vier Zylinder erforderlich waren.

Die Mallet-Lokomotiven (s. S. 128) erlangten in

Die Wladikawskas-Bahn. Mit der Achsfolge 2'C war 1896 diese Lokomotivbaureihe von Hanomag in Hannover-Linden für die russische Breitspur (1524 mm) gebaut worden. Sie war eine Zweizylinder-Verbundmaschine, deren Hochdruckzylinder den Durchmesser von 502 mm und deren Niederdruckzylinder den von 737 mm hatte, beide mit einem Hub von 660 mm. Die Heizfläche der Lokomotive betrug 151 m², der Treibraddurchmesser lag bei 1,85 m, und die Steuerung war vom Typ Joy. Diese Maschinen zeigten deutlich ihre deutsche Abstammung. Nur das Schutzgeländer an den Seiten und vor der Rauchkammer sowie der große Scheinwerfer waren für die russische Maschine typisch.

PLM Grande C. Diese Lokomotiven wurden 1898 in den Werkstätten der PLM erbaut und stellten einen völlig neuen Typ von Schnellzuglokomotiven dar. Wegen ihres modernen Aussehens, das sie ihrer aerodynamischen Gestaltung verdankten und das ihnen den Namen »Coupe-Vent« eintrug, waren diese Maschinen sowohl beim Personal als auch bei den Fahrgästen sehr beliebt. Sie sind eine Weiterentwicklung der 1889 gebauten Reihe C1 (s. S. 124) und hatten Vierzylinder-Verbundtriebwerke, dessen äußere Hochdruckzylinder (340 mm Durchmesser, 620 mm Hub) die zweite Achse und dessen innere Niederdruckzylinder (540 mm Durchmesser, 620 mm Hub) die erste Achse antrieben. Die äußeren Zylinder waren mit einer Walschaerts-Steuerung und die inneren mit einer Gooch-Steuerung ausgerüstet. Die Feuerung war vom Typ Belpaire und der Regler von der Bauart Crampton. Im Gegensatz zur Reihe C1 mit der Achsfolge 1'B1' – hatte die »Grande C« die Achsfolge 2'B.

den USA große Beliebtheit, weil sie gleichzeitig zum Symbol eines mächtigen Industriestaates wurden. Man baute sie in großer Stückzahl, sowohl mit einfacher als auch mit doppelter Dampfdehnung. Zwischen 1903 und 1952 wurden insgesamt 3100 Lokomotiven dieses Typs gebaut. Die erste Maschine wurde an die Baltimore & Ohio und die letzte an die Norfolk & Western abgeliefert.
In England war man mehr vom Sportsgeist besessen, wie es bereits der Wettbewerb von Rainhill demonstriert hatte. So veranstaltete man auch nun wieder eine Wettfahrt auf der Strecke von London nach Aberdeen mit dem Ziel, die höchste Durchschnittsgeschwindigkeit zu ermitteln. An diesem Wettbewerb nahmen alle bedeutenden Eisenbahngesellschaften teil, und gewonnen hat ihn die London & North Western Railway mit einem Zug, der – von einer Lokomotive vom Typ »President« gezogen – die 540 Meilen (870 km) lange Strecke in 512 Minuten zurücklegte, und das mit zwei Aufenthalten von jeweils etwa 2 Minuten Dauer. Das entspricht einer Durchschnittsgeschwindigkeit von 102 km/h.
Doch das war nur der Anfang eines Wettlaufs mit der Zeit, der bis zum Beginn des 2. Weltkrieges dauerte. Neben diesen Versuchen zur Leistungsstei-

→ S. 138

Dunalastair. Von John McIntosh im Jahre 1895 entworfen, wurde die Lokomotive ein Jahr später an die Caledonian Railway abgeliefert. Die Konzeption entsprach den Maschinen von Drummond: Achsfolge 2'B, Treibraddurchmesser 1,98 m, Innentriebwerk und ein großer Kessel. Der Tender mit zwei zweiachsigen Drehgestellen hatte ein Fassungsvermögen von 4,5 t Kohle und 16,2 m³ Wasser. In den Jahren 1896 bis 1910 wurden insgesamt vier Versionen dieser Reihe gebaut. Ihre Höchstgeschwindigkeit lag bei über 100 km/h. 1910 erhielten diese Maschinen (zum erstenmal in England) einen Überhitzer vom Typ Schmidt. Die letzte Lokomotive der Baureihe wurde erst 1957 ausgemustert.

Japanische Staatsbahn. Gegen Ende des vorigen Jahrhunderts lieferte Beyer Peacock & Co. Lokomotiven der Baureihe 5500 an die japanische Staatsbahn. Diese Lokomotiven hatten sehr viel Ähnlichkeit mit den englischen Konstruktionen jener Zeit. Achsfolge 2'B, leicht geneigte Außenzylinder, Treibräder mit einem Durchmesser von 1,4 m und dem Kesseldruck von 11,8 bar. Das Betriebsgewicht (einschließlich Tender) lag bei 75,8 t, das Reibungsgewicht betrug 20 t. Sie waren etwa 60 Jahre im Einsatz.

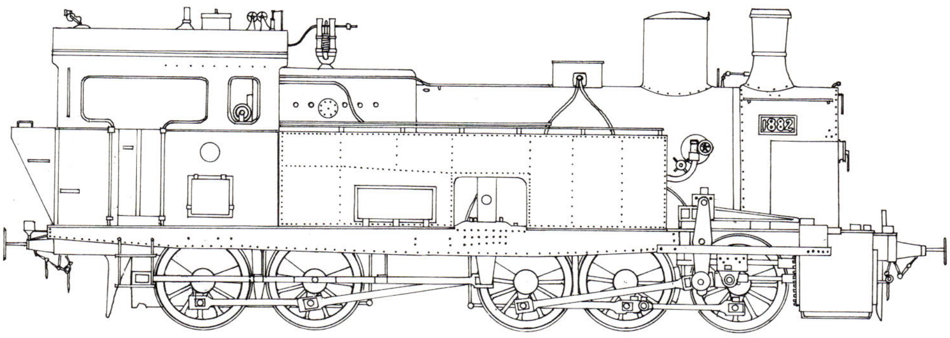

Preußische Staatsbahn T15. Im März 1897 wurden an die preußische Staatsbahn die ersten Tenderlokomotiven mit geteiltem Rahmen abgeliefert. Sie waren von Henschel nach einem Entwurf von Christian Hagans gebaut worden und für die Bergstrecken in Thüringen bestimmt, die teilweise 30‰ Steigung und Kurven mit 200 m Radius aufwiesen. Die Hagans-Lokomotiven hatten ein Triebwerk mit Schwinghebel, das die beiden hinteren der fünf Achsen vom Kreuzkopf aus antrieb. Dadurch konnten sich die zwei hinteren Achsen gegenüber den drei vorderen drehen. Die Leistungen dieser T15-Maschinen waren so zufriedenstellend, daß insgesamt 95 Exemplare in Betrieb genommen wurden.

Goldsmid. Sie war eine der drei Lokomotiven der Reihe B2, die 1893 von Robert J. Billinton entworfen und 1895 von der London Brighton and South Coast Railway in Betrieb genommen wurde. Sie waren als Ersatz für die 1881 gebauten Single-driver-Maschinen der Reihe 6 (s. S. 112) auf der Strecke nach Portsmouth gedacht, konnten aber deren Leistungen nicht erreichen. Die Lokomotiven der Reihe B2 – auch »Grasshopper« genannt – waren die fortschrittlichsten Konstruktionen jener Zeit. Sie hatten die Achsfolge 2'B, Innentriebwerk (Zylinderdurchmesser 457 mm und -hub 660 mm), Treibräder mit dem Durchmesser von 2,06 m und der Rostfläche von 1,7 m²; doch war der Kesseldruck zu niedrig (11,8 bar), um im harten Einsatz genügend Dampf zu produzieren. Deshalb kamen diese Lokomotiven im Personenzugdienst auf der Strecke von London nach Brighton zum Einsatz. 1901 verbesserte Billinton diese Konstruktion, aus der dann die Reihe B4 hervorging.

Rete Adriatica · Reihe 270. Der Entwurf zu dieser Baureihe stammte von der Versuchsanstalt der Rete Adriatica in Florenz. Diese Tenderlokomotive war für den leichten Personenzugdienst auf den Apenninen-Strecken von Rom nach Ancona und Pescara bestimmt. Sie hatten die Achsfolge C, Außentriebwerk (Zylinderdurchmesser 430 mm, Hub 580 mm), Treibräder mit dem Durchmesser von 1,51 m und dem Kesseldruck von 11,8 bar sowie eine Steuerung vom Typ Walschaerts. Ihr Betriebsgewicht betrug 44 t, ihre Betriebsvorräte waren 1,2 t Kohle und 5 m^3 Wasser. Bei einer Geschwindigkeit von 30 km/h entwickelten sie die Leistung von 294 kW, und ihre Höchstgeschwindigkeit lag bei 65 km/h. Zwischen 1898 und 1909 wurden von Ansaldo in Breda, von den Construzioni Meccaniche in Saronno, von den Officine Meccaniche in Mailand und von Maffei in München insgesamt 207 Exemplare gebaut. Als im April 1905 die italienischen Privatbahnen zur italienischen Staatsbahn (FS) zusammengeschlossen wurden, wurden diese Maschinen als Reihe 851 bezeichnet.

Great Eastern Railway. Dies ist die letzte für die Great Eastern Railway gebaute Single-driver-Maschine. 1898 wurden von diesem Typ 10 Lokomotiven nach dem Entwurf von James Holden gebaut. Diese Maschinen mit der Achsfolge 2'A1 hatten einen Außenrahmen und ein Innentriebwerk mit Stephenson-Steuerung. Die Treibräder hatten den Durchmesser von 2,13 m. Ihr Betriebsgewicht betrug 50 t, das Reibungsgewicht 18,3 t. Die dreiachsigen Tender dieser mit Öl gefeuerten Lokomotiven hatten das Fassungsvermögen von 12,7 m^3 Wasser, 3,4 m^3 Öl, und sie wogen vollbeladen 37 t. Mit diesen Maschinen erreichte die Single-driver-Konstruktion ihre Letzte Blütezeit.

gerung begann man um die Jahrhundertwende, sich auch mit dem Problem des Luftwiderstandes zu beschäftigen, der bei Geschwindigkeiten über 130 km/h einen nicht geringen Einfluß auf die Leistungsfähigkeit von Lokomotiven ausübte. Man baute deshalb Maschinen mit strömungsgünstigeren Rauchkammertüren, Führerhäusern und auch mit windschnittigem Fahrwerk; doch von letzterem kam man bald wieder ab, da man es für übertrieben hielt.

Man war sich auch nicht im klaren darüber, welche Achsfolge für Lokomotiven, die schnelle und schwere Züge befördern sollten, am günstigsten sein würde. Bis zum Ende des 19. Jahrhunderts hatte man vor allem in den USA viele Lokomotiven mit der Achsfolge 2'C (»Ten-wheeler«) gebaut, die die schwächeren America-Maschinen ablösen sollten, doch war man mit dieser Konzeption nicht so ganz glücklich. Man wollte vor allem wegen des schlechten Zustandes der Strecken Lokomotiven, die nicht nur vorne ein vom Rahmen unabhängiges Laufwerk hatten, sondern auch am hinteren Ende. So übernahm man zunächst von den America-Maschinen das Fahrwerk und setzte hinten noch eine Laufachse ein. Diese Konstruktion trug in Amerika den Namen »Atlantic« und kam auch in Europa zur Anwendung, besonders in Frankreich und England. Aus ihr ging dann die »Pacific« hervor, die mit ihrer Achsfolge 2'C1' die besten Eigenschaften hatte. Bis heute ist jedoch unbekannt, wem diese Konzeption zuzuschreiben ist. Baldwin hatte jedenfalls im Jahre 1900 die Lokomotiven der

→ S. 142

Reihe 6 · 1893

Die Verbundmaschinen von Karl Gölsdorf

Ab 1893 begann in Österreich eine eigene große Lokomotiventwicklung, ausgelöst durch Karl Gölsdorf, dem Lokomotivkonstrukteur der k. u. k. Staatsbahn. Er baute in jenem Jahr die Verbundlokomotiven der Baureihe 6 mit der Achsfolge 2'B. Das vordere zweiachsige Laufgestell hatte einen großen Achsstand und war um einen weit zurückliegenden Drehzapfen beweglich. Der leistungsfähige Kessel war ziemlich hoch angeordnet, wodurch eine große Rostfläche eingebaut werden konnte. Man befürchtete jedoch, daß diese bei Floridsdorf gebauten Maschinen wegen ihres hohen Schwerpunktes leicht kippen würden, doch konnten sie mit den 2,1 m großen Treibrädern und der Leistung von 882 kW ohne Probleme eine Geschwindigkeit von 130 km/h erreichen. Sie machte es möglich, die Strecke von Wien nach Karlsbad in 8 statt bisher 12 Stunden zurückzulegen.
1895 entwarf Gölsdorf für die KKStB eine andere Lokomotive – die Baureihe 54 – die für den Güterzugverkehr bestimmt war und die Achsfolge 1'C hatte. Ihr Treibrad-Durchmesser war 1,26 m; der Kesseldruck betrug 12,8 bar, und das Reibungsgewicht lag bei 43 t.
Von besonderer technischer Bedeutung war jedoch die Reihe 170 mit der Achsfolge 1'D, die Gölsdorf 1897 für die schweren Züge der Arlbergbahn entworfen hatte. Auch bei diesen Maschinen lag der Kessel sehr hoch, um eine möglichst große Rostfläche zuzulassen (3,9 m³). Um die Kurvenfahrt zu begünstigen, wurde die zweite und vierte Achse mit einem Querspiel versehen. Die Leistung der Maschine betrug 1030 kW, das Betriebsgewicht 69 t und die Achslast auf jeder Treibachse 14,2 t. Bei den Probefahrten zogen diese Maschinen einen 550-t-Zug über eine Steigung von 10‰ mit 26,5 km/h. Die Höchstgeschwindigkeit der Lokomotiven betrug 84 km/h. Von der Baureihe 170 wurden bis 1919 insgesamt 796 Exemplare gebaut; sie waren nach dem 1. Weltkrieg in vielen Ländern im Einsatz.

Reihe 54 · 1895

Reihe 170 · 1897

Eine Lokomotive der preußischen **Reihe P4** diente als erstes Versuchsfahrzeug für Heißdampf.

Die ersten Versuche mit Heißdampf

Man war sich seit langem bewußt, daß durch eine höhere Dampfeintrittstemperatur die Kondensation in den Zylindern und an den Dampfzuleitungen vermieden werden könnte und daß außerdem überhitzter Dampf eine höhere Leistungsfähigkeit besitzt. Der Ingenieur Wilhelm Schmidt übernahm dieses von Hirn an stationären Anlagen praktizierte Konzept und übertrug es mit Unterstützung durch den technischen Berater der preußischen Staatsbahn, Robert Garbe, auf die Lokomotiven. Nach langen Versuchen in den Jahren 1897 bis 1900 mit Maschinen der Baureihen S3 und P4 entschied er sich zur Anordnung des Überhitzers in der Rauchkammer. Der vom Dom kommende Dampf wurde über einen von den Rauchgasen durchströmten Wärmetauscher am Boden der Rauchkammer geleitet und trat mit 300° C in die Zylinder ein. Man versprach sich dadurch eine Leistungssteigerung der Maschine. Der Anstieg um 25 Prozent übertraf jedoch alle Erwartungen. Aufgrund dieses Erfolges wurden viele neue Heißdampfmaschinen in Deutschland und anderen Ländern gebaut.

Statens Järnvägar · Reihe Cc. Dies ist eine der bermerkenswertesten Maschinen der schwedischen Staatsbahn (SJ). Sie wurde zwischen 1892 und 1903 in einer Auflage von 79 Exemplaren gebaut und ist eine Weiterentwicklung der Reihe Cb (s. S. 111). Von dieser wurden auch die Achsfolge 2'B und die Allan-Steuerung übernommen; wie diese erreichte sie eine Höchstgeschwindigkeit von 90 km/h. Die Reihe Cc war jedoch leistungsfähiger. Sie waren auch Versuchslokomotiven für das Gölsdorf-Verbundprinzip (1914), für Torffeuerung (1917) und das Heißdampfprinzip (ebenfalls 1917).

Schweizer Centralbahn · Reihe D2 × 2/2. Der schwere Güterzugdienst auf der Strecke von Bern über Rotkreuz zum Gotthard-Tunnel erforderte leistungsfähige Lokomotiven. Gegen Ende des 19. Jahrhunderts wurden daher bei der SLM in Winterthur 12 Lokomotiven vom Typ Mallet mit der Achsfolge B'B gebaut. Der Achsstand jedes Triebgestells betrug 1,9 m, was für die engen Kurven sehr günstig war. Ihre Leistung betrug 586 kW, und sie entwickelten die Zugkraft von 83,4 kN. Der dreiachsige Tender faßte 6 t Kohle und 12,5 m³ Wasser. Ihre Höchstgeschwindigkeit lag bei 55 km/h.

Klondyke. Diesen Namen trug eine Lokomotivbaureihe, die im Jahre 1898 gebaut wurde. Sie war von H. A. Ivatt für die Great Northern Railway entworfen worden und erregte großes Aufsehen, da dies die erste Maschine mit der Achsfolge 2'B1' (»Atlantic«) war, die auf der britischen Insel zum Einsatz kam. Sie hatte leicht nach hinten geneigte Zylinder mit einem Durchmesser von 483 mm und einem Hub von 610 mm, 3 m lange Treibstangen und einen vergrößerten Kessel mit einer Rostfläche von 2,48 m². Die Werkstätten in Doncaster bauten bis 1903 insgesamt 21 Lokomotiven dieses Typs. Einige erhielten später einen Überhitzer der Bauart Schmidt. Die Lokomotiven waren über 50 Jahre im Einsatz, und eine davon steht heute im Eisenbahnmuseum in York.

Bayerische Pfalzbahn · Reihe P3¹ *(oben)*. 1898 lieferte Krauss die Reihe P3¹ an die Eisenbahn in der Pfalz. Sie hatte die Achsfolge 2'B1'. Der Rahmen bestand aus je zwei übereinanderliegenden Außenholmen unterschiedlicher Länge, das Innentriebwerk (Zylinderdurchmesser 490 mm, Hub 570 mm) wirkte auf zwei Treibradpaare, deren Durchmesser 1,98 m betrug, und im hoch liegenden Kessel herrschte ein Druck von bis zu 12,8 bar. Das Betriebsgewicht betrug 60 t, das Reibungsgewicht 30 t. Die Lokomotiven kamen auf den Rheinstrecken zum Einsatz und waren die Grundlage für eine Reihe weiterer Konstruktionen mit den Achsfolgen 2'B1', 1'C und 2'C.

Bayerische Staatsbahn · Reihe C XII *(unten)*. Nach den positiven Erfahrungen mit dem Krauss-Helmholtz-Gestell an den Lokomotiven der Baureihe B X (s. S. 123) ließ die bayerische Staatsbahn eine Tenderlokomotive entwickeln. Sie hatte die Achsfolge 1'B2', wobei jedes Laufgestell beweglich im Rahmen gelagert war. Das hintere Laufgestell hatte vor allem das Gewicht des Tenders zu tragen, während das vordere Einachslaufwerk – das Krauss-Helmholtz-Gestell – die Aufgabe hatte, die erste Treibachse in die Kurve zu lenken, was durch ein Querspiel möglich war. Dadurch wurde eine wesentliche Verbesserung der Kurvenlaufeigenschaften erreicht. Diese Maschinen waren dadurch so erfolgreich, daß sie auch von anderen deutschen Staaten beschafft wurden. Insgesamt baute man 132 Stück.

Chemins de Fer de l'État (Frankreich) · Nr. 2801–2805. Im Jahre 1889 baute Baldwin für diese französische Eisenbahngesellschaft eine Reihe von Lokomotiven mit der Achsfolge 2'B. Es waren Verbundmaschinen vom Typ Vauclain, bei denen ein einziger Regler für die gesamte Dampfzu- und -ableitung vorhanden war. Die Lokomotiven entwickelten bei der Geschwindigkeit von 75 km/h eine Leistung von 690 kW. Sie waren vor allem auf der schwierigen Strecke zwischen Paris und Bordeaux im Einsatz. 1928 wurden die ersten dieser Maschinen ausgemustert, und 1932 war dann die letzte an der Reihe.

Illinois Central Railroad · Nr. 640. Diese Lokomotive war für die amerikanischen Konstruktionen am Ende des 19. Jahrhunderts typisch. Sie hatte die Achsfolge 2'D und war für den schweren Güterzugdienst vorgesehen. Die Maschine mit der Nummer 640 der ICRR war 1899 von den Brooks Locomotive Works in Dunkirk, New York, gebaut worden. Der Kessel der Lokomotive hatte einen außergewöhnlich großen Durchmesser, ebenso die Feuerung; dadurch bekam die Rostfläche eine Ausdehnung von 3,49 m², und die Heizfläche war 325 m² groß. Der Treibraddurchmesser betrug 1,44 m; die zwei Zylinder hatten einen Durchmesser von 584 mm und einen Hub von 762 mm. Der Druck im Kessel betrug 13,5 bar. Die Lokomotive hatte ein Betriebsgewicht von 105 t, ein Reibungsgewicht von 87,5 t, und ihre maximale Zugkraft betrug 206 kN. Das war vor allem möglich, da die amerikanischen Lokomotiven bereits damals für sehr hohe Achslasten gebaut wurden.

Reihe Q mit dieser Achsfolge für Neuseeland gebaut. Die Pacific-Maschinen wurden von deutschen Experten für die schönste Konstruktion der Welt gehalten; sie waren praktisch auf allen Kontinenten anzutreffen.
1907 wurde diese Konstruktion von der Compagnie Paris-Orléans in Europa eingeführt (Verbundmaschine 4501 von De Glehn-Bousquet) und erlangte in Deutschland eine Berühmtheit, die vor allem auf die schönen Maschinen von Anton Hammel – darunter die bayerische S3/6 – zurückzuführen ist. In England baute George Churward die erste Lokomotive mit dieser Achsfolge (»Great Bear«) für die Great Western Railway, hatte jedoch keinen Erfolg damit. So dauerte es bis zum Jahre 1920, bis man in England begann, Pacific-Maschinen in größerer Zahl zu bauen. In Italien und anderen europäischen Staaten wurden die »Pacific« ebenfalls nur sehr zögernd eingeführt; dagegen erlangten sie in den USA große Beliebtheit. Dort wurden über 7000 Lokomotiven mit dieser Achsfolge gebaut; das war zum Teil auch darauf zurückzuführen, daß die privaten Eisenbahngesellschaften sich einen erbitterten Konkurrenzkampf lieferten und immer schnellere und leistungsfähigere Maschinen mit der Achsfolge 2'C1' in Auftrag gaben.

→ S. 148

Rete Mediterranea · Nr. 3101–3200. Ab der Jahrhundertwende war beim Rete Mediterranea dieser Lokomotivtyp im Einsatz. Sie war eine Weiterentwicklung der Reihe 300 (s. S. 118) und hatte unter anderem ein Zweizylinder-Verbundtriebwerk sowie einen sehr leistungsfähigen Kessel. Der Durchmesser der Treibräder (Achsfolge 2'C) betrug 1,83 m, der Hochdruckzylinder hatte 540 mm und der Niederdruckzylinder 800 mm Durchmesser, beide mit dem Hub von 680 mm. Bei der Geschwindigkeit von 60 km/h entwickelten sie eine Leistung von 566 kW, ihre Höchstgeschwindigkeit lag bei 90 km/h, und die maximale Zugkraft betrug 70,6 kN.

Rete Adriatica · Reihe 500. Dies ist eine der interessantesten und außergewönlichsten Lokomotivkonstruktionen des 20. Jahrhunderts. Diese Lokomotive mit der Achsfolge 2'C und dem vorne angeordneten Führerhaus war von der Versuchsanstalt in Florenz entwickelt worden. Sie hatte eine Feuerung mit 3 m^2 Rostfläche sowie einen Kessel mit 273 Heizrohren, die eine Heizfläche von 167 m^2 ergaben. Außerdem war sie mit einem Vierzylinder-Verbundtriebwerk (Hochdruckzylinder: Durchmesser 370 mm, Hub 650 mm; Niederdruckzylinder: Durchmesser 850 mm, Hub 650 mm) mit Walschaerts-Steuerung ausgerüstet. Das Betriebsgewicht der Maschine betrug 69 t, das Reibungsgewicht 43 t. Die Kohlenbehälter saßen seitlich am Kessel und hatten ein Fassungsvermögen von 4 t. Das Wasser wurde in einem kesselförmigen dreiachsigen Schlepptender mitgeführt, der 20 m^3 Inhalt hatte. Die eigenartige Form der Maschine trug ihr beim Personal den Spitznamen »Kuh« ein. Die Dampfproduktion der Maschine betrug 8500 kg/h; damit entwickelte sie bei 75 km/h die Leistung von 640 kW und hatte eine maximale Zugkraft von 78,5 kN. Die Höchstgeschwindigkeit lag bei 110 km/h. Der Prototyp dieser Baureihe, der die Nummer 3701 trug, wurde auf der Pariser Weltausstellung im Jahre 1900 vorgestellt und war dort Gegenstand vieler Diskussionen. Die Compagnie de l'Ouest erwog, eine Probeserie zu bauen und sie mit einem Zugkraftmeßwagen auf der Strecke zwischen Evreux und Saint Lazare zu testen. Am 30. Januar 1901 zog die Maschine einen 130-t-Zug aus zehn Wagen mit der Geschwindigkeit von 126 km/h. Diese bedeutende Leistung führte jedoch nicht zum serienmäßigen Bau. So wurde sie im Jahre 1906 ausgemustert.

K. u. k. Österreichische Staatsbahn · Reihe 180. Für diese österreichische Eisenbahngesellschaft baute G. Sigl in Wien im Jahre 1900 die Reihe 180. Sie hatte die Achsfolge E, ein Verbundtriebwerk und einen Kessel für den Druck von 13,7 bar. Die Treibräder hatten den Durchmesser von 1,26 m. Diese Lokomotiven hatten das Reibungsgewicht von 69 t und erreichten eine Höchstgeschwindigkeit von 50 km/h. Am Ende des 1. Weltkrieges wurden einige davon als Reparationsleistung an Italien abgegeben und dort als Reihe 477 bezeichnet *(oben)*.

North Eastern Railway. Um die Jahrhundertwende stieg das Verkehrsaufkommen in England sehr rasch, denn die hohen Geschwindigkeiten und die Sicherheit dieses Verkehrsmittels überzeugten immer mehr. Dadurch wurden mehrmalige Zugverbindungen pro Tag erforderlich und somit eine größere Zahl von Schnellzuglokomotiven. Wilson Worsdell entwarf daher für die North Eastern Railway zwei Lokomotiven, die 1896 von den Gateshead Works gebaut wurden. Ihre Zylinder hatten den Durchmesser von 508 mm und einen Hub von 660 mm; die Treibräder hatten den Durchmesser von 2,08 m, und der Druck im Kessel betrug 12,1 bar. Das Betriebsgewicht erreichte einen Wert von 51 t, das Reibungsgewicht 34,5 t. Die eleganten Fahrzeuge mit der Achsfolge 2′B kamen auf der Bergstrecke zwischen Newcastle und Edinburgh zum Einsatz und erreichten eine Durchschnittsgeschwindigkeit von 100 km/h.

Chicago and Northwestern Railway. Als man die America-Maschinen durch schwerere und stärkere Lokomotiven ersetzen mußte, gehörte diese Gesellschaft mit zu den ersten in den USA, die die von der Atlantic Coast Line eingeführten 2′B1′-Maschinen übernahmen. Die hier abgebildete Lokomotive wurde 1900 bei den Schenectady Locomotive Works gebaut. Sie hatte Zylinder mit 508 mm Durchmesser und 660 mm Hub sowie Treibräder mit dem Durchmesser von 2,03 m und einen Kessel für den Druck von 13,8 bar. Im Gegensatz zu den Mogul-Maschinen (Achsfolge 1′C) wurde in diese Lokomotiven eine größere Feuerung eingebaut, die über der hinteren Laufachse angeordnet war und sich über die gesamte Breite ausdehnen konnte. Die Atlantics waren lange im Einsatz, vor allem vor Personen-, später auch vor Güterzügen auf leichteren Strecken.

Württembergische Staatsbahn · Reihe AD. Für diese Gesellschaft wurde 1899 in Esslingen ein Lokomotivtyp gebaut, der für die damaligen Konstruktionen in Deutschland typisch war. Er hatte die Achsfolge 2′B, ein Zweizylinder-Verbundtriebwerk (Hochdruckzylinder: 450 mm Durchmesser, 560 mm Hub; Niederdruckzylinder: 670 mm Durchmesser, 560 mm Hub) und einen Kessel mit zwei Dampfdomen, die durch ein Rohr miteinander verbunden waren. Diese Maschinen waren schnell und nach bewährtem Schema gebaut worden, für diese Zeit ungewöhnlich, da die Eisenbahn in einem großen Umbruch war: Die großartigen America-Lokomotiven wurden überall durch Atlantic-, Mogul- und Ten-wheeler-Maschinen ersetzt.

Staatspoorwegen · Reihe PO/1. Die englischen Lokomotivfirmen, darunter besonders Beyer Peacock & Co. aus Manchester, waren die Hauptlieferanten für die niederländischen Staatsbahnen. Von ihnen stammt auch diese gelungene Konstruktion, die 1899 entstand. Sie hatte die Achsfolge 2'B, Außenrahmen, Belpaire-Feuerung und einen dreiachsigen Schlepptender – alles in allem eine bewährte Konstruktion. Die Zylinder hatten den Durchmesser von 508 mm und einen Hub von 660 mm. Der Kesseldruck betrug 11 bar, der Treibraddurchmesser lag bei 2,15 m und das Betriebsgewicht bei 86 t. Die Maschinen kamen im internationalen Schnellzugverkehr von Amsterdam und Rotterdam aus zum Einsatz. Von der Reihe PO/1 wurden 187 Einheiten gebaut; die letzte dieser Maschinen wurde 1957 ausgemustert.

Danske Statsbaner · Reihe K-II *(oben).* Zwischen 1894 und 1902 wurden für die dänischen Staatsbahnen 100 Lokomotiven der Reihe K gebaut. Die ersten fünf Maschinen lieferte Neilson & Co. in England, alle anderen kamen von deutschen Lokomotivfirmen. Später wurden noch 20 Lokomotiven der Reihe K-II von Breda in Mailand geliefert. Diese Maschinen aus Italien hatten Zylinder mit dem Durchmesser von 430 mm und dem Hub von 610 mm. Ihre Kessel waren für einen Druck von 11,8 bar ausgelegt, der Treibraddurchmesser betrug 1,87 m, und die Steuerung war von der Bauart Allan. Die Heizfläche im Kessel betrug 89,4 m², der dort erzeugte Dampf wurde zusätzlich überhitzt. Das Betriebsgewicht betrug 44,2 t, das Reibungsgewicht 26,2 t. Die Lokomotiven erreichten eine Höchstgeschwindigkeit von 100 km/h und waren bis 1950 im Einsatz.

Paris-Orléans (PO) · Nr. 580 *(unten).* 1899 wurde im Auftrag dieser Eisenbahngesellschaft eine für französische Verhältnisse revolutionäre Maschine gebaut. Sie war die erste Lokomotive mit der Achsfolge 2'B1', die in Frankreich zum Einsatz kam; sie hatte einen Kessel von der Bauart Polonceau, der für einen Druck von 14,7 bar ausgelegt war. Auf diesem Kessel waren zwei Dampfdome angeordnet, die über ein Rohr miteinander verbunden waren. Dank des zweiachsigen Laufgestells hatte die Lokomotive auch bei höheren Geschwindigkeiten gute Laufeigenschaften. So gelang es dieser Maschine im Mai des Jahres 1900, bei Probefahrten auf der Strecke zwischen Paris und Toulouse einen 207-t-Zug mit der Durchschnittsgeschwindigkeit von 80 km/h und der Höchstgeschwindigkeit von 100 km/h zu ziehen. Anfang des 20. Jahrhunderts wurden daraufhin weitere sieben Maschinen gebaut. An diesen Fahrzeugen wurde, zunächst versuchsweise, das Zweizylinder-Verbundsystem eingebaut; dadurch konnte zwar die Leistungsfähigkeit nicht wesentlich erhöht, dafür aber doch eine beträchtliche Brennstoffersparnis erreicht werden. Als man 1928 begann, die elektrische Traktion einzuführen, wurden die PO 580 ausgemustert.

Percursor. Um die schwachen und komplizierten Verbundmaschinen von F. W. Webb (s. S. 125 u. 130) zu ersetzen, projektierte 1903 George Whale für die London and North Western Railway eine neue Maschine. Sie hatte nur einfache Dampfdehnung und die Achsfolge 2'B. Die Werkstätten von Crewe lieferten im März 1904 die erste Lokomotive dieses Typs ab, die als Reihe Percursor bezeichnet wurde. Im April und Juni desselben Jahres folgten dann weitere zehn Maschinen. Bereits bei den ersten Probefahrten zeigten die Lokomotiven so gute Leistungen, daß weitere 100 Exemplare in Auftrag gegeben und innerhalb von 19 Monaten fertiggestellt wurden. Auf den Strecken von London nach Edinburgh und Glasgow konnten Percursor-Maschinen Züge mit einer Durchschnittsgeschwindigkeit von 90 km/h befördern.

Thuner-See-Bahn · Reihe Ec 3/4. Diese Schweizer Eisenbahngesellschaft hatte eine Strecke längs des Thuner Sees in Betrieb, die Bern mit Interlaken verband. 1903 wurde von der SLM in Winterthur die Tenderlokomotiv-Baureihe Ec3/4 für diese Bahn gebaut. Die Lokomotiven hatten die Achsfolge 1'C, eine Rostfläche von 1,4 m^2 und eine Heizfläche von 94 m^2. Das Betriebsgewicht betrug 44 t, das Reibungsgewicht 35,7 t; an Betriebsstoffvorräten konnten sie 1 t Kohle und 7 m^3 Wasser mitführen. Zunächst kamen sie als Lokomotiven im Nahverkehr mit einer Höchstgeschwindigkeit von 60 km/h zum Einsatz, später wurden sie dann als Rangierlokomotiven auf Güterbahnhöfen verwendet.

New Zealand Railway · Reihe Q. Um die Jahrhundertwende waren in Neuseeland die Lokomotiven der Reihe N (s. S. 117) und der Reihe Ub im Einsatz, jedoch reichte deren Leistungsfähigkeit nicht aus, um das Verkehrsaufkommen zu bewältigen. So wandte man sich an die amerikanische Firma Baldwin. Diese Firma baute daraufhin eine Reihe von Lokomotiven mit der Achsfolge 2'C1', deren letzte Treibachse vor der Feuerung lag. Dadurch konnte sich diese über die gesamte Breite ausdehnen und bekam eine dementsprechend große Rostfläche (3,72 m^2). Das Betriebsgewicht betrug einschließlich Tender 73,3 t und das Reibungsgewicht pro Achse 10,3 t. Die Maschinen mit der maximalen Zugkraft von 81,4 kN waren bis 1936 im Einsatz.

Compagnie du Nord · 1900

Die französischen Atlantic-Lokomotiven

In den Anfängen des 20. Jahrhunderts wurden auch bei verschiedenen französischen Eisenbahngesellschaften Lokomotiven mit der Achsfolge 2'B1' in Betrieb genommen. Diese hatte vor allem den Vorteil, daß die Feuerung nicht durch die großen Treibräder eingezwängt wurde. Im Jahre 1900 stellte die Compagnie du Nord auf der Pariser Weltausstellung die erste Atlantic-Lokomotive aus. Sie hatte ein Vierzylinder-Verbundtriebwerk der Bauart De-Glehn-Bousquet und war von der Société Alsacienne des Constructions Mécaniques (SACM) gebaut worden. Die Hochdruckzylinder hatten den Durchmesser von 390 mm, die Niederdruckzylinder von 560 mm und alle einen Hub von 640 mm. Die Rostfläche hatte die Größe von 2,8 m², der Kesseldruck betrug 15,7 bar; der Treibraddurchmesser lag bei 2,04 m. Die Maschine entwickelte eine Leistung von 1138 kW und eine Zugkraft von 132,5 kN. Es war eine sehr moderne Konstruktion, und sie konnte die Strecke von Calais nach Paris, einschließlich eines Aufenthalts von 5 Minuten in Amiens, in 2 Stunden 50 Minuten zurücklegen, was einer Reisegeschwindigkeit von 108 km/h entspricht.
Aufgrund dieser Ergebnisse ließ die Compagnie Paris-Orléans im Jahre 1903 14 Lokomotiven bauen, die mit den Nummern 3001–3014 bezeichnet wurden. Diese Maschinen hatten eine Rostfläche von 3,1 m², und der Kessel war für den Druck von 15,7 bar ausgelegt. Die Hochdruckzylinder hatten den Durchmesser von 360 mm, die Niederdruckzylinder 600 mm, und der Hub aller vier Zylinder lag bei 640 mm. Der Durchmesser der Treibräder betrug wie bei der ersten Maschine 2,04 m. Das Betriebsgewicht lag bei 74 t, das Reibungsgewicht bei 36 t. Die Lokomotiven entwickelten eine Leistung von 1390 kW und erreichten eine maximale Geschwindigkeit von 140 km/h.
Im Jahre 1906 nahm auch die Paris-Lyon-Méditerranée eine Reihe von Atlantic-Lokomotiven mit Vierzylinder-Verbundtriebwerk in Betrieb. Diese Fahrzeuge, mit den Nummern 2971–2990 bezeichnet, hatten eine Rostfläche von 2,98 m², Hochdruckzylinder mit 340 mm Durchmesser und Niederdruckzylinder mit 560 mm Durchmesser; der Hub aller vier Zylinder betrug 650 mm. Der Durchmesser der Treibräder war genau 2 m, die Kessel waren für den Druck von 15,7 bar ausgelegt, und das Betriebsgewicht lag bei 69,7 t (Reibungsgewicht 34,1 t). Auch diese Lokomotiven erzielten erstaunliche Ergebnisse: Paris–Lyon in 5 Stunden 15 Minuten – das sind im Schnitt 100 km/h. Die Höchstgeschwindigkeit lag bei 140 km/h.

Paris-Orléans · 1903

Paris-Lyon-Mediterranée · 1906

Suomen Valtionrautatiet · Reihe Hk 1. Am Ende des 19. Jahrhunderts ließ die finnische Eisenbahn ihre Lokomotiven in den USA bauen. So auch die Reihe Hk 1 mit der Achsfolge 2'C. Von ihr wurden 32 Stück bei Baldwin (1898) und bei den Philadelphia and Richmond Locomotive Works (1900) gebaut. Sie waren den amerikansichen Ten-wheeler-Maschinen sehr ähnlich, hatten Zylinder mit 406 mm Durchmesser und 609 mm Hub, Treibräder mit dem Durchmesser von 1,57 m, und der Kessel war für eine Druck von 11,8 bar ausgelegt. Das Betriebsgewicht betrug 44,5 t, das Reibungsgewicht pro Achse 10,5 t. Diese Maschinen, die auch auf der Strecke von Helsinki nach Petersburg im Einsatz waren, hatten eine Höchstgeschwindigkeit von 85 km/h und eine maximale Zugkraft von 49,0 kN.

ÖNWB · Reihe XVI b. Auch in Österreich wurden Vierzylinder-Verbundmaschinen mit der Achsfolge 2'B1' eingesetzt. Die ersten waren 1901 an die Österreichische Nordwestbahn (ÖNWB) abgeliefert worden und als Reihe XVI b vor Schnellzügen auf der Strecke Wien–Prag im Einsatz. Sie hatten Treibräder mit einem Durchmesser von 1,92 m, ein Betriebsgewicht von 61,5 t und einen dreiachsigen Schlepptender, der voll beladen (6 t Kohle, 15,5 m³ Wasser) 36,2 t wog. Sie konnten die schwere Strecke von Wien nach Znaim (101 km) mit einem 230-t-Zug in 1 Stunde 35 Minuten zurücklegen und erreichten die Höchstgeschwindigkeit von 90 km/h. Auch diese Fahrzeuge hatten die für Österreich typischen zwei Dampfdome mit einem Verbindungsrohr.

Die »Pacific« waren daher in den USA sehr lange im Einsatz, obwohl ihre eigentliche Blütezeit relativ kurz war, da sie bald von den »Hudson« mit der Achsfolge 2'C2' abgelöst wurden, und zwar sowohl im Personen- als auch im schnellen Güterzugdienst.
Mit dem Bau von immer stärkeren und schnelleren Lokomotiven um die Jahrhundertwende ging man auch dazu über, die Maschinen nicht mehr mit nur zwei Zylindern auszurüsten, sondern man baute drei oder sogar vier Zylinder ein, um einen besseren Massenausgleich der bewegten Teile zu erreichen und die Zugkraft kontinuierlicher auf die Räder übertragen zu können. Diese Konstruktionen waren jedoch schwerer und komplizierter als die herkömmlichen Maschinen; besonders problematisch war die Steuerung der Dampfzufuhr. Die Vierzylinder-Lokomotiven wurden neben dem Verbundprinzip auch mit einfacher Dampfdehnung gebaut. Diese Konzeption kam zu Beginn des 20. Jahrhunderts vor allem in England zur Anwendung. Auch der Belgier J. B. Flamme baute Vierzylinder-Maschinen nach diesem Prinzip. In Deutschland wurden vor allem Dreizylinder-Maschinen mit einfacher Dampfdehnung gebaut, zu diesen zählen die preußischen Baureihen S10², P10 und G12. Diese Maschinen waren die Grundlage für den Bau weiterer erfolgreicher Konstruktionen.
Bei den schweren Güterzuglokomotiven machte sich in den Jahren 1890 bis 1920 der Hang zu großen Starrahmenfahrzeugen und Maschinen mit

→ S. 150

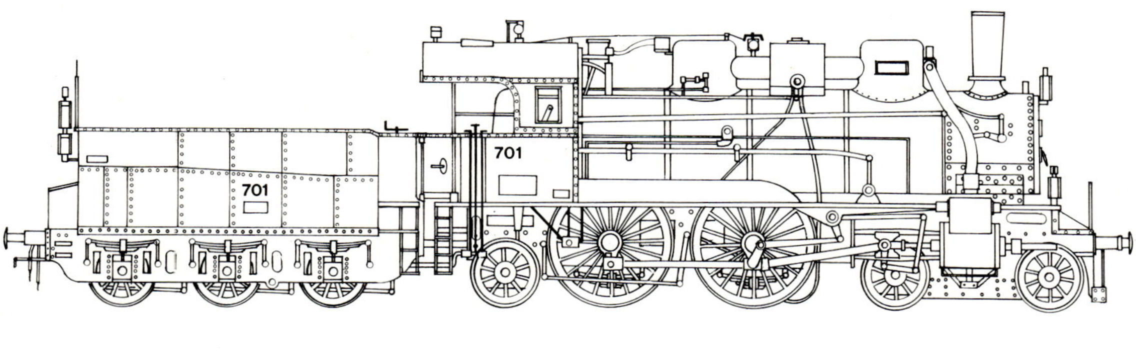

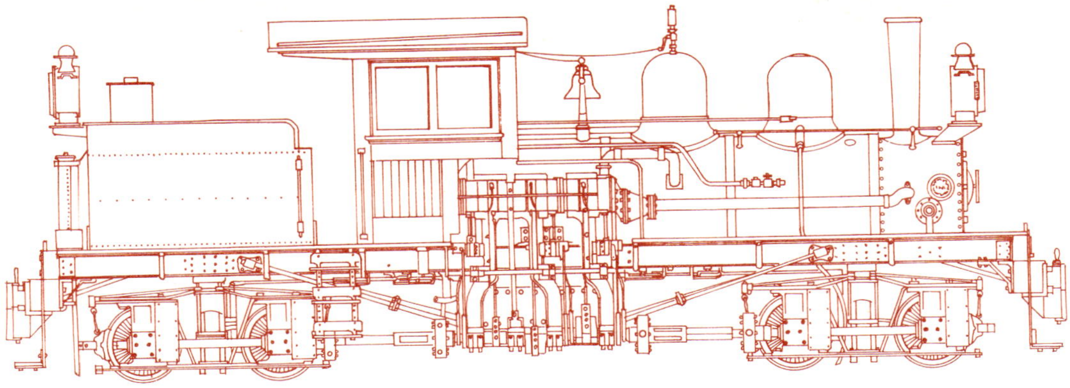

Shay. 1881 erhielt der Amerikaner Ephraim Shay das Patent für eine Lokomotive mit gegliedertem Fahrwerk. Sie war vor allem für Gebirgsstrecken entworfen worden und sollte Arbeitszüge in Wäldern befördern, deren Bäume von der holzverarbeitenden Industrie verwertet wurden. Die Konzeption war sehr ungewöhnlich und kompliziert. Auf der rechten Seite der Maschine waren zwei oder mehr Zylinder senkrecht angeordnet, die auf eine Kurbelwelle wirkten. Diese wiederum übertrug die Zugkräfte über ein Kegelradgetriebe auf jede Achse. Die hier abgebildete Maschine hatte drei Zylinder und war 1902 von den Lima Locomotive Works, Inc. in Lima, Ohio, gebaut worden. Bis 1945 entstanden von den Shay-Maschinen 2761 Exemplare.

Rete Mediterranea · Nr. 4501–4530. Das immer stärker werdende Verkehrsaufkommen auf der Strecke durch das Jaufen-Gebirge veranlaßte 1901 das Ufficio d'Arte in Turin dazu, eine neue Lokomotivbaureihe für gemischten Betrieb zu entwickeln. Sie sollte vor allem auf der 16-‰-Strecke von Genua nach Ronco Scrivia eingesetzt werden. Diese Lokomotiven, die man mit den Nummern 4501 bis 4530 bezeichnete, wurden zwischen 1902 und 1906 bei Ansaldo in Sampierdarena und von Breda in Mailand gebaut. Sie hatten die Achsfolge 2′D, ein Verbundtriebwerk mit einem Hochdruckzylinder (540 mm Durchmesser, 680 mm Hub) und einem Niederdruckzylinder (800 mm Durchmesser, 680 mm Hub), eine Wootten-Feuerung und einen Kessel für den Druck von 11,8 bar, der 10,2 t Dampf pro Stunde erzeugte. Bei der Geschwindigkeit von 45 km/h entwickelten sie eine Leistung von 735 kW; die maximale Zugkraft betrug 108 kN, und die Höchstgeschwindigkeit lag bei 60 km/h.

Great Indian Peninsula · Reihe B/2 *(oben).* Für diese indische Eisenbahngesellschaft bauten 1904 die englischen Firmen Kitson & Co. und Vulcan Foundry die Baureihe B/2 mit der Achsfolge 2′B. Diese Lokomotiven hatten ein Innentriebwerk mit Zylindern, deren Durchmesser 470 mm und deren Hub 660 mm betrug. Außerdem besaßen sie eine zylindrische Feuerung, deren Durchmesser größer war als der des Kessels. Die Treibräder hatten den Durchmesser von 2,0 m, und das Reibungsgewicht betrug 29,7 t. Die Lokomotiven waren als Schnellzugmaschinen für ebene Strecken geplant und konnten 300-t-Züge befördern. Die maximale Zugkraft betrug 60,8 kN.

Badische Staatsbahn · Reihe VI b *(unten).* Im Jahre 1900 baute Maffei in München diese Tenderlokomotiven mit der Achsfolge 1′C1′ für die badische Staatsbahn. Sie hatten folgende technische Daten: Außenzylinder mit 435 mm Durchmesser und 630 mm Hub, Treibraddurchmesser 1,48 m, Kesseldruck 12,8 bar, Rostfläche 1,83 m² und Heizfläche 116 m². Auffallend sind an dieser bayerischen Konstruktion die sonst nur für österreichische Maschinen typischen zwei Dampfdome mit Verbindungsrohr.

Metropolitan Railway. Nach Abschluß der Elektrifizierung der Londoner U-Bahn im Jahre 1905 wurden auch die alten Reserve- und Arbeitsdampflokomotiven umgebaut. Diese von Beyer Peacock & Co. 1846 gebauten Maschinen (s. S. 71) erhielten überdachte Führerstände und blieben so bis zum Jahre 1936 im Einsatz. Die Kondensation des Abdampfes wurde bei diesen Fahrzeugen beibehalten. Die letzte, die erst 1948 ausgemustert wurde, steht heute im Museum von Clapham.

geteiltem Rahmen bemerkbar; gerade bei den letzteren entstand eine Vielzahl von Bauformen. So entstanden neben den bekannten Mallet-Lokomotiven die »Garrat« mit dem charakteristischen Brückenrahmen, der auf zwei Triebgestellen ruhte, und die Meyer-Maschinen, die mit gegeneinander arbeitenden Zylindergruppen nun wieder gebaut wurden – jetzt vor allem, um die Dampfleitung vom Hoch- zum Niederdruckzylinder möglichst kurz zu halten. Den Höhepunkt im Bau von Gelenkrahmen-Lokomotiven erreichte man jedoch mit den Mallet-Triplex-Lokomotiven, deren Fahrwerk in drei Triebwerksgruppen mit je zwei Zylindern unterteilt war. Sie wurden zwar ziemlich berühmt, waren aber zu kompliziert und hatten keine befriedigende Dampfzufuhr zu den Zylindern. So wurden diese schönen Lokomotiven leider nicht weitergebaut.

Alle Gelenkrahmen-Lokomotiven waren für den Güterzugeinsatz auf Gebirgsstrecken entworfen worden und konnten 15 000-t-Züge von mehr als 2 km Länge befördern; sie entwickelten zwar große Zugkräfte, doch waren sie nur für niedrige Geschwindigkeiten ausgelegt worden. In den Jahren 1930 bis 1940 entstand die letzte Mallet-Generation, die mit ihrem ungewöhnlichen Aussehen zu den Besonderheiten im Güterzuglokomotivbau zählt.

→ S. 162

Preußisch-Hessische Staatsbahn · Reihe S9. Unter dem Eindruck der ersten Schnellfahrversuche mit elektrischer Traktion veranstaltete die Vereinigung Deutscher Ingenieure 1902 einen Wettbewerb für Dampflokomotiven. Sie sollten 180-t-Züge mit 120 km/h Durchschnitts- und 150 km/h Höchstgeschwindigkeit befördern können. Der Ingenieur Kuhn von der Firma Henschel gewann diesen Wettbewerb mit dem Entwurf einer Dreizylinder-Verbundmaschine (System Wittfeld), die vollständig verkleidet war und an der Spitze einen keilförmigen Führerstand hatte. Im Jahre 1904 wurde diese Maschine als Reihe S9 von Henschel gebaut. Sie hatte eine ungewöhnliche, aus Amerika stammende Achsfolge: 2′B2′, konnte aber die Forderungen nicht voll erfüllen. Sie hatte nur eine Höchstgeschwindigkeit von 145 km/h und wurde bereits 1918 ausgemustert.

City of Truro (Reihe City) · 1903

Die Great Western als Wegbereiter für neue Konstruktionen

Zu Beginn des 20. Jahrhunderts wollte die Great Western, nachdem sie lange Zeit Single-driver-Maschinen verwendet hatte, neue Konstruktionen einführen. Die ersten Anfänge konnte man bereits 1895 mit der Reihe Duke (s. S. 135) erkennen, die die Ausgangsbasis für verschiedene andere Baureihen, wie die »Bulldog«, die »Badminton«, die »Altbara« und die »City«, bildete. Ab März 1903 wurden von der Reihe City 10 Exemplare in Betrieb genommen. Diese Lokomotiven hatten noch einige bekannte Details von früheren Konstruktionen: Außenrahmen mit genieteten Holmen, Innentriebwerk – aber äußere Kuppelstangen – und Zylinder mit 457 mm Durchmesser und 660 mm Hub. Der Kessel, der amerikanischen Wagon-top-Bauart entsprechend, war mit einer großen Feuerung vom Typ Belpaire verbunden. Am 9. Mai 1904 erregte eine Maschine dieser Reihe, die »City of Truro«, großes Aufsehen, als sie den Ocean-Mail-Train (ein reiner Postzug) von Plymouth nach Bristol mit der Weltrekord-Geschwindigkeit von über 160 km/h beförderte.

Zur gleichen Zeit nahm die GWR. auch eine Ten-wheeler-Maschine (Achsfolge 2'C) in Betrieb, die von George J. Churchward entworfen worden war. Sie hatte einen Innenrahmen, Außentriebwerk und Treibräder mit einem Durchmesser von 2,04 m sowie einen sehr langen Kessel, der wiederum mit einer Belpaire-Feuerung kombiniert war. Diese Maschine war gleichzeitig der Prototyp der Reihe Saint, die in einer Stückzahl von 52 Exemplaren gebaut wurde. Eine dieser Maschinen diente als Vergleichsfahrzeug zu einer von G. J. Churchward in Frankreich gekauften De-Glehn-Verbundmaschine. Diese Lokomotive hatte den Namen »France«, war von der SACM in Belfort gebaut worden und eine Folgekonstruktion der 1900 auf der Pariser Weltausstellung von der Companie du Nord vorgestellten Maschine. Churchward hielt zwar viel von der Laufruhe einer Vierzylinder-Maschine, verzichtete aber auf die doppelte Dampfdehnung und entwickelte in der Folgezeit für die Great Western Railway nur Lokomotiven mit einfacher Dampfdehnung.

Reihe Saint · 1902

France (De-Glehn-Verbundmaschine) · 1903

ÖNWB · Reihe XIX. Im Jahre 1904 ließ die Österreichische Nordwestbahn vier Lokomotiven – die Reihe XIX – den Werkstätten der StEG in Wien nach einem Entwurf ihres technischen Leiters Beutel bauen. Es waren Ten-wheeler-Konstruktionen (Achsfolge 2'C) mit einem Vierzylinder-Verbundtriebwerk, dessen Zylinder alle auf die erste Treibachse wirkten. Die inneren Hochdruckzylinder hatten den Durchmesser von 350 mm, die außen angeordneten Niederdruckzylinder den Durchmesser von 600 mm, und der Hub betrug bei allen 650 mm. Der Treibraddurchmesser lag bei 1,77 m, der Kesseldruck betrug 13,2 bar, die Rostfläche hatte eine Größe von 3,1 m² und die Heizfläche 198,6 m². Das Reibungsgewicht betrug 42 t; zusammen mit dem vollbeladenen Tender erreichte sie ein Gewicht von 102 t. Bei einer Geschwindigkeit von 45 km/h entwickelte sie eine Leistung von 770 kW. Die Höchstgeschwindigkeit lag bei 80 km/h. Diese Maschinen waren nicht sehr erfolgreich und unterschieden sich wesentlich von den Gölsdorf-Konstruktionen jener Zeit, waren aber trotzdem bis 1932 im Einsatz.

Chemins de Fer de l'État (Belgien) · Reihe 18 *(oben)*. Zu Beginn des 20. Jahrhundert fehlte es in Belgien vor allem an starken Schnellzuglokomotiven. Um Entwicklungszeit zu sparen, übernahm man die Konzeption der erfolgreichen »Dunalastair« der Caledonian Railway (s. S. 136) und gab 40 Maschinen in Auftrag. Doch hatten diese Fahrzeuge einige Mängel aufzuweisen, so daß sie einigen Umbauten unterworfen werden mußten, bis die Baureihe 18 dem Betrieb übergeben werden konnte. Diese Lokomotiven mit der Achsfolge 2'B hatten ein Innentriebwerk. Dank der großen Rostfläche konnten sie eine Leistung von 650 kW entwickeln. Verschiedene Fahrzeuge waren mit einem zusätzlichen Dampfüberhitzer ausgerüstet, der ihre Leistung sogar auf 810 kW erhöhte. Die Lokomotiven der Baureihe 18, die hauptsächlich auf der Strecke Brüssel–Antwerpen zum Einsatz kamen, hatten Lichtmaschinen vom Typ Pieper-Lhoest, die es ermöglichten, die Personenwagen zu beleuchten.

Baltimore & Ohio Railroad. Auf der Weltausstellung in St. Louis im Jahre 1904 wurde auch eine Fahrzeugschau mit den besten Schienenfahrzeugen veranstaltet. Die größte Lokomotive, die dort ausgestellt worden war, die erste amerikanische Mallet-Lokomotive (Achsfolge C'C), war für die Baltimore & Ohio Railroad gebaut worden. Sie sollte im Güterzugverkehr auf der Strecke durch das Allegheni-Gebirge eingesetzt werden. Ihre Hochdruckzylinder (508 mm Durchmesser, 813 mm Hub) saßen am hinteren Teil des Triebwerks, die Niederdruckzylinder (813 mm Durchmesser, 813 mm Hub) am vorderen Teil. Bei den Probefahrten zeigte sich zwar, daß sie schlechte Laufeigenschaften hatte, andererseits aber bestens als Schiebelokomotive geeignet war. Nach diesem Konstruktionsschema wurden in den USA jedoch weitere Lokomotiven gebaut, darunter auch die größten Dampflokomotiven überhaupt.

Madrid-Zaragoza-Alicante · Nr. 801–870 *(unten)*. Die Firma Henschel lieferte im Jahre 1905 die ersten einer Reihe von Ten-Wheeler-Lokomotiven an die spanische Eisenbahngesellschaft MZA. Zwischen 1907 und 1910 wurden zunächst bei Henschel weitere Maschinen dieses Typs gebaut. 1911 lieferten dann Maffei (10 Einheiten) und Hanomag (8 Einheiten) noch weitere Lokomotiven, so daß insgesamt 73 Lokomotiven dieser Reihe zum Einsatz kamen. Sie hatten Vierzylinder-Verbundtriebwerk (Hochdruckzylinder: 350 mmDurchmesser, 650 mm Hub; Niederdruckzylinder: 550 mm Durchmesser, 650 mm Hub) mit Walschaerts-Steuerung. Die Treibräder hatten den Durchmesser von 1,75 m, der Kessel war für den Druck von 13,7 bar ausgelegt und mit einer Belpaire-Feuerung kombiniert, die eine Rostfläche von 2,7 m² hatte. Das Betriebsgewicht einschließlich Tender betrug 112,5 t. Sie kamen bei der MZA auf den schwierigen Gebirgsstrecken zum Einsatz und wurden auch nach der Gründung der RENFE im Jahre 1941 weiterhin auf diesen Strecken eingesetzt.

Gotthardbahn · Reihe C 4/5. Für die schweren Güterzüge auf der Gotthardstrecke mußten immer zwei 2'C-Lokomotiven (s. S. 134) eingesetzt werden. Wenn das Zuggewicht die 280-t-Grenze überschritt, kam sogar noch eine dritte als Schublokomotive hinzu. Man benötigte daher dringend stärkere Fahrzeuge. So entwarf Anton Hammel eine Lokomotive mit Barrenrahmen, der Achsfolge 1'D und einem Vierzylinder-Verbundtriebwerk. Nach diesem Entwurf wurden 1906 von Maffei in München acht Fahrzeuge gebaut. Sie entwickelten eine Zugkraft von 118 kN, eine Leistung von 1100 kW und erreichten eine maximale Geschwindigkeit von 65 km/h.

Bayerische Staatsbahn · Reihe S2/6 *(oben).* Nach den enttäuschenden Ergebnissen mit der preußischen S9 (s. S. 150) wurde in Bayern im Jahre 1906 eine neue Schnellzuglokomotive gebaut. Sie war von Anton Hammel entworfen und von Maffei gebaut worden, und sie begründete gleichzeitig eine neue Lokomotivgeneration. Diese Lokomotive mit der Achsfolge 2′B2′ hatte ein Vierzylinder-Verbundtriebwerk (Hochdruckzylinder: Durchmesser 410 mm, Hub 640 mm; Niederdruckzylinder: Durchmesser 610 mm, Hub 640 mm). Die Rostfläche der Maschine betrug 4,7 m^2, die Heizfläche 252 m^2. Sie war mit einem Schmidt-Dampfüberhitzer ausgerüstet und hatte im Kessel einen Druck von 13,7 bar. Der Durchmesser der Treibräder betrug 2,2 m, und das Betriebsgewicht lag bei 83 t. Am 2. Juni 1907 zog diese Lokomotive einen 150-t-Zug mit 155 km/h von München nach Augsburg – kurze Zeit später fuhr sie mit einem 180-t-Zug mit einer Durchschnittsgeschwindigkeit von 120 km/h von München nach Nürnberg. Leider führten diese großen Erfolge nicht zum Bau weiterer Maschinen, da die Bremsen des Fahrzeuges und auch die Streckenverhältnisse keinen Regelbetrieb gestatteten. Trotzdem wurde diese Maschine nicht verschrottet, sondern sie blieb der Nachwelt erhalten und steht heute im Verkehrsmuseum in Nürnberg.

Preußische Staatsbahn · Reihe P8 *(unten).* Robert Garbe und einige seiner Mitarbeiter entwarfen im Jahre 1905 die Lokomotivbaureihe P8. Sie hatte die Achsfolge 2′C und war mit einem Hochleistungskessel ausgerüstet. Die zwei Zylinder hatten 590 mm Durchmesser und 630 mm Hub. Der Treibraddurchmesser betrug 1,75 m, die Heizfläche hatte eine Größe von 200 m^2; das Betriebsgewicht betrug 69,5 t, das Reibungsgewicht 47.7 t. Bei den Probefahrten im August 1906 überraschte sie, als sie einen 450-t-Zug mit 50 km/h über eine Steigung von 10‰ zog und bei der Geschwindigkeit von 75 km/h die Leistung von 1470 kW entwickelte. Innerhalb kürzester Zeit wurde diese Lokomotive in Preußen und bei anderen Bahnverwaltungen so bekannt, daß von ihrer Reihe insgesamt 3950 Maschinen gebaut würden.

Star. George Churchward war zwar von den Vierzylinder-Lokomotiven begeistert, lehnte aber das Verbundtriebwerk entschieden ab (s. S. 151). So ließ er auch 1907 für die Great Western Railway die Reihe Star nach diesem Schema bauen. Die Lokomotiven dieser Reihe hatten die Achsfolge 2'C und vier Zylinder (381 mm Durchmesser, 660 mm Hub), deren innere die erste Achse und deren äußere die zweite Achse antrieben, die beide über Kuppelstangen wiederum mit der dritten verbunden waren. Die Maschinen waren mit Walschaerts-Steuerung ausgerüstet. Eine von ihnen steht heute im Museum von Swindon.

Baureihe 640 · 1907

Ferrovie dello Stato italiane (FS)

Nach dem Zusammenschluß der drei privaten italienischen Eisenbahngesellschaften 1905 zur FS wurden verstärkt neue Gebirgslokomotiven entwickelt. 1907 entwarf die Versuchsanstalt in Florenz die Lokomotivbaureihe 470. Von ihr wurden insgesamt 143 Fahrzeuge beschafft. Die ersten von Maffei (1907), alle weiteren von Breda in Mailand (1908–1917). Sie hatten die Achsfolge E und Vierzylinder-Verbundtriebwerk (innere Hochdruckzylinder: 375 mm Durchmesser, 650 mm Hub; äußere Niederdruckzylinder: 610 mm Durchmesser, 650 mm Hub). Die Treibräder hatten die Größe von 1,36 m; der Kesseldruck betrug 15,6 bar. Da nach den Vorschriften der damaligen Zeit ein Schutzwagen zwischen Lokomotive und Personenwagen erforderlich war (normalerweise ein Gepäckwagen), entschied man sich bei diesen Maschinen zum Bau eines Gepäcktenders, der das Wasser mitführte. Die Kohle wurde auf der Lokomotive selbst mitgenommen. Die Lokomotiven der Reihe 470 hatten ein Betriebsgewicht von 74,8 t und entwickelten die Leistung von 735 kW. Ihre Höchstgeschwindigkeit betrug 50 km/h.
Eine weitere Lokomotivbaureihe jener Zeit war die Reihe 640, die zwischen 1907 und 1911 in einer Stückzahl von 164 Einheiten gebaut worden war. Sie hatten ein Innentriebwerk, aber eine außenliegende Walschaerts-Steuerung. Der Treibraddurchmesser betrug 1,85 m; der Kessel war für den Druck von 11,8 bar ausgelegt und mit einem Überhitzer ausgestattet. Die ersten Maschinen dieser Reihe wurden von Schwartzkopff in Berlin gebaut und hatten das Betriebsgewicht von 54 t. Die Höchstgeschwindigkeit betrug 100 km/h. Die Maschinen konnten die Strecke von Mailand nach Turin in zwei Stunden durchfahren, was einer Durchschnittsgeschwindigkeit von 75 km/h entspricht.

Baureihe 470 · 1907

Danske Statsbaner · Reihe P. Einige Jahre nachdem in europäischen Ländern die Atlantic-Lokomotiven eingeführt worden waren, tauchten auch in Dänemark diese Konstruktionen auf. Die ersten Maschinen waren 1907 bei Hanomag gebaut worden. 1910 folgten weitere von Schwartzkopff in Berlin. Ihre technischen Daten waren: Vierzylinder-Verbundtriebwerk, Hochdruckzylinder-Durchmesser 340 mm, Niederdruckzylinder-Durchmesser 570 mm, Hub bei allen 600 mm, Treibraddurchmesser 1,98 m, Kesseldruck 12,8 bar, Betriebsgewicht 69 t, Höchstgeschwindigkeit 100 km/h. Neben dieser Reihe P wurden drei weitere Baureihen mit der Achsfolge 2′B1′ gebaut, die eine maximale Geschwindigkeit von 110 km/h erreichten.

Die erste Garratt-Lokomotive

Herbert William Garratt sammelte bis zum Jahre 1909 wesentliche Erfahrungen beim Eisenbahnbau in Afrika, Südamerika und Australien. Nachdem er nach England zurückgekehrt war, entwarf er eine Lokomotive mit geteiltem Rahmen. Sie sollte wie die Mallet-Maschinen über möglichst viele Treibachsen verfügen, andererseits aber eine bessere Kurvengängikeit als diese erreichen. Zusammen mit Beyer Peacock & Co. baute er daraufhin diese Maschine mit zwei getrennten Triebwerken, die über einen Brückenrahmen, auf dem der Kessel und das Führerhaus angeordnet waren, miteinander verbunden wurden. Dadurch war die Länge des Kessels unabhängig vom Fahrwerk und konnte so in verschiedenen Versionen ausgeführt werden. Die ersten Fahrzeuge in dieser Ausführung wurden für die 610-mm-Schmalspurbahn in Tasmanien gebaut, da die dortige Streckenführung keine andere Lokomotivkonstruktion zuließ. Sie hatten ein Verbundtriebwerk, dessen hintere Hochdruckzylinder einen Durchmesser von 279 mm und deren vordere Niederdruckzylinder einen Durchmesser von 432 mm bei einem Hub von 406 mm aufwiesen. Der Kesseldruck betrug 13,4 bar, und der Treibachsdurchmesser lag bei 800 m. Das Reibungsgewicht, das bei dieser laufachslosen Maschine dem Betriebsgewicht entspricht, lag bei 34 t, und der Achsstand der Triebgestelle betrug 1,22 m, war also sehr gering. Von diesem Typ wurden zwei Lokomotiven gebaut, die bis 1930 im Einsatz waren. Eines dieser beiden Fahrzeuge wurde 1947 nach England zurückgeschickt, um im Museum von York einen Ehrenplatz zu erhalten. Die Beyer-Garratt-Lokomotiven traf man in Europa nur selten an (England, Spanien), sie waren aber in Afrika stark vertreten.

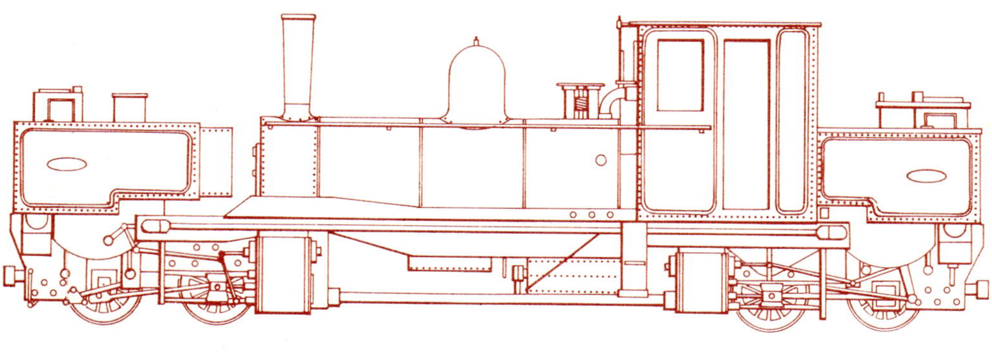

Hollandsche Spooweg Maatschappij · Reihe P01. Dies ist die erste niederländische Lokomotive mit eingebautem Überhitzer, 1907 von der Firma Werkspoor abgeliefert. Sie hatte die Achsfolge 2'B, Innentriebwerk mit Stephenson-Steuerung und einen Kesseldruck von 10,3 bar. Der Treibraddurchmesser betrug 2,01 m und das Betriebsgewicht 91,4 t. Wie bei vielen niederländischen Maschinen war auch an diesen der englische Einfluß deutlich zu erkennen (Messing-Dampfdom, Kaminform etc.). Nur der Schmidt-Überhitzer war deutschen Ursprungs.

Schweizerische Bundesbahnen · Reihe A 3/5. Diese in den Jahren 1907–1915 von der SLM in Winterthur gebaute Schnellzuglokomotiv-Baureihe ist wohl die schönste Dampflokomotive der Schweiz. Von ihr wurden insgesamt 51 Maschinen gebaut. Sie war eine Vierzylinder-Verbundkonstruktion mit dem Treibraddurchmesser von 1,78 m und dem Kesseldruck von 13,7 bar. Sie hatte eine Rostfläche von 2,8 m² und das Betriebsgewicht von 114,8 t. Die Fahrzeuge waren sehr leistungsfähig, blieben längere Zeit Konkurrenten der elektrischen Lokomotiven und wurden erst 1946 ausgemustert.

Moskau–Kursk. Auf dieser Eisenbahnlinie kamen 1907 die ersten Fahrzeuge dieser Baureihe Schtsch zum Einsatz. Die Kennzeichnung erfolgte nach dem Konstrukteur, Prof. N. C. Schtschukin, der diese Lokomotive zusammen mit A. S. Raewski entworfen hatte. Die Fahrzeuge hatten die Achsfolge 1'D. Wie andere russische Maschinen wurden auch diese Fahrzeuge sowohl mit einfacher Dampfdehnung als auch mit Verbundtriebwerk ausgeführt. Für russische Lokomotiven typisch war auch der Seitengang, der dem Personal auch während der Fahrt den Zugang zum Kessel ermöglichte. Es wurden insgesamt 220 Maschinen gebaut.

Die erste europäische Pacific, Nr. 4501–4570 · 1907

Die neue Fahrzeuggeneration bei der PO

Ein für die damalige Zeit vollkommen ungewöhnliches Projekt war die erste Pacific-Lokomotive (Achsfolge 2′C1′), die von der PO in Zusammenarbeit mit der SACM entworfen worden war. Auch sie hatte das von den Atlantic-Maschinen des Jahres 1903 (s. S. 147) her bekannte Vierzylinder-Verbundtriebwerk. In den Jahren 1907 bis 1909 wurden die ersten 70 Maschinen mit der Achsfolge 2′C1′ und den folgenden technischen Daten in Betrieb genommen: Hochdruckzylinder 390 mm Durchmesser, Niederdruckzylinder 640 mm Durchmesser und der Hub bei allen 650 mm, Rostfläche 4,3 m², Kesseldruck 15,7 bar, Treibraddurchmesser 1,85 m, Betriebsgewicht 90 t und Reibungsgewicht 52,2 t. Das hohe Reibungsgewicht ermöglichte den Einsatz vor Schnellzügen mit einem Gewicht von 350–400 t. Die Lokomotiven entwickelten auf einer 10-‰-Steigung bei einer Geschwindigkeit von 65 km/h eine Leistung von 1470 kW und wurden auf den Strecken von Paris nach Bordeaux, Le Mans, Orléans und Toulouse eingesetzt.
Eine weitere Neuentwicklung der PO aus jener Zeit war eine Tenderlokomotive mit der Achsfolge 1′D1′, die auf Gebirgsstrecken zum Einsatz kommen sollte. Sie hatte ein Zweizylinder-Triebwerk (Durchmesser 600 mm, Hub 650 mm) mit einfacher Dampfdehnung, das auf die zweite Treibachse wirkte. Die Treibräder hatten den Durchmesser von 1,41 m, der Kessel war für einen Druck von 11,8 bar ausgelegt, und die Heizfläche einschließlich Überhitzerfläche betrug 207 m². Interessant waren die Einachslaufgestelle vom Typ Zara. Diese steuerten die jeweils benachbarte Treibachse über ein Querspiel von 17 mm in die Kurve. Diese Tenderlokomotiven mit den Nummern 5301–5490 kamen vor allem auf den Strecken im Massif Central zum Einsatz.

Nr. 5301–5490 · 1911

KKStB · Reihe 310. Diese Baureihe wurde von Karl Gölsdorf entworfen und ab dem Jahre 1908 in Floridsdorf gebaut. Gölsdorf hatte bei dieser Verbundmaschine, übrigens seine erste derartige Konstruktion, ein Vierzylinder-Triebwerk vorgesehen, um der Maschine eine größere Laufruhe zu geben und ihre Leistung zu steigern. Ein Hauptproblem war der niedrige Heizwert der österreichischen Kohle, sowie der leichte Oberbau, der keine großen Lokomotivgewichte gestattete. Um dennoch große Feuerungen verwenden zu können, baute Gölsdorf unter diese ein zweiachsiges Laufwerk ein und ordnete vorne ein Krauss-Helmholtz-Gestell an. Mit diesen Maschinen, deren Treibräder den Durchmesser von 2,14 m hatten und deren maximale Leistung 1325 kW betrug, war es möglich, die Strecke von Wien nach Prag in 5 Stunden 25 Minuten zurückzulegen.

Bayerische Staatsbahn · Reihe S3/6. 1908 wurde diese Lokomotive auf der Landesausstellung in München vorgestellt. Sie war von Anton Hammel entworfen worden und hatte ein Vierzylinder-Verbundtriebwerk sowie einen Überhitzer. Die Rostfläche hatte eine Größe von 4,52 m². Die Heizfläche betrug bei der ersten Serie 268 m², wurde aber bei späteren Serien noch erhöht. Die inneren Hochdruckzylinder hatten den Durchmesser von 425 mm und den Hub von 610 mm, die äußeren Niederdruckzylinder hatten 650 mm Durchmesser und den Hub von 670 mm. Sie wirkten alle auf die zweite Treibachse. Wie die S 2/6 hatten auch diese Maschinen einen Barrenrahmen. Der Kessel war für den Druck von 14,7 bar ausgelegt, der Treibraddurchmesser betrug 1,87 m², das Betriebsgewicht lag bei 88 t und das Reibungsgewicht bei 48 t. Sie war eine sehr elegante Maschine, aerodynamisch gut gestaltet (kegelförmige Rauchkammertür, keilförmiges Führerhaus) und zählt noch heute zu den bedeutendesten Konstruktionen. Sie entwickelte bei der Geschwindigkeit von 70 km/h die Leistung von 1290 kW und konnte 650-t-Züge mit einer Geschwindigkeit von 120 km/h befördern.

Little River Railroad Company *(oben).* Dies ist eine der kleinsten Mallet-Lokomotiven, die in den USA zum Einsatz kam. Sie war 1909 von Baldwin für eine kleine Holz-Eisenbahn (14 km Länge) in den Smoky Mountains gebaut worden. Ihre Achsfolge war (1'B)B1' sie hatte hinten zwei Hochdruckzylinder mit 381 mm Durchmesser und 559 mm Hub; vorne zwei Niederdruckzylinder mit 584 mm Durchmesser und 559 mm Hub. Ihr Treibrad-Durchmesser betrug 1,22 m, das Betriebsgewicht lag bei 64,5 t und das Reibungsgewicht bei 53,5 t. Der Achsstand der beiden Treibradpaare betrug jeweils 1,62 m; dadurch konnte eine gute Kurvengängigkeit erreicht werden. Da die Maschine aber die in sie gesetzten Erwartungen nicht erfüllte, wurde sie an den Hersteller zurückgegeben, der sie dann 1910 an einen anderen holzverarbeitenden Betrieb im Staate Washington verkaufte.

Compagnie du Nord · Nr. 3513–3662 *(unten).* Die Verbundlokomotiven mit der Achsfolge 2'B1' aus dem Jahre 1900 waren bestens für den leichten Schnellzugeinsatz in der Ebene geeignet, hatten aber doch bedeutende Schwächen im schweren Personenzugverkehr. Deshalb entwickelte man für diesen Einsatzzweck eine Ten-wheeler-Konstruktion (Achsfolge 2'C), die den Atlantic-Lokomotiven sehr ähnlich, jedoch wesentlich stärker war. Von dieser Konstruktion wurden 150 Maschinen gebaut und mit den Nummern 3513–3662 bezeichnet. Sie hatten ein Vierzylinder-Verbundtriebwerk vom Typ De-Glehn-Bousquet und konnten auf einer 5-‰-Steigung 100-t-Züge mit 120 km/h befördern. Diese hervorragende Leistungsfähigkeit führte dazu, daß die letzte Maschine dieses Typs erst 1968 ausgemustert wurde.

George the Fifth. Im Jahre 1911 wurde diese Baureihe unter der Leitung von C. J. Bowen-Cooke in Crewe gebaut. Sie entsprach in ihrer Grundkonzeption der Reihe Percursor (s. S. 146), hatte jedoch einen Schmidt-Überhitzer. Außerdem war die Maschine nun in der Lage, einen 450-t-Zug mit einer Durchschnittsgeschwindigkeit von 95 km/h auf der Strecke von Crewe nach Euston zu befördern. In den Jahren 1911 bis 1916 wurden von diesem Typ insgesamt 90 Lokomotiven gebaut. Im Juni 1911 wurde übrigens die 500. Lokomotive aus Crewe geliefert. Diese Maschine gehörte zu der Baureihe George the Fifth und erhielt in Gedenken an die Thronbesteigung von George V. den Namen »Coronation«.

Preußische Staatsbahn · Reihe T12 *(oben).* Durch den Aufschwung der Industrie in Deutschland wurde das Personen- und Güterverkehrsaufkommen immer größer. Es mußten auch Pendelzüge von den Vororten zu den Industriegebieten am Rande der Städte eingerichtet werden, wofür man neue Tenderlokomotiven entwickelte. Eine dieser neuen Baureihen war die ab 1902 gebaute T12 der preußischen Staatsbahn. Sie hatte die Achsfolge 1'C und war mit einem Überhitzer ausgerüstet. Neben Henschel lieferten auch verschiedene andere Firmen von diesem Typ über 1000 Exemplare. Die Lokomotiven hatten Außenzylinder (Durchmesser 540 mm, Hub 630 mm); der Durchmesser der Treibräder betrug 1,5 m, und die Kessel waren für einen Druck von 11,8 bar ausgelegt. Die Rostfläche betrug 1,7 m²; die Heizfläche einschließlich Überhitzer erreichte eine Größe von 132,9 m². Das Betriebsgewicht dieser Tenderlokomotiven lag bei 62,9 t, ihre Zugkraft betrug 78 kN, und die Höchstgeschwindigkeit in beiden Richtungen lag bei 65 km/h; deshalb war auch der Kohlenkasten nicht, wie bei anderen Tenderlokomotiven, bis zum Führerhausdach hochgezogen, sondern ermöglichte dem Lokomotivführer eine gute Sicht auch bei Rückwärtsfahrt.

Württembergische Staatsbahn · Reihe C *(unten).* Obwohl diese Pacific-Konstruktion von den bayerischen S 3/6 in wesentlichen Teilen abwich, wurde auch sie nach Fertigstellung im Jahre 1909 zu den schönsten Maschinen gezählt. Sie erhielt sogar den Beinamen »Die schöne Württembergerin«. Diese Fahrzeuge mit der Achsfolge 2'C1' hatten einen Blechrahmen mit Außenholmen sowie ein Vierzylinder-Verbundtriebwerk. Ihre Kessel waren für einen Druck von 14,7 bar ausgelegt, die Treibräder hatten den Durchmesser von 1,8 m, die Rostfläche war 3,9 m² groß, die Heizfläche einschließlich Überhitzer hatte ein Ausmaß von 261 m². Das Betriebsgewicht lag bei 87 t, das Reibungsgewicht bei 47,5 t, und die maximale Leistung betrug rund 1400 kW. Sie war zwar im Betrieb dann etwas schwächer als die bayerische S 3/6, zog aber immerhin eine Anhängelast von 350 t mit einer Geschwindigkeit von 60 km/h über eine Steigung von 10‰ und erreichte mit demselben Zug in der Ebene eine Geschwindigkeit von 100 km/h. Zwischen 1909 und 1921 wurden von der Maschinenfabrik Esslingen 51 Lokomotiven gebaut, die zum Teil bis 1950 im Einsatz waren.

Baltimore & Ohio · Reihe A3. Nach der Verstärkung des Oberbaus auf vielen Streckenabschnitten konnten in den USA Lokomotiven mit noch höherer Achslast eingesetzt werden. Auch die Atlantic-Lokomotiven, bei denen Feuerungen mit sehr großer Rostfläche zur Anwendung kamen, konnten dadurch ihre Leistungsfähigkeit noch wesentlich erhöhen. Im Jahre 1910 wurde daraufhin die Reihe A3 für die Baltimore & Ohio Company gebaut. Von diesem Atlantic-Typ gab es 26 Exemplare. Sie hatten zwei Zylinder mit 559 mm Durchmesser und 660 mm Hub, eine Rostfläche von 5,2 m² und eine Heizfläche von 218 m². Der Treibraddurchmesser betrug 2,03 m, die Kessel waren auf den Druck von 14,1 bar ausgelegt.

Sächsische Staatsbahn · Reihe ITv *(unten).* Georg Meyer hatte im Jahre 1872 an seiner »L'Avenir« (s. S. 103) eine neue Fahrwerkskonzeption versucht – leider ohne Erfolg, denn sie war ihrer Zeit zu weit voraus. Erst 1910 griff Meyer dieses Konstruktionsprinzip wieder auf und ließ von Hartmann in Chemnitz im Auftrag der sächsischen Staatsbahn 19 Lokomotiven mit der Achsfolge B'B' und Verbundtriebwerk bauen. Die Zylinder, die sich in Fahrzeugmitte befanden, waren so nahe beieinander, daß der Abdampfauslaß der Hochdruckzylinder direkt mit den Niederdruckzylindern verbunden werden konnte. Diese Lokomotiven kamen vor allem im Erzgebirge zum Einsatz, wo sie auf 25-‰-Steigungen Züge mit einem Gewicht von nahezu 200 t beförderten. Die letzte derartige Lokomotive wurde erst 1967 ausgemustert. Heute steht die erste Maschine dieses Typs bereit für das geplante Verkehrsmuseum in Dresden.

Sul e Sueste · Reihe E 282 *(oben).* Für diese portugiesische Eisenbahngesellschaft, die über ein Streckennetz mit 1665 mm Spurweite verfügte, wurde im Jahre 1910 von Henschel in Kassel die Lokomotivbaureihe E 282 mit der Achsfolge 2'C und Innentriebwerk gebaut. Ihre Treibräder hatten einen Durchmesser von 1,54 m, die Rostfläche war 2,9 m² groß und der Kessel für den Druck von 13,8 bar ausgelegt. Am 11. Mai 1927 wurde die Sul-e-Sueste-Gesellschaft zusammen mit ihrem Fahrzeugpark – darunter auch die Lokomotiven der Baureihe E 282 – von der neugegründeten staatlichen Eisenbahnverwaltung, Companhia do Caminhos de Ferro Portugueses, übernommen.

Staatspoorwegen · Reihe PO/3. Dies ist die bekannteste niederländische Schnellzuglokomotive. Die englische Beyer Peacock & Co., die niederländische Werkspoor und verschiedene deutsche Hersteller bauten in den Jahren 1910 bis 1928 insgesamt 128 Maschinen dieses Typs. Sie hatten ein Vierzylinder-Triebwerk mit einfacher Dampfdehnung (400 mm Durchmesser, 600 mm Hub) und eine Walschaerts-Steuerung. Ihre Treibräder hatten den Durchmesser von 1,85 m; der Kessel war für einen Druck von 11,8 bar ausgelegt, und die Feuerung – Bauart Belpaire – hatte eine Rostfläche von 2,8 m². Das Betriebsgewicht einschließlich Tender betrug 116 t, die maximale Zugkraft lag bei 94,2 kN. Die Lokomotiven waren zum Teil nach dem 2. Weltkrieg noch im Einsatz; eine davon, die Nr. 3737, steht heute im Eisenbahnmuseum in Utrecht.

In der Entwicklungsphase der Dampflokomotive in den ersten zwanzig Jahren dieses Jahrhunderts entstanden auch verschiedene Zusatzeinrichtungen, die das Leistungsvermögen der Maschinen erhöhen sollten. Besonders zu erwähnen ist, daß man bereits damals mit Ölfeuerungen experimentierte. Ab 1920 war diese Feuerungsart dann so ausgereift, daß man sie in die großen Lokomotiven einbaute, da die Bedienung mit festem Brennstoff nicht mehr von einem Heizer allein durchgeführt werden konnte.
In jenen Jahren bekam die Dampflokomive auch eine Konkurrenz. Nachdem im Jahre 1879 Werner von Siemens in Berlin seine erste Elektrolokomotive auf einer Ausstellung vorgestellt hatte, begann man 1895 in den USA mit dem Bau solcher Lokomotiven, gefolgt von der Schweiz (1899) und Deutschland (1901). Es kamen anfänglich nur Maschinen für Sonderzwecke zum Einsatz, doch wurde die Elektrolokomotive weiterentwickelt. Lange Zeit bestand ein Wettstreit zwischen den beiden Fahrzeugarten, bis man sich schließlich entschloß, den Dampflokomotivbau völlig einzustellen.

Chemins de Fer de l'État (Belgien) · Reihe 10. Für die belgische Eisenbahn bedeuteten die Entwicklungen ihres Ingenieurs J. G. Flamme in den Jahren 1904 bis 1914 einen entscheidenden Einschnitt. Er hatte das Vierzylinder-Triebwerk mit einfacher Dampfdehnung und den Überhitzer im Dampflokomotivbau eingeführt. Diese Elemente wendete man auch bei den Pacific-Lokomotiven der Baureihe 10 an. Die Zylinder wurden vor dem Kessel angeordnet und auf dem zweiachsigen Laufgestell abgestützt. Dank der großen Heizfläche (232 m²) und des zusätzlichen Überhitzers (76 m²) entwickelten diese Lokomotiven eine maximale Leistung von 1650 kW. Als Schnellzuglokomotiven auf den Strecken Brüssel–Lüttich und Brüssel–Luxemburg fuhren sie mühelos mit Geschwindigkeiten von 120 km/h und darüber.

Bodensee-Toggenburg-Bahn · Reihe E 3/5. Für diese 55 km lange Regelspurstrecke in der Schweiz lieferte die Firma Maffei in München im Jahre 1910 neun Tenderlokomotiven mit der Achsfolge 1'C1'. Diese Maschinen hatten folgende technische Daten: Zwei Zylinder mit einem Durchmesser von 540 mm und einem Hub von 600 mm, Treibraddurchmesser 1,54 m, Heizfläche 174 m², Kesseldruck 11,8 bar und Betriebsgewicht 74,3 t. Diese Lokomotiven, die als Reihe E 3/5 bezeichnet wurden, hatten neben dem Kessel zwei relativ kleine Wasserbehälter (10 m³) und hinter dem Führerhaus den Brennstoffbehälter für 3 t Kohle.

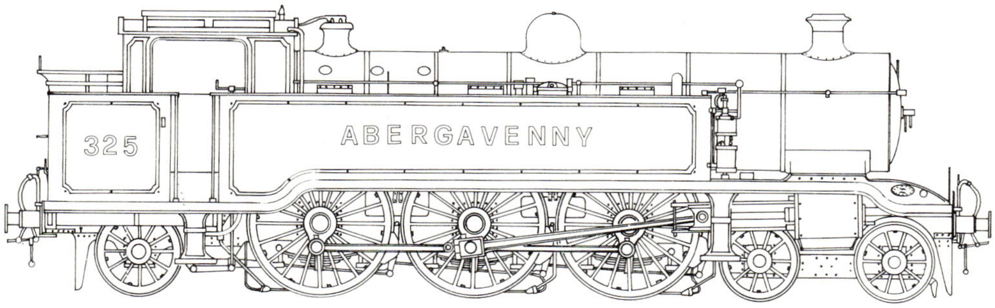

Abergavenny *(oben).* Die London Brighton and South Coast Railway hatte verschiedene relativ kurze Strecken in ihrem Bereich. Für den Schnellzugeinsatz auf diesen Strecken wurden von dieser Gesellschaft 1910 und 1912 zwei Tenderlokomotiven beschafft, die von D. E. Marsh als Pacific-Maschinen entworfen worden waren. Sie hatten zwei Zylinder mit 533 mm Durchmesser und 660 mm Hub und Treibräder mit einem Durchmesser von 2,02 m; der Kessel war für einen Druck von 11,8 bar ausgelegt, und die Heizfläche einschließlich Überhitzer betrug 180 m². Die Lokomotiven kamen auf den Strecken von London nach Brighton, Eastbourne und Portsmouth zum Einsatz und erreichten dabei Geschwindigkeiten von bis zu 130 km/h. Bis zur Elektrifizierung der Strecke London–Brighton im Jahre 1932 waren sie auch als Zugmaschinen für den aus neun Wagen bestehenden Luxuszug »Southern Belle« eingesetzt.

Preußische Staatsbahn · Reihe S10 *(unten).* Bei den preußischen Staatsbahnen war ein Streit entbrannt zwischen den Verfechtern der Verbundmaschinen – an ihrer Spitze Professor August von Borries – auf der einen Seite, und den Anhängern von Robert Garbe auf der anderen Seite, der eine Lokomotive mit Überhitzer einer Maschine mit doppelter Dampfdehnung vorzog. 1911 ließ Garbe bei Schwartzkopff in Berlin zur Untermauerung seiner Theorie eine 2'C-Lokomotive entwickeln, die der P8 sehr ähnlich war, aber ein Vierzylinder-Triebwerk mit einfacher Dampfdehnung bekam. Es entstanden daraus die sehr schönen Lokomotiven der Baureihe S10. Sie waren zwar schnell, hatten aber einen hohen Dampfverbrauch, und gelegentlich brach die gekröpfte Treibachse. Man änderte daher die Konstruktion in eine Dreizylinder-Maschine (Reihe S10²) um. Von dieser Version wurden 120 Exemplare gebaut. Sie entwickelten eine Leistung von 1470 kW und konnten einen 650-t-Zug mit einer Geschwindigkeit von 90 km/h befördern.

Schweizer Bundesbahn · Reihe C 5/6. In den Jahren 1910 bis 1920 begannen die Schweizer Bundesbahnen mit der Elektrifizierung aller wichtigen Eisenbahnlinien. Trotzdem wurden noch weiterhin Dampflokomotiven gebaut. So entwickelte man 1912 – das Jahr der Elektrifizierung der Gotthardstrecke – eine Dampflokbaureihe, die für den schweren Güterzugbetrieb auf dieser Strecke bestimmt war. Im Jahre 1913 lieferte die SLM in Winterthur die erste Lokomotive dieses Typs mit der Achsfolge 1'E. Diese Baureihe, als C 5/6 bezeichnet, wurde in 32 Exemplaren gebaut und hatte ein Vierzylinder-Triebwerk; zwei Maschinen hatten einfache Dampfdehnung, alle anderen waren Verbundlokomotiven. Die Zylinderdurchmesser der Verbundmaschinen betrugen im Hochdruckteil 470 mm und im Niederdruckteil 690 mm; der Hub lag bei allen bei 640 mm. Die Treibräder hatten den Durchmesser von 1,33 m, die Rostfläche hatte die Größe von 3,7 m^2 und die Heizfläche eine Ausdehnung von 266 m^2. Im Kessel herrschte ein Druck von 13,7 bar. Das Betriebsgewicht einschließlich Tender betrug 126,6 t, das Reibungsgewicht 75 t. Sie entwickelten eine Leistung von 992 kW und eine maximale Zugkraft von 143,2 kN. Damit konnten sie 300-t-Züge auf einer 25-‰-Steigung mit 25 km/h befördern. Auf der Gotthard-Rampe wurden die Maschinen dieser Baureihe in Drei- und Vierfach-Traktion eingesetzt.

Izmir–Cassaba. Auf dieser und anderen kurzen Strecken in der Türkei kamen ab 1912 zahlreiche kleine Tenderlokomotiven zum Einsatz, die bei Maffei in München gebaut wurden. Es waren sehr einfache und robuste Konstruktionen. Sie hatten zwei Zylinder mit 430 mm Durchmesser und 630 mm Hub; der Kessel war für einen Druck von 11,8 bar ausgelegt, und der Treibraddurchmesser betrug 1,25 m. Diese Universalmaschinen sind zum Teil noch heute als Rangierlokomotiven bei der türkischen Staatsbahn (TCDD) im Einsatz.

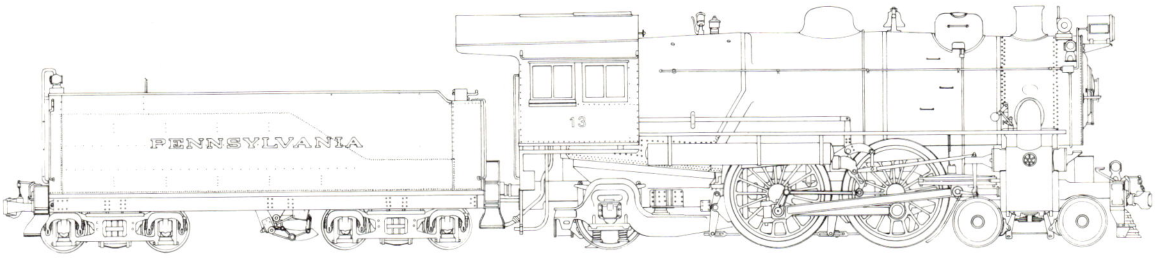

Pennsylvania Railroad · 1910

Die amerikanische Lokomotivindustrie

Zu Beginn des 20. Jahrhunderts begann man in den USA, den Oberbau wesentlich zu verstärken. Dadurch konnten auch schwerere Dampflokomotiven entwickelt werden. Da sich die zulässigen Achslasten nun wesentlich von den europäischen unterschieden, wurde auch der Lokomotivimport von bewährten Konstruktionen in Europa fast völlig eingestellt. Die amerikanische Lokomotivindustrie konnte nun ohne ausländische Konkurrenz bauen. Da in den USA allgemein der Drang zu Superlativen vorherrschte, entstanden immer neue und größere Lokomotiven, manchmal führte das jedoch auch zu übertriebenen Konstruktionen. Im Jahre 1910 entstand so ein Wettstreit um die stärkste und schnellste Atlantic-Maschine. Die Lokomotive der Baureihe A3 der Baltimore & Ohio (s. S. 161) war die erste in dieser Entwicklungsphase. Ihr folgte die Reihe E6 der Pennsylvania Railroad. Sie hatte eine Belpaire-Feuerung mit einer Rostfläche von 5,1 m². Der große Kessel war für einen Druck von 14,3 bar ausgelegt und hatte eine Heizfläche von 326 m². Die beiden Zylinder hatten einen Durchmesser von 597 mm und einen Hub von 660 mm, der Treibraddurchmesser betrug 2,03 m. Die Maschinen hatten eine Achslast von 30,8 t (!) auf jeder Treibachse und ein Betriebsgewicht von 109 t. Sie entwickelten die Leistung von 1840 kW und konnten einen 600-t-Zug mit der Geschwindigkeit von 145 km/h befördern.

Zur gleichen Zeit entstanden aber auch schon die ersten amerikanischen Pacific-Lokomotiven. Die erste berühmte »Pacific« war die Baureihe K3 der New York Central. Sie war aus zwei Versuchslokomotiven, die in den Jahren 1903 bis 1910 ausreichend getestet worden waren, weiterentwickelt worden. Sie hatte zwei Zylinder mit 597 mm Durchmesser und 660 mm Hub. Der Treibraddurchmesser betrug genau 2 m, der Kessel war für einen Druck von 13,8 bar ausgelegt und hatte, zusammen mit dem Schmidt-Überhitzer, eine Heizfläche von 396 m². Das Betriebsgewicht lag bei 134 t. Von dieser Baureihe wurden 281 Exemplare gebaut. Sie kamen auch vor dem berühmten, rund 700 t schweren Zug »Twentieth Century Limited« zum Einsatz, der New York mit Chicago verband. Die Fahrzeit betrug 18 Stunden, das entspricht 86 km/h Durchschnittsgeschwindigkeit.
Im Gegensatz zu den schweren und schnellen Kolossen waren in einem anderen Land des nordamerikanischen Kontinents, in Kanada, noch kleinere Lokomotiven ausreichend. Zu diesen Maschinen gehörten die 1'C-Lokomotiven (Typ Mogul), die 1910 von der Canadian Locomotive Company für die Grand Trunk Railway in Ontario gebaut worden waren. 1913 wurde diese Eisenbahngesellschaft zusammen mit vielen anderen Eisenbahnen zur Canadian National Railway (CNR) zusammengeschlossen.

Grand Trunk Railway · 1910

New York Central K3 · 1912

Warschau–Wien · Reihe Sv. Auf dieser bedeutenden Eisenbahnstrecke setzten die russischen Eisenbahnen Lokomotiven der Baureihe Sv mit der Achsfolge 1′C1′ ein, die eigens für diese Strecke gebaut wurden, da sie mit Regelspurweite 1435 mm ausgerüstet war und nicht wie sonst in Rußland üblich mit 1524 mm. Die Baureihe Sv entsprach der berühmten Reihe S und wurde ab 1913 gebaut. Die Reihe S entstand während eines allgemeinen Erneuerungsvorhabens, das seit März 1908 lief und bei dem das ganze alte Fahrzeugmaterial ersetzt werden sollte. Die Fahrzeuge der Baureihe S, die bei Sormovo in Nischnij-Nowgorod gebaut wurden, waren 30 Jahre lang im Schnellzugverkehr auf den Strecken von und nach Petersburg im Einsatz. In den Jahren 1911 bis 1918 wurden rund 900 Maschinen dieses Typs gebaut. Durch die Verwendung eines Krauss-Helmholtz-Gestells hatten die Lokomotiven gute Laufeigenschaften. Die Fahrzeuge mit der engeren Spurweite (1435 mm) der Reihe Sv waren hauptsächlich an den Westgrenzen im Einsatz und blieben bis 1960 in Betrieb.

Ferrovie dello Stato italiane · Reihe 685. Diese Lokomotivbaureihe gehört der Glanzzeit der italienischen Dampftraktion an. Sie wurde ab 1912 gebaut und war eine Weiterentwicklung der Verbundlokomotiven der Baureihe 680, die nicht sehr leistungsfähig waren, Die Reihe 685 hatte wie die Reihe 680 die Achsfolge 1′C1′, aber kein Verbundtriebwerk, sondern einen Überhitzer. Sie hatte außerdem eine Walschaerts-Steuerung. Der Kessel hatte zusammen mit dem Überhitzer eine Heizfläche von 240 m². Die Lokomotiven entwickelten bei 75 km/h eine Leistung von 920 kW und konnten mit schweren Schnellzügen noch eine Geschwindigkeit von 120 km/h erreichen. Ihre ausgezeichnete aber einfache Bauweise ermöglichte im Jahre 1920 erste Versuche mit der Caprotti-Steuerung und 1938 mit einem Franco-Crosti-Vorwärmer. In den Jahren 1912 bis 1926 wurden von dieser Baureihe 235 Stück bei Breda und in den Officine Meccaniche in Mailand und Reggio Emilia gebaut.

Preußische Staatsbahn · Reihe G8. Bei der preußischen Eisenbahnverwaltung herrschte stets das Streben nach Vereinheitlichung; das führte auch zu der Entwicklung einer Lokomotive für 1500 t schwere Güterzüge. Diese Maschine hatte keine Laufachsen. Sie wurde 19C2 zunächst als Reihe G8 von Schichau entwickelt und nach zahlreichen Abänderungen ab 1912 als Baureihe G8¹ in einer Stückzahl von 4948 Exemplaren gebaut. Diese Lokomotiven mit der Achsfolge D waren zu jener Zeit die stärksten Starrahmenlokomotiven. Ihre Zylinder hatten den Durchmesser von 600 mm und einen Hub von 660 mm; der Treibraddurchmesser betrug 1,35 m, und der Druck im Kessel erreichte den Wert von 13,7 bar. Zusammen mit dem Überhitzer hatte der Kessel eine Heizfläche von 198 m². Das Betriebsgewicht betrug 70 t, das entspricht einer Achslast von 17,5 t. Die Lokomotiven der Baureihe G8¹ konnten auf einer 10-‰-Steigung einen 810-t-Zug noch mit 20 km/h ziehen.

Preußische Staatsbahn · Reihe T18. Aus der Baureihe P8 (s. S. 154) wurde die Tenderlokomotive T18 entwickelt und von der Firma Vulkan in Stettin gebaut. Sie hatte die Achsfolge 2'C2', also ein zusätzliches zweiachsiges Drehgestell am hinteren Ende, welches Führerhaus und Tender abstützte. Der Gesamtachsstand betrug bei dieser Baureihe 11,7 m, ein ungewöhnlicher Wert für eine Tenderlokomotive. Die Rostfläche der Maschine lag bei 2,4 m², die Heizfläche einschließlich Schmidt-Überhitzer erreichte 185 m². Diese Personenzuglokomotiven konnten 350-t-Züge auf der Strecke Berlin–Stettin mit 100 km/h befördern. In den Jahren 1912 bis 1927 wurden 460 Lokomotiven dieses Typs gebaut.

Bayerische Staatsbahn · Reihe Gt 2×4/4. Diese Lokomotive ist eine der wenigen großen europäischen Mallet-Maschinen. Sie war von der bayerischen Staatsbahn in Auftrag gegeben worden, um den Güterzugverkehr auf der 25-‰-Steigung zwischen Steinbach und Probstzella ohne zusätzliche Schublokomotive abwickeln zu können. Auf dieser Strecke wurden häufig Züge mit 500 t und mehr gefahren. Im Jahre 1913 stellte die Firma Maffei aus München diese Dampflokomotive mit der Bezeichnung Gt 2×4/4 vor. Bis 1923 wurden dann 25 Einheiten gebaut. Sie hatten einen Überhitzer und erreichten dadurch eine Heizfläche von 286 m². Ihre Hochdruckzylinder, die auf das hintere Triebgestell wirkten, hatten den Durchmesser von 520 mm, die vorderen Niederdruckzylinder hatten den Durchmesser von 800 mm; alle vier hatten einen Hub von 640 mm. Die Maschinen dieses Typs waren in der Lage, einen 650-t-Zug auf der genannten Strecke mit 25-‰-Steigung mit 20 km/h zu ziehen. Mit leichteren Personenzügen erreichten sie Geschwindigkeiten bis 50 km/h.

Southern Pacific · Reihe Mc 2. Zu den schwierigsten amerikanischen Strecken zählte der 140 Meilen (230 km) lange Abschnitt zwischen Sacramento in Kalifornien und Sparks in Nevada, der über die Sierra Nevada mit einem Höhenunterschied von 2150 m führte. Die Strecke hatte zahlreiche Kehren, erreichte eine maximale Steigung von 20‰ und hatte in ihrem Verlauf 39 Tunnel. Bereits seit 1909 setzte die Southern Pacific versuchsweise Mallet-Lokomotiven ein, die die 1'D-Maschinen ablösen sollten. Wegen der gefährlichen Rauchentwicklung in den Führerhäusern waren diese Maschinen jedoch nicht sehr beliebt. Außerdem war auch die Sicht auf den kurvenreichen Strecken wegen der langen Kessel nicht besonders gut. Man entschloß sich daher, das Führerhaus soweit wie möglich nach vorne zu verlagern, was keine Schwierigkeiten bereitete, da diese Maschinen ohnehin Ölfeuerungen hatten. So entstand die Reihe Mc 2, die Baldwin ab 1910 baute. Sie waren Verbundmaschinen, deren Hochdruckzylinder 660 mm und deren Niederdruckzylinder 1020 mm Durchmesser hatten; der Hub aller vier Zylinder betrug 762 mm. Mit einer derartigen Zuglokomotive und zwei weiteren als Schiebelokomotiven konnte ein 4500-t-Zug in 10 Stunden über diese 140-Meilen-Strecke befördert werden.

Der Lokomotivbau in Schweden

Reihe F · 1915

In den Jahren 1914 und 1915 übernahmen auch die schwedischen Eisenbahnen die Lokomotivkonstruktionen mit drei Treibachsen. So entstanden in jenen Jahren zwei interessante Lokomotivbaureihen. Die eine war die Reihe J, eine Tenderlokomotive mit der Achsfolge 1'C2', zwei Zylindern (420 mm Durchmesser, 580 mm Hub) und einfacher Dampfdehnung. Sie besaß Treibräder mit dem Durchmesser von 1,3 m und einen Kessel, der für einen Druck von 11,8 bar ausgelegt war. Die Lok hatte ein Betriebsgewicht von 62 t und ein Reibungsgewicht von 33 t. Ihre Höchstgeschwindigkeit betrug 75 km/h. Von diesem Typ wurden in den Jahren 1914 bis 1918 bei Motala Verkstad und Nydqvist & Holm 45 Maschinen gebaut. Die letzte Lokomotive der Baureihe J wurde 1973 ausgemustert.

Die zweite Baureihe war der Pacific-Typ (Achsfolge 2'C1'). Er wurde 1915 von Nydqvist & Holm gebaut und als Reihe F bezeichnet. Von ihm wurden 11 Maschinen gebaut. Sie hatten einen Blechrahmen, und das vordere zweiachsige Laufgestell war mit einem Außenrahmen versehen. Die vier Zylinder saßen in einem einzigen Block und wirkten auf die mittlere Treibachse. Die Lokomotiven waren nach dem Verbundprinzip gebaut (Hochdruckzylinder: Durchmesser 420 mm, Hub 660 mm; Niederdruckzylinder: Durchmesser 630 mm, Hub 660 mm). Die Treibräder hatten einen Durchmesser von 1,88 m, die Rostfläche betrug 3,6 m², die Heizfläche einschließlich Überhitzer 257 m², und der Druck im Kessel lag bei 12,8 bar. Die Lokomotiven hatten ein Betriebsgewicht von 88 t und ein Reibungsgewicht von 48 t. Ungewöhnlich für die damalige Zeit war der Wannentender, der ein Fassungsvermögen von 6,5 t Kohle und 25 m³ Wasser hatte. Diese Maschinen, die eine Höchstgeschwindigkeit von 100 km/h erreichten, wurden 1937 an die dänische Staatsbahn verkauft und dort als Reihe E eingesetzt.

Reihe J · 1914

Staatspoorwegen Reihe PTO/3. 1913 baute die Beyer Peacock & Co. in Manchester 26 Personenzug-Tenderlokomotiven für die niederländischen Eisenbahnen. Sie hatten zwei Zylinder mit 508 mm Durchmesser und 660 mm Hub, Belpaire-Feuerungen, Treibräder mit dem Durchmesser von 1,85 m und ein Betriebsgewicht von 92 t. Ihre maximale Zugkraft betrug 76 kN. Sie hatten wie die preußische T18 (s. S. 167) die Achsfolge 2'C2'. Neben diesen beiden Baureihen waren auch in England und in der Schweiz (s. S. 162), in Frankreich und Italien Tenderlokomotiven im Personenzugvekehr im Einsatz.

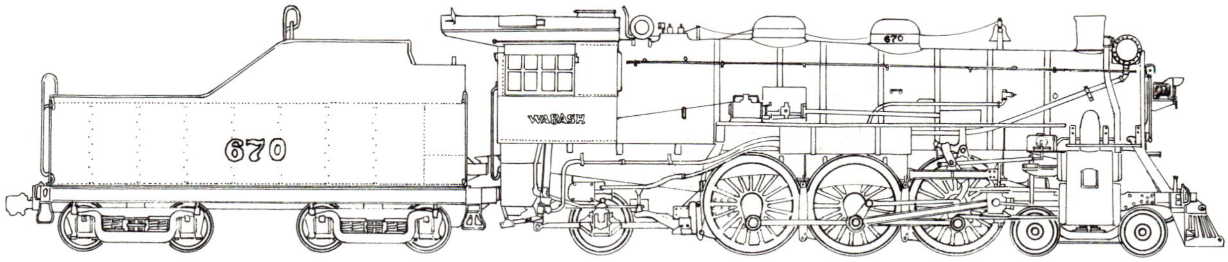

Wabash Railroad · Reihe J1. Im Jahre 1912 wurden von der ALCO (10 Stück) und der Baldwin (6 Stück) insgesamt 16 Pacific-Lokomotiven an die Wabash RR geliefert. Sie gehörten mit zu den ersten amerikanischen Maschinen dieses Typs, waren jedoch nicht so bekannt wie die Reihe K3 (s. S. 165) der New York Central, die im gleichen Jahr in Betrieb genommen wurde. Die Wabash-Maschinen hatten folgende technische Daten: Zylinderdurchmesser 610 mm, Kolbenhub 660 mm, Rostfläche 5,8 m², Heizfläche 415 m² und Treibraddurchmesser 1,88 m. Gegenüber der Reihe K3 waren diese Maschinen zwar kleiner, aber nicht minder leistungsfähig. Sie wurden von der Wabash Railroad vor allem vor den berühmten Schnellzügen »Cannonball«, »Banner Blue« und »Detroit Ltd« eingesetzt.

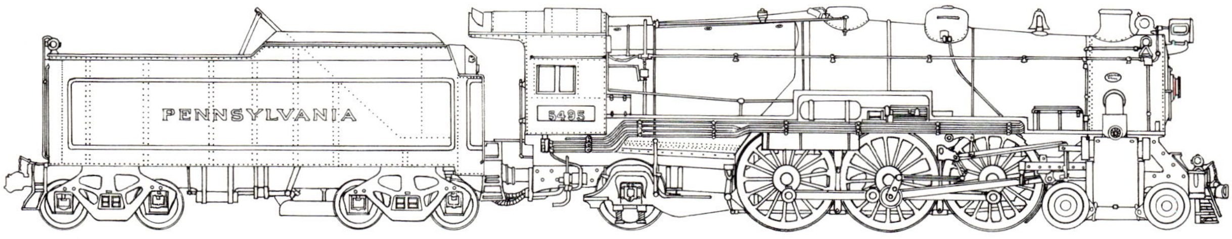

Pennsylvania Railroad · Reihe K4s. Nach den erfolgreichen J1 der Wabash Railroad und der K3 der New York Central nahm auch die Pennsylvania Railroad im Jahre 1914 eine Pacific-Baureihe, die K4s, in Betrieb. Sie war eine Weiterentwicklung des Atlantic-Typs E6 (s. S. 165). Die Lokomotiven dieses Typs waren über 30 Jahre im Einsatz. Zwischen 1914 und 1928 wurden 425 Maschinen bei Baldwin und in den bahneigenen Werkstätten in Altoona und Pennsylvania gebaut. Sie hatten zwei Zylinder (686 mm Durchmesser, 711 mm Hub) mit einfacher Dampfdehnung, Walschaerts-Steuerung und Treibräder mit einem Durchmesser von 2,03 m. Der Druck im Kessel betrug 14,1 bar, das Betriebsgewicht lag bei 138 t. Mit einem Reibungsgewicht von 30,2 t pro Achse entwickelten sie eine Leistung von 2350 kW und eine maximale Zugkraft von 235 kN. Ihr Einsatzgebiet war das gesamte Streckennetz der Pennsylvania Railroad, also auch die Paßstrecke durch das Allegheni-Gebirge.

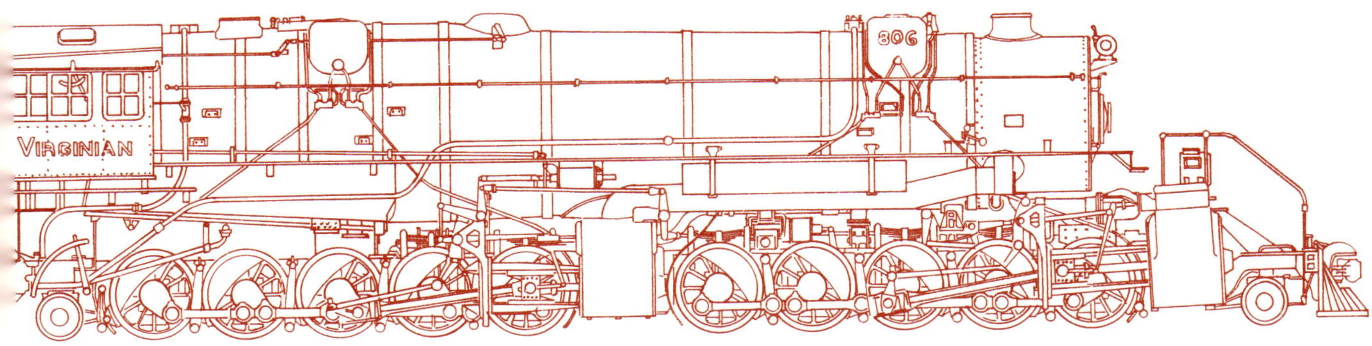

Virginian Railway · Nr. 800–809. Im Kohlenrevier in West Virginia betrieb die Virginian Railway ein umfangreiches Streckennetz. Zu den schwierigsten Streckenabschnitten dieses Netzes gehörte die 18 km lange Steigung (21‰) zwischen Elmore und Clarks Gap. Hierfür baute die American Locomotive Company 1913 zehn Mallet-Lokomotiven mit der Achsfolge (1′E)E1′. Sie hatten Hochdruckzylinder mit 762 mm Durchmesser und Niederdruckzylinder mit 1220 mm Durchmesser sowie einen Hub von 813 mm bei allen Zylindern. Der Treibraddurchmesser betrug 1,42 m. Der Kessel, der eine Heizfläche von 993 m² hatte, war für einen Druck von 14,7 bar ausgelegt. Das Betriebsgewicht betrug 310 t, das Reibungsgewicht lag bei 280 t, das entspricht einer Achslast pro Treibachse von 28 t (!). Diese schweren Kolosse waren natürlich keine Schnellzuglokomotiven, und so lag auch ihre Höchstgeschwindigkeit bei nur 25 km/h, was auch auf das hohe Trägheitsmoment der riesigen Kolben im Niederdruckzylinder zurückzuführen war. Um so beeindruckender ist aber die maximale Zugkraft von 785,8 kN.

Chemins de Fer de l'État (Frankreich) · Reihe 140 C. Im Jahre 1913 wurde von der SACM, von Schneider und von Fives Lille im Auftrag der französischen Chemins de Fer de l'État eine Serie von Güterzuglokomotiven mit der Achsfolge 1'D gebaut. Zwischen 1916 und 1918 folgten weitere 200 Lokomotiven dieses Typs, diesmal von den englischen Firmen Nasmyth und North British gebaut. Die Fahrzeuge hatten einen großen Kessel von 1,7 m Durchmesser, der für einen Druck von 11,8 bar ausgelegt war. Die zwei Zylinder hatten den Durchmesser von 590 mm und einen Hub von 650 mm, der Treibraddurchmesser betrug 1,45 m, und das Betriebsgewicht lag bei 76 t. Die Lokomotiven des Typs 140 C hatten eine maximale Zugkraft von 186 kN und entwickelten eine Leistung von 1030 kW. Einige Fahrzeuge erhielten später einen zusätzlichen Speisewasservorwärmer, wodurch ihre Leistung noch gesteigert werden konnte. In den Kriegsjahren 1914 bis 1918 wurden diese Maschinen auch zur Beförderung von Eisenbahngeschützen eingesetzt.

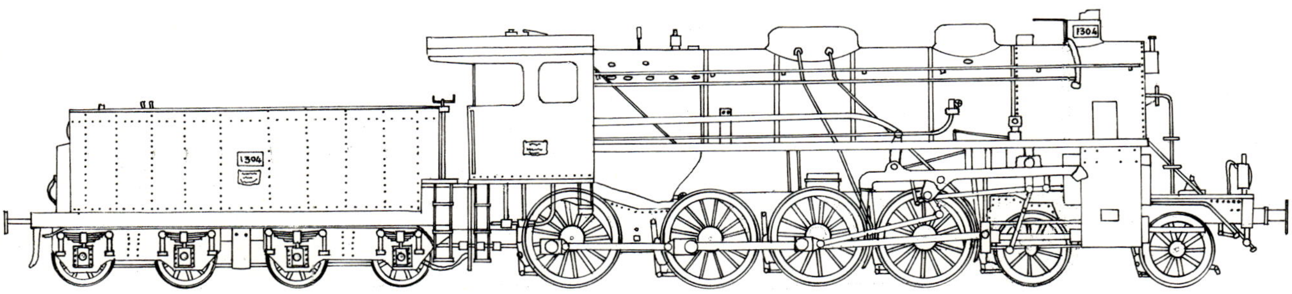

Magyar Allamvasutak (MAV) · Reihe III u *(unten).* Zu dieser Baureihe gehören Lokomotiven, die in einer Fabrik in Budapest für die ungarische Staatsbahn hergestellt wurden. Es waren Zweizylinder-Verbundmaschinen mit einer Rostfläche von 3,1 m², einer Heizfläche von 214 m² und einem Kesseldruck von 14,7 bar. Die Treibräder hatten den Durchmesser von 1,44 m. Die Lokomotiven entwickelten die Leistung von 808 kW und konnten 800-t-Züge mit 50 km/h befördern. Sie erhielten nachträglich einen Überhitzer, so daß die Dampfeintrittstemperatur auf 350 °C stieg und die Leistung auf 880 kW erhöht werden konnte.

Madrid-Zaragoza-Alicante *(oben).* Diese Lokomotive ist eine der ersten Verbundkonstruktionen Spaniens. Sie hatte zwei Hochdruckzylinder (Durchmesser 420 mm, Hub 650 mm) und zwei Niederdruckzylinder (Durchmesser 640 mm, Hub 650 mm), die mit einer Walschaerts-Steuerung kombiniert wurden. Der Treibraddurchmesser lag bei 1,6 m, das Betriebsgewicht dieser 2'D-Maschinen betrug einschließlich Tender 144 t. Im Jahre 1914 baute Hanomag in Hannover sieben Lokomotiven, 1916 folgten weitere 25 Maschinen – diesmal von der amerikanischen ALCO. Durch eine kriegsbedingte Verzögerung lieferte Hanomag noch eine weitere im Jahre 1920. Sie wurden zunächst von der MZA als Personenzuglokomotiven eingesetzt und später von der RENFE übernommen.

Ferrovie dello Stato italiane · Reihe 880. Von der Baureihe wurden zwischen 1915 und 1916 in Mailand 100 Exemplare gebaut. Bemerkenswert ist die bei diesen kleinen Tenderlokomotiven erstmals angewandte Dampfüberhitzung. Die Maschinen hatten Zylinder mit 450 mm Durchmesser und 580 mm Hub; der Treibraddurchmesser betrug 1,51 m, der Kessel war für den Druck von 11,8 bar ausgelegt. Die Lokomotiven entwickelten bei einer Geschwindigkeit von 60 km/h eine Leistung von 367 kW. Ihr Betriebsgewicht betrug 52 t, wovon 39,1 t auf das Reibungsgewicht entfielen. Sie hatten die Achsfolge 1'C und erreichten die beachtliche Höchstgeschwindigkeit von 75 km/h. Die Lokomotiven der Reihe 880 gehörten zu den langlebigsten Maschinen der italienischen Staatsbahn; noch heute werden einige von ihnen als Rangierlokomotiven verwendet.

Chicago, Burlington & Quiney Railroad · Reihe G3. Die Baldwin Locomotive Works in Philadelphia bauten 1915 zehn Lokomotiven mit der Achsfolge 2'C1' für die Chicago, Burlington & Quiney R. R. Diese Eisenbahngesellschaft verfügte über ein Eisenbahnnetz, das von Chicago aus nach Iowa, Nebraska und Wyoming im Westen und nach Colorado und Texas im Süden reichte. Die Pacific-Lokomotiven, die diese Gesellschaft erhielt, hatten ein Zweizylinder-Triebwerk mit einfacher Dampfdehnung (Durchmesser 686 mm, Hub 711 mm). Ihr Treibrad-Durchmesser betrug 1,86 m, der Druck im Kessel 12,4 bar; die Rostfläche hatte eine Größe von 5,5 m². Von den verschiedenen kleineren Eisenbahngesellschaften in den USA wurden die Pacific-Maschinen häufig mit großem Erfolg als Mehrzwecklokomotiven eingesetzt. Das führte dazu, daß in den Vereinigten Staaten nicht weniger als 7000 Maschinen dieses Typs gebaut wurden.

Erie (Mallet-Triplex) · 1914

Die amerikanischen Lokomotiven für spezielle Einsatzgebiete

Während des 1. Weltkrieges gewannen die amerikanischen Lokomotivkonstrukteure einen gewaltigen Vorsprung gegenüber ihren europäischen Kollegen, was die Entwicklung von leistungsstarken und schweren Dampflokomotiven betraf. Nachdem in den USA bereits 50 Jahre zuvor die America- und die Ten-wheeler-Baureihen als Mehrzwecklokomotiven große Erfolge hatten, spezialisierte man sich etwa ab 1910 mehr und mehr auf Lokomotiven, die nur für einen Einsatzzweck gedacht waren. Die einzige Baureihe, die nicht in dieses Schema paßte, war der Pacific-Typ, was allerdings nicht in der Absicht der Konstrukteure lag. In diesen Jahren entstanden nun also immer mehr Bauformen und Unterbauarten, obwohl man eigentlich bestrebt war, den Lokomotivpark mehr und mehr zu vereinheitlichen. Einen Ausschnitt aus dieser Vielfalt sollen die Abbildungen dieser beiden Seiten bieten.

Da sind zum einen die Mallet-Lokomotiven mit der Achsfolge (1'D)D der Reihen 7100 und 7200, von denen im Auftrag der Baltimore & Ohio R. R. 86 Stück hergestellt wurden. Sie hatten ein Vierzylinder-Verbundtriebwerk (Hochdruckzylinder: Durchmesser 635 mm, Hub 813 mm; Niederdruckzylinder: Durchmesser 1041 mm, Hub 813 mm), Treibräder mit dem Durchmesser von 1,47 m, eine Rostfläche von 8,1 m² und einen Kessel mit 672 m² Heizfläche, in dem ein Druck von 15,5 bar herrschte. Die Maschinen hatten ein Betriebsgewicht von 220 t; das Reibungsgewicht lag bei 208 t. Sie waren für den schweren Güterzugeinsatz auf Gebirgsstrecken konzipiert. Auffallend war ihr kesselförmiger Tender der Bauart Vanderbilt.

Eine völlig ungewohnte Konstruktion waren die drei Mallet-Triplex-Lokomotiven, die im Auftrag der Erie Railroad in den Jahren 1914 bis 1916 von Baldwin gebaut worden waren. Sie verfügten über drei Triebwerksgruppen, von denen die mittlere mit Hochdruckdampf und die beiden äußeren mit Niederdruckdampf versorgt wurden. Bemerkenswert sind die Zylinderdurchmesser, die bei allen drei Triebwerken 914 mm betrugen; der Hub lag bei 813 mm. Die hintere Triebwerksgruppe dieser Lokomotive mit der Achsfolge (1'D)D(D1') war unter dem Tender angeordnet. Wegen der schlechten Dampfentwicklung im Kessel und der langen Dampfleitungen zu den Zylindern konnten die Maschinen jedoch nie voll befriedigen. So kamen diese 390 t schweren Lokomotiven, deren Treibräder einen Durchmes-

St. Louis South Western (Ten-wheeler) · 1916

Baltimore & Ohio (Mallet) · 1916

Union Pacific (Santa-Fe) · 1917

Louisville & Nashville (Mikado) · 1917

ser von 1,6 m hatten, als Schiebelokomotiven am Susquehanna Hill im Kohlenrevier von Nord-Scranton zum Einsatz.
Eine weitere Lokomotive für ein spezielles Einsatzgebiet war die letzte Ten-wheeler-Maschine, die 1916 von Baldwin für die St. Louis South Western gebaut worden war. Sie sollte als Schnellzuglokomotive für kurze Strecken verwendet werden. Ihre zwei Zylinder hatten einen Durchmesser von 559 mm und einen Hub von 711 mm; der Treibraddurchmesser betrug 1,75 m, der Kessel war für einen Druck von 13,7 bar ausgelegt, die Rostfläche hatte eine Größe von 4,6 m²; die Heizfläche einschließlich Überhitzer betrug 280 m². Das Betriebsgewicht lag bei 95 t; das Reibungsgewicht pro Achse war 25 t, ein relativ niedriger Wert für die amerikanischen Verhältnisse.
Eine andere Maschine mit großem Achsstand war die »Santa-Fe« der Union Pacific (Achsfolge 1'E1'), die 1917 von Baldwin gebaut worden war. Sie war als Zuglokomotive für schwere Güterzüge auf Gebirgsstrecken bestimmt. Ihre Zylinder hatten den Durchmesser von 749 mm und einen Hub von 862 mm. Der Durchmesser der Treibräder lag bei 1,6 m, und das Betriebsgewicht betrug 167 t, wovon 130 t auf das Reibungsgewicht entfielen. Die Maschinen dieses Typs hatten anfänglich schlechte Laufeigenschaften, die jedoch bald verbessert werden konnten und die Lokomotive zu einem leistungsfähigen Fahrzeug machten, das zwar schwächer, dafür aber schneller als die Mallet-Lokomotiven jener Zeit war.
In den Jahren 1917 und 1918 ließ die Louisville & Nashville Railroad in ihren eigenen Werkstätten in South Louisville mehrere Mikado-Lokomotiven (Achsfolge 1'D1') bauen. Sie hatten Zylinder mit 698 mm Durchmesser und 762 mm Hub, der Treibraddurchmesser betrug 1,52 m, die Kessel waren für einen Druck von 12,8 bar ausgelegt. Das Gesamtgewicht (einschließlich Tender) betrug 227 t, und das Reibungsgewicht pro Achse lag bei 28 t. Die Lokomotiven waren zwar sehr langsam, beförderten aber lange Erzzüge von Indiana und Tennessee zu den Häfen von Mobile und New Orelans. Zwischen 1921 und 1929 wurden von Baldwin weitere Maschinen dieses Typs gebaut.

Sächsische Staatsbahn · Reihe XVIII H · 1917

Die Blütezeit der Pacific-Lokomotiven in Deutschland

In Deutschland wurden in den Jahren 1917 und 1918 neue Pacific-Lokomotiven in Betrieb genommen, die die Grundlage für ein vereinheitlichtes Typenprogramm bildeten, das in den zwanziger Jahren verwirklicht wurde. Die erste Baureihe mit der Achsfolge 2′C1′ war die 1917 gebaute sächsische XVIII H, die wie die preußische $S10^2$ (s. S. 163) ein Dreizylinder-Triebwerk mit einfacher Dampfdehnung hatte. Die Baureihe bestand aus fünf Lokomotiven, die von Hartmann gebaut wurden. Die drei Zylinder (Durchmesser 500 mm, Hub 630 mm) waren in einem Block angeordnet und wirkten auf die zweite Achse. Der Treibraddurchmesser lag bei 1,9 m, der Kesseldruck betrug 13,7 bar, die Rostfläche hatte eine Größe von 4,5 m^2, und die Gesamtheizfläche einschließlich Überhitzer betrug 287 m^2. Die 93 t schweren Lokomotiven entwickelten bei einem Reibungsgewicht von 50 t die Leistung von 1250 kW. Der vierachsige Tender hatte ein Fassungsvermögen von 9 t Kohle und 31 m^3 Wasser und erreichte ein Gewicht von 64 t. Die Höchstgeschwindigkeit der Lokomotiven lag bei 120 km/h. Im regulären Einsatz zogen sie 500-t-Züge mit einer Geschwindigkeit von 100 km/h.

Noch leistungsfähiger als die sächsischen »Pacific« waren die 20 Lokomotiven der Baureihe IV h der badischen Staatsbahn. Sie hatten ein Vierzylinder-Verbundtriebwerk mit zwei inneren Hochdruckzylindern (Durchmesser 440 mm, Hub 680 mm), die die erste Achse antrieben, und zwei äußeren Niederdruck-Zylindern (Durchmesser 680 mm, Hub 680 mm), die die zweite Achse antrieben. Die Treibräder hatten einen Durchmesser von 2,1 m, die Rostfläche hatte die Ausdehnung von 5 m^2, und die Heizfläche betrug einschließlich Überhitzer 303 m^2. Der Kessel war für einen Druck von 14,7 bar ausgelegt, das Betriebsgewicht betrug 97 t; das Reibungsgewicht pro Achse lag bei 17,8 t. Die Lokomotiven entwickelten eine Leistung von 1433 kW und erreichten die Höchstgeschwindigkeit von 140 km/h. Zusammen mit den bayerischen und preußischen Lokomotiven bewältigten diese Fahrzeuge in den ersten Jahren nach der Gründung der Deutschen Reichsbahn den Schnellzugverkehr.

Badische Staatsbahn · Reihe IV h · 1918

Japanische Staatsbahn (JNR) · Reihe C51. In Japan wurden 1919 die ersten Pacific-Lokomotiven in Dienst gestellt. Sie waren von der Kisha Seizo Kaisha, der Mitsubishi und in den bahneigenen Werkstätten gebaut worden. Sie hatten zwei Zylinder mit einfacher Dampfdehnung (Durchmesser 530 mm, Hub 660 mm), die mit einer Walschaerts-Steuerung kombiniert waren. Der Kessel war für den Druck von 12,8 bar ausgelegt, die Rostfläche betrug 2,5 m^2 und die Heizfläche einschließlich Überhitzer 210 m^2. Der Treibraddurchmesser betrug 1,75 m; die Länge über Puffer lag bei 20 m. Die Lokomotiven der Reihe C51 erreichten Geschwindigkeiten bis zu 100 km/h, die jedoch wegen der Streckenführung kaum gefahren werden konnten.

Preußische Staatsbahn · Reihe G12. Diese Lokomotivbaureihe entstand 1916, als man sich bereits entschlossen hatte, die Fahrzeuge nach vereinheitlichten Grundsätzen zu bauen, um die Anschaffungs- und Unterhaltungskosten zu senken. Obwohl sie die Baureihenbezeichnung einer preußischen Lokomotive (G12) bekam, wurde sie doch in großer Zahl auch in Sachsen, Baden, Württemberg und in Elsaß-Lothringen eingesetzt. Zwischen 1917 und 1924 wurden nicht weniger als 1519 Maschinen dieses Typs gebaut. Sie hatten ein Dreizylinder-Triebwerk mit einfacher Dampfdehnung (Zylinderdurchmesser 570 mm, Kolbenhub 660 mm), Treibräder mit einem Durchmesser von 1,4 m; die Heizfläche im Kessel erreichte einschließlich Überhitzer eine Größe von 263 m². Die Lokomotiven entwickelten eine maximale Leistung von 1130 kW und erreichten eine Höchstgeschwindigkeit von 65 km/h. Sie hatten ein Betriebsgewicht von 96 t – das Reibungsgewicht lag bei 82 t – und konnten auf einer Steigung von 10‰ einen 1010 t schweren Zug noch mit 40 km/h befördern. Die letzten wurden 1954 ausgemustert.

Ferrovie dello Stato italiane · Reihe 735. Die Reihe 735 der itatlienischen Staatsbahn war eine Weiterentwicklung der Lokomotiven der Reihen 730 und 740 sowie einer amerikanischen Lokomotive, die von ALCO in New York gebaut worden war. Da die italienische Industrie während des 1. Weltkrieges nicht in der Lage war, die dringend erforderlichen Güterzuglokomotiven zu bauen, ging der Auftrag über 400 Einheiten an die ALCO, die bereits 1917 die ersten 93 Maschinen und bis zum Jahre 1922 weitere 300 Einheiten lieferte. Die sieben fehlenden gingen beim Transport über den Atlantik verloren. Die Lokomotiven mit der Achsfolge 1'D hatten zwei Zylinder mit 540 mm Durchmesser und 700 mm Hub, eine Rostfläche von 2,8 m², die 156 Heizrohre ergaben zusammen mit dem Überhitzer eine Heizfläche von 195 m², die in der Stunde 8,2 t Dampf erzeugen konnte. Die Treibräder der Lokomotiven hatten einen Durchmesser von 1,37 m, die Höchstgeschwindigkeit lag bei 60 km/h, und bei einer Geschwindigkeit von 45 km/h entwickelten sie eine Leistung von 720 kW. In ihren Schlepptendern führten die 63,7 t schweren Maschinen 6 t Kohle und 22 m³ Wasser mit, wodurch sie eine große Reichweite bekamen. Beim Personal waren diese »Wilsons« sehr beliebt. 1977 waren noch einige dieser Maschinen in Italien im Einsatz.

85 004

Zwischen den Weltkriegen

Die zwanzig Jahre, die zwischen dem Ende des 1. und dem Beginn des 2. Weltkrieges lagen, waren für die Entwicklung der Eisenbahn in der ganzen Welt von ausschlaggebender Bedeutung. In dieser Zeit wurde die Dampflokomotive zu ihrer höchsten Vollendung gebracht und konnte sich dadurch noch lange gegen die mittlerweile aufgekommene Konkurrenz behaupten. So wurde es auch nur wenigen bewußt, daß sich das Dampflokzeitalter seinem Ende näherte, obwohl in weiten Teilen Italiens und der Schweiz bereits die elektrischen Lokomotiven wirtschaftlicher eingesetzt werden konnten als die »gute alte Dame«.
Man muß jedoch auch zugeben, daß bis zu den vierziger Jahren beide Fahrzeuge den besten Beweis einer ausgeglichenen Koexistenz erbrachten, indem sie sich in verschiedenen Bereichen gegenseitig ergänzten. Dieser Zustand wurde natürlich noch durch die großartigen Entwicklungen und hervorragenden technischen Erfindungen auf dem Dampfloksektor begünstigt. Mittlerweile war mehr als ein Jahrhundert vergangen, seitdem die ersten Dampflokomotiven in Pionierarbeit hergestellt worden waren, und die Geschichte hat gezeigt, daß seit der berühmten Wettfahrt von Rainhill im Jahre 1840 die Ingenieure nicht ruhten, bis sie die Dampflokomotive zu jener Perfektion brachten, wie sie sich rund hundert Jahre später zeigte. Wie bedeutend die Erfindung des Heizrohrkessels im Jahre 1830 durch Stephenson und der Steuerung des Belgiers Egide Walschaerts im Jahre 1840 waren, zeigen die Lokomotiven, die zwischen den beiden Weltkriegen noch immer mit diesen Konstruktionselementen versehen wurden.

→ S. 186

Great Northern Railway · Reihe H4. Herbert Nigel Gresley entwarf 1920 für die englische Eisenbahngesellschaft GNR eine Mehrzwecklokomotive mit der Achsfolge 1'C. Sie hatte ein Dreizylinder-Triebwerk mit Walschaerts-Steuerung und einfacher Dampfdehnung. Der mittlere Zylinder wurde dabei von der Steuerung der Außenzylinder mitversorgt, dadurch konnte eine Innensteuerung vermieden werden. Diese Lösung wurde später auch bei den Pacific-Maschinen von Gresley angewandt. Die Mogul-Lokomotiven der Baureihe H4 hatten eine maximale Zugkraft von 133,5 kN. Ihr Betriebsgewicht lag bei 73,8 t, das Reibungsgewicht pro Achse bei 20,3 t. Die Lokomotiven wurden im Personen- und Güterzugverkehr eingesetzt und konnten 55 Güterwagen mit einer Geschwindigkeit von 70 km/h befördern. Von der Reihe H4 wurden 200 Exemplare gebaut, die 1923 nach der Übernahme der Great Northern Railway durch die London & North Eastern Railway (LNER) die Bezeichnung K3 erhielten. Erst im Jahre 1959 wurden diese Fahrzeuge ausgemustert.

Suomen Valtionrautatiet (VR) · Reihe Hv2. Die finnischen Staatsbahnen vergaben 1919 einen Auftrag über 15 Lokomotiven an die Berliner Firma Schwartzkopff. Diese Maschinen, von denen zwischen 1922 und 1926 weitere 18 Stück in Tampere in Finnland gebaut wurden, hatten zwei Zylinder (Durchmesser 510 mm, Hub 600 mm) mit einfacher Dampfdehnung. Die Rostfläche der Feuerung hatte die Größe von 2 m², und die Heizfläche im Kessel betrug einschließlich Überhitzer 141 m². Der damit erzeugte Dampf hatte einen Druck von 11,8 bar. Der Treibraddurchmesser betrug 1,75 m, das Betriebsgewicht lag bei 57,1 t, und das Reibungsgewicht erreichte den Wert von 38,4 t. Die Maschinen hatten einen dreiachsigen Schlepptender, der bei voller Beladung (14,3 m³ Wasser, 5 t Kohle oder 11 m³ Holz) ein Gewicht von 33,3 t hatte. Einige Fahrzeuge erhielten im Jahre 1925 einen Speisewasservorwärmer der Bauart Knorr. Die Lokomotiven der Baureihe Hv2 waren sehr zuverlässig, und die letzten wurden erst 1969 ausgemustert.

Norske Hoved Jernbane · Reihe 34a. Die Baldwin Locomotive Works in Philadelphia bauten 1918 für diese norwegische Eisenbahngesellschaft drei Tenderlokomotiven mit der Achsfolge 1'D1'. Der Kessel dieser typisch amerikanischen Konstruktion war sehr hoch angeordnet und hatte zwei große Wasserbehälter an den Seiten. Die zwei Zylinder, die mit einfacher Dampfdehnung arbeiteten, hatten den Durchmesser von 560 mm und einen Hub von 600 mm, der Treibraddurchmesser betrug 1,35 m, der Kesseldruck war auf 11,8 bar begrenzt. Auffallend ist der große Behälter auf dem Kessel, der als Sandkasten diente, und das völlig geschlossene Führerhaus, das dem Personal im strengen winterlichen Klima ausreichend Schutz gewährte.

Chemins de Fer de l'État (Belgien) · Reihe 33. Im Jahre 1921 wurden in Belgien diese acht Lokomotiven der Reihe 33 in Betrieb genommen. Sie waren in Tubize gebaut worden und hatten die Achsfolge 1'D. Die 1,52 m großen Treibräder wurden über ein Vierzylinder-Verbundtriebwerk (Hochdruckzylinder: Durchmesser 420 mm, Hub 660 mm, Niederdruckzylinder: Durchmesser 600 mm, Hub 660 mm) bewegt. Die Rostfläche betrug 3,2 m², und der Kessel, in dem ein Druck von 15,7 bar herrschte, hatte eine Heizfläche von 179 m² sowie einen zusätzlichen Überhitzer mit einer Fläche von 60 m². Die Lokomotiven der Reihe 33 konnten bei 80 km/h eine Leistung von 1395 kW entwickeln.

Canadian Pacific Railway · Reihe G3c. Auch bei den kanadischen Eisenbahnen waren die Pacific-Lokomotiven von großer Bedeutung. Eine der erfoglreichsten Konstruktionen war die Reihe G3c, die 1923 von den Montreal Locomotive Works gebaut worden war. Sie war beim Personal sehr beliebt und wurde vor schweren Reisezügen eingesetzt, deren Wagen meist sechsachsig waren. Die Lokomotiven hatten zwei Zylinder, die mit einfacher Dampfdehnung betrieben wurden. Der Zylinderdurchmesser betrug 635 mm, der Kolbenhub lag bei 762 mm. Die Lokomotivkessel waren für Drücke bis 13,7 bar ausgelegt, und die Treibräder hatten einen Durchmesser von 1,9 m. Sie entwickelten eine maximale Zugkraft von 170 kN. In der Folgezeit entstanden mehrere Unterbauarten, darunter auch die Reihe G3g mit einem Kesseldruck von 19 bar und einer maximalen Zugkraft von 182,5 kN. Diese kanadischen Pacific-Lokomotiven waren sehr kompakt gebaut, sie hatten einen Achsstand von 10,6 m und eine Gesamtlänge von 24,8 m. Die seitlichen Streifen am Kessel geben der Maschine zusätzlich ein elegantes Aussehen.

North Western Railway · Reihe HG/S. Für die staatliche Eisenbahngesellschaft Indiens wurden im Jahre 1919 bei der Vulcan Foundry in Newton-le-Willows, England, eine Reihe von Lokomotiven mit der Achsfolge 1'D gebaut. Diese typisch englischen Maschinen hatten zwei Zylinder mit 559 mm Durchmesser und 660 mm Hub. Ihr Treibraddurchmesser lag bei 1,44 m. Die Rostfläche hatte eine Größe von 3 m^2. Mit einer Heizfläche von 196 m^2 (einschließlich Überhitzer) erzeugte der Kessel Dampf mit einem Druck von 12,5 bar. Bei einem Reibungsgewicht von 65,8 t konnten diese Maschinen in der Ebene 1600-t-Züge befördern.

Die North Western Railway bestand bis nach dem 2. Weltkrieg und wurde dann von dem neugegründeten Staat Pakistan als Pakistan Western Railway übernommen.

Ceskoslovenske Statni Drahy · Reihe 365. Nach der Gründung der Tschechoslowakei aus mehreren Teilgebieten nach dem 1. Weltkrieg verfügte die dortige Eisenbahngesellschaft über eine große Typenvielfalt in ihrem Fahrzeugpark. Der größte Teil stammte aus dem österreichisch-ungarischen Bereich, jedoch waren die Fahrzeuge in ziemlich desolatem Zustand, so daß Neubeschaffungen dringend erforderlich waren. Zu diesen neuen Fahrzeugen zählten auch die Lokomotiven der Reihe 365 mit der Achsfolge 1'C1', die in Prag-Lieben hergestellt wurden und den Gölsdorf-Maschinen sehr ähnlich waren. Sie hatten zwei Zylinder mit 570 mm Durchmesser und 680 mm Hub, ihr Kesseldruck betrug 12,8 bar; die Treibräder hatten den Durchmesser von 1,78 m, die Rostfläche war 4 m^2 groß, und die Gesamtheizfläche betrug 303 m^2. Die Höchstgeschwindigkeit der Maschinen lag bei 110 km/h, wodurch sie auch für den Schnellzugverkehr geeignet waren.

Compagnie de l'Est · Reihe 231B. Diese Eisenbahngesellschaft ist die einzige in Frankreich, die keine Pacific-Lokomotiven selbst entwickelte, sondern auf bewährte Konstruktionen anderer Bahnverwaltungen zurückgriff. Auch die Lokomotiven der Reihe 231B waren im Jahre 1913 für die Chemins de Fer de l'État entwickelt worden, wurden aber wegen der Kriegsereignisse zunächst nicht gebaut. Erst 1920 ließ dann die Compagnie de l'Est 40 Maschinen für den schweren Schnellzugeinsatz auf der Strecke Paris–Belfort bauen. Es waren Vierzylinder-Verbundmaschinen der Bauart De Glehn (Hochdruckzylinder: Durchmesser 420 mm, Hub 650 mm, Niederdruckzylinder: Durchmesser 640 mm, Hub 650 mm) mit einem zusätzlichen Schmidt-Überhitzer. Sie hatten eine Walschaerts-Steuerung; ihre Treibräder erreichten die Größe von 1,95 m, und im Kessel herrschte ein Druck von 16,7 bar. Die Lokomotiven entwickelten eine Leistung von 1690 kW; ihre maximale Zugkraft betrug 176,5 kN. Sie waren von der Société Franco-Belge und der Compagnie Générale gebaut worden und 97 t schwer. Sie hatten ein Reibungsgewicht von 55 t, womit sie in der Lage waren, 420-t-Züge auf der 159 km langen Strecke von Metz nach Straßburg mit der Geschwindigkeit von durchschnittlich 100 km/h zu befördern. Die Höchstgeschwindigkeit lag bei 120 km/h.

Compania de los Caminos de Hierro del Norte de España. Nr. 2068–2504. Unter den spanischen Eisenbahngesellschaften hatte diese die meisten Maschinen mit der Achsfolge 1'D. Der Entwurf für die Fahrzeuge stammte aus dem Jahre 1909; gebaut wurden sie aber erst zwischen 1920 und 1940 von neun verschiedenen Herstellern in Spanien, Belgien, Deutschland und Großbritannien. Insgesamt wurden 436 Lokomotiven dieses Typs in Dienst gestellt. Sie hatten Zylinder mit 610 mm Durchmesser und 650 mm Hub, die Feuerung war vom Typ Belpaire, der Treibraddurchmesser betrug 1,56 m; das Betriebsgewicht lag bei 114 t (einschl. Tender). Während des Spanischen Bürgerkrieges (1936–1939) wurden viele dieser Fahrzeuge zerstört, so daß die 1941 neugegründete Red Nacional de los Ferrocarriles Españoles (RENFE) nur noch relativ wenige solche Maschinen hatte.

Great Northern Railway. Im Jahre 1922 wurden in Doncaster zwei Pacific-Lokomotiven für die Great Northern Railway gebaut, die von Herbert N. Gresley entworfen worden waren und nach der Gründung der LNER am 1. Januar 1923 als Reihe A1 auf die Strecke von London nach Edinburgh zum Einsatz kamen. In diesem Jahre wurden weitere zehn Maschinen gebaut. Die erste davon erhielt den weltbekannten Namen »Flying Scotsman«. Die Lokomotiven der Baureihe A1 hatten ein Dreizylinder-Triebwerk (508 mm Zylinderdurchmesser, 660 mm Kolbenhub) mit einfacher Dampfdehnung, Treibräder mit einem Durchmesser von 2,03 m und einen Kesseldruck von 12,5 bar. Die Rostfläche war 3,8 m² groß, und die Heizfläche hatte zusammen mit der Fläche des Überhitzers eine Ausdehnung von 320 m². Das Betriebsgewicht lag bei 94 t, wovon 61 t auf das Reibungsgewicht entfielen. Diese Pacific-Lokomotiven waren in der Lage, 650-t-Züge ohne Betriebshalt über die 305 km lange Strecke von London nach York mit einer Geschwindigkeit von 85 km/h zu ziehen. Auf Strecken in der Ebene wurden Geschwindigkeiten von 140 km/h und mehr erreicht. In den Jahren 1922–1924 wurden 52 Maschinen gebaut.

Eisenbahnen der UdSSR (SDZ)· Reihe E. In den Jahren 1918 bis 1920 lief in der Sowjetunion ein großes Programm zum Wiederaufbau des im 1. Weltkrieg zerstörten Eisenbahnnetzes. Da die Industrie des Landes jedoch nicht in der Lage war, bestellte man im Jahre 1920 bei der schwedischen Firma Nydqvist & Holm 500 Güterzuglokomotiven mit der Achsfolge E. Weitere 700 Maschinen desselben Typs sollten in Deutschland gebaut werden. Zwischen 1921 und 1923 wurden sämtliche 1200 Lokomotiven ausgeliefert. Sie hatten Zylinder mit einem Durchmesser von 620 mm und einen Kolbenhub von 700 mm, ihre Treibräder erreichten eine Größe von 1,32 m, und im Kessel herrschte ein Druck von 11,8 bar. Zwischen 1925 und 1944 wurde dann eine verbesserte Version in über 9000 Exemplaren gebaut.

Ferrovie dello Stato italiane · Reihe 940. Die Apenninen waren seit jeher ein großes Hindernis für den Landverkehr zwischen dem Thyrrenischen und dem Adriatischen Meer. Da es technisch nicht möglich war, große Täler auf Brücken zu überqueren, mußte auch die Haupt-Querverbindung zwischen Rom, Ancona und Pescara über steile und kurvenreiche Strecken geführt werden, was dem Reisenden ziemlich lange Fahrzeiten einbrachte. Für diese Bahnverbindung wurde daher im Jahre 1920 von der Versuchsanstalt in Florenz eine Tenderlokomotive mit der Achsfolge 1'D1' entwickelt. Zur Erhöhung des Reibungsgewichts waren zwei Wasserbehälter mit 10 m^3 Fassungsvermögen und ein Kohlenbehälter für 3,5 t Kohle direkt auf der Lokomotive angeordnet worden. Diese Lokomotiven, als Reihe 940 bezeichnet, stellen die erste geglückte Entwicklung in Italien nach dem 1. Weltkrieg dar. Sie hatten zwei Zylinder (Durchmesser 540 mm, Hub 700 mm), die mit einer Walschaerts-Steuerung kombiniert waren und mit Dampf von einem Druck von 11,8 bar beaufschlagt wurden. Der Achsstand der gekuppelten Achsen (Treibraddurchmesser 1,37 m) betrug 4,7 m. Das war für die Strecken mit den engen Kurven relativ viel, so daß man die Laufachsen mit den Endtreibachsen zu sogenannten »Carello italiano« zusammenfaßte und ihnen dadurch eine Querverschieblichkeit von 40 mm ermöglichte. Die 50 Maschinen der Baureihe 940 wurden in den Jahren 1922 und 1923 von der Officine Meccaniche in Mailand und Reggio Emilia sowie von der Officine Navali in Neapel ausgeliefert. Sie hatten ein Betriebsgewicht von 87,3 t und konnten mit dem Reibungsgewicht von 61,6 t bei 45 km/h eine Leistung von 720 kW erzeugen. Ihre Höchstgeschwindigkeit lag bei 60 km/h, völlig ausreichend für den Einsatz auf den italienischen Gebirgsstrecken. Heute steht eine dieser Maschinen im Museo della Scienza e della Tecnica in Mailand.

Preußische Staatsbahn · Reihe P10. Am 1. April 1920 wurden die verschiedenen deutschen Eisenbahngesellschaften zur Deutschen Reichsbahn zusammengefaßt. Doch erst zwei Jahre später begann die Auslieferung der letzten Lokomotivbaureihe, die im Auftrag der preußischen Staatsbahn gebaut wurde. Es war dies die Baureihe P10 mit der Achsfolge 1'D1', die wie die $S10^2$ und die G12 ein Dreizylinder-Triebwerk mit einfacher Dampfdehnung hatte (Zylinderdurchmesser 520 mm, Hub 660 mm). Die vordere Laufachse war in einem Krauss-Helmhotz-Gestell gelagert, und die acht Treibräder hatten einen Durchmesser von 1,75 m. Die Maschinen waren mit einer Belpaire-Feuerung bestückt, die eine Rostfläche von 4 m^2 hatte, und ihr Kesseldruck war auf 13,7 bar begrenzt. Von diesem Lokomotivtyp wurden zwischen 1922 und 1927 insgesamt 260 Exemplare gebaut. Die 110 t schweren Maschinen konnten in der Ebene 700-t-Züge mit 120 km/h befördern und erreichten in Steigungen von 10‰ mit 660 t Anhängelast noch eine Geschwindigkeit von 40 km/h. Die letzte Maschine der Baureihe P10 wurde 1967 ausgemustert.

Caile Ferrate Romane (Reihe 231) · 1922

Die Eisenbahnen Osteuropas

Nach dem Ende des 1. Weltkrieges begannen die osteuropäischen Eisenbahnverwaltungen fieberhaft mit der Erneuerung ihrer Fahrzeugparks. Die rumänischen Staatsbahnen (CFR) nahmen 1922 eine Reihe von Pacific-Lokomitven in Betrieb, die von Henschel gebaut worden waren. Der Prototyp dieser Baureihe war bereits 1911 von Krauss in München gebaut worden. Er hatte, weit vorne angeordnet, ein Vierzylinder-Triebwerk (Durchmesser 420 mm, Hub 650 mm), das auf die erste Treibachse wirkte. Der Durchmesser der Treibräder lag bei 1,85 m; der Kessel war für den Druck von 12,8 bar ausgelegt und hatte eine Heizfläche von 315 m², und die Rostfläche betrug 4 m². Diese Maschinen mit einem Betriebsgewicht von 89 t waren viele Jahre im Einsatz.

In Polen wurden im Jahre 1922 fünf Lokomotiven der Baureihe Ok 22 in Betrieb genommen. Sie waren von Chrzanow gebaut worden. Zwischen 1928 und 1934 folgten weitere 185 Maschinen, die den preußischen P8-Maschinen (s. S. 154) sehr ähnlich waren, jedoch wegen des hochliegenden Kessels eine größere Feuerung mit einem 4 m² großen Rost bekamen. Die Kessel hatten eine Heizfläche von 184 m² und erzeugten Dampf mit dem Druck von 11,8 bar, der auf zwei Zylinder wirkte, deren Durchmesser 575 mm und deren Kolbenhub 630 mm betrug. Die Treibräder dieser Maschinen hatten einen Durchmesser von 1,75 m. Neben den preußischen P8-Lokomotiven, die nach dem 1. Weltkrieg auch in Polen eingesetzt wurden, waren auch die Lokomotiven der Reihe Ok 22 bis zum Ende der Dampftraktion in diesem Land im Einsatz.

Vom Aussehen her wesentlich moderner wirkten die tschechischen Pacific-Maschinen der Baureihe 387, die von Skoda ab 1925 in 43 Exemplaren gebaut wurden. Sie hatten drei Zylinder mit einem Durchmesser von 525 mm und einen Hub von 680 mm, der Treibraddurchmesser lag bei 1,9 m; der Kesseldruck war auf 12,8 bar begrenzt. Die Rostfläche hatte die Größe von 4,8 m², und die Heizfläche einschließlich der des Überhitzers hatte eine Ausdehnung von 290 m². Die 89,5 t schweren Maschinen hatten ein Reibungsgewicht von 50 t und erreichten die Geschwindigkeit von 130 km/h.

Polskie Koleje Panstwowe (Reihe Ok22) · 1922

Ceskoslovenske Statni Drahy (Reihe 387) · 1925

Castle. Die 73 Lokomotiven der Reihe Star, die in den Jahren 1907 bis 1923 von der Great Western Railway in Betrieb genommen wurden, stellen den Höhepunkt in der Entwicklungsgeschichte der englischen Schnellzuglokomotiven dar (s. S. 155). 1922 entschloß sich die Great Western Railway zum Bau einer verbesserten Version; dazu überarbeitete C. B. Collett den Originalentwurf seines Vorgängers G. Churchward und entwickelte so die Baureihe Castle. Die erste Maschine dieses Typs wurde im August 1923 in Betrieb genommen. Auch sie hatte ein Vierzylinder-Triebwerk mit einfacher Dampfdehnung, deren innere Zylinder die erste und deren äußere Zylinder die zweite Achse antrieben; der Zylinderdurchmesser war jedoch von 362 mm auf 406 mm vergrößert worden, der Kolbenhub von 660 mm wurde aber beibehalten. Ebenso blieb auch der Treibraddurchmesser bei 2,05 m und der Kesseldruck bei 15,5 bar. Die Heizfläche wurde dank eines Überhitzers auf 215 m² vergrößert. Von diesen 81,1 t schweren Lokomotiven wurden zwischen 1923 und 1950 insgesamt 155 Exemplare gebaut. Sie kamen auf der Strecke von London nach Bristol zum Einsatz und erreichten eine Durchschnittsgeschwindigkeit von 130 km/h (Höchstgeschwindigkeit 160 km/h). Die erste Maschine dieses Typs steht heute im Museum in Kensington.

Danske Statsbaner · Reihe S. Von dieser großen Tenderlokomotivbaureihe wurden 20 Exemplare gebaut. Die beiden ersten Maschinen hatte Borsig in Berlin im Jahre 1924 abgeliefert, alle weiteren wurden zwischen 1927 und 1928 bei Frichs hergestellt. Sie hatten die Achsfolge 1'C2'; ihre Zylinder hatten den Durchmesser von 430 mm und einen Hub von 670 mm. Der Treibraddurchmesser betrug 1,73 m. Das Reibungsgewicht dieser 97-t-Lokomotiven lag bei 50,1 t und die Höchstgeschwindigkeit bei 90 km/h. Sie waren zunächst als Schnellzuglokomotiven entworfen worden, kamen aber bald nur noch auf Nebenbahnen zum Einsatz.

Compagnie des Chemins de Fer de l'Est · Reihe 241. Für den Schnellzugeinsatz ließ der Leiter der französischen Ostbahn-Gesellschaft, der Ingenieur M. F. Duchâtel, in den bahneigenen Werkstätten große Lokomotiven mit der Achsfolge 2'D1' bauen. Sie hatten Vierzylinder-Verbundtriebwerke der Bauart De Glehn. Die beiden äußeren Hochdruckzylinder (425 mm Durchmesser, 720 mm Hub) wirkten dabei auf die zweite Achse, die zwei inneren Niederdruckzylinder (660 mm Durchmesser, 720 mm Hub) dagegen trieben die erste Achse an. Die Feuerung der Bauart Belpaire hatte eine Rostfläche von 4,4 m² und im Kessel, der die Gesamtheizfläche (einschl. Überhitzer) von 288 m² hatte, herrschte ein Druck von 15,7 bar. Der Treibraddurchmesser lag bei 1,95 m und die Länge der Lokomotive ohne Tender betrug mehr als 16 m. Im Jahre 1925 wurde der Prototyp dieser Baureihe ausgeliefert und zahlreichen Testfahrten unterzogen. Erst 1929 wurden dann 40 Lokomotiven in Auftrag gegeben. Auch die französische Compagnie de l'État bestellte daraufhin 49 Maschinen dieser Bauart. Die Leistung des Prototyps betrug 1800 kW, und die maximale Zugkraft lag bei 206 kN. Damit konnten 700-t-Züge mit einer Durchschnittsgeschwindigkeit von fast 100 km/h und einer Höchstgeschwindigkeit von 120 km/h befördert werden.

Deutsche Reichsbahn · Reihe 01. Gleich mit der Gründung der Deutschen Reichsbahn bestand vor allem der Wunsch nach einheitlichen Fahrzeugen, denn man verfügte am Tage der Gründung am 1. April 1920 über mehr als 200 verschiedene Baureihen. Daher stellte man ein Typenprogramm zusammen, das auf bewährten Konstruktionen basierte und die Tauschbarkeit der einzelnen Bauteile ermöglichen sollte. Als erstes wurden 20 Lokomotiven mit der Achsfolge 2'C1' in Auftrag gegeben. Zehn dieser Maschinen hatten Zweizylinder-Triebwerke mit einfacher Dampfdehnung und wurden als Baureihe 01 bezeichnet, die anderen zehn hatten Vierzylinder-Verbundtriebwerke und gehörten zur Baureihe 02. Da die Verbundlokomotiven jedoch nicht überzeugen konnten, wurden sie in Zweizylinder-Lokomotiven umgebaut. Die Reihe 01 dagegen brachte hervorragende Ergebnisse. Sie hatte zwei Zylinder mit 650 mm Durchmesser und 660 mm Hub, ihr Kesseldruck betrug 15,7 bar, und der Treibraddurchmesser lag bei genau 2 m. Die Rostfläche hatte die Größe von 4,4 m², und die Heizfläche war 332 m² groß. Die 109 t schweren Maschinen konnten einen 280-t-Zug auf der Strecke von Berlin nach Hamburg mit einer Durchschnittsgeschwindigkeit von 120 km/h, bei einer Höchstgeschwindigkeit von 154 km/h, befördern.

Deutsche Reichsbahn · Reihe T18. Da man sich ständig darum bemühte, den Wirkungsgrad der Dampflokomotive zu verbessern, entstand anfangs der zwanziger Jahre bei Krupp eine Turbinenlokomotive mit einer Dampfturbine der Bauart Zoelly. Im Jahre 1926 baute auch Maffei eine derartige Lokomotive für den Dampfdruck von 21,6 bar. Diese Maschine hatte, wie die von Krupp, eine quer über dem vorderen Drehgestell angeordnete Dampfturbine, die über ein Getriebe eine Blindwelle antrieb, die ihrerseits über Kuppelstangen mit den drei Treibachsen (Durchmesser 1,75 m) verbunden war. Da die Drehrichtung der Turbine nicht umgekehrt werden konnte, wurde für die Rückwärtsfahrt noch eine zweite, allerdings kleinere Turbine eingebaut. Die Hauptturbine hatte eine maximale Drehzahl von 8800 Umdrehungen/min und gab eine Leistung von 1470 kW ab. Diese 104 t schwere Maschine hatte gegenüber der konventionellen Bauweise zwar eine erhebliche Brennstoffersparnis aufzuweisen, war aber nicht stärker oder schneller als diese. Da sie darüber hinaus sehr teuer in der Anschaffung war, wurde sie nicht in Serie weitergebaut, blieb aber im Einsatz und mußte erst 1944 nach einem Bombenangriff ausgemustert werden.

Comapnia de los Caminos de Hierro del Norte de España · Nr. 4001–4066. Im Jahre 1925 wurden in Spanien die ersten Lokomotiven vom Typ Mountain (Achsfolge 2′D1′) in Betrieb genommen. Die ersten sechs Maschinen – sie sollten die Strecke von Madrid bis zur Atlantikküste ohne Betriebsaufenthalt zurücklegen können – wurden bei Hanomag gebaut. Sie hatten Vierzylinder-Verbundtriebwerke der Bauart De Glehn. 1927 wurden weitere 60 Lokomotiven bei spanischen Herstellern in Auftrag gegeben.

Southern Railway System · Reihe Ps-4. Von der Baureihe Ps-4, einer sehr bekannnten amerikanischen Lokomotivbaureihe, wurden zwischen 1923 und 1935 bei ALCO in Schenectady 62 Exemplare gefertigt. Sie hatten zwei Zylinder mit 686 mm Durchmesser und 711 mm Kolbenhub. Ihre Treibräder erreichten die Größe von 1,85 m, der Kessel war für den Druck von 13,9 bar ausgelegt, die Rostfläche hatte eine Ausdehnung von 6,5 m², und die Heizfläche betrug 295 m². Die Steuerungen der Lokomotive waren entweder von der Bauart Walschaerts oder, wie bei der abgebildeten, vom Typ Baker. Bei allen Maschinen wurde auch ein Speisewasservorwärmer der Bauart Coffin, Elesco oder Worthington eingebaut. Diese 154 t schweren Maschinen entwickelten eine Zugkraft vom maximal 211 kN und hatten vier- oder sechsachsige Tender für 53 m³ Wasser und 16 t Kohle.

Royal Scott. Nach der Gründung der London-Midland-Scottish Company (LMS) aus dem Zusammenschluß verschiedener englischer Bahnverwaltungen verfügte diese Eisenbahngesellschaft über mehr als 5000 Dampflokomotiven unterschiedlichen Alters und Typs. Es war deshalb dringend erforderlich, einen einheitlichen Lokomotivenpark aufzubauen. So wurde die North Britisch Locomotive Co. beauftragt, eine Schnellzuglokomotive mit der Achsfolge 2′C zu entwickeln. Im Jahre 1927 wurden 50 Exemplare dieses Typs ausgeliefert, und weitere 20 Maschinen folgten drei Jahre später. Diese Dreizylinder-Maschinen entsprachen zwar den Konstruktionen der Midland-Lokomotiven, waren aber ebenso leistungsfähig wie die Maschinen der Baureihe Castle der Great Western (s. S. 183).

South African Railways & Harbours · Reihe 15CA. Die bedeutendsten und gleichzeitig bekanntesten Lokomotiven in Südafrika waren die Maschinen vom Typ Mountain. Im Jahre 1909 wurden die ersten Maschinen mit der Achsfolge 2'D1' für die Natal Government Railways gebaut. 1926 erreichte diese Konstruktion jedoch erst ihren Höhepunkt in der Reihe 15CA der SAR. Die Firma ALCO lieferte in jenem Jahr 23 Lokomotiven, und zwei Jahre später wurden von Baldwin nochmals 12 Maschinen gebaut. Weitere zehn Exemplare wurden im Jahre 1929 von Breda in Italien hergestellt; die letzten 47 Fahrzeuge lieferte zwischen 1928 und 1930 die North British Locomotive Co. Sie hatten zwei Zylinder mit 584 mm Durchmesser und 711 mm Hub, der Treibraddurchmesser betrug 1,45 m, der Kesseldruck erreichte 13,8 bar, die Rostfläche hatte die Größe von 4,5 m², und die Heizfläche betrug 322 m². Die 108 t schweren Maschinen waren für den gemischten Einsatz entworfen worden und entwickelten eine maximale Zugkraft von 252 kN. Dank ihres großen Tenders – er konnte 27 m³ Wasser und 12 t Kohle fassen – war es den Maschinen möglich, in einer Zeit von 29 Stunden auf der Strecke von Kapstadt nach Johannesburg ohne Lokwechsel die berühmten Express-Züge »Union Express« und »Union Limited« zu befördern.

Der 1. Weltkrieg brachte jedoch auch eine ganz andere Eigenschaft der Dampflokomotive zutage, die bis dahin noch niemand beachtet hatte. Sie war eine Einrichtung, die auch für den Krieg eingesetzt werden konnte, indem sie nämlich Soldaten und Material zu den Frontlinien transportierte, also den Nachschub aus dem Hinterland in kürzester Zeit durchführen konnte. Durch ihre gute und ausgefeilte Konstruktion war sie auch in schwierigsten Situationen zu unglaublichen Leistungen fähig, ein Beweis für ihre Zuverlässigkeit und Vielseitigkeit – zwei Eigenschaften, die für ein öffentliches Verkehrsmittel unbedingt erforderlich sind.
In diesem Zeitabschnitt entstanden in den USA riesige Lokomotiven, die nun den technischen Unterschied zu den europäischen Konstruktionen, der bereits vor 1915 in geringem Maße bestand, in jenen Jahren noch deutlicher machte. Damit soll natürlich keineswegs eine Abwertung der europäischen Lokomotivkonstrukteure angedeutet werden. Die unterschiedliche Entwicklung mußte bei den verschiedenartigen Bedingungen – Streckenverhältnisse, Entfernungen und Transportaufkommen – einfach kommen.

→ S. 191

TCDD (Türkische Staatsbahn). Die türkische Staatsbahnverwaltung bestellte vor und nach dem 2. Weltkrieg eine große Zahl von Lokomotiven bei deutschen Firmen. Der hier abgebildete 2'D-Lokomotivtyp wurde in 25 Exemplaren von Henschel (1926) und Krupp (1934) für die Gebirgsstrecke von Haydarpasa nach Ankara gebaut. Sie ist eine Weiterentwicklung der preußischen P10 (s. S. 181) und T18 (s. S. 167). Ihre Zylinder hatten einen Durchmesser von 630 mm und einen Hub von 660 mm. Der Treibraddurchmesser betrug 1,65 m, der Kessel war für einen Druck von 11,8 bar ausgelegt, und die Rostfläche hatte die Größe von 3,0 m². Sie entwickelte eine Zugkraft von maximal 159,3 kN, konnte aber keine großen Geschwindigkeiten erreichen. Auffallend ist der amerikanische Kuhfänger, der das Aussehen der deutschen Konstruktion doch sehr veränderte.

Chicago & Northwestern Railway · Reihe J-4. Da man in Amerika zu Beginn der zwanziger Jahre die Dampfproduktion der Lokomotivkessel bereits auf das Höchstmaß gesteigert hatte, mußte man, um die Leistungsfähigkeit der Lokomotiven weiter erhöhen zu können, die Rost- und Heizflächen selbst vergrößern. So entstanden die Lokomotiven vom Typ Berkshire mit der Achsfolge 1'D2'. Sie hatten wegen der bis zu 50 Prozent größeren Rostfläche der Feuerungen hinten ein zweiachsiges Laufwerk bekommen. Damit war es auch möglich, Kessel mit um einer 10 Prozent größeren Heizfläche einzubauen. Eine der besten dieser Berkshire-Lokomotiven war die Reihe J-4 der Chicago & Northwestern Railway, einer Eisenbahngesellschaft, deren Netz von Illinois nach Wisconsin, Minnesota, Iowa, Nebraska und Nord- und Süddakota reichte. Die Maschinen des Typs J-4 hatten zwei Zylinder mit 711 mm Durchmesser und einem Kolbenhub von 762 mm. Der Treibraddurchmesser betrug 1,6 m; die Rostfläche hatte die Größe von 9,3 m², und im Kessel, der die Heizfläche von 671 m² hatte, herrschte ein Druck von 16,7 bar. Im Jahre 1927 wurden 12 Stück dieses Typs gebaut. Sie kamen vor schweren Erzzügen in Illinois zum Einsatz.

Boston & Albany Railroad · Reihe D12 *(oben)*. Dies ist eine der wenigen schweren Tenderlokomotiven, die in den USA gebaut wurden. Sie war für den Personenverkehr zwischen Boston und Brookline Junction entworfen worden. In diesen Orten waren keine Drehscheiben vorhanden, deshalb mußten diese fünf Maschinen, die 1928 gebaut worden waren, in beiden Fahrtrichtungen dieselbe Geschwindigkeit erreichen können. Sie hatten zwei Zylinder mit 597 mm Durchmesser und 660 mm Hub, ihr Treibraddurchmesser betrug 1,6 m, und der Kessel war für den Druck von 14,8 bar ausgelegt. Die Achsfolge 2'C3' war ungewöhnlich, wurde aber durch den relativ großen Tender (19 m³ Wasser und 6 t Kohle) gerechtfertigt. Die 160 t schweren Maschinen waren 16,5 m lang und erreichten eine Höhe von 4,3 m über Schienenoberkante, das gab ihnen zwar ein wuchtiges, aber wenig elegantes Aussehen.

Union Pacific Railroad · Reihe 9000 *(unten)*. Dieser Lokomotivtyp wurde zwischen 1926 und 1930 in 88 Exemplaren gebaut und stellt den Höhepunkt im amerikanischen Lokomotivbau von Starrahmen-Maschinen dar. Die Lokomotiven hatten Dreizylinder-Triebwerke mit zwei äußeren Zylindern von 610 mm Durchmesser und 813 mm Hub und einem innenliegenden Zylinder mit 635 mm Durchmesser und 787 mm Hub. Die Treibräder hatten einen Durchmesser von 1,7 m; der Kessel war für den Druck von 15,2 bar ausgelegt. Die Rostfläche hatte die Größe von 10 m², und die Heizfläche war einschließlich des Überhitzers 781 m² groß. Der Achstand der sechs Kuppelachsen (Achsfolge 2'F1') betrug 9,35 m, und der Gesamtachsstand der Lokomotive lag bei 16 m. Die 225 t schweren Maschinen, die als Reihe 9000 bezeichnet wurden, waren so erfolgreich, daß ihre Höchstgeschwindigkeit von zunächst 60 km/h im Laufe der Zeit auf 90 km/h erhöht werden konnte. Sie entwickelten die Leistung von 3675 kW und eine maximale Zugkraft von 440 kN. Das gestattete ihnen, 150-Wagen-Züge in der Ebene mit 80 km/h zu befördern.

Paris-Lyon-Méditerranée · Reihe 242AT. Die Zunahme des Verkehrsaufkommens im Pariser Vorortbereich und die damit verbundenen höheren Zuglasten, veranlaßten die PLM zum Bau einer Reihe von Tenderlokomotiven, deren Entwurf auf bewährte Konstruktionen des Auslandes zurückging. So entstand auch die Baureihe 242AT mit der Achsfolge 2′D2′. Von diesem Typ wurden zwischen 1926 und 1932 insgesamt 351 Exemplare in Betrieb genommen. Sie hatten ein Vierzylinder-Verbundtriebwerk. Die zwei äußeren Hochdruckzylinder (Durchmesser 420 mm, Hub 650 mm) trieben die zweite Achse an, während die beiden inneren Niederdruckzylinder (630 mm Durchmesser, 650 mm Hub) auf die erste Achse wirkten. Der Treibraddurchmesser lag bei 1,65 m, und der Kessel war für einen Druck von 15,7 bar ausgelegt. Ein Teil der Maschinen hatte eine zylindrische Schiebersteuerung, die anderen waren mit einer Ventilsteuerung ausgerüstet. Das Reibungsgewicht der 116 t schweren Lokomotiven betrug 64 t. Bei den Meßfahrten entwickelte der Prototyp bei 50 km/h eine Leistung von 1210 kW. Bei den Serienfahrzeugen konnte diese sogar noch auf 1285 kW gesteigert werden. Die Höchstgeschwindigkeit lag über 100 km/h, eine außergewöhnliche Geschwindigkeit für eine Lokomotive, die für schweren Personenzugeinsatz mit kurzen Stationsabständen entworfen worden war. Dank ihres hohen Beschleunigungsvermögens, konnte sie Personenzüge auf der Strecke Paris–Fontainebleau (60 km) mit einer Durchschnittgeschwindigkeit von 86 km/h ziehen. Diese Dampflokomotiven wurden außer im Pariser Vorortverkehr auch an der Côte d'Azur für internationale Züge eingesetzt.

Österreichische Bundesbahnen (BBÖ) · Reihe 629. Die österreichische Tenderlokomotive der Reihe 629 gehen auf einen 1913 von der Südbahngesellschaft erstellten Entwurf zurück. Sie wurden jedoch erst in den Jahren 1926 und 1927 gebaut. Ihre Achsfolge entsprach zwar den Pacific-Maschinen (2′C1′), doch war ihre Feuerung zwischen den beiden hinteren Treibachsen angeordnet worden. Sie hatten ein Zweizylinder-Triebwerk (Zylinderdurchmesser 475 mm, Kolbenhub 720 mm), Treibräder mit dem Durchmesser von 1,57 m und eine Rostfläche von 2,7 m². Im Kessel herrschte der Druck von 12,8 bar; dieser Dampf wurde mit einer Heizfläche von 172 m² erzeugt. Die 84 t schweren Maschinen hatten ein Reibungsgewicht von 45 t, eine Höchstgeschwindigkeit von 90 km/h, und sie entwickelten eine Leistung zwischen 808 und 882 kW. Damit war sie in der Lage, 430-t-Züge auf einer Steigung von 3‰ mit 60 km/h zu befördern. Die Lokomotiven dieser Reihe 629 zählten zu den erfolgreichsten und langlebigsten in Mittel- und Osteuropa. Außer bei den BBÖ kamen sie auch in Ungarn, Polen, Jugoslawien und in der Tschechoslowakei zum Einsatz. Sie waren unter anderem auch als Zuglokomotiven für den Orientexpress im österreichischen Abschnitt im Einsatz. Nach dem 2. Weltkrieg wurden die Maschinen mit der von der Deutschen Reichsbahn übernommenen Bezeichnung Reihe 77 bei den österreichischen Bundesbahnen (nun ÖBB) eingesetzt.

London-Midland-Scottish Railway · Nr. 4997–4999. Der Mangel an starken Güterzuglokomotiven, der nach dem Zusammenschluß der verschiedenen englischen Bahnverwaltungen deutlich zutage trat, führte häufig zum Einsatz von zwei Maschinen in Doppeltraktion, was jedoch sehr unwirtschaftlich war, da man ja auch zweimal Lokomotivpersonal brauchte. So ließ die LMS eine Garratt-Maschine entwickeln. Die ersten drei dieses Typs wurden im Jahre 1927 von der Beyer Peacock & Co. gebaut. 1930 folgten dann weitere. Insgesamt kamen 34 Exemplare zum Einsatz. Sie waren vor allem als Zuglokomotiven für die schweren Kohlenzüge vom Kohlenrevier von Toton bei Nottingham zu den Eisenhütten in Cricklewood (204 km) bestimmt. Sie hatten die Achsfolge (1′C) (C1′) und zwei völlig identische Triebwerke mit je zwei Zylindern, deren Durchmesser 470 mm und deren Hub 660 mm betrug, und 1,6 m große Treibräder. Der große Kessel der für einen Druck von 13,2 bar ausgelegt war, hatte eine Heizfläche von 245 m² und war mit einer Belpaire-Feuerung kombiniert, deren Rostfläche die Größe von 4,1 m² hatte. Die Länge der Lokomotive betrug 25 m; der Achstand der Kuppelachsen jedes Triebwerks lag bei 5,03 m. Das Betriebsgewicht erreichte die Höhe von 158 t, das Reibungsgewicht 125 t. Die Lokomotiven waren relativ langsam, aber dank der großen Wasserbehälter (17 m³) über jedem Triebgestell konnten sie lange Strecken durchfahren.

Paris-Orléans · Nr. 3701–3721. Ab 1925 begann bei der Compagnie d'Orléans eine Zeit bedeutender Modernisierungen, die jedoch nicht auf Neuanschaffungen von Lokomotiven, sondern auf den Umbau bereits vorhandener Fahrzeuge zurückzuführen war. Eine dieser Lokomotivumbauten war die Pacific-Baureihe, die in den Jahren 1907 bis 1909 (s. S. 158) entstanden war. Diese Fahrzeuge waren zwar schnell und leistungsfähig, genügten aber nicht mehr den Anforderungen in jener Zeit. André Chapelon, ein großer europäischer Lokomotivkonstrukteur, führte in Tours an diesen Maschinen einige wesentliche Änderungen durch. So ersetzte er die Schiebersteuerung durch eine Lentz-Ventilsteuerung, baute einen Überhitzer ein und verbesserte den Rauchabzug im Schornstein. Dadurch konnte die Leistungsfähigkeit auf rund 2500 kW erhöht werden, und bei den ersten Probefahrten im Jahre 1929 erreichten die Maschinen eine Geschwindigkeit von mehr als 120 km/h. Die Lokomotiven hatten zwei Hochdruckzylinder mit 420 mm Durchmesser, 650 mm Kolbenhub und zwei Niederdruckzylinder mit 650 mm Durchmesser und 690 mm Hub. Den Treibraddurchmesser von 1,95 m behielt man bei, während der Kesseldruck auf 16,7 bar erhöht wurde. Dadurch stieg auch das Betriebsgewicht auf 102 t und das Reibungsgewicht auf 57,3 t. Diese Lokomotivkonstruktion stellte die Grundlage für 105 Folgemaschinen dar, die von der Compagnie de l'Est, der Compagnie du Nord und der Paris-Orléans eingesetzt wurden. Sie erreichten mit 450 t Anhängelast eine Reisegeschwindigkeit von über 100 km/h. Die Höchstgeschwindigkeit lag bei 135 km/h. Die Lokomotiven der PO mit den Nummern 3701 bis 3721 zogen unter anderem den Süd-Express von Poitiers nach Angoulême, einen Abschnitt der Strecke Paris–Bordeaux, und waren den Mountain-Maschinen ebenbürtig. Im Jahre 1956 erreichte eine dieser Lokomotiven bei Rekord-Fahrversuchen mit einem 225-t-Zug Geschwindigkeiten zwischen 160 und 180 km/h.

Ferrovie dello Stato italiane · Reihe 691. Dies ist die Königin des italienischen Dampflokomotivbaus. Eine Maschine, an die man sich sofort erinnert, wenn von den hochbeinigen Schnellzuglokomotiven die Rede ist. Die Reihe 691 sollte den Schnellzugverkehr auf den noch nicht elektrifizierten Strecken in Italien abwickeln. Sie war eine Weiterentwicklung der Reihe 690 und entstand zu einer Zeit, da man bereits von den Vorteilen der elektrischen Traktion überzeugt war. Deshalb war sie auch keine reine Neuentwicklung. Das technische Entwicklungsbüro in Florenz entschloß sich daher, die Lokomotivkonstruktion der Reihe 690 dahingehend zu ändern, daß auf einem etwas verlängerten Rahmen ein größerer Kessel für einen zulässigen Dampfdruck von 13,7 bar eingebaut werden konnte. Das Vierzylinder-Triebwerk mit einfacher Dampfdehnung blieb unverändert; so betrug auch bei der Reihe 691 der Zylinderdurchmesser 450 mm und der Kolbenhub 680 mm. Zusätzlich eingebaut wurden bei den neuen Lokomotiven jedoch ein Überhitzer und ein Speisewasservorwärmer der Bauart Knorr. Die Zugkraft dieser Maschinen erreichte einen Höchstwert von 142,2 kN, und bei einer Geschwindigkeit von 90 km/h entwickelten sie eine Leistung von 1285 kW. Das Reibungsgewicht der 97 t schweren Fahrzeuge lag bei 60 t, der Treibraddurchmesser betrug 2,03 m, und die Höchstgeschwindigkeit war wie bei den Lokomotiven der Reihe 690 bei 130 km/h. Von den 33 Maschinen, die zwischen 1929 und 1931 bei Breda, Ansaldo und in den Officine Meccaniche in Mailand gebaut worden waren, blieben einige bis nach 1960 im Einsatz. Die letzte Lokomotive dieser Baureihe steht heute im Museo della Scienza e della Tecnica in Mailand.

Schweizer Bundesbahnen · Reihe E4/4. Diese Lokomotive war für den Rangierdienst in Güter- und Abstellbahnhöfen der Schweizer Bundesbahnen entwickelt worden. Von ihr wurden zwischen 1930 und 1933 bei der SLM in Winterthur 17 Exemplare gebaut. Sie hatten die Achsfolge D, Treibräder mit einem Durchmesser von 1,23 m, zwei Zylinder mit 570 mm Durchmesser und 640 mm Hub. Der Kessel, der eine Heizfläche von 106 m² hatte, war für einen Druck von 11,8 bar ausgelegt worden; die Rostfläche der Feuerung hatte ein Größe von 1,7 m². Das Gewicht der Maschinen betrug 68,4 t, und sie erreichten eine Höchstgeschwindigkeit von 45 km/h. Zu jener Zeit war die elektrische Traktion in der Schweiz schon weit verbreitet, auch im Rangierdienst, doch die Lokomotiven der Reihe E4/4 wurden erst im Laufe der sechziger Jahre ausgemustert.

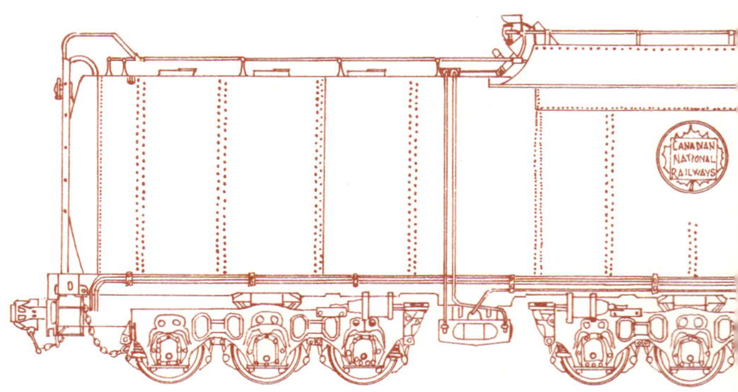

Great Northern Railroad · Reihe S-2. Die Lokomotiven der Reihe S-2, im Auftrag der Great Northern Railroad gebaut, wurden von vielen amerikanischen Technikern in den dreißiger Jahren für den Beginn einer neuen Entwicklungsphase gehalten. Man war seit einem Jahrhundert der Ansicht, daß sich der Durchmesser der Treibräder umgekehrt proportional zur Zahl der Achsen verhalten würde. Da diese These praktisch nie bewiesen oder widerlegt wurde, verfolgte man weiterhin das bewährte Prinzip. So hatten auch die Lokomotiven der Reihe S-2 mit der Achsfolge 2′D2′ Treibräder mit dem Durchmesser von 2,03 m. Sie waren übrigens die ersten, bei denen der Zylinderdurchmesser genauso groß war wie der Kolbenhub: 737 mm. Die Kessel dieser Lokomotiven – von ihr wurden 14 Exemplare gebaut – waren für einen Druck von 15,5 bar ausgelegt worden. Diese Schnellzugmaschinen kamen auch von dem schwersten Zug dieser Gesellschaft zum Einsatz, dem »Empire Builder«. Sie hatten ein Betriebsgewicht von 191 t und entwickelten eine maximale Zugkraft von 258,8 kN. Mit diesen Maschinen wurde bewiesen, daß vierachsige Lokomotiven genauso schnell fahren konnten wie Pacific- und Atlantic-Lokomotiven.

In Amerika mußten die Ingenieure einfach mutiger und unkonventioneller an die Arbeit gehen als ihre Kollegen in Europa; dadurch ließen sie natürlich auch ihrer Phantasie zur rechten Zeit freien Lauf. Dies wurde noch begünstigt durch eine entschlossene und zur Verwirklichung jeder aussichtsreichen Konstruktion bereite amerikanische Lokomotivindustrie.

In der Alten Welt dagegen zog man es vor, die Entwicklungen der ersten Jahre diese Jahrhunderts zu verfeinern und zu vervollkommen. Ein besonderes Beispiel sind die Pacific-Lokomotiven, die schon seit Jahren die besondere Aufmerksamkeit der Techniker, aber auch des Publikums auf sich zogen. Während in Amerika zu Beginn der zwanziger Jahre ein Wettstreit unter den Eisenbahngesell-

→ S. 194

Canadian National Railways · Reihe K-5. Diese Maschinen wurden 1930 für den »International Limited«, einen Schnellzug von Montreal nach Chicago, gebaut. Sie waren bei den Montreal Locomotive Works in Auftrag gegeben worden und entsprachen dem amerikanischen Konstruktionsschema jener Jahre. Ihre Achsfolge war 2′C2′ (amerikanische Bezeichnung Hudson), also mit drei Treibachsen und jeweils zwei Laufachsen in einem besonderen Fahrgestell vor und hinter diesen. Durch den Einbau eines hinteren Drehgestells war es möglich, die Lokomotive mit besonders großen Feuerungen auszurüsten. Der Antrieb bestand aus zwei Zylindern mit einem Durchmesser von 584 mm und einem Kolbenhub von 711 mm, die mit einfacher Dampfdehnung betrieben wurden. Der Treibraddurchmesser betrug 2,03 m, und der Kessel war für einen Druck von 19,0 bar ausgelegt worden. Die mehr als 28 m langen Maschinen hatten Schlepptender der Bauart Vanderbilt mit einem Fassungsvermögen von 53 m³ und 18 t Kohle. Ihr Führerhaus war völlig geschlossen gebaut, eine Konstruktion, die sich in jener Zeit mehr und mehr verbreitete. Die Maschinen der Reihe K-5 blieben in Kanada bis Anfang der sechziger Jahre im Einsatz.

Österreichische Bundesbahnen · Reihe 214. Auch in der Republik Österreich waren zunächst nur Pacific-Lokomotiven für den Schnellzugeinsatz gebaut worden (s. S. 188), aber die ständig steigenden Anhängelasten der Züge (700 bis 800 t) und die dringend erforderliche Schnellzugverbindung von Wien nach Salzburg führten zum Bau einer leistungsfähigen und schnellen Lokomotive mit der Achsfolge 1'D2'. Mit dieser Maschine konnte die 317 km lange kurvenreiche Strecke von Salzburg zur österreichischen Bundeshauptstadt mit einer Durchschnittsgeschwindigkeit von 100 km/h zurückgelegt werden. Die Maschinen – als Reihe 214 bezeichnet und zwischen 1931 und 1936 von Floridsdorf gebaut – hatten einfache Dampfdehnung und arbeiteten mit einem Überhitzer. Die Zylinder hatten einen Durchmesser von 650 mm und einen Kolbenhub von 710 mm. Der Treibraddurchmesser betrug 1,9 m, und der Kessel war für einen Druck von 14,7 bar ausgelegt worden. Die Rostfläche betrug 4,7 m², die Heizfläche hatte die Größe von 283 m²; dazu kam noch die Überhitzerfläche von 78 m². Die vordere Laufachse saß in einem Krauss-Helmholtz-Gestell und ermöglichte so der ersten Treibachse ein Querspiel, wodurch die Kurvengängigkeit entscheidend verbessert werden konnte. Die 118 t schweren Maschinen hatten ein Reibungsgewicht von 71 t und entwickelten bei 90 km/h eine Leistung von 1455 kW. Gelegentlich wurden auch Werte von 1840 kW und einmal sogar 2130 kW gemessen. Diese Lokomotiven konnten 500-t-Züge auf einer Steigung von 10‰ noch mit einer Geschwindigkeit von 50 km/h befördern. Die Höchstgeschwindigkeit lag bei 110 km/h, doch bei den ersten Probefahrten erreichten sie 156 km/h, eine Rekordgeschwindigkeit für in Österreich gebaute Maschinen. Insgesamt wurden 13 Lokomotiven der Reihe 214 in Dienst gestellt. Die letzte dieses Typs wurde im Jahre 1956 ausgemustert, und eine steht heute im Eisenbahnmuseum in Wien.

Statens Järnvägar · Reihe A4 u. A5. Diese Baureihe bestand nur aus zwei Lokomotiven, die 1930 für die schwedische Eisenbahnverwaltung von der AB Montala Verkstad gebaut worden war. Sie hatten die Achsfolge 2'C und waren sehr ungewöhnlich: Das Triebwerk mit den beiden Zylindern (520 mm Durchmesser, 610 mm Hub) war innen angeordnet worden, und das vordere Laufgestell hatte einen Außenrahmen. Der Treibraddurchmesser betrug 1,72 m; der Dampfdruck lag bei 11,8 bar, und das Reibungsgewicht dieser 61,4 t schweren Lokomotiven erreichte 39 t. Der dreiachsige Schlepptender hatte ein Fassungsvermögen von 5,5 t Kohle und 18 m³ Wasser; sein Gewicht in vollbeladenem Zustand betrug 39,5 t. Die beiden Lokomotiven waren für den Schnellzugeinsatz auf der Kalmar-Strecke bestimmt.

Eisenbahnen der UdSSR (SZD) · Reihe IS. Auch die staatliche Eisenbahnverwaltung der UdSSR ließ zu Beginn der dreißiger Jahre Lokomotiven mit vier Kuppelachsen bauen. Der Prototyp wurde im Oktober 1932 in Kolomna fertiggestellt. Später folgten eine große Zahl weiterer Maschinen, die als Reihe IS bezeichnet wurden. Man schätzt, daß insgesamt 640 Lokomotiven dieses Typs gebaut wurden. Sie hatten die Achsfolge 1'D2', Zweizylinder-Triebwerke mit 670 mm Zylinderdurchmesser, 770 mm Kolbenhub und einfacher Dampfdehnung; die Treibräder hatten den Durchmesser von 1,85 m, und die Kessel waren für einen Druck von 14,7 bar ausgelegt. Die Rostfläche war 7 m² groß, die Heizfläche einschließlich der des Überhitzers 443 m². Die Lokomotiven konnten im Bestpunkt eine Leistung von 2350 kW abgegeben.

Nr. 31251–31290 · 1931

Die »Schokoladen«–Lokomotiven der Compagnie du Nord

Auf der Suche nach verbesserten Vierlingsmaschinen der Bauart De Glehn entstanden bei der französischen Compagnie du Nord 40 Lokomotiven, die die Nummern 31251 bis 31290 bekamen. Sie hatten die Achsfolge 2'C1' und wurden bei Cail gebaut, wo 75 Jahre zuvor die berühmten Crampton-Maschinen (s. S. 49) entstanden waren. Die technischen Daten dieser Pacific-Konstruktion aus dem Jahre 1931 können wie folgt zusammengefaßt werden: Zwei äußere Hochdruckzylinder mit 440 mm Durchmesser und 660 mm Hub, zwei innenliegende Niederdruckzylinder mit 620 mm Durchmesser und 690 mm Hub, Treibraddurchmesser 1,9 m, Dampfdruck 16,7 bar, Rostfläche 3,5 m², Heizfläche 215 m² (davon 57 m² Überhitzerfläche). Die Bauart De Glehn war sehr anpassungsfähig und konnte auf fünf verschiedene Arten betrieben werden, entweder mit doppelter Dampfdehnung oder mit einfacher Dampfdehnung ausschließlich mit Hochdruckdampf oder nur mit Niederdruckdampf, und das wiederum wahlweise nur mit den äußeren Zylindern oder nur mit den inneren. Das Reibungsgewicht dieser 100 t schweren Maschinen betrug 57 t; in den Schlepptendern konnten sie 7 t Kohle und 37 m³ Wasser fassen. Diese schönen Lokomotiven waren mit einem schokoladebraunen Anstrich versehen, eine für die Lokomotiven der Compagnie du Nord typische Farbgebung. Sie entwickelten eine Leistung von 1985 kW, womit sie in der Lage waren, 650-t-Züge mit 120 km/h zu befördern.

Zwei Maschinen dieses Typs wurden im Jahre 1934 auf einfache Dampfdehnung umgebaut. Als Vorlage diente dazu die Baureihe 141TC, das waren Tenderlokomotiven, die mit den Nummern 4.1201 bis 1272 bezeichnet wurden und die auf den Pariser Vorortstrecken zum Einsatz gekommen waren. Diese Maschinen hatten eine hohe Beschleunigungsfähigkeit. Ihr Zylinderdurchmesser lag bei 585 mm, der Kolbenhub betrug 700 mm. Der Treibraddurchmesser war 1,55 m, und im Kessel herrschte ein Druck von 17,7 bar. Die Steuerung der Kolben erfolgte über eine Nockenwelle, die Ventile betätigte (Bauart Cossart). Die Lokomotiven hatten auch Lichtmaschinen, mit denen der Regler und die Fahrtrichtungswechseleinrichtung von einem Steuerwagen aus bedient werden konnte.

Nr. 4.1201–1272 · 1932

Compagnia del Ferrocarril Central de Aragon · Nr. 101–106. Mit der Achsfolge (2'C1') (1'C2') wurden die riesigen Lokomotiven 1930 für diese spanische Eisenbahngesellschaft gebaut, deren Gleise Caminoreal mit Zaragoza verbanden. Die besondere Beschaffenheit des Gebietes brachte extreme Steigungen und enge Kurven im Streckenverlauf mit sich. Darüber hinaus mußten wegen des Fehlens von Wasser- und Kohlenachfüllanlagen große Mengen an Treibstoff mitgeführt werden. So entstanden also Garratt-Lokomotiven, die von Beyer Peacock & Co. entworfen und in Bilbao bei Euskalduna für die 1674-mm-Breitspurstrecke gebaut wurden. Die beiden Pacific-Fahrwerke waren mit je zwei Zylindern versehen, deren Durchmesser 481 mm und deren Hub 660 mm betrug. Der Treibraddurchmesser lag bei 1,75 m, der Kesseldruck erreichte 13,7 bar, die Rostfläche war 4,9 m² groß und die Heizfläche erreichte einschließlich Überhitzer eine Ausdehnung von 360 m². Das Reibungsgewicht der 184 t schweren Maschinen betrug 95 t, damit konnten die Lokomotiven auf der Strecke von Calatayud nach Valencia 300-t-Züge auf 20‰ Steigung mit 40 km/h befördern. Erst 1966 wurden sie ausgemustert, nachdem sie noch viele Jahre im Personenverkehr auf der Strecke von Barcelona nach Sevilla eingesetzt waren.

schaften entbrannte, wer wohl die längste Lokomotive besäße, wurde in Europa wenig Energie auf die größte Fahrwerkskonstruktion verschwendet; denn man war der Meinung, daß die Streckenverhältnisse in den meisten Ländern dieses Kontinents keine größeren Maschinen als die Pacific- (Achsfolge 2'C1') oder Mountain-Konstruktion (Achsfolge 2'D1') zulassen würden und daß dies auf jeden Fall für die Schnellzüge ausreiche. Bei den Güterzuglokomotiven verwirklichte man dagegen Maschinen mit fünf oder gar sechs Treibachsen in einem starren Rahmen; um deren Kurvengängigkeit je-

→ S. 202

Chemins de Fer de l'État (Frankreich) · Nr. 241 101. Diese Lokomotive hatte das in jener Zeit sehr beliebte Laufwerk mit der Achsfolge 2'D1'. Sie war 1932 von Fives-Lille gebaut worden und stellte ein technisches Meisterwerk dar. Sie hatte ein Dreizylinder-Triebwerk mit einfacher Dampfdehnung.
Die beiden äußeren Zylinder hatten einen Durchmesser von 530 mm und einen Hub von 570 mm, der innenliegende 760 mm Durchmesser und 650 mm Hub. Die Zylinder wurden mit überhitztem Dampf betrieben. Der Treibraddurchmesser betrug 1,95 m, und der Kesseldruck lag bei 19,6 bar. Die Maschine hatte eine Ventilsteuerung der Bauart Renaud. Die Rostfläche war 5 m² groß, und die Heizfläche (einschließlich Schmidt-Überhitzer) betrug 354 m². Das Betriebsgewicht der Lokomotive betrug 116 t, das Reibungsgewicht 86 t. Bei den ersten Probefahrten entwickelte sie zwar eine Leistung von 2060 kW, doch enttäuschte sie, da die Dampfzuleitungen einen zu geringen Durchmesser hatten. Auch der große Achsstand führte zu großem Verschleiß der Schienen; daher blieb es beim Prototyp dieser Maschine.

Japanische Staatsbahn (JNR) · Reihe C12 *(links)*. Zu Beginn der dreißiger Jahre mußte die japanische Eisenbahnverwaltung ihr Vorhaben zur Modernisierung der Bahnanlagen dahingehend ändern, daß nur Achslasten von 11 t zugelassen werden konnten. Das führte 1932 zum Bau einer Reihe von leichten Maschinen, darunter auch die Reihe C12, eine Tenderlokomotive mit der Achsfolge 1'C1', die bei Kisha Seizo Kaisha für die Strecken mit 1067 mm Spurweite entwickelt worden war. Sie wurde vor Personenzügen mit Geschwindigkeiten bis 70 km/h eingesetzt.

Compagnia Nacional de los Ferrocarriles de Oeste de Espana *(rechts)*. Eine der größten Lokomotiven, die bei dieser spanischen Eisenbahngesellschaft im Einsatz waren. Von diesem Typ wurden zwischen 1932 und 1940 von vier verschiedenen Firmen (Euskalduna, Davis, Babcock & Wilcox, La Maquinista) insgesamt 38 Exemplare gebaut. Sie hatte die Achsfolge 2'D, zwei Zylinder mit 620 mm Durchmesser und 660 mm Hub. Der Treibraddurchmesser lag bei 1,6 m, und der Kessel war für einen Druck von 13,7 bar ausgelegt. Die Maschinen hatten Walschaerts-Steuerung; ihr Betriebsgewicht einschließlich Tender lag bei 148 t. Nach anfänglichem Einsatz vor Personenzügen fand man die Lokomotiven später nur noch im Güterzugeinsatz. Die letzten noch in Betrieb befindlichen Maschinen dieses Typs sind heute in Salamanca beheimatet.

Société Nationale des Chemins de Fer Belges. Im Jahre 1931 bauten die Ateliers Métallurgiques in Tubize diese dreiteilige Lokomotive nach einem Patent des Ingenieurs Franco. Der mittlere Teil wurde von vier Zylindern, die beiden Endteile von je zwei Zylindern angetrieben. Im mittleren Teil befand sich ein Dampfkessel für einen Druck von 14,7 bar. Dieser Kessel bestand aus zwei Teilen, die über einer Feuerung lagen, die von zwei Seiten beschickt werden konnte. Die Verbrennungsgase, die im Mittelteil erzeugt wurden, leitete man durch zwei Verdampfer, von denen auf jedem Endgestell einer angeordnet war. Es waren also praktisch zwei Lokomotiven mit je vier Zylindern. Der Mittelteil, der vollkommen symmetrisch aufgebaut war, hatte zwei Führerstände, wodurch in beiden Richtungen gefahren werden konnte. Die Versuchsfahrten, die mit dieser Maschine auf der Strecke nach Luxemburg durchgeführt wurden, zeigten gute Beschleunigungsfähigkeit und Kurvengängigkeit, und das, obwohl die Maschine die Achsfolge C1'+1'B1B1'+1'C hatte, 31 m lang war und 248 t wog. Der Treibraddurchmesser betrug 1,37 m. Die Lokomotive entwickelte eine Leistung von 1620 kW und eine maximale Zugkraft von 368 kN. Ein 1207-t-Zug – die Höchstgrenze für den Zughaken – konnte auf einer Steigung von 16‰ noch mit 24 km/h gefahren werden.

Deutsche Reichsbahn · Reihe 05 · 1935

Deutsche Reichsbahn · Reihe 61 · 1935

Die Rekordlokomotiven Europas

Um das Jahr 1935 bekam die Dampflokomotive eine bedeutende Konkurrenz, die eine Folge der technischen Entwicklungen nach dem 1. Weltkrieg war. In vielen europäischen Ländern waren in den dreißiger Jahren schon brauchbare Lokomotiven mit elektrischem Antrieb im Einsatz. Zum Teil gab es auch schon recht vielversprechende Versuche mit Dieseltriebwagen, doch das Gros des Fahrzeugparks bestand aus Dampflokomotiven. Auch versuchten sich nach wie vor Konstrukteure mit neuen Techniken, die Maschinen noch schneller und leistungsfähiger zu machen. So ist in den Jahren bis zum Ausbruch des 2. Weltkrieges ein Wettlauf zwischen den verschiedenen Eisenbahngesellschaften zu erkennen, der zum Ziel hatte, die 200 km/h-Marke zu überschreiten. Am 11. Mai 1936 wurde daher in Deutschland eine Lokomotive der Baureihe 05, die völlig verkleidet war, mit einem 297-t-Zug aus Schnellzugwagen auf die Reise von Berlin nach Hamburg geschickt, wo sie auf einem Teilstück der Strecke die Durchschnittsgeschwindigkeit von 196 km/h und zwischendurch die Spitzengeschwindigkeit von 200,4 km/h erreichte. Sie entwickelte bei dieser Fahrt die Leistung von 2500 kW. Die Lokomotivbaureihe 05 war von Adolph Wolff entworfen und von Borsig gebaut worden. Sie hatte ein Dreizylinder-Triebwerk (450 mm Durchmesser, 660 mm Hub); ihr Treibraddurchmesser lag bei 2,3 m, und der Kessel, der – einschließlich Überhitzer – eine Heizfläche von 335 m² hatte, war für den Druck von 19,6 bar ausgelegt worden. Die geplante Höchstgeschwindigkeit sollte 175 km/h betragen.

Ein Jahr zuvor hatte eine andere stromlinienverkleidete Lokomotive bei Schnellfahrversuchen von sich reden gemacht. Es war dies die Schnellzug-Tenderlokomotive der Baureihe 61. Sie hatte wie die 05 die Achsfolge 2'C2' und war 1935 von Henschel geliefert worden. Ihre Zylinder hatten den Durchmesser von 460 mm und einen Kolbenhub von 750 mm. Der Treibraddurchmesser lag ebenfalls bei 2,3 m, und auch der Kesseldruck betrug – wie bei der 05 – 19,6 bar. Sie war für die Geschwindigkeit von 175 km/h konzipiert, entwickelte eine Leistung von 1065 kW und sollte den Henschel-Wegmann-Zug befördern, einen Zug aus Leichtmetallwagen, der ein Gewicht von nur 125 t hatte. An der Spitze dieses Zuges erreichte die Lokomotive der Reihe 61 auf einem Abschnitt der Strecke Berlin–Dresden die Geschwindigkeit von 187 km/h.

Société Nationale des Chemins de Fer Belges · Reihe 1 · 1934

London and North Eastern Railway · Reihe A4 · 1938

London-Midland-Scottish Railway · Reihe Coronation · 1937

In Belgien war 1934 die Pacific-Reihe 1, eine Lokomotive für hohe Geschwindigkeiten, abgeliefert worden. Die Lokomotive hatte teilweise eine Verkleidung und einen Vierzylinder-Antrieb mit einfacher Dampfdehnung (Durchmesser 420 mm, Hub 720 mm), der mit überhitztem Dampf beaufschlagt wurde. Die Treibräder hatten den Durchmesser von 1,98 m, und der Kessel war für einen Druck von 17,7 bar ausgelegt. Von den Lokomotiven der Reihe 1 wurden 15 Exemplare gebaut. Sie entwickelten eine Leistung von 2500 kW und konnten einen 350-t-Zug in der Ebene mit 140 km/h befördern; teilweise wurden auch Geschwindigkeiten von bis zu 150 km/h erreicht.

Jenseits des Ärmelkanals standen die Engländer ihren europäischen Kollegen in nichts nach. H. N. Gresley verbesserte in jahrelanger Arbeit bei der LNER die Dreizylinder-Pacific-Lokomotiven der Reihe A1 (s. S. 180), bis schließlich die Reihe A4 entstand. Er baute einen Kessel für 17,3 bar Dampfdruck ein, verwendete weiterhin ein Dreizylinder-Triebwerk (470 mm Durchmesser, 660 mm Hub), und die Treibräder ließ er mit dem Durchmesser von 2,03 m anfertigen. Die Heizfläche hatte eine Größe von 239 m², dazu kam ein Überhitzer mit der Fläche von 70 m². Die A4-Lokomotiven wurden ab dem 30. September 1935 an der Spitze des »Silver Jubilee«, der von London nach Newcastle fuhr, eingesetzt und erreichten Geschwindigkeiten von 180 km/h. Eine Maschine dieses Typs, die »Mallard«, stellte am 3. Juli 1938 einen neuen Geschwindigkeitsweltrekord mit einem 204-t-Zug auf: Sie fuhr 202,7 km/h. Heute steht sie im Museum in York.

Im Jahre 1937 hatte auch die LMS eine Serie von fünf Lokomotiven vom Typ Coronation in Betrieb genommen, die für den Zug »Coronation Scot«, der London mit Glasgow verband, bestimmt waren. Sie hatten ein Vierzylinder-Triebwerk mit einfacher Dampfdehnung, der Durchmesser der Treibräder betrug 2,06 m, und der Dampfkessel war für einen Druck von 17,3 bar ausgelegt worden. An der Spitze des »Coronation Scot« erreichte eine dieser Lokomotiven am 29. Juni 1937 die Geschwindigkeit von 183 km/h.

In Frankreich, wo man seit Jahren leistungsfähige Dampflokomotiven baute, war die 200-km/h-Grenze eine Herausforderung an die Lokomotivkonstrukteure. Bei der Paris-Orléans hatten die Ergebnisse der Umbauten Chapelons an den Pacific-Lokomotiven der Reihe 3500 (s. S. 184) große Begeisterung hervorgerufen. 1934 baute man nochmals zehn Lokomotiven um, erhöhte dabei jedoch das Zylindervolumen und den Querschnitt der Dampfventile. Diese Lokomotiven konnten nun 150-t-Züge mit 155 bis 160 km/h befördern. 1937 erhielt dann die Maschine mit der Nr. 726 eine vollständige Verkleidung sowie einige Änderungen an der Steuerung; dadurch war sie in der Lage, Spitzengeschwindigkeiten zwischen 180 und 200 km/h zu erreichen.

Compagnie d'Orléans · Nr. 231 726 · 1937

Österreichische Bundesbahnen · Reihe DTI *(unten)*. In Österreich wurden auf kürzeren Strecken vermehrt Dieseltriebwagen eingesetzt. Um das Einsatzgebiet nicht vollends an diese Traktionsart zu verlieren, ließ man eine Tenderlokomotive mit angebautem Gepäckteil entwickeln. Dieses Fahrzeug sollte gute Beschleunigungswerte für den Nahverkehr erreichen, andererseits aber auch mit höheren Geschwindigkeiten auf den Hauptstrecken eingesetzt werden können. So entstand ein Fahrzeug mit der Achsfolge 1'B1', mit zwei Zylindern für einfache Dampfdehnung (290 mm Durchmesser, 570 mm Hub), mit Treibrädern, deren Durchmesser 1,14 m betrug und mit einem Kessel, in dem ein Druck von 15,7 bar herrschte. Das Reibungsgewicht der 45 t schweren Maschinen lag bei 26 t. Von diesem Typ wurden in Floridsdorf 20 Exemplare gebaut und als Reihe DT1 bezeichnet. Ihre Höchstgeschwindigkeit sollte 100 km/h betragen, doch zeigte sie bei Versuchsfahrten, daß sie zu mehr fähig war: Sie erreichte 136 km/h – und das bei einer Leistung von nur 295 kW. Die gleiche Konstruktion, nur mit einem Kessel, der auf 17,7 bar Dampfdruck gesteigert wurde und damit eine Leistung von 368 kW erreichte, wurde 1940 in sechs Exemplaren an die slowenischen Staatsbahnen als Reihe M273 geliefert.

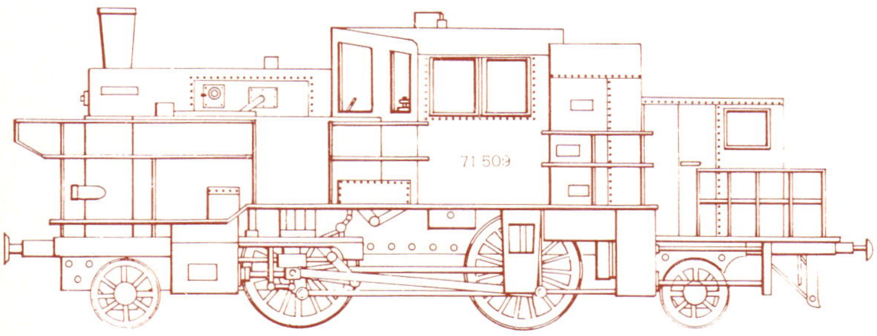

Kin-Han Tramways. Die belgische Industrie lieferte 1935 für den gemischten Dienst auf den Strecken dieser chinesischen Eisenbahngesellschaft, die auf Normalspurgleisen fuhr, zwei Prairie-Lokomotiven (Achsfolge 1'C1'). Sie waren bei Haine-Saint-Pierre gebaut worden, und ihre Konstruktion war amerikanischen Ursprungs: Sehr hoch liegender Kessel, Zylinder mit einfacher Dampfdehnung (508 mm Durchmesser, 660 mm Hub) Treibräder mit einem Durchmesser von 1,51 m, Kesseldruck 11,8 bar. Die Rostfläche betrug 3 m², die Heizfläche einschließlich Überhitzer lag bei 185 m², und das Reibungsgewicht der 73 t schweren Maschinen betrug 48 t. Die Höchstgeschwindigkeit dieser Lokomotiven, die auf der Strecke Peking–Hankow im Einsatz waren, betrug 80 km/h.

Princess *(ganz unten)*. Diese Lokomotivbaureihe mit der Achsfolge 2'C1' war von W. Stainer im Auftrag der London-Midland-Scottish Company (LMS) entworfen und zwischen 1933 und 1935 in Crewe gebaut worden. Die erste Maschine dieser Reihe erhielt den Namen »Princess Royal«. Die Princess-Lokomotiven hatten ein Vierzylinder-Triebwerk (419 mm Durchmesser, 711 mm Hub), das mit einfacher Dampfdehnung arbeitete. Jeder Zylinder war mit einer eigenen Walschaerts-Steuerung kombiniert. Der Treibraddurchmesser betrug 1,98 m, die Rostfläche hatte eine Größe von 4,2 m², und im Kesssel, der (einschließlich Überhitzer) eine Heizfläche von 286 m² hatte, herrschte der Druck von 17,3 bar. Von den 13 Lokomotiven erhielt eine im Jahre 1935 Dampfturbinenantrieb. Anstelle der Zylinder war auf der linken Seite die Hauptturbine für die Vorwärtsfahrt und rechts daneben die Turbine für die Rückwärtsfahrt angeordnet. Erst 1952 wurde diese Maschine in die konventionelle Form zurückgebaut und erhielt den Namen »Princess Anne«. Acht Wochen nach ihrem Umbau erlitt sie jedoch bei Harrow einen schweren Unfall. Die Princess-Maschinen waren die Grundlage für die Coronation-Lokomotiven (s. S. 197).

Paris-Lyon-Méditerranée · Reihe 231G. Seit 1912 gehörten die Pacific-Lokomotiven zu den leistungsfähigsten Schnellzugmaschinen der PLM. Diese Fahrzeuge mit der Achsfolge 2'C1' wurden in den bahneigenen Werkstätten in Oullins gebaut. Zwischen 1914 und 1925 entstanden dort auch die 230 Lokomotiven der Baureihe 231D, gefolgt von 55 Maschinen der Reihe 231F, die bis 1932 in Dienst gestellt wurden. Die Lokomotiven der Reihe 231G – die hier abgebildete zählt zu dieser Baureihe – wurden im Jahre 1934 als stärkste Pacific-Version vorgestellt. 1941 waren 118 Maschinen dieses Typs im Einsatz, die zum Teil neu gebaut worden waren oder aus älteren Fahrzeugen umgebaut wurden. Wie alle anderen erfolgreichen Lokomotiven hatte auch die 231G ein Vierzylinder-Verbundtriebwerk (Hochdruckzylinder: Durchmesser 440 mm, Hub 650 mm, Niederdruckzylinder: Durchmesser 650 mm, Hub 650 mm). Ihr Treibraddurchmesser betrug 2,0 m, die Rostfläche war 4,3 m² groß, und der Kessel erzeugte zusammen mit einem Überhitzer (Gesamtheizfläche 274 m²) Dampf mit dem Druck von 15,7 bar. Damit entwickelten sie die Leistung von 2060 kW und erreichten bei den ersten Probefahrten eine Geschwindigkeit von 150 km/h. Das Einsatzgebiet der Maschinen waren die Strecken von Paris nach Marseille und nach Vichy-Clermont-Ferrand.

Société des Chemins de Fer Belges · Reihe 7. In Belgien war 1921 eine Reihe von Ten-wheeler-Maschinen hergestellt worden, die den unterschiedlichsten Umbauten unterworfen wurden, so daß im Laufe der Zeit eine Vielzahl an Unterbauarten entstanden sind. Alle hatten ein Vierzylinder-Triebwerk, das entweder mit doppelter oder einfacher Dampfdehnung betrieben wurde. Die meisten Maschinen waren mit Belpaire-Feuerung ausgestattet, die übrigen hatten Crampton-Feuerung erhalten. Der hier abgebildete Lokomotivtyp, der zwischen 1934 und 1936 zum Einsatz kam, hatte ein Vierzylinder-Verbundtriebwerk (Hochdruckzylinder: Durchmesser 400 mm, Hub 640 mm, Niederdruckzylinder: Durchmesser 600 mm, Hub 640 mm). Ihre Treibräder hatten einen Durchmesser von 1,8 m, die Rostfläche war 3,1 m² groß, und mit einer Heizfläche von 227 m² wurde Dampf mit dem Druck von 15,7 bar erzeugt. Der Schornstein war nach einem Entwurf von Lemaitre gebaut und hatte mehrere Öffnungen. Der Dampfstrahl wurde so an mehrere kleine Düsen verteilt und damit eine bessere Saugwirkung in Kessel und Feuerung erzielt. Das Betriebsgewicht der Maschinen betrug 83,5 t, das Reibungsgewicht lag bei rund 60 t. Damit erreichten sie die maximale Zugkraft von 107 km/h und eine Höchstgeschwindigkeit von 110 km/h. Von diesen Mehrzwecklokomotiven waren 1954 noch 73 Exemplare im Einsatz.

Die amerikanischen Rekordlokomotiven

Um die Mitte der dreißiger Jahre bemühten sich die amerikanischen Eisenbahngesellschaften, die Fahrzeiten soweit wie nur irgend möglich herabzusetzen. Das führte zum Bau einer Reihe von Schnellzuglokomotiven, die im regulären Betrieb Geschwindigkeiten von 160 km/h und mehr erreichen konnten.
Die erste Maschine dieser Art war eine Atlantic (Achsfolge 2'B1'), die im Mai des Jahres 1935 bei der Chicago, Milwaukee, St. Paul & Pacific Railroad (The Milwaukee Road) in Betrieb genommen wurde und für den »Hiawatha«, einen neuen Schnellzug, der Chicago mit St. Paul verbinden sollte, entworfen worden war. Unter diesem Namen wurde die Lokomotive auch in Europa bekannt. Der Name stammte von einem Indianer, der – nach einer Erzählung von Longfellow – so schnell laufen konnte, daß er seinen selbst abgeschossenen Pfeil überholte. Von dieser »Hiawatha« wurden vier Exemplare bei ALCO gebaut. Sie hatten zwei Zylinder mit 483 mm Durchmesser und 711 mm Hub, ihre Treibräder waren 2,13 m groß, und die Kessel waren für den Druck von 20,6 bar ausgelegt. Die Rostfläche der ölgefeuerten Maschinen betrug 6,4 m²; die gesamte Heizfläche hatte eine Größe von 397 m². Die Lokomotiven gaben eine Leistung von 2425 kW ab und konnten in 5 Stunden 5 Minuten die 660 km lange Strecke zwischen Chicago und St. Paul zu-

Chicago, Milwaukee, St. Paul & Pacific Railroad · Reihe A · 1935

Pennsylvania Railroad · Reihe K4s · 1939

Southern Pacific Railroad · Reihe GS-3 · 1937

New York Central Railroad · Reihe J-3a · 1937

rücklegen, dabei erreichten sie die Durchschnittsgeschwindigkeit von 130 km/h und die Höchstgeschwindigkeit von 170 km/h.
Die Pennsylvania Railroad hatte einige Lokomotiven ihrer Baureihe K4s (s. S. 169) mit einer Lentz-Ventilsteuerung ausgerüstet und erreichte mit diesen Maschinen erstaunliche Ergebnisse. Bei einer Geschwindigkeit von 160 km/h entwickelten sie noch eine Leistung von 2060 kW. Am 16. Oktober 1939 zog eine K4s-Maschine einen 998 t schweren Zug mit der Durchschnittsgeschwindigkeit von 138 km/h und der Spitzengeschwindigkeit von 157 km/h. Im Gegensatz zu Europa, wo diese Rekordgeschwindigkeiten nur auf kurzen Streckenabschnitten gefahren wurden, erreichten die Lokomotiven in den USA die Höchstgeschwindigkeiten meist auf sehr langen Strecken.
Im Jahre 1937 ließ auch die Southern Pacific stromlinienverkleidete Lokomotiven bauen. Diese waren bei den Lima Locomotive Works in Auftrag gegeben worden, und zwar für die Beförderung des »Daylight«, einem Schnellzug, der San Francisco mit Los Angeles verband. Sie wurden als Reihe GS-3 bezeichnet mit der Achsfolge 2'D2'. Ihre zwei Zylinder hatten einen Durchmesser von 660 mm, einen Hub von 813 mm, und der Treibraddurchmesser lag bei 2,03 m. Die Rostfläche betrug 9,0 m², und die Heizfläche war 454 m² groß; dazu kam noch ein Überhitzer mit der Fläche von 194 m². Der damit erzeugte Dampf hatte den Druck von 19,3 bar. Das Reibungsgewicht dieser 209 t schweren Maschine betrug 121 t. Die »Daylight»-Züge hatten 14 Wagen mit einer Gesamtlast von 650 t. Sie fuhren um 8.15 Uhr am jeweiligen Ausgangsbahnhof ab und erreichten ihr Ziel noch am selben Abend um 18.00 Uhr. Das ergab mit den fünf Unterwegshalten von insgesamt 23 Minuten Dauer eine Reisegeschwindigkeit von über 80 km/h auf dieser 758 km langen Strecke. Diese Leistung ist um so höher einzuschätzen, da es sich hier um eine Gebirgsstrecke handelt und daher die GS-3-Lokomotiven nur selten ihre Höchstgeschwindigkeit von 160 km/h erreichen konnten.

An der anderen amerikanischen Küste ließ als erste die New York Central Railroad zehn stromlinienverkleidete Schnellzuglokomotiven bauen. Sie wurden mit J-3a bezeichnet und von der ALCO im Jahre 1938 fertiggestellt. Sie hatten zwei Zylinder mit 571 mm Durchmesser und 737 mm Hub, ihr Treibraddurchmesser betrug 2,01 m, die Rostfläche hatte eine Größe von 7,6 m², und im Kessel, der eine Heizfläche einschließlich des Überhitzers von 551 m² hatte, herrschte der Druck von 18,9 bar. Die 166 t schweren Lokomotiven hatten Baker-Steuerung, und ihr Reibungsgewicht betrug 91,4 t. Die Maschinen wurden für den berühmten 1000-t-Zug »Twentieth Century Limited«, der New York mit Chicago verband, eingesetzt. Er durchfuhr die 1545 km lange Strecke mit einer Durchschnittsgeschwindigkeit von 96,5 km/h und erreichte Spitzengeschwindigkeiten um 160 km/h. Bei einer Geschwindigkeit von 125 km/h entwickelten die J-3a-Maschinen eine Leistung von 3475 kW. 1938 wurden in Kanada die berühmten »Selkirk«, die Lokomotiven der Reihe T1b, dem Betrieb übergeben. Es waren zehn Lokomotiven mit der Achsfolge 1'E2', die von den Montreal Locomotive Works gebaut worden waren. Sie hatten zwei Zylinder mit 635 mm Durchmesser und 813 mm Hub; ihre Treibräder hatten den Durchmesser von 1,6 m, die Rostfläche hatte die Ausdehnung von 8,7 m², und die Heizfläche des Kessels, in dem ein Druck von 19,6 bar erzeugt wurde, hatte die Größe von 658 m². Die 203 t schweren Maschinen erreichten ein Reibungsgewicht von 140 t, und ihre maximale Zugkraft lag bei 342,4 kN. Im sechsachsigen Schlepptender führten sie 45 m³ Wasser und 15,5 m³ Heizöl mit. Sie zogen 1000-t-Züge mit einer Durchschnittsgeschwindigkeit von 120 km/h und fuhren über die schwierigste Hauptstrecke der Bahngesellschaft, die von Calgary nach Field in den Rocky Mountains führte. Darüber hinaus waren sie auch auf der Steigung zum Beaver Hill im Einsatz, einer Strecke im Selkirk-Gebirge. Die 4640 km lange Strecke von Montreal nach Vancouver legten die Maschinen in Doppel- und Dreifach-Traktion in 87 Stunden zurück.

Canadian Pacific Railway · Reihe T1b · 1938

Northern Pacific Railway · Challenger. Das letzte Entwicklungsstadium der amerikanischen Mallet-Lokomotiven wurde mit den Challenger-Maschinen erreicht. Sie hatten die Achsfolge (2'C)C2' und waren so perfekt durchkonstruiert, daß sie zu Recht als die stabilsten und sichersten Gelenkrahmen-Lokomotiven angesehen werden konnten, die jemals gebaut wurden. Beachtenswert ist auch die Höchstgeschwindigkeit dieser Maschinen: 120 km/h. Im Jahre 1936 wurden die ersten Lokomotiven dieser Bauart an die Union Pacific Railroad abgeliefert. Die stärkste Version der Challenger-Maschinen wurde jedoch zwischen 1936 und 1944 (47 Exemplare) von ALCO für die Northern Pacific gebaut. Entgegen der sonst üblichen Bauweise hatten diese Mallet-Lokomotiven nur einfache Dampfdehnung in ihren vier Zylindern mit 584 mm Durchmesser und 813 mm Kolbenhub, und sie arbeiteten mit dem Dampfdruck von 17,3 bar. Die Lagerung des Kessels wurde so geändert, daß eine Entlastung des vorderen Triebgestells weitgehend vermieden wurde und es dadurch nahezu dieselbe Belastung (90%) aufnehmen konnte wie das hintere. Diese Entlastung des vorderen Triebgestells war für die Mallet-Lokomotiven typisch und hatte die Laufeigenschaften dieser Maschinen immer negativ beeinflußt. Die Lokomotiven der Northern Pacific wurden mit Kohle gefeuert, die einen sehr niedrigen Heizwert hatte, daher mußten sie mit großen Feuerrosten ausgestattet werden (Rostfläche 10 m²). Die Heizfläche der Maschinen betrug einschließlich der des Überhitzers 653 m², das Reibungsgewicht belief sich auf 193,2 t, und das Betriebsgewicht erreichte den Wert von 283,3 t. Diese technisch hochentwickelten Maschinen hatten einen gegossenen Rahmen, in dem die Achsen der Boxpok-Räder, die den Durchmesser von 1,75 m hatten, in Wälzlagern geführt wurden. Die Kessel waren mit Speiswasservorwärmern bestückt, dank dessen die Lokomotiven Leistungen zwischen 4040 und 4410 kW und Zugkräfte bis 465 kN entwickeln konnten. Die Challenger-Maschinen hatten jedoch einen starken Verschleiß der Schienen zur Folge, der nach Meinung der Experten nicht auf die Gestalt des Fahrwerks, sondern auf das Gewicht und die relativ hohen Geschwindigkeiten von 110 bis 120 km/h zurückzuführen war. Die Schlepptender der Northern-Pacific-Maschinen waren vom Typ Vanderbilt und konnten 22 t Kohle und 70 m³ Wasser fassen. Zunächst waren diese Lokomotiven für den Güterzugverkehr entworfen worden, doch kamen sie später auch im Reisezugverkehr auf den Gebirgsstrecken zum Einsatz.

doch nicht einzuschränken, bekamen die Endachsen eine Querverschieblichkeit und die mittleren Achsen einen geschwächten oder überhaupt keinen Spurkranz.

In den zwanzig Jahren zwischen den beiden Weltkriegen wurde die Dampflokomotive in Europa auf unterschiedliche Weise weiterentwickelt, was vor allem auf die Bestrebungen der einzelnen europäischen Nationen zurückzuführen war. Denn nach dem 1. Weltkrieg waren aus den Resten der privaten Eisenbahngesellschaften große staatliche Eisenbahnverwaltungen entstanden, deren wichtigste Aufgabe es war, bei den Lokomotiven weitgehende Vereinheitlichung zu erreichen. Dadurch sollte ein leistungsfähiger und homogener Fahrzeugpark geschaffen werden, dessen Leitung auch aus wirtschaftlicher Sicht günstiger sein würde. Diese Grundsätze, die bereits im Jahre 1905 bei der Gründung der Italienischen Staatsbahn aufgestellt wurden, kamen in den zwanziger Jahren auch bei den neugegründeten staatlichen Eisenbahnen in Deutschland, Österreich, Ungarn und vielen anderen Ländern Europas zur Anwendung. Sogar die vier großen englischen Eisenbahnverwaltungen, in die bis 1923 nahezu alle bis dahin bestehenden privaten Eisenbahnen übergegangen waren, machten sich diese Prinzipien zu eigen. Die Vereinheitlichung hatte auch zwei bedeutende Vorteile für die Lokomotivindustrie. Zum einen konnte wesentlich rationeller gefertigt werden, da nur noch wenige verschiedene Konstruktionen hergestellt werden mußten, und zum zweiten war es dadurch möglich, ausgeführte Konstruktionen besser und in größerem Umfang zu entwickeln und zu erproben. Es war daher kein Zufall, daß in den Jahren zwischen 1925 und 1940 einige Lokomotivbaureihen von höchster Perfektion aus Deutschland und Großbritannien kamen. Sie waren alle auf der Basis einer neuen Entwicklung gebaut: Sie arbeiteten mit überhitztem Dampf, der bei einfacher Expansion auf drei- oder vierzylindrige Antriebe wirkte.

Die doppelte Dampfdehnung, die in Deutschland vor allem bei den berühmten bayerischen Schnellzuglokomotiven zur Anwendung gekommen war, ließ man bei der Deutschen Reichsbahn fallen und konzentrierte sich mehr auf Lokomotiven mit Überhitzer, denn diese waren einfach in der Konstruktion und dennoch wirtschaftlich.

→ S. 206

Duluth, Missabe & Iron Range Railway · Reihe S7. Diese Lokomotiven waren 1936 von Baldwin im Auftrag der Union Railroad für den Erztransport im Raum Pittsburg gebaut worden. Im Jahre 1949 wurden sie an die Duluth, Missabe & Iron Range Railway verkauft. Die äußerst ungewöhnliche Achsfolge E1′ wurde zu Ehren der Auftraggeber im Amerikanischen mit »Union« bezeichnet. Dieses Fahrwerk beruhte auf der Forderung nach laufachslosen Lokomotiven. Da jedoch unter der Feuerung keine Treibachse eingebaut werden konnte, mußte dort eine Laufachse angeordnet werden. Das Einsatzgebiet nach dem Verkauf an die oben erwähnte Eisenbahngesellschaft waren die 10 bis 12 km langen Strecken vom Erzgebiet in Proctor zu den Häfen bei Duluth. Die Lokomotiven waren sehr schwer und robust gebaut. Sie hatten zwei Zylinder mit je 711 mm Durchmesser und 813 mm Hub, der Treibraddurchmesser betrug 1,55 m, und der Kessel war für einen Dampfdruck von 18,0 bar ausgelegt. Das Betriebsgewicht der Lokomotiven lag bei 192 t. Das vordere zweiachsige Drehgestell des Schlepptenders verfügte über einen Zusatzantrieb, mit dessen Hilfe die Anfahrzugkraft im Idealfall von 404 kN noch um 77 kN gesteigert werden konnte.

Central. Die Firma Henschel entwarf und baute für diese brasilianische Eisenbahngesellschaft im Jahre 1937 diese Mallet-Lokomotive mit der Achsfolge (1′D)D2′. Sie kam auf den 1000-mm-Gleisen im Erzfördergebiet zum Einsatz. Die Konstruktion dieser Maschine war ziemlich problematisch, da sie dieselbe Leistungsfähigkeit haben sollte wie eine europäische 1′E-Maschine, aber nur eine Achslast von 12 t haben durfte. Außerdem hatte die Strecke, auf der sie zum Einsatz kommen sollte, Kurvenradien von 58,5 m. Das hätte eine Querverschieblichkeit der vordersten Achse von 48 cm aus der Mitte erforderlich gemacht. Von diesen Mallet-Lokomotiven wurden insgesamt vier Exemplare gebaut. Ihre Feuerung und der große Rost (7 m²), der wegen der dort üblichen Braunkohle als Brennstoff erforderlich war, hatten bereits 30 Prozent des Gesamtgewichtes der Lokomotiven. Die Maschinen arbeiteten mit einfacher Dampfdehnung, und ihre Kessel, die aus mit Molybdän veredeltem Stahl hergestellt waren und eine Heizfläche einschließlich des Überhitzers von 317 m² hatten, erzeugten Dampf mit dem Druck von 14,5 bar. Der Treibraddurchmesser der Maschinen lag bei 1,07 m, ihr Betriebsgewicht erreichte 117,7 t, und mit einem Reibungsgewicht von 95,7 t konnten sie einen 500-t-Zug über eine Steigung von 30‰ befördern.

Duchess. Diesen Namen trugen die zehn Coronation-Maschinen der LMS (s. S. 197), die 1938 gebaut worden waren. Einige dieser Lokomotiven hatte man ohne Verkleidung abgeliefert. Nach Ansicht verschiedener Konstrukteure schadete nämlich diese dem Aussehen dieser Pacific-Lokomotiven geradezu, doch sollte sie dem allgemeinen Zeitgeschmack entsprechend angebracht worden sein, nicht zuletzt wohl auch, um den Lokomotiven der Reihe A4, die H. N. Gresley für die LNER gebaut hatte, paroli zu bieten. Die nicht verkleideten Duchess-Lokomotiven zählten zu den schönsten Fahrzeugen, die je in England im Einsatz waren. Sie hatten drei Treibachsen, deren Treibräder den Durchmesser von 2,06 m aufwiesen, und ein vorderes Laufdrehgestell mit einem Achsstand von 2,29 m. Der Antrieb erfolgte über vier Zylinder mit einfacher Dampfdehnung (419 mm Zylinderdurchmesser, 711 mm Kolbenhub), die mit überhitztem Dampf beaufschlagt wurden. Die Rostfläche betrug 4,6 m², und die Heizfläche hatte eine Ausdehnung von 340 m². Die Lokomotiven waren auch die stärksten, die je für eine englische Eisenbahngesellschaft gebaut worden waren. Sie entwickelten eine Leistung von 1654 kW, doch wurden auch Spitzenwerte von 2200 kW gemessen. Das Reibungsgewicht der 107 t schweren Maschinen betrug 68 t. Im Jahre 1939 wurde eine dieser Lokomotiven auf einer Ausstellung in New York präsentiert. Wegen der Kriegsereignisse kam sie jedoch erst 1942 nach Großbritannien zurück. Die Maschinen waren mit dreiachsigen Schlepptendern verbunden, die ein Fassungsvermögen von 10 t Kohle und 18 m³ Wasser hatten. Zwischen 1962 und 1964 wurden alle Lokomotiven dieses Typs ausgemustert.

Deutsche Reichsbahn · Reihe 45. Mit der Achsfolge 1'E1' zählen diese Lokomotiven zu den größten und stärksten, die je in Europa gebaut wurden. Im Jahre 1937 hatte die Firma Henschel die Fahrzeuge nach dem bewährten Muster der Einheitslokomotiven aus den zwanziger Jahren gebaut. Das Dreizylinder-Triebwerk (Zylinderdurchmesser 520 mm, Kolbenhub 720 mm) arbeitete mit einfacher Dampfdehnung und wirkte auf Treibräder, die einen Durchmesser von 1,6 m hatten. Die Rostfläche war 5 m² groß, und der Kessel, dessen Heizfläche 421 m² betrug, war auf den Druck von 19,6 bar ausgelegt. Die Lokomotiven entwickelten eine Leistung von 2200 kW und erreichten die Höchstgeschwindigkeit von 90 km/h. Das Reibungsgewicht der 128 t schweren Maschinen lag bei 100 t, das entspricht einer Achslast von 20 t auf jeder Treibachse. Die Maschinen waren sehr vielseitig einsetzbar und dank ihres fünfachsigen Tenders hatten sie eine relativ große Reichweite.

Japanische Staatsbahnen (JNR) · Reihe D51. Zwischen 1936 und 1945 wurden 1151 Exemplare von dieser für Japan repräsentativen Konstruktion hergestellt. Sie kam als Mehrzwecklokomotive sowohl vor Personen- als auch vor Güterzügen zum Einsatz. Ihre Achsfolge war 1'D1' und entsprach damit den amerikanischen Konstruktionen ebenso wie mit ihrem Zweizylinder-Triebwerk mit einfacher Dampfdehnung, das mit einer Walschaerts-Steuerung kombiniert worden war. Der Kesseldruck lag bei 13,7 bar, der Treibraddurchmesser betrug 1,4 m, die Rostfläche hatte die Größe von 3,3 m², und die Heizfläche erreichte eine Ausdehnung von 242,1 m². Das Betriebsgewicht der D51-Maschinen lag bei 77 t, das Reibungsgewicht bei 57,2 t. Der Tender hatte ein Fassungsvermögen von 20 m³ Wasser und 8 t Kohle, und er wog in vollbeladenem Zustand 46,2 t. Die Maschinen konnten keine hohen Geschwindigkeiten erreichen, waren aber bestens geeignet für den Einsatz auf Gebirgsstrecken. Wegen der Kriegsereignisse mußten 1943 die Lokomotiven mit dünneren Blechen hergestellt werden; um dennoch das erforderliche Reibungsgewicht zu erzielen, wurden sie mit Zement beschwert.

Ferrovie dello Stato italiane · Reihe 736 *(unten)*. Mit diesen Lokomotiven wurde in den letzten Kriegsjahren der Eisenbahnbetrieb in Italien aufrechterhalten. Sie waren 1939 entworfen worden und ab 1940 bei ALCO und Lima für das US Army Transportation Corps in einer Stückzahl von 1895 Exemplaren gebaut. Sie waren dafür bestimmt, den Nachschub für die amerikanischen Truppen in Europa sicherzustellen. Die Lokomotiven hatten die Achsfolge 1'D und trugen zunächst die Bezeichnung G. I. 280. 1943 kamen sie nach der Invasion in Sizilien und Kalabrien nach Italien. Viele waren auch in England und nach der Invasion in Frankreich im Juni 1944 auch dort im Einsatz. In Italien blieben 248 Exemplare, die dann als Reihe 736 bezeichnet wurden. Die Zylinder dieser Maschinen hatten den Durchmesser von 483 mm und den Kolbenhub von 660 mm. Der Treibraddurchmesser betrug 1,45 m, der Kesseldruck lag bei 15,2 bar, und das Reibungsgewicht dieser 73 t schweren Maschinen erreichte fast 63 t. Die maximale Zugkraft betrug 140 kN; die Höchstgeschwindigkeit lag bei 70 km/h. Die Lokomotiven hatten Ölfeuerung und entwickelten eine Leistung von 920 kW. Sie hatten jedoch einige Konstruktionsmängel aufzuweisen und waren deshalb beim Personal nicht sehr beliebt. So kam es, daß die Maschinen dieser Reihe bereits in den fünfziger Jahren von allen Eisenbahnverwaltungen überall in Europa ausgemustert wurden.

Société National des Chemins de Fer Belges · Reihe 12. Diese Lokomotiven zogen zu Beginn des 2. Weltkrieges das Interesse der Fachkreise auf sich. Anfang 1939 waren die sechs Lokomotiven der Reihe 12 an die SNCB abgeliefert worden. Sie hatten die Achsfolge 2'B1', zwei innenliegende Zylinder mit einfacher Dampfdehnung (Zylinderdurchmesser 480 mm, Kolbenhub 720 mm), und ihre Treibräder hatten den Durchmesser von 2,1 m. Eine Lokomotive dieses Typs war mit einer Caprotti-Steuerung ausgerüstet, alle anderen hatten eine zylindrische Schiebersteuerung. Die Rostfläche dieser Maschinen war 3,7 m^2 groß, und in ihren Kesseln wurde der Dampfdruck von 17,7 bar erzeugt. Mit der maximalen Leistung von 1840 kW konnten sie 160-t-Züge mit einer Geschwindigkeit von 150 bis 160 km/h befördern. Das Reibungsgewicht dieser 89-t-Maschinen lag bei 46 t, und durch eine Verordnung wurde die Höchstgeschwindigkeit auf 140 km/h begrenzt. Das Beschleunigungsvermögen war erstaunlich, so konnten die Fahrzeuge in einer Zeit von nur drei Minuten aus dem Stand auf die Geschwindigkeit von 140 km/h beschleunigen.

Blgarski Drshawi Sheleznizi · Reihe 11. Unmittelbar vor dem 2. Weltkrieg begann die deutsche Industrie mit der Auslieferung von Lokomotiven an Bulgarien. Diese zog sich jedoch bis zum Jahre 1943 hin. Diese Lokomotiven der Baureihe 11, die bei Henschel mit der Achsfolge 2'E und einem Dreizylinder-Triebwerk gebaut worden waren, arbeiteten mit einfacher Dampfdehnung und überhitztem Dampf. Der Treibraddurchmesser betrug 1,45 m, der Kessel war für einen Dampfdruck von 15,7 bar ausgelegt; das Reibungsgewicht dieser 110-t-Lokomotiven erreichte einen Wert von 85 t, das entspricht einer Achslast von 17 t pro Treibachse.

Mit den Pacific-Lokomotiven von Herbert Nigel Gresley und William Stanier begann auch in Großbritannien eine neue glanzvolle Entwicklungsphase, welche die bewährte Tradition fortsetzte, die leider zu Beginn des 20. Jahrhunderts in Vergessenheit zu geraten drohte. Die Dampflokomotiven der LNER und LMS bewiesen erneut die Bedeutung der britischen Entwicklungen – dies auch dank der weit weniger starken Konkurrenz der elektrischen Lokomotiven als im übrigen Europa.

Auch in Frankreich bemühte man sich um eine leistungsfähige Eisenbahn mit verbesserter Streckenführung und schnellen Fahrzeugen, um so die Reisegeschwindigkeiten zu erhöhen. Dies wurde auch durch geniale Konstrukteure erreicht, zu denen der französische Ingenieur André Chapelon zählte. Die französischen Verbundmaschinen aus den dreißiger Jahren mit vier Zylindern und ihrer komplizierten Mechanik, die eine aufwendige und teure Unterhaltung erforderte, andererseits aber hohe Geschwindigkeiten erreichen konnten, erregten große Aufmerksamkeit.

Auf der Suche nach immer leistungsfähigeren Lokomotiven beschäftigte man sich auch eingehend mit dem Dampfkreislauf und fand dadurch die optimalen Querschnitte für die Dampfzuleitungen und die günstigsten Abdampfanlagen. Besonders auf letzterem Gebiet trat Chapelon hervor, indem er eine Konstruktion des Finnen Kylälä realisierte. Diese Anlage trug in Fachkreisen den Namen »Kylchap«, der aus den Anfangssilben der Namen

→ S. 212

Deutsche Reichsbahn · Reihe 03^{10} Auf der Basis der Pacific-Lokomotiven der Reihen 01 und 03 wurden im Jahre 1939 verschiedene stromlinienverkleidete Lokomotiven entworfen, die beachtliche Resultate verzeichnen konnten. Die Baureihe 03^{10} war eine dieser Konstruktionen. Sie hatte ein Dreizylinder-Triebwerk, einen Kessel, der für den Druck von 15,7 bar ausgelegt war, und Treibräder mit Durchmesser von 2,0 m. Die Rostfläche der Maschinen hatte eine Größe von 3,9 m², und die Heizfläche umfaßte einschließlich des Überhitzers 275 m². Die maximale Leistung betrug 1316 kW, und die Höchstgeschwindigkeit sollte bei 140 km/h liegen. Bis zum Jahre 1940 hatten die Firmen Krauss-Maffei, Krupp und Borsig 60 Lokomotiven fertiggestellt, die auf der Strecke Berlin–Hamburg 286-t-Züge, aus sechs Wagen bestehend, mit 140 bis 150 km/h befördern konnten. Die Lokomotiven der Baureihe 03^{10} hatten ein Betriebsgewicht von 103 t, davon entfielen 55,2 t auf das Reibungsgewicht. Auch der Tender, der 34 m³ Wasser und 10 t Kohle fassen konnte, war stromlinienverkleidet.

Merchant Navy. Unter diesem Namen verkehrten eine Reihe von Pacific-Lokomotiven, die 1941 nach einem Entwurf von O. V. Bulleid für die Southern Railway gebaut worden waren. Sie hatten Dreizylinder-Triebwerke mit einfacher Dampfdehnung (Zylinderdurchmesser 457 mm, Kolbenhub 610 mm); ihre Treibräder hatten den Durchmesser von 1,88 m, und ihre Kessel waren für den Druck von 19,3 bar ausgelegt worden. Neu und ungewohnt war die Steuerung der Zylinder. Die Schieber wurden nicht direkt über die Treibachse gesteuert, sondern über zwei Blindwellen, die über eine Kette miteinander verbunden waren. Diese Kette wurde in einem Ölbad ständig geschmiert. Die Lokomotiven hatten ein Betriebsgewicht von 94 t, ihr Reibungsgewicht betrug 64 t. Die Verkleidung der Maschinen ermöglichte durch die Aussparung im Bereich der Treibräder eine gute Wartung des Triebwerks und dennoch hohe Geschwindigkeiten. Zwischen 1955 und 1959 wurden 30 Maschinen dieses Typs im Auftrag der British Railways umgebaut. Man entfernte die Verkleidung und rüstete sie mit einem größerem Schlepptender aus. Sie wurden zu den elegantesten Lokomotiven der Pacific-Bauart in England.

Société Nationale des Chemins de Fer Français · Reihe 141P. Etwa um 1941 wollte man bei der französischen Eisenbahnverwaltung der Zeit vorauseilen und ließ für die Nachkriegszeit eine 1'D1'-Lokomotive entwickeln, die schnelle Reisezüge ebenso befördern sollte wie schnelle Post- und Güterzüge. Auf diese Weise entstand die Baureihe 141P, die aus der Reihe 141C der PLM weiterentwickelt worden war. In den Jahren 1942 und 1943 wurden 318 Lokomotiven dieses Typs gebaut. Sie hatten Vierzylinder-Verbundtriebwerke (Hochdruckzylinder: Durchmesser 410 mm, Hub 700 mm, Niederdruckzylinder: Durchmesser 640 mm, Hub 700 mm), besaßen Treibräder mit dem Durchmesser von 1,65 m und waren mit Kesseln bestückt, die mit der Heizfläche von 289 m² einen Dampfdruck von 19,6 bar erzeugen konnte. Die Lokomotiven hatten das Betriebsgewicht von 112 t und ein Reibungsgewicht von 76 t. Ihre Schlepptender konnten 34 m³ Wasser und 12 t Kohle fassen. Die Lokomotiven waren in der Lage, einen 700-t-Zug mit 100 km/h zu befördern.

Reihe 52 – 1942

Die deutschen Kriegslokomotiven

Die Kriegslokomotiven der Deutschen Reichsbahn, von denen in einer Zeit von zweieinhalb Jahren rund 8000 Exemplare gebaut worden waren, stellen die absolute Höchstleistung der deutschen Eisenbahnindustrie dar. Noch nie waren so viele und gleichzeitig auch gute Lokomotiven in so kurzer Zeit gebaut worden. Gegen Ende des Jahres 1942 kamen die ersten Exemplare dieser sogenannten Kriegslokomotiven zum Einsatz, obwohl noch parallel dazu die Lokomotiven der Baureihe 50 gebaut wurden. Diese Baureihe 52, wie die eine Kriegslokomotivbaureihe bezeichnet wurde, war der Höhepunkt der Vereinheitlichung im damaligen Fahrzeugbau. Dies war erforderlich geworden, da die Produktion dieser Maschinen auf viele Firmen verteilt worden war. Wegen des dringenden Bedarfs einer Lokomotivbauart, die auf langen Strecken ohne Probleme eingesetzt werden konnte, wurde jede konstruktive und technische Möglichkeit ausgeschöpft, um diese Forderung zu erfüllen. Die Grundkonzeption der Reihe 52 stammte von der Reihe 50, die 1938 entworfen worden war. Sie hatte die Achsfolge 1'E (amerikanische Bezeichnung Decapod), ein Zweizylinder-Triebwerk (Zylinderdurchmesser 600 mm, Kolbenhub 660 mm), Treibräder mit dem Durchmesser von 1,4 m und einen Kessel, der für den Druck von 15,7 bar ausgelegt war. Die Rostfläche war 3,9 m^2 groß, und die Heizfläche hatte einschließlich der des Überhitzers eine Größe von 241 m^2. Die Lokomotiven waren sehr robust, und ihre Ausrüstung war auf das unbedingt erforderliche Maß beschränkt. Darüber hinaus waren sie sehr unterhaltungsfreundlich. Ihre Höchstgeschwindigkeit lag bei 80 km/h, das Betriebsgewicht betrug 85 t, und mit der Achslast von nur 15,3 t konnten sie auf allen europäischen Bahnstrecken der Spurweite 1435 mm eingesetzt werden.

Eine höhere Achslast, nämlich 18 t, hatten dagegen die Maschinen der zweiten Kriegslokomotiv-Baureihe, der Reihe 42, die wie die Reihe 52 nach vereinheitlichtem und vereinfachtem Konstruktionsprinzip ab 1943 gebaut wurde. Die beiden ersten Lokomotiven dieses Typs wurden von der Lokomotivfabrik in Floridsdorf bei Wien abgeliefert und im August des gleichen Jahres dem Betrieb übergeben. Von den geplanten 3500 Einheiten kamen jedoch nur noch 837 zur Ausführung. Gegenüber den Fahrzeugen der Baureihe 52 hatte die Reihe 42 größere Zylinderdurchmesser (630 mm), größere Rostflächen (4,7 m^2) und größere Heizflächen (275 m^2), wodurch die Leistung von 1190 kW bei der Reihe 52 auf 1323 kW bei der Reihe 42 gesteigert werden konnte. Die Führerhäuser beider Baureihen waren völlig geschlossen ausgeführt worden und hatten nur eine kleine runde Öffnung, die zum Tender führte. Diese Bauform war vor allem für den Einsatz an der Ostfront gedacht, wo ein rauhes Klima herrschte.

Alle Kriegslokomotiven hatten Wannentender mit zwei zweiachsigen Drehgestellen, die zwischen 26 und 32 m^3 Wasser und zwischen 8 und 10 t Kohle fassen konnten. Die Lokomotiven der Reihen 42 und 52 wurden neben Deutschland auch in Belgien, Polen, Ungarn und in der Tschechoslowakei gebaut.

Reihe 42 – 1943

Ferrovie dello Stato italiano · Reihe 740 (743)

Der Franco-Crosti-Vorwärmer

Die beiden italienischen Konstrukteure Franco und Crosti entwickelten 1937 einen Speisewasservorwärmer, der sehr leistungsfähig war und mit den warmen Auspuffgasen arbeitete, die normalerweise durch den Schornstein entwichen. So wurden die Abgase durch zwei Röhren neben dem Kessel geleitet, in denen sich das Kesselspeisewasser vor dem Eintritt in den Verdampfungsraum vorwärmte. Am hinteren Ende dieser Wärmetauscher, etwa in Kesselmitte, saßen zu jeder Seite des Fahrzeuges zwei Schornsteine, durch den die so doppelt genutzten Rauchgase und der Abdampf der Zylinder ausgeblasen wurden. Diese Anordnung kam in Italien vor allem an den Lokomotiven der Reihe 740 mit der Achsfolge 1′D zur Anwendung, die dann nach dem Umbau im Jahre 1942 als Reihe 743 bezeichnet wurden. Die technischen Daten dieser Lokomotiven sind hier kurz zusammengestellt: Zwei Zylinder mit einfacher Dampfdehnung (Durchmesser 540 mm, Hub 700 mm), Treibraddurchmesser 1,37 m, Kesseldruck 11,8 bar, maximale Leistung 808,5 kW bei 45 km/h, Höchstgeschwindigkeit 65 km/h und größte Zugkraft 152 kN.

Norfolk & Western Railway. In den Werkstätten der Norfolk & Western Railway in Roanoke, Virginia, wurden zwischen 1941 und 1943 die Lokomotiven der Baureihe J fertiggestellt. Diese Maschinen hatten die Achsfolge 2′D2′ und waren für den Schnellzugverkehr auf Bergstrecken bestimmt. Sie hatten zwei Zylinder mit 686 mm Durchmesser und 813 mm Kolbenhub, ihr Treibraddurchmesser betrug 1,77 m, die Rostfläche hatte die Größe von 10 m², und der Kessel war für den Druck von 18,7 bar ausgelegt worden. Das Reibungsgewicht dieser 224 t schweren Maschinen lag bei 131 t, damit konnten sie eine maximale Zugkraft von 356,1 kN erreichen.

Pennsylvania Railroad · Reihe T-1. Im Jahre 1942 wagte sich diese Eisenbahngesellschaft an den Bau einer sogenannten Duplex-Maschine mit der Achsfolge 2′BB2′. Eine wesentliche Neuerung war bei diesen Maschinen, daß die vier Treibachsen in zwei Gruppen unterteilt wurden, wobei jeweils zwei Achsen von einem Zylinderpaar angetrieben wurden. Im Prinzip entsprach diese Konstruktion einer Mallet-Lokomotive, doch waren alle vier Achsen fest in ein und demselben Rahmen gelagert. Die vier Zylinder, die alle mit Dampf desselben Druckes (20,7 bar) beaufschlagt wurden, hatten einen Durchmesser von 502 mm und einen Hub von 660 mm. Der Treibraddurchmesser betrug 2,03 m, das Betriebsgewicht belief sich auf 226 t, und das Reibungsgewicht erreichte den Wert von 122 t. Die ersten beiden Prototypen wurden 1942 eingehenden Tests unterzogen. Dabei entwickelten sie die maximale Leistung von 4836 kW, zeigten aber auch einige Mängel. Dennoch wurden zwischen 1945 und 1946 in den bahneigenen Werkstätten in Altoona und bei den Baldwin Locomotive Works 50 Fahrzeuge dieses Typs nachgebaut. Sie konnten mühelos Geschwindigkeiten bis zu 160 km/h erreichen und dabei 1000 t schwere Personenzüge befördern. Eine Maschine dieses Typs erreichte sogar einmal die Geschwindigkeit von 193 km/h. Leider hatten die T-1-Lokomotiven nach derartigen Höchstleistungen oft Unregelmäßigkeiten im Laufverhalten. Die Maschinen wurden aber trotzdem häufig vor den berühmten Schnellzügen der Pennsylvania Railroad, wie dem »Roadway Limited«, dem »Manhattan Limited« und dem »Admiral«, eingesetzt, konnten aber kaum die Leistungen der Pacific-Lokomotiven der Reihe K4s überbieten.

Union Pacific Railroad Big Boy · 1941

Die Höhepunkte der Dampflok-Entwicklung

Zu Beginn der vierziger Jahre vollendeten die amerikanischen Lokomotivfirmen einige interessante Konstruktionen von hohem technischen Niveau, die gleichzeitig die letzte Entwicklungsstufe darstellten. Wie üblich entstanden dabei die unterschiedlichsten Ausführungen. Hier sind die vier wichtigsten Konstruktionen jener Zeit dargestellt.

Den Höhepunkt im Bau von Mallet-Lokomotiven mit einfacher Dampfdehnung setzte die Union Pacific mit den Lokomotiven der Reihe 4000, die 1941 im Auftrag dieser Eisenbahngesellschaft gebaut worden waren. Sie hatten die Achsfolge (2'D)D2' und wurden unter der Bezeichnung »Big Boy« weltbekannt. Sie waren die größten und schwersten Dampflokomotiven, die je für eine Eisenbahngesellschaft gebaut worden waren. Jeder der Zylinder hatte einen Durchmesser von 603 mm und einen Kolbenhub von 813 mm. Die großen Kessel waren für einen Druck von 20,7 bar ausgelegt worden. Das gab den Maschinen ein reichlich überdimensioniertes Aussehen und überstieg jedes Vorstellungsvermögen. So hatte beispielsweise die Rostfläche der Feuerung die Größe von 14 m², die Heizfläche des Kessels eine Ausdehnung von 547 m²; dazu kam noch die Überhitzerfläche

Nickel Plate Road · Reihe 715–29 · 1942

Louisville & Nashville Railroad · Reihe M1 · 1942

von 229 m². Das Betriebsgewicht dieser Lokomotiven lag bei 346 t, das bedeutete eine Achslast auf den Treibachsen von je 30,6 t. Sogar der Tender hatte sieben Achsen, wovon allein fünf in einem festen Rahmen angeordnet waren. Er konnte 95 m³ Wasser und 28 t Brennstoff fassen. Die Länge der Lokomotive betrug einschließlich des Tenders 40,5 m. Die Firma ALCO hatte im Jahre 1941 von diesem Typ 20 Exemplare geliefert und drei Jahre später noch einmal fünf gebaut. Sie waren aus der Challenger (s. S. 202) weiterentwickelt worden, stellten diese aber weit in ihren Schatten, da sie eine Leistung von 4630 kW entwickeln konnten. Auf der Steilstrecke von Ogden zum Green River, die eine Steigung von 11‰ hatte, konnten sie einen 4000-t-Zug mit 40 km/h befördern. In der Ebene waren sie sogar in der Lage Güterzüge mit 140 km/h (!) zu ziehen.

Die Maschinen der New York, Chicago & St. Louis Railroad (Nickel Plate Road) zählen zu den bestentwickelten Lokomotiven der Berkshire-Klasse. Diese war gleichzeitig die letzte amerikanische Lokomotivbaureihe, die in einer größeren Stückzahl gabaut worden war. Allein 55 Einheiten waren zwischen 1942 und 1949 im Auftrag der NYC & STL von den Lima Locomotive Works geliefert worden. Der Entwurf zu diesen Maschinen, die sowohl im schweren Schnellgüterzugdienst als auch gelegentlich im Personenverkehr Verwendung finden sollten, geht auf die dreißiger Jahre zurück. Sie hatten zwei Zylinder mit 635 mm Durchmesser und 864 mm Hub; der Treibraddurchmesser betrug 1,75 m, und der Kessel war für einen Druck von 16,9 bar ausgelegt. Das Betriebsgewicht lag bei 191 t und das Reibungsgewicht pro Treibachse bei 29,3 t. Die letzte Maschine dieses Typs mit der Nummer 779, 1949 abgeliefert, war gleichzeitig die letzte von den Lima Locomotive Works hergestellte Dampflokomotive.

Ebenfalls zur Berkshire-Klasse zählen die 142 Lokomotiven der Louisville & Nashville Railroad, deren erste Serie von 14 Einheiten im Jahre 1942 von den Baldwin Locomotive Works gebaut wurden. Sie sind gleichzeitig die letzten Dampflokomotiven, die von dieser Eisenbahnverwaltung eingesetzt wurden. Die Grundkonzeption entsprach denen der Nickel-Plate-Road-Maschinen, doch hatten sie ein eleganteres Führerhaus und einen größeren Schlepptender als diese. Die Maschinen kamen auf der Strecke von De Coursey nach Ravenna im östlichen Kentucky vor Erzzügen zum Einsatz. Sie entwickelten eine Leistung von über 3300 kW bei einer Geschwindigkeit von 68 km/h, und sie konnten 9500-t-Züge befördern. Auf den Steilstrecken war jedoch eine zweite Maschine als Schiebelokomotive erforderlich. Im Juni 1956 mußten diese Lokomotiven der Dieseltraktion weichen.

Die Lokomotiven der Bauart Shay (s. S. 149) konnten sich lange Zeit in den USA behaupten, auch dann noch, als man zwischen 1930 und 1940 neue Traktionsmöglichkeiten für Holzbahnen gefunden hatte. Die Lima Locomotive Works bauten deshalb erst 1945 die letzten und gleichzeitig besten Shay-Lokomotiven im Auftrag der Western Maryland Railroad. Sie hatten drei senkrecht angeordnete Zylinder mit 432 mm Durchmesser und 457 mm Kolbenhub, die drei zweiachsige Drehgestelle antrieben. Jedes Treibrad hatte einen Durchmesser von 1,22 m. Das Betriebsgewicht dieser Maschinen betrug 147 t. Das entsprach gleichzeitig dem Reibungsgewicht, mit dem sie in der Lage waren, eine Zugkraft von 265,8 kN zu entwickeln. Die letzte Lokomotive dieses Typs wurde bereits fünf Jahre nach ihrer Inbetriebnahme ausgemustert und kam 1953 in das Mount Clare Museum der Baltimore & Ohio Railroad, wo sie noch heute bewundert werden kann.

Western Maryland · 3T-Shay · 1945

Red Nacional de los Ferrocarriles Españoles · Nr. 2201–2257. Die Lokomotiven dieser Reihe zählen zu den besten Konstruktionen der Mountain-Bauart und kamen in ganz Spanien zum Einsatz. Sie waren die ersten Fahrzeuge der neugegründeten RENFE und eigens für diese entworfen worden. Die beiden Prototypen wurden 1944 und 1945 bei La Maquinista Terrestre y Maritima gebaut. In den Jahren 1946 bis 1955 wurden weitere 55 Lokomotiven abgeliefert. Der Ursprungsentwurf stammte noch von den Maschinen, die für die Strecke Madrid–Alicante–Sevilla bestimmt waren. Diese Strecke war früher von der MZA betrieben worden. Die technischen Daten dieser Lokomotiven sind folgende: Zweizylinder-Triebwerk (Zylinderdurchmesser 640 mm, Hub 710 mm), das mit überhitztem Dampf betrieben wurde, Lentz-Ventilsteuerung, Treibraddurchmesser 1,75 m, Kesseldruck 15,7 bar und Rostfläche 5,3 m². Das Betriebsgewicht betrug 204 t, und die Länge einschließlich Tender erreichte 25,5 m. Die Lokomotiven waren zwar nicht sehr schnell, hatten aber eine maximale Zugkraft von 174 kN, die ihr gestattete, auf Gebirgsstrecken die anfallenden Anhängelasten zu befördern. Einige Lokomotiven dieses Typs waren 1977 noch in Mora de la Nueve stationiert und verkehrten auf der Strecke Madrid–Barcelona.

der beiden Konstrukteure gebildet wurde. Ein wesentlicher Erfolg der Studien über die optimale Dampfnutzung war die Erfindung des Überhitzers, des Speisewasservorwärmers und der Speisewasserpumpe.

Man beschäftigte sich außerdem mit der äußeren Form der Lokomotiven. Besonders aktiv waren die deutschen Techniker auf diesem Gebiet, und ihre Konstruktionen waren von großer technischer Bedeutung, auch wenn sie sich dabei teilweise vom modischen Trend jener Zeit leiten ließen. Die Lokomotiven der Baureihen 05, 61 und 03^{10} jedoch hatten nicht nur ein elegantes Aussehen, sondern waren aerodynamisch hervorragend gestaltet, besonders leistungsfähig und hatten einen geringen Energieverbrauch. Diese Merkmale galten dagegen nicht für die englischen Coronation-Maschinen und für die französischen Konstruktionen.

Besondere Aufmerksamkeit verdienen jedoch die Stromlinienlokomotiven Amerikas, die zwar einen modernen, ja sogar futuristischen Eindruck erweckten, aber kaum bessere Leistungen boten als die konventionellen Maschinen. Die hohen Reisegeschwindigkeiten der amerikanischen Expreßzüge am Ende der dreißiger Jahre wurden auch nicht durch diese Fahrzeuge erreicht, sondern mit den riesigen Lokomotiven, die Leistungen von mehr als 4400 kW entwickeln konnten.

South African Railways & Harbours · Reihe 15F. Rund 1400 Dampflokomotiven mit der Achsfolge 2′D1′ waren auf den Gleisen der südafrikanischen Eisenbahn, die eine Spurweite von 1067 mm hat, über 42 Jahre in Betrieb. Es gab insgesamt 26 verschiedene Varianten, die vor allem auf der wichtigen Verbindungsstrecke von Kapstadt nach Johannesburg zum Einsatz kamen. Am bekanntesten waren die verschiedenen Lokomotivtypen der Reihe 15, darunter auch die 15F, die nach dem 2. Weltkrieg als letzte der Reihe 15 dem Betrieb übergeben worden war. Der Entwurf stammte von W. A. J. Day aus dem Jahre 1938, konnte jedoch wegen der Kriegsereignisse erst ab 1945 zur Ausführung gelangen. Bis 1948 wurden zunächst 160 Lokomotiven dieses Typs gebaut. Später folgten nochmals 95 Exemplare, so daß insgesamt 255 Maschinen der Reihe 15F in Südafrika verkehrten. Die ersten Lokomotiven wurden bei Schwartzkopff (7 Einheiten) und bei Henschel (11 Einheiten) hergestellt, während alle anderen bei den britischen Firmen Bayer Peacock & Co. und North British Locomotive Co. gefertigt wurden. Im Gegensatz zu ihren Vorgängern mit der Achsfolge 2′D1′ hatten diese nun einen verlängerten Rahmen, einen größeren Treibraddurchmesser (1,52 m) und einen höheren Kesseldruck (14,5 bar), darüber hinaus wurde für die Beschickung des Rostes der Feuerung eine Förderschnecke eingebaut. Die 15F-Maschinen hatten zwei Zylinder mit 610 mm Durchmesser und 711 mm Hub, und ihr Betriebsgewicht lag bei 111 t. Sie konnten eine maximale Zugkraft von 252,1 kN erreichen.

Pennsylvania Railroad · Reihe S2. Um den Konkurrenzkampf zwischen den dieselelektrischen und den Dampflokomotiven zugunsten der letzteren entscheiden zu können, entwickelten 1944 die Firmen Baldwin und Westinghouse zusammen mit den Technikern der Pennsylvania Railroad eine riesige Turbinenlokomotive, jedoch ohne Abdampfkondensation. Diese Antriebsform sollte den Wirkungsgrad der Dampflokomotive verbessern. Ein wesentliches Konstruktionsmerkmal war die Beschränkung der beweglichen Teile des Antriebs auf das unbedingt erforderliche Mindestmaß, um einen möglichst ruhigen Lauf des Fahrzeuges zu gewährleisten und den Brennstoffverbrauch zu senken. Die Hauptturbine dieser Lokomotive gab bei 9000 Umdrehungen pro Minute die Leistung von 5070 kW für die Vorwärtsfahrt ab; für die Rückwärtsfahrt wurde eine Hilfsturbine eingebaut, die eine Leistung von 1100 kW entwickeln konnte. Bei den Probefahrten erreichte sie ihre Höchstleistung bei der Geschwindigkeit von 115 km/h, doch war sie in der Lage, Schnellzüge mit 160 km/h zu befördern. Die Lokomotive – als Reihe S2 bezeichnet – hatte ein ungewöhnliches Fahrwerk (Achsfolge 3'D3'), das aus vier gekuppelten Achsen bestand, die zwischen zwei dreiachsigen Laufdrehgestellen angeordnet waren. Einschließlich des achtachsigen Tenders hatte diese Maschine eine Länge über Puffer von 37 m. Dieser hochentwickelte Prototyp kam jedoch für eine Serienproduktion zu spät.

New York Central Railroad – Niagara. Diese imposanten Lokomotiven stellen den Abschluß in der Entwicklung der amerikanischen Schnellzug-Dampflokomotive dar. Sie wurden nach dem Ende des 2. Weltkrieges gebaut, in einer Zeit also, da sich in den USA die Dieseltraktionen schon weite Bereiche des Schnellzugverkehrs erobert hatte. Die Niagara-Konstruktion (Achsfolge 2'D2') war 1931 bereits an einer großen Dreizylinder-Verbundmaschine zur Anwendung gekommen, die für die gleiche Eisenbahngesellschaft gebaut worden war. Den Höhepunkt erreichten diese Lokomotiven jedoch erst mit den Maschinen der Reihe S-1 und S-2, die in den Jahren 1945 und 1946 von ALCO gebaut wurden. Diese formvollendeten Maschinen hatten zwei Zylinder mit 635 mm Durchmesser und 813 mm Hub, ihre Treibräder waren genau 2 m groß, der Kessel war für einen Druck von 20 bar ausgelegt, und die Rostfläche hatte eine Ausdehnung von 9,3 m². Das Betriebsgewicht dieser Niagara-Maschinen betrug 214 t, wovon 125 t auf das Reibungsgewicht entfielen. Die maximale Leistung dieser Schnellzuglokomotiven betrug 4630 kW; die maximale Zugkraft erreichte den Wert von 275 kN. Sie waren dadurch in der Lage, 1000-t-Züge mit 160 km/h zu ziehen. Ein besonderer Vorteil bestand bei diesen Maschinen im geringen Energieverbrauch und ihrer geringen Störanfälligkeit, was nicht zuletzt auf ihre perfekte Konstruktion zurückzuführen war. Die Lokomotiven führten Schlepptender mit sieben Achsen – die vorderen zwei in einem Drehgestell, die fünf hinteren fest im Rahmen – mit sich, die 42 t Kohle und 70 m³ Wasser fassen konnten. Die Maschinen hatten außerdem zwei aus Europa bekannte Konstruktionsdetails: Das eine waren die Windleitbleche, die am Vorderende zu beiden Seiten des Kessels angebracht waren, und das zweite, die Wasserpumpen, mit denen der Tender während der Fahrt aus den Wasserkanälen zwischen den Schienen gefüllt werden konnte. Letzteres bedeutete einen enormen Zeitgewinn, vor allem auf der Fahrt von New York nach Chicago über eine Entfernung von 1545 km, die so ohne Betriebshalt durchfahren werden konnte.

23033

Die Feuer erlöschen

Die letzten Jahre des Dampflokzeitalters waren nochmals geprägt von großem technischen Erfindungen, besonders in den Jahren 1945 bis 1950, so daß man fast geneigt war anzunehmen, die Dampflokomotive würde so schnell noch nicht aussterben. Das zeigen auch die großen Investitionen, die zu Beginn der fünfziger Jahre im amerikanischen Dampflokomotivbau getätigt wurden, begünstigt auch durch die europäische Entscheidung, da man dort noch immer davon überzeugt war, daß die Dampflokomotive Schnellzüge mit 250 km/h befördern könne. So entstanden in den USA die Duplex-Maschinen (Pennsylvania Railroad), doch kamen sie zu spät und konnten auch die in sie gesteckten Erwartungen nicht zuletzt auch aus Mangel an Entwicklungszeit nicht erfüllen. Erfolgreicher waren die vierfach gekuppelten Schnellzuglokomotiven, die Treibräder mit einem Durchmesser von 2 m hatten. Diese vielversprechenden Konstruktionen waren sehr leistungsfähig, darüber hinaus auch sehr verschleißarm und sparsam im Energieverbrauch; sie verhinderten auch einige Zeit eine größere Verbreitung der dieselelektrischen Lokomotiven, die mittlerweile schon von General Motors gebaut wurden. Erst nachdem diese in Drei- und Vierfachtraktion vor Güterzüge gespannt werden konnten, liefen sie den Dampflokomotiven den Rang ab, ohne jedoch ihre Höchstgeschwindigkeiten zu überbieten.

In Europa setzte man noch große Erwartungen in den Dampflokomotivbau und glaubte, daß sie sich noch lange gegen die Konkurrenz durchsetzen

Société Nationale des Chemins de Fer Belges · Reihe 29. Am Ende des 2. Weltkrieges waren die Bahnstrecken und das rollende Material in Belgien fast völlig zerstört. Um jedoch möglichst schnell den Betrieb wieder aufnehmen zu können, wandte man sich an die amerikanische Lokomotivindustrie und bestellte eine Mehrzwecklokomotive mit der Achsfolge 1'D. Von diesem Typ, der als Reihe 29 bezeichnet wurde, lieferten ab dem Jahre 1946 amerikanische und kanadische Firmen 300 Exemplare. Die Fahrzeuge wurden in Belgien unter dem Namen »Jeepp« bekannt. Sie hatten zwei Zylinder, die mit einfacher Dampfdehnung betrieben wurden, deren Durchmesser 559 mm und deren Kolbenhub 711 mm betrug. Ihre Treibräder hatten den Durchmesser von 1,52 m, und dank eines Überhitzers konnten sie eine Leistung von 1470 kW entwickeln. Diese 93 t schweren Maschinen kamen auf dem gesamten Streckennetz der SNCB zum Einsatz und waren mehr wegen ihres massigen Aussehens als wegen ihrer hochentwickelten Konstruktion oder ihrer guten Leistungsfähigkeit bekannt. Die zulässige Höchstgeschwindigkeit betrug 96 km/h, und in der Tat fuhren sie selbst in der Ebene und auf geraden Strecken nie schneller als 100 km/h. Sie gehörten zu den Kriegslokomotiven, die sehr robust und unterhaltungsfreundlich gebaut waren, aber im Regeleinsatz doch immer wieder Mängel zeigten.

Türkische Staatsbahn (TCDD). Kurz nach Kriegsende konnte die deutsche Lokomotivindustrie, die viele Jahre der Hauptlieferant für die türkische Staatsbahn war, die Aufträge der TCDD nicht annehmen. Daher bestellte man bei den amerikanischen Firmen leistungsfähige und moderne Lokomotiven. Die Vulcan Iron Works in Wilker-Barre, Pennsylvania, lieferten in den Jahren 1947 bis 1949 eine Reihe von 88 Güterzuglokomotiven. Diese Lokomotiven verfügten über den größten Kessel, der je in einer türkischen Maschine eingebaut worden war. Die 1'E-Maschinen, die den Beinahmen »Wilker-Barre« trugen, wurden im harten Güterzugverkehr in den Gebirgsregionen des Landes eingesetzt. Sie hatten zwei Zylinder mit dem Durchmesser von 597 mm und einem Hub von 711 mm; ihr Treibraddurchmesser lag bei 1,45 m. Die Feuerung hatte eine automatische Brennstoff-Zuführungseinrichtung, und die maximale Zugkraft der Maschine lag bei 259,4 kN. Auffallend ist ihre strömungsgünstige Kesselverkleidung, die vom Kamin bis zum Führerhaus reichte und den Sandkasten und den Dampfdom umschloß. Äußerlich entsprachen die Lokomotiven jedoch den amerikanischen Konstruktion jener Zeit.

könne. In Deutschland beispielsweise plante und konstruierte man an einer Maschine, die doppelt so schnell fahren sollte wie ihre Vorgängerinnen aus der Zeit vor dem 2. Weltkrieg. Dieses Fahrzeug sollte die Achsfolge 2'D2' haben und mit einem Fünfzylinder-Verbundtriebwerk arbeiten. Das Führerhaus sollte an der Stirnseite dieser stromlinienverkleideten Maschine angebaut werden, und mit speziellen Reisezugwagen sollte diese Lokomotive Geschwindigkeiten bis zu 250 km/h erreichen können.

Inzwischen waren auch die ersten Dampfturbinen-Lokomotiven gebaut worden. Diese wurden technisch jedoch nicht mehr zur Perfektion gebracht, da sie abgesehen von einigen schwedischen Konstruktionen nicht sehr erfolgversprechende Ergebnisse brachten. Diese Antriebsart, die auf den großen Kriegsschiffen mit Erfolg eingebaut wurde, stieß im Dampflokomotivbau auf verschiedene Hindernisse. Das wurde auch bei der amerikanischen Chesapeake & Ohio Railway erkannt, die daher die Dampfturbine auf eine ganz neue Art nutzte, indem sie nämlich einen Generator an diese anbaute und mit dem erzeugten Strom elektrische Fahrmotoren, die an jeder Treibachse saßen, speiste.

In Großbritannien, wo die Dampflokomotive sich noch lange Zeit behaupten konnte, versagte nach dem 2. Weltkrieg der Erfindergeist der Konstrukteure. So fanden die aus dem Jahre 1938 stammenden Pacific-Maschinen von W. Stanier und die Umbauten von Bulleid keine ebenbürtigen Nachfolger mehr in den Britannia-Lokomotiven, die 1951 entstanden waren.

→ S. 224

Polskie Koleje Panstwowe · Reihe Pt 47. Diese Lokomotiven sind die schönsten und gleichzeitig leistungsfähigsten Konstruktionen, die nach Kriegsende in Polen zum Einsatz kamen. Die Firmen Cegielski (60 Einheiten) und Chrzanow (120 Einheiten) bauten ab 1948 diese Fahrzeuge, die aus der Vorkriegsbaureihe Pt 31 weiterentwickelt worden waren. Teilweise orientierte man sich auch an deutschen Konstruktionen, die während der Besatzungszeit in den polnischen Lokomotivfabriken hergestellt worden waren. Die Lokomotiven der Reihe Pt 47 hatten Mikado-Fahrwerk (Achsfolge 1'D1'), zwei Zylinder mit 630 mm Durchmesser und 700 mm Hub, Treibräder mit dem Durchmesser von 1,85 m, und einen Kessel für den Dampfdruck von 14,7 bar. Sie kamen hauptsächlich auf langen Hauptstrecken zum Einsatz. Mitte der siebziger Jahre fand man sie jedoch als Personenzuglokomotiven im Vorort- und Nebenbahnverkehr auf nicht elektrifizierten Strecken. Etwa ab dem Jahre 1955 verlor dann die polnische Lokomotivindustrie ihre persönliche Note und orientierte sich in zunehmenden Maße an den Entwicklungen der UdSSR und der DDR.

Reihe 141R · 1945

Die letzten Dampflokomotiven in Frankreich

Reihe 241P · 1948

In der Phase des Wiederaufbaues und der Modernisierung des französischen Lokomotivparks verfolgte man zwei Ziele: Zum einen sollte die Leistungsfähigkeit der noch vorhandenen Lokomotiven verbessert werden, und zum andern wollte man mit den jenseits des Ozeans bestellten Lokomotiven universell einsetzbare Fahrzeuge in Betrieb nehmen. Eine Konstruktion, die in jener Zeit in Frankreich zum Einsatz kam, trug den Namen »Liberation«, der den historischen Ereignissen dieser Zeit Rechnung trug und als Wiederaufbauhilfe der USA für Frankreich anzusehen ist. Von dieser Konstruktion wurden 1340 Exemplare in der Zeit von Augsut 1945 bis Juli 1947 in den USA und Kanada gebaut. Die Lokomotiven hatten ein Mikado-Fahrwerk (Achsfolge 1'D1'), waren mit zwei Zylindern ausgestattet, die mit überhitztem Dampf betrieben wurden (Zylinderdurchmesser 597 mm, Kolbenhub 711 mm); ihre Treibräder hatten den Durchmesser von 1,65 m, und der Kesseldruck betrug 15,2 bar. Die Lokomotiven erreichten keine hohen Geschwindigkeiten, konnten aber 800-t-Schlafwagenzüge mit 100 km/h und 1500-t-Güterzüge mit 50 km/h befördern. Das Betriebsgewicht betrug 115 t, das Reibungsgewicht 80 t.

In den Jahren 1948 bis 1952 wurden bei der Firma Schneider die Lokomotiven der Baureihe 241 P der SNCF aus Fahrzeugen rekonstruiert, die 1930 im Auftrag der PLM gebaut worden waren. Die Lokomotiven bekamen ein Vierzylinder-Verbundtriebwerk mit zwei außenliegenden Niederdruckzylindern (Durchmesser 674 mm, Kolbenhub 700 mm), die auf die zweite Achse wirkten, und zwei innenliegende Hochdruckzylinder (Durchmesser 446 mm, Kolbenhub 650 mm), die die dritte Achse antrieben. Dieses Triebwerk war mit einer Walschaerts-Steuerung kombiniert und wurde mit Dampf, der einen Druck von 19,6 bar hatte, beaufschlagt. Über ihre 2,0 m großen Treibräder konnten sie die maximale Zugkraft von 186,4 kN und eine Leistung von 2350 kW abgeben.

Ein weiteres Prachtstück jener Zeit war die Baureihe 230K der Région Est, eine Lokomotive, die zu Beginn des Jahrhunderts entworfen worden war und lange Zeit erfolgreich eingesetzt werden konnte. Diese hervorragenden Ten-wheeler-Konstruktionen wurden nun grundlegend modernisiert. Nun als Baureihe 230K bezeichnet, verfügten sie über Vierzylinder-Verbundtriebwerke der Bauart De Glehn (Hochdruckzylinder: Durchmesser 370 mm, Hub 680 mm, Niederdruckzylinder: Durchmesser 590 mm, Hub 680 mm). Ihre Treibräder hatten einen Durchmesser von 2,09 m, und ihre Kessel waren für den Druck von 17,7 bar ausgelegt worden. Das Reibungsgewicht dieser 84 t schweren Maschinen betrug 58 t. Die Lokomotiven der Baureihe 230K verkehrten auf der Strecke Paris–Straßburg und legten diese Entfernung in 5 Stunden und 15 Minuten zurück.

Reihe 230K · 1947

Chesapeake & Ohio Railway · Reihe M-1. Diese Eisenbahngesellschaft war eine der bedeutendsten im Erzgebiet von Pocahontas. Nach dem 2. Weltkrieg wollte nun diese Eisenbahngesellschaft eine Dampflokomotive in Betrieb nehmen, die mehr leisten konnte als jede der Diesellokomotiven, die seit geraumer Zeit die langen Kohlenzüge beförderten. Bei der Entwicklung dieses Fahrzeuges zeigte sich bereits, daß die mit einer Turbine angetriebene Maschine auch in der Lage sein würde, den Schnellzug »Chessie« von Washingten nach Cincinnati mit zufriedenstellenden Ergebnissen zu ziehen. So entstand schließlich eine kohlegefeuerte Turbinen-Dampflokomotive, die die Leistungsfähigkeit der Diesellokomotive übertreffen und auch ihren Energieverbrauch unterbieten sollte. 1947 wurde von Baldwin und Westinghouse mit der Ausführung einer derartigen Maschine begonnen. Die Turbine der Lokomotive wirkte dabei nicht wie gewohnt auf die Treibräder, sondern auf einen Generator, der acht elektrische Fahrmotoren mit einer Leistung von je 455 kW versorgte. Der Kessel der Dampflokomotive entwickelte maximal die Leistung von 4410 kW; die Nenndrehzahl der Dampfturbine lag bei 6000 Umdrehungen in der Minute. Die Dampflokomotive entwickelte so eine konstante Zugkraft von 470,9 kN und hatte im Bestpunkt eine Zugkraft von 961,4 kN. Die strömungsgünstige Verkleidung, die weniger fortschrittlich als der gesamte Antrieb war, umfaßte von vorne nach hinten den Kohlenbehälter, das Führerhaus, den Dampfkessel, die Turbinen- und Generatoranlage, und im angehängten Teil den Wasserbehälter. Das 20achsige Fahrzeug erreichte so eine Gesamtlänge von 47 m. Von diesen riesigen Ungeheuern wurden drei Exemplare gebaut. Sie konnten jedoch die in sie gestellten Erwartungen nicht voll befriedigen, so daß sie trotz einer Höchstgeschwindigkeit von 160 km/h bereits im Jahre 1950 aus dem Betrieb genommen wurden.

East Indian Railway · Reihe WP. Im Jahre 1947 wurden die ersten Maschinen der Baureihe WP an diese indische Eisenbahnverwaltung geliefert. Die Fahrzeuge waren von den amerikanischen Baldwin Locomotive Works hergestellt worden. Später folgten von europäischen Herstellern weitere Maschinen dieses Typs. Sie waren sehr modern und hochentwickelt, hatten die Achsfolge 2′C1′ und waren teilweise strömungsgünstig verkleidet. Sie wurden über zwei Zylinder, deren Durchmesser 514 mm und deren Hub 711 mm betrug, angetrieben, hatten Treibräder mit dem Durchmesser von 1,7 m, und sie arbeiteten mit einem Dampfdruck von 14,5 bar. Das Betriebsgewicht betrug 89 t; ihr Reibungsgewicht lag bei 55 t, das entspricht einer Achslast von 18,3 t pro Treibachse. Die Lokomotiven der Reihe WP waren die stärksten und schnellsten Fahrzeuge Indiens; ein Teil dieser Maschinen ermöglichte nach den Unabhängikeitserklärung Pakistans die Aufrechterhaltung des dortigen Schnellzugverkehrs. Noch um die Mitte der siebziger Jahre waren in Indien und Pakistan viele Maschinen dieses Typs im Einsatz.

New Zealand Government Railways · Reihe Ja. Die Eisenbahnverwaltung von Neuseeland bestellte 1946 bei der Firma Hillside 35 Lokomotiven der Reihe Ja, die aus der bekannten Reihe J weiterentwickelt worden war. Die Lokomotiven der Reihe J waren 1939 von R. J. Gard entworfen worden. Sie hatten die Achsfolge 2′D1′, die auch bei der Reihe Ja übernommen wurde, doch verzichtete man nun auf eine Stromlinienverkleidung, wie sie bei den älteren Maschinen üblich war. Die Fahrzeuge waren mit Zweizylinder-Triebwerken bestückt, die mit einfacher Dampfdehnung arbeiteten. Das Betriebsgewicht betrug 70 t, das Reibungsgewicht 47 t. Die Lokomotiven der Baureihe Ja kamen hauptsächlich im Güterverkehr zum Einsatz, wo sie 800-t-Züge ziehen mußten, doch waren sie auch vor Personenzügen mit einem Gewicht von 400 t im Einsatz, mit denen sie Geschwindigkeiten bis 120 km/h erreichten, gelegentlich fuhren sie sogar 160 km/h. Im Jahre 1951 lieferte die North British Locomotive Co. nochmals 15 Exemplare, diese jedoch mit Ölfeuerung. Wegen der Streckenverhältnisse konnten diese Folgemaschinen jedoch ihre Leistungsfähigkeit nie voll unter Beweis stellen.

Statens Järnvägar · Reihe E10 *(oben)*. 1947 nahm die schwedische Staatsbahnverwaltung zehn Lokomotiven in Betrieb, die sie als Reihe E10 bezeichnete. Diese waren von Nydqvist & Holm gebaut worden und hatten die Achsfolge 2′D. Sie wurden über zwei Zylinder mit 450 mm Durchmesser und 610 mm Kolbenhub angetrieben, hatten Treibräder mit einem Durchmesser von 1,4 m, und sie arbeiteten mit dem Dampfdruck von 13,7 bar. Das Betriebsgewicht lag bei 74 t und das Reibungsgewicht bei 51 t, womit sie die maximale Zugkraft von 117,7 kN entwickeln konnten. Ihre Führerhäuser waren wegen des kühlen Klimas ihres Einsatzgebietes in geschlossener Form ausgeführt worden. Die Lokomotiven hatten Wannentender, die 7 t Kohle und 16,5 m³ Wasser fassen konnten. Alle Maschinen der Reihe E10 kamen hauptsächlich auf den Strecken von Ostersund nach Mora und von Bollnas nach Orsa zum Einsatz und blieben bis 1973 im Betrieb.

Magyar Allamvasutak · Reihe 303 *(unten)*. Die ungarische Eisenbahngesellschaft übergab 1951 die Lokomotiven der Baureihe 303 mit der Achsfolge 2′C2′ dem Betrieb. Die Maschinen waren bei der Mavag gebaut worden und hatten zwei Zylinder mit dem Durchmesser von 549 mm und dem Hub von 699 mm. Der Treibraddurchmesser betrug 2,0 m; der Kesseldruck war auf 17,7 bar begrenzt. Ihr Betriebsgewicht lag bei 114 t und das Reibungsgewicht bei 51,9 t. Sie hatten Feuerungen mit automatischer Rostbeschickung und entwickelten eine Leistung von 1470 kW, womit sie in der Lage waren, 500-t-Züge mit 120 km/h zu beförden. Auffallend ist auch bei diesen Fahrzeugen das geschlossene Führerhaus und der von den österreichischen Konstruktionen übernommene abgesetzte Wasserbehälter des Tenders.

Société Nationale des Chemins de Fer Francais · Reihe 232U. Diese stromlinienverkleidete Lokomotive wurde 1949 gebaut. Sie hatte die Achsfolge 2'C2', war mit einem Vierzylinder-Verbundtriebwerk ausgestattet (Hochdruckzylinder: Durchmesser 450 mm, Hub 700 mm, Niederdruckzylinder: Durchmesser 680 mm, Hub 700 mm), arbeitete mit dem Dampfdruck von 19,6 bar, und ihre Treibräder hatten einen Durchmesser von 2,0 m. Die Lokomotiven entwickelten eine Leistung von 2200 kW und konnten 710-t-Züge mit einer Geschwindigkeit von 120 km/h über eine Steigung von 4‰ befördern. Ihre Höchstgeschwindigkeit lag bei 160 km/h; das Betriebsgewicht betrug 131 t, und das Reibungsgewicht erreichte einen Wert von 69 t. Sie kam vor allem im internationalen Schnellzugverkehr in Nordfrankreich zum Einsatz.

Eisenbahnen der UdSSR (SZD) · Reihe P36 *(links).* 1950 wurden von den sowjetischen Staatsbahnen die Lokomotiven der Reihe P36 mit der Achsfolge 2'D2' in Betrieb genommen. Sie hatten zwei Zylinder mit 575 mm Durchmesser und 880 mm Hub; ihr Treibraddurchmesser betrug 1,85 m, und der Kessel war für den Druck von 14,7 bar ausgelegt. Die maximale Leistung dieser Maschinen lag bei 1840 kW, und ihr Betriebsgewicht erreichte einen Wert von 135 t. Insgesamt wurden bis 1956 von der Firma Kolomna 250 Lokomotiven dieses Typs hergestellt.

South African Railways & Harbours · Reihe 25. Zu Beginn der dreißiger Jahre wollte diese Eisenbahnverwaltung Lokomotiven in Betrieb nehmen, die auf langen Strecken ohne Betriebshalt fahren sollten. Diese Fahrzeuge leiteten daher den Abdampf der Zylinder in besondere Tender, die mit großen Ventilatoren ausgestattet waren und den Dampf damit kondensieren konnten, um ihn erneut dem Arbeitsprozeß zuzuführen. Im Jahre 1953 ließen nun die South African Railways die Lokomotiven der Reihe 25 mit derartigen Kondensationstendern bei Henschel und verschiedenen englischen Firmen bauen. Insgesamt wurden 90 derartige Fahrzeuge hergestellt. Sie hatten die Achsfolge 2'D2', zwei Zylinder mit einem Durchmesser von 610 mm und dem Kolbenhub von 711 mm und Treibräder mit dem Durchmesser von 1,52 m. Die Tender, die einen größeren Achsstand als die Lokomotiven selbst hatten, verfügten über drei Kondensatoren, die mit fünf Ventilatoren gekühlt wurden. Sie konnten außerdem 18 t Kohle und 15 m³ Wasser aufnehmen.

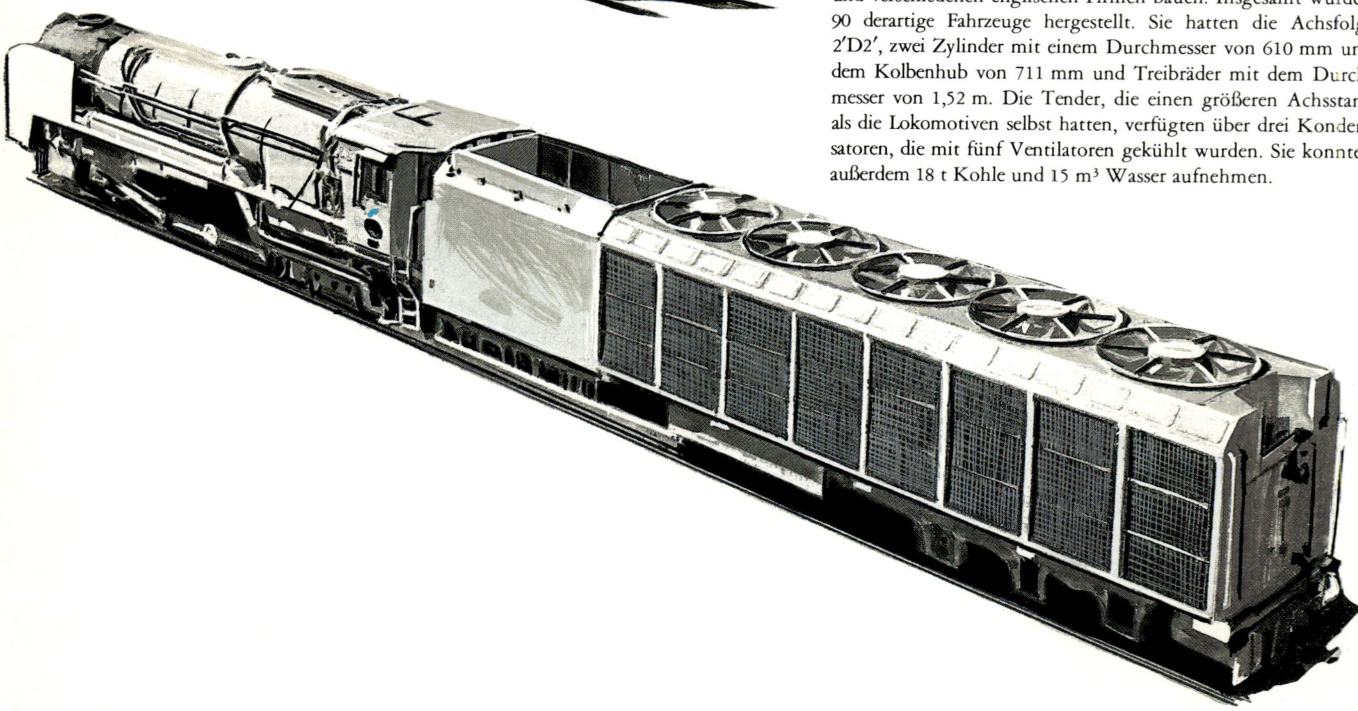

Ceskoslovenske Statni Drahy · Reihe 498.1. Im Jahre 1954 lieferte die Firma Skoda die ersten 15 Lokomotiven der Reihe 498.1 an die tschechische Staatsbahn ab. Die Fahrzeuge waren eine Weiterentwicklung der Reihe 498, die in den Jahren 1948 und 1949 gebaut worden war. Die Lokomotiven der Reihe 498.1 hatten die Achsfolge 2′D1′, Dreizylinder-Triebwerke mit einfacher Dampfdehnung (Zylinderdurchmesser 500 mm, Kolbenhub 680 mm), Treibräder mit dem Durchmesser von 1,83 m, und sie arbeiteten mit einem Dampfdruck von 15,7 bar. Sie hatten Barrenrahmen, und alle Achsen waren in Wälzlagern geführt. Die Maschinen hatten Stoker-Feuerung und Schornsteine der Bauart Kylchap.

Die englischen Dampflokomotiven der fünfziger Jahre

Am 2. Januar 1951 wurden aus Crewe die ersten Schnellzug-Dampflokomotiven der Reihe 7 geliefert. Diese eleganten dunkelgrün und schwarz gestrichenen Lokomotiven mit der Achsfolge 2′C1′ wurden von den British Railways als »Britannia« bezeichnet. Die Britisch Railways waren am 1. Januar 1948 aus den vier britischen Eisenbahngesellschaften entstanden. Eines ihrer wichtigsten Ziele war die Entwicklung von Einheitslokomotiven, die nach und nach die Typenvielfalt des vorhandenen Fahrzeugparks aus den ehemaligen Bahnverwaltungen ablösen sollten. Diese Britannia-Lokomotiven nun waren die ersten, die nach diesen neuen Richtlinien gebaut worden waren. Zwischen 1951 und 1954 wurden 55 Exemplare dieses Typs dem Betrieb übergeben. Sie hatten zwei Zylinder mit 508 mm Durchmesser und 711 mm Kolbenhub. Ihr Treibraddurchmesser lag bei 1,88 m, und der Dampfdruck betrug 17,3 bar. Das Betriebsgewicht dieser Maschinen erreichte einen Wert von 95,5 t, das Reibungsgewicht den Wert von 61,7 t. Bei den Probefahrten entwickelten diese Maschinen zwar eine Leistung von 1655 kW, doch hatten sie leider auch einige konstruktive Mängel aufzuweisen. Trotzdem waren sie in der Lage, 320-t-Züge mit einer Geschwindigkeit von 150 km/h zu befördern.

Auch die Lokomotiven der Baureihe 9F der British Railways zählen zu den Einheitslokomotiven dieser Bahnverwaltung. Ebenso wie bei den Lokomotiven der Reihe 7 waren auch bei diesen Maschinen der Kessel und die Zylinder nach einheitlichen Konstruktionsschemata gefertigt worden. Von der Baureihe 9F wurden zwischen 1953 und 1958 insgesamt 251 Exemplare gebaut. Die Achsfolge dieser Maschinen war 1′E; ihre Zylinder hatten – wie bei den Britannia – 508 mm Durchmesser und 711 mm Hub; der Treibraddurchmesser lag bei 1,52 m, und der Kessel war für einen Druck von 17,3 bar ausgelegt. Das Betriebsgewicht lag bei 88 t, das Reibungsgewicht bei 79 t. Die letzte Lokomotive dieser Baureihe wurde von der bekannten Firma Swindon geliefert und erhielt den bedeutungsvollen Namen »Evening Star«, denn sie war die letzte Dampflokomotive, die für die British Railways gebaut worden war.

Britannia · 1951 **Reihe 9F · 1953**

Ferrocarril Nacional General Roca · Reihe 15B. Diese schweren Mehrzwecklokomotiven wurden 1949 von den Vulcan Foundry im Auftrag Argentiniens gebaut. Die dort vorhandene Breitspur von 1676 mm ermöglichte den Einsatz von Lokomotiven mit besonders großen Feuerungen. Das galt auch für die Lokomotiven der Baureihe 15B, die die Achsfolge 2'D hatten. Ihre Achslast von 16 t war für diese Lokomotiven typisch, genauso wie das Betriebsgewicht von nur 82 t. Sie hatten Schlepptender, die entweder 13 m³ Heizöl oder 7 t Kohle fassen konnten. Auffallend ist an diesen Fahrzeugen der Kuhfänger, der nach alter argentinischer Tradition aus Holz gefertigt war.

New South Wales Government Railway · Reihe D58. Die Lokomotiven der Reihe D58 wurden 1950 in einer Stückzahl von 13 Einheiten durch die bahneigenen Werkstätten dieser australischen Eisenbahngesellschaft gebaut. Sie hatten die Achsfolge 2'D1' und – im Gegensatz zu den Fahrzeugen der Reihe D57, aus denen sie weiterentwickelt worden waren – Dreizylinder-Triebwerke mit Walschaerts-Steuerung, die die beiden äußeren Zylinder direkt und den inneren über ein Zahnradgetriebe mit Dampf versorgte. Das Gesamtgewicht dieser Lokomotiven betrug einschließlich des Tenders 207 t. Die Lokomotiven wurden in Doppel- und Dreifachtraktion auf den Gebirgsstrecken von Neusüdwales und da besonders auf den 24‰ steilen Kehren der Strecke von Lithgow nach Zig-Zag box eingesetzt.

Griechische Staatsbahn (C. E. H.) · Reihe Mα. Diese in Italien bei Breda und Ansaldo gebauten Lokomotiven waren die größten und stärksten Dampflokomotiven, die in Griechenland je zum Einsatz gekommen sind. Bis 1955 wurden 20 Exemplare dieses Typs gebaut. Eine Hälfte hatte Kohlenfeuerung, die andere Ölfeuerung. Sie hatten Barrenrahmen, ihre Achsfolge lautete 1'E1', und ihre zwei Zylinder hatten den Durchmesser von 660 mm und einen Kolbenhub von 700 mm. Der Treibraddurchmesser lag bei 1,6 m, und der Kesseldruck war auf 17,7 bar begrenzt. Die Lokomotiven entwickelten bei 75 Prozent der vollen Leistung eine Zugkraft von 251 kN und wurden auf der Strecke von Athen nach Saloniki, die Steigungen bis zu 20‰ aufzuweisen hatte, im Personen- und Güterzugverkehr eingesetzt.

Zajednica Jugoslovenskih Zeleznica · Reihe 38. Dies ist eine von zehn Lokomotiven, die zwischen 1957 und 1958 von der Firma Duro Dakovic nach dem Vorbild der englischen »Austerity«, die im Rahmen einer Wiederaufbauhilfe der UNRRA nach Jugoslawien geliefert worden waren, gebaut. Der Unterschied gegenüber diesen englischen Maschinen bestand darin, daß die jugoslawischen Loks einen Speisewasservorwärmer der Bauart Heinl, Windleitbleche und zwei zylindrische Luftbehälter für das Druckluftbremssystem unter der Rauchkammer hatten. Die Achsfolge der Lokomotive lautete 1'D, ihre Zylinder hatten den Durchmesser von 550 mm und einen Hub von 711 mm, der Treibraddurchmesser lag bei 1,45 m, und der Arbeitsdruck des Dampfes betrug 15,7 bar.

Rhodesian Railways · Reihe 15. Die von der englischen Firma Beyer Peacock & Co. gebauten Garratt-Lokomotiven wurden innerhab kürzester Zeit zu den berühmtesten afrikanischen Dampflokomotiven, dies nicht zuletzt dank ihrer hervorragenden Kurvengängigkeit und der Möglichkeit, lange Strecken ohne Betriebsaufenthalt zurücklegen zu können. Die leistungsfähigen Maschinen mußten jedoch für niedrige Achslasten ausgelegt werden und verkehrten, wie zum Beispiel diese rhodesischen Lokomotiven, auf Kapspur-Gleisen (Spurweite 1067 mm). Diese Maschinen, die bei der Rhodesian Railways die Baureihenbezeichnung 15 trugen, konnten 800 km ohne Betriebsaufenthalt zurücklegen. 2′C2′ war die Achsfolge, und ihre vier Zylinder, die an den beiden völlig identischen Triebwerken saßen, hatten einen Durchmesser von 444 mm, einen Kolbenhub von 600 mm, und der Treibraddurchmesser betrug 1,45 m. Die Lokomotiven arbeiten mit dem Dampfdruck von 12,4 bar und konnten 500 t schwere Personenzüge mit 80 km/h befördern; gelegentlich wurden sie aber auch als Zugmaschinen von 900 t schweren Güterzügen eingesetzt. Die Länge der Fahrzeuge erreichten einen Wert von 28 m, doch war dies kein Hindernis, um die Strecken mit den niedrigen Kurvenradien der Rhodesian Railways zu durchfahren, da der Achsstand der drei Treibachsen jedes Fahrgestells nur 3,2 m betrug. Noch um die Mitte der siebziger Jahre waren die Garratt-Lokomotiven in vielen Ländern Afrikas wie Rhodesien, Südafrika, Kenia, Sierra Leone und anderen im Einsatz.

Red Nacional de los Ferrocarriles Españoles · Nr. 2001–2010 *(oben).* Die Firma La Maquinista Terrestre y Maritima in Barcelona baute in den Jahren 1955 und 1956 im Auftrag der RENFE zehn Dampflokomotiven mit der Achsfolge 2′D2′, die die Loknummern 2001 bis 2010 erhielten. Ihre Zylinder hatten einen Durchmesser von 640 mm und den Kolbenhub von 710 mm; ihr Treibraddurchmesser betrug 1,9 m, die Rostfläche war 5,3 m² groß, der Kessel war für den Dampfdruck von 14,7 bar ausgelegt. Die Maschinen hatten Ventilsteuerungen der Bauart Lentz, wurden mit Öl gefeuert und hatten neben der Druckluftbremse auch eine Dampf-Gegendruckbremsanlage. Außerdem wurden die Fahrzeuge mit Lichtmaschinen für die Zugbeleuchtung ausgerüstet. Das Reibungsgewicht der 142 t schweren Maschinen lag bei 76 t. Zunächst waren sie auf den Hauptbahnen des Landes eingesetzt, wurden aber mehr und mehr durch die Elektrifizierung verdrängt und verkehrten zuletzt nur noch zwischen Madrid–Irun und Avila–Miranda de Ebro.

Suomen Valtionrautatiet (VR) · Reihe Tr1 *(unten).* Diese Lokomotiven zählen zu den am längsten gebauten Konstruktionen der finnischen Eisenbahnen. Die ersten Fahrzeuge dieses Typs wurden bereits 1940 dem Betrieb übergeben, die letzte lieferte der Hersteller in Tampella erst im Jahr 1957 ab. Daneben wurden auch bei Lokomo und Jung Lokomotiven dieses Typs für die VR gebaut. Insgesamt waren 67 Maschinen im Einsatz, die universell verwendbar waren. Sie hatten die Achsfolge 1′D1′ und konnten schwere Personen- und Güterzüge mit 80 km/h befördern. Das Zweizylinder-Triebwerk hatte den Zylinderdurchmesser von 610 mm und einen Kolbenhub von 700 mm; der Treibraddurchmesser lag bei 1,6 m, und der Arbeitsdruck im Kessel betrug 14,7 bar. Das Betriebsgewicht der Tr1 lag bei 95 t, das Reibungsgewicht bei 68 t. Der Tender, der vollbeladen 62 t wog, konnte 9 t Kohle und 27 m³ Wasser fassen und machte die Lokomotiven auf langen Streckenfahrten von Nachschubproblemen unabhängig.

Deutsche Bundesbahn · Reihe 10 – 1956

Die letzten deutschen Pacific-Lokomotiven

Zum Ende des 2. Weltkrieges war das deutsche Staatsgebiet unter den Besatzungsmächten aufgeteilt worden. So spaltete sich auch das Streckennetz der deutschen Eisenbahnen in mehrere Teile, aus der schließlich die Deutsche Reichsbahn der heutigen DDR und die Deutsche Bundesbahn im ehemals amerikanisch, englisch und französisch besetzten Teil Deutschlands hervorgingen. Bei beiden Bahnverwaltungen entschied man sich nach dem Krieg für den Einsatz von Schnellzug-Dampflokomotiven mit der Achsfolge 2′C1′. Bei der Deutschen Bundesbahn entstand so die Baureihe 10, die teilweise stromlinienverkleidet war. Von ihr wurden jedoch nur noch zwei Exemplare gebaut. Diese hatten Dreizylinder-Triebwerke mit einem Zylinderdurchmesser von 480 mm und dem Kolbenhub von 720 mm, Treibräder mit einem Durchmesser von genau 2 m. Der Kesseldruck war auf 17,7 bar begrenzt, das Betriebsgewicht betrug 114,5 t und das Reibungsgewicht lag bei 21,5 t pro Treibachse. Bereits 1967 wurden sie ausgemustert, nachdem sie bis dahin im Schnellzugverkehr auf der Strecke zwischen Kassel und Frankfurt am Main eingesetzt worden waren.
Im östlichen Teil Deutschlands wurden keine neuen Maschinen gebaut, man entschloß sich vielmehr zur Rekonstruktion der Maschinen der Baureihe 01 (s. S. 184). Sie bekamen zum Teil Boxpok-Räder, erhielten alle eine verbesserte Auspuffanlage und wurden teilweise strömungsgünstig verkleidet. Sie hatten nach wie vor zwei Zylinder mit 600 mm Durchmesser, 660 mm Kolbenhub und Treibraddurchmesser von 2,0 m, doch erhöhte sich ihre Betriebsgewicht auf 111 t und das Reibungsgewicht auf 60,5 t, das entspricht einer Achslast von 20,2 t pro Treibachse.

Wesentlich länger als in Westeuropa und Nordamerika konnten sich die Dampflokomotiven in den osteuropäischen, asiatischen, afrikanischen und südamerikanischen Ländern halten, in jenen Ländern also, in denen große Kohlevorkommen auf längere Sicht den Einsatz von Dampflokomotiven begünstigen oder wo die Elektrifizierung nicht so schnell vor sich gehen kann. Heute ist die Dampflokomotive jedoch auch dort auf dem Rückzug. In manchen Ländern ist sie bereits völlig verschwunden. Dieses technische Meisterwerk mit einer Entwicklungsgeschichte von mehr als 150 Jahren gerät nun mehr und mehr in Vergessenheit, und so wird man sie eines Tages wohl nur noch in Museen bewundern können. Mehr noch als die Elektroloks haben große dieselhydraulische und dieselelektrische Lokomotiven die Dampffahrzeuge von den Gleisen verdrängt. Die Dampfloks, die mit riesigen Treibrädern auf den Bahnstrecken ihre Dampfwolken in die Luft pustend schwerste Züge von Bahnhof zu Bahnhof, von Stadt zu Stadt zogen, wurden abgelöst von »stinkenden Diesellokomotiven«, wie man sie überall bezeichnet, daran konnte auch die technische Perfektion, zu der die Dampflokomotive im Laufe der Zeit gelangt war, nichts mehr ändern.

Deutsche Reichsbahn · Reihe 01^5 – 1962

Anhang

Auf den folgenden Seiten sind in tabellarischer Form die wichtigsten technischen Daten fast aller Lokomotiven, die unter verschiedenen Gesichtspunkten für dieses Buch ausgewählt wurden, zusammengestellt. Die Angaben stammen aus Publikationen, aus technischen Handbüchern und Zeichnungen, die absolut zuverlässige Quellen darstellen. Es blieben jene Spalten frei, für die die Zuverlässigkeit der Information nicht nachgewiesen werden konnte oder bei denen widersprüchliche Angaben vorlagen. Besondere Beachtung verdient die Spalte Achsfolge, der bei der Beschreibung eines Triebfahrzeuges besondere Bedeutung zukommt. Man unterscheidet vier Darstellungsarten:

1. Die in Frankreich, Italien, Spanien, der UdSSR und verschiedenen kleineren Staaten übliche Darstellung gibt die Zahl der Achsen in drei Gruppen an, angefangen mit den vorderen Laufachsen, anschließend die Treibachsenzahl und schließlich die Zahl der hinteren Laufachsen. Eine Null bedeutet das Fehlen einer betreffenden Gruppe.
2. In England, den USA und sehr vielen Staaten mit angelsächsischem Einfluß gebräuchlich ist das System White, das ähnlich aufgebaut ist, jedoch die Zahl der Räder angibt. Sie läßt sich also leicht aus der ersten Form durch einfache Multiplikation mit zwei bestimmen.
3. In den USA bezeichnet man verschiedene Achsanordnungen auch mit Namen, der meist vom Konstrukteur der ersten Lokomotive mit dieser Achsfolge stammt.
4. Das in Deutschland und überhaupt in Mitteleuropa, auf dem Balkan und in Skandinavien gebräuchliche System, das auch von der Union Internationale des Chemins de Fer (UIC) übernommen wurde, hat die Darstellung ähnlich wie das erste System, doch werden die Treibachsen nicht durch Ziffern, sondern durch große Buchstaben symbolisiert. Ferner enthält diese Darstellung noch weitere Angaben: Ein Apostroph bedeutet, daß die betreffende Achse oder Achsengruppe nicht starr im Rahmen der Lokomotive gelagert ist, sondern sich radial einstellen kann. Sind Treib- und Laufachsen in einem derartigen Gestell gemeinsam, so wird diese Fahrwerksgruppe in Klammern gesetzt. Eine hinter dem Buchstaben nachgestellte kleine Null gibt Aufschluß darüber, daß die Treibachsen nicht gekuppelt sind und einzeln angetrieben werden.

Lokomotiven mit Starrahmen

Symbol	Franz. Bez.	Bez. nach White	Amerikan. Bez.	Deutsche Bez.
Oo	011	0-2-2		A1
oO	110	2-2-0		1A
oOo	111	2-2-2		1A1
ooO	210	4-2-0	Jervis	2A
ooOo	211	4-2-2	Bicycle	2A1
OO	020	0-4-0	Four-wheel switcher	B
OOo	021	0-4-2		B1
oOO	120	2-4-0		1B
oOOo	121	2-4-2	Columbia	1B1
ooOO	220	4-4-0	American	2′B
ooOOo	221	4-4-2	Atlantic	2′B1′
ooOOoo	222	4-4-4	Reading	2′B2′
OOO	030	0-6-0	Six-wheel switcher	C
oOOO	130	2-6-0	Mogul	1′C
oOOOo	131	2-6-2	Prairie	1′C1′
oOOOoo	132	2-6-4		1′C2′
ooOOO	230	4-6-0	Ten-wheeler	2′C
ooOOOo	231	4-6-2	Pacific	2′C1′
ooOOOoo	232	4-6-4	Hudson	2′C2′
OOOO	040	0-8-0	Eight-wheel switcher	D
oOOOO	140	2-8-0	Consolidation	1′D
oOOOOo	141	2-8-2	Mikado	1′D1′
oOOOOoo	142	2-8-4	Berkshire	1′D2′
ooOOOO	240	4-8-0	Mastodon	2′D
ooOOOOo	241	4-8-2	Mountain	2′D1′
ooOOOOoo	242	4-8-4	Niagara	2′D2′
OOOOO	050	0-10-0	Ten-wheel switcher	E
oOOOOO	150	2-10-0	Decapod	1′E
oOOOOOo	151	2-10-2	Santa-Fè	1′E1′
oOOOOOoo	152	2-10-4	Texas	1′E2′
ooOOOOO	250	4-10-0		2′E
ooOOOOOo	251	4-10-2	Union Pacific	2′E1′
OOOOOO	060	0-12-0		F
oOOOOOO	160	2-12-0	Centipede	1′F
ooOOOOOOo	261	4-12-2	Union Pacific	2′F1

Lokomotiven mit geteiltem Rahmen

OOO-OOO	030+030	060+060	Erie	C′C
oOOO-OOOooo	130+033	260+066	Allegheny	(1′C) C3′
ooOOO-OOOo	230+031	460+062	Southern Pacific (Cab Forward)	(2′C) C1′
ooOOO-OOOoo	230+032	460+064	Challenger	(2′C) C2′
oOOOO-OOOOoo	140+042	280+084	Yellowstone	(1′D) D2′
ooOOOO-OOOOoo	240+042	480+084	Big Boy	(2′D) D2′

TECHNISCHE DATEN

Seite	Lokomotivbaureihe	Einsatz-land	Baujahr	Hersteller	Betreiber
10	Trevithick	GB	1804	R. Trevithick	Pen-y-darren
10	Prince Royal	GB	1812	Fenton & Murray	Middleton
11	Puffing Billy	GB	1813	W. Hedley	Wylam
11	Locomotion	GB	1825	R. Stephenson & Co.	Stockton-Darlington
12	Killingworth	GB	1816	G. Stephenson	Hetton
12	Royal George	GB	1827	Shildon	Stockton-Darlington
12	Lancashire Witch	GB	1828	R. Stephenson & Co.	Bolton & Leigh Railway
13	Agenoria	GB	1829	F. Rastrick & Co.	Shutt End Colliery Railway
13	Novelty	GB	1829	Braithwaite	Liverpool - Manchester
14	Sans Pareil	GB	1829	Shildon	Liverpool - Manchester
14	Rocket	GB	1829	R. Stephenson & Co.	Liverpool - Manchester
15	–	F	1827	R. Stephenson & Co.	St. Etienne - Lyon
15	–	F	1829	M. Seguin	St. Etienne - Lyon
17	Tom Thumb	USA	1830	P. Cooper	Baltimore & Ohio Railroad
18	The Best Friend of Charleston	USA	1830	West Point Foundry	South Carolina & Hamburg Railroad
19	De Witt Clinton	USA	1831	West Point Foundry	Mohawk & Hudson Railroad
20	John Bull	USA	1831	R. Stephenson & Co.	Camden & Amboy Railroad
20	Brother Jonathan	USA	1831	West Point Foundry	Mohawk & Hudson Railroad
21	Monster	USA	1834	R. Stevens/I. Dripps	Camden & Amboy Railroad
21	Atlantic	USA	1832	R. Winans	Baltimore & Ohio Railroad
21	Mazeppa	USA	1837	R. Winans	Baltimore & Ohio Railroad
22	Buffalo	USA	1842	Baldwin Locomotive Works	Western Railroad of Massachusetts
22	Campbell	USA	1837	Brooks Locomotive Works	Philadelphia, Germanstown & Norriston Railroad
23	Washington	USA	1834	W. Norris	Philadelphia & Reading Railroad
23	Lafayette	USA	1837	W. Norris	Baltimore & Ohio Railroad
23	Virginia	USA	1842	W. Norris	Winchester & Potomac Railroad
24	Hercules	USA	1837	Garret & Eastwick	Beaver Meadow Railroad
24	Gowan & Marx	USA	1839	Eastwick & Harrison	Philadelphia & Reading Railroad
24	–	USA	1842	Baldwin Locomotive Works	Central of Georgia Railway
25	–	USA	1846	Baldwin Locomotive Works	Camden & Amboy Railroad
25	Atlas	USA	1846	Baldwin Locomotive Works	Philadelphia & Reading Railroad
25	Chesapeake	USA	1847	S. Norris	Philadelphia & Reading Railroad
26	–	USA	1848	Swinburne	New York & Erie Railroad
27	Camel	USA	1848	R. Winans	Baltimore & Ohio Railroad
27	–	USA	1850	Baldwin Locomotive Works	
27	–	USA	1851	Amoskeag Manufacturing Co.	Chicago & Aurora Railroad
30	Planet	GB	1830	R. Stephenson & Co.	Liverpool - Manchester
30	Austria	A	1837	R. Stephenson & Co.	Kaiser-Ferdinands-Nordbahn
31	Bury Liverpool	GB	1830	E. Bury	Liverpool - Manchester
31	Bury	GB	1837	E. Bury	London - Birmingham
32	Hercules	GB	1833	R. Stephenson & Co.	Stanhope & Type
32	Atlas	GB	1834	R. Stephenson & Co.	Leicester & Swannington
32	Lion	GB	1838	Todd, Kitson & Leird	Liverpool & Manchester
33	Patentee	GB	1833	R. Stephenson & Co.	Liverpool & Manchester
33	Nordstern	A	1838	G. & J. Rennie	Kaiser-Ferdinands-Nordbahn
34	Adler	D	1835	R. Stephenson & Co.	Nürnberg - Fürth

Achsfolge	Zylinderzahl/ Durchmesser x Kolbenhub in mm	Kessel-druck in bar	Treibrad-durchmesser in mm	Rost-fläche in m²	Heizfläche (+Überhitzer-fläche) in m²	Betriebs-gewicht in t	Reibungs-gewicht in t	Achsstand im starren Rahmen in mm	Gesamt-achs-stand in mm	Länge über Puffer in mm	Seite
B	1/210 x 1372	2,7	1092			5,1	5,1	1600	1600		10
B	2/203 x 610	3,8			5,56	4,1		2438	2438		10
B	2/229 x 914	3,2	991	0,56	7,15			1900	1900		11
B	2/241 x 610	1,7	1219		5,56	6,7	~ 6,7	1578	1578	7315	11
B	2/229 x 610		965								12
C	2/279 x 508	3,4	1219	0,52	13,10						12
B	2/229 x 610		1219	1,12	6,08	7,0	~ 7,0	1524	1524		12
B	2/216 x 914		1238			11,0					13
B	2/152 x 305		1270	0,17	3,95	3,1					13
B	2/178 x 483		1372	0,93	8,36	4,9					14
1A	2/203 x 432	3,4	1435	0,56	13,28	4,3	2,5		2184	6558	14
B	2/220 x 660	3,4	1219			9,4	9,4				15
B	2/230 x 590	2,9	1213	0,65	22,18	6,0	6,0		1473		15
1A	2/ 89 x 356					~ 1,0					17
B	2/152 x 406	3,4	1371			~ 4,5	~ 4,5				18
B	2/140 x 406		1372								19
B	2/279 x 508	2,1	1372	0,93	27,85	~ 10,5	~ 10,5	1524	1524	11278	20
2'A	2/241 x 406		1524			~ 7,0					20
D	2/457 x 762		1219			27,6	27,6				21
D	2/318 x 610	5,4	914			~ 12,0	~ 8,6				21
D	2/432 x 610					23,5					21
B	2/305 x 559	5,1	889			~ 8,5	~ 8,5	1245	1245		22
2'B	2/356 x 406	6,2	1372		67,17	~ 12,0	~ 8,0				22
2'A	2/260 x 448	4,1	1219			6,8	4,1		2413		23
2'A	2/267 x 457	4,1	1220	0,80	37,62	12,5	5,8			9250	23
2'B	2/318 x 508		1219			13,5	9,0				23
2'B	2/305 x 457	6,2	1117			14,0					24
2'B	2/305 x 406	5,5	1067			~ 11,0	~ 9,0				24
C	2/381 x 457					8,3	6,8	1844	1844		24
2'B	2/349 x 457		1524								25
D	2/445 x 457		1066			22,5	22,5				25
2'C	2/368 x 559		1168			19,9	14,5				25
2'B	2/419 x 508	5,5	1829			20,9	13,1				26
D	2/432 x 559		1092	2,50		21,8	21,8	3505	3505		27
D	2/457 x 510		1016			32,4	32,4	5921	5921		27
2'B	2/356 x 508	4,8	1219			17,2	12,2				27
1A	2/279 x 406		1524			8,0	5,0				30
1A	2/254 x 406	3,4	1524	0,54	28,12	9,1			1524	8900	30
B			1830								31
1A	2/280 x 415		1546	0,66	33,18	10,0	5,7				31
B1	2/356 x 457	3,4	1372	0,87	47,18	14,0	9,6	3022			32
C	2/406 x 508	3,4	1372	0,95	61,20	17,0	17,0	3543	3543		32
B1	2/305 x 457	3,4	1524								32
1A1	2/279 x 457	3,4	1676	0,85	33,82	11,6	4,4		3048		33
1A1	2/351 x 435	5,3	1831	0,88	49,74	14,5	6,4		3372	10200	33
1A1	2/229 x 406	3,2	1372	0,48	18,20	14,2	6,0				34

Seite	Lokomotivbaureihe	Einsatz-land	Baujahr	Hersteller	Betreiber
34	Le Belge	B	1835	J. Cockerill	Bruxelles-Malines
35	Bayard	I	1839	Longridge & Starbuck	Napoli-Portici
35	Gironde	F	1840	Le Creusot	Paris-Versailles Rive droite
35	Der Münchener	D	1841	Maffei	München–Augsburg
36	Sharp	F	1838	Sharp Robers & Co.	Chemins de Fer du Nord
36	Phoenix	A	1841	Sharp Robers & Co.	Kaiser-Ferdinands-Nordbahn
36	Badenia	D	1841	Kessler	Badische Staatsbahn
36	Sharp	GB	1843		Sheffield & Manchester Line
37	Odin	DK	1846	Sharp Robers & Co.	Det Sjaellandske Jernbaneselskab
38	North Star	GB	1837	R. Stephenson & Co.	Great Western Railway
38	Iron Duke	GB	1847	G. W. Works	Great Western Railway
38	Lord of the Isles	GB	1851	G. W. Works	Great Western Railway
39	L'Aigle	F	1846	R. Stephenson & Co.	Avignon-Marseille
39	Sézanne	F	1847	Hallette	Montereau-Troyes
40	Tarasque	F	1846	Le Benet	Avignon-Marseille
40	Nr. 17–50	F	1846	Cail	Chemins de Fer du Nord
40	Ernst August	D	1846	Egestorff	Hannoverschen Staatsbahn
41		F	1846	Schneider	Compagnie du Centre
41	Glückauf	D	1848	Hartmann	Sächsisch-Bayrische Eisenbahn
42	Princess	GB	1845	Crewe Works	London & North Western Railway
42	Saint Pierre	F	1844	Buddicom & Allcard	Paris–Rouen
42	Perraches	F	1847	Cail	Compagnie de Lyon
43	Jenny Lind	GB	1848	E. B. Wilson	London, Brighton & South Coast Railway
43	Preußen	D	1839	W. Norris	Berlin-Potsdam
44	Columbus	A	1838	W. Norris	Kaiser-Ferdinands-Nordbahn
44	Ganymed	A	1846	W. Günther	Kaiser-Ferdinands-Nordbahn
44	Koloss	A	1844	W. Günther	Kaiser-Ferdinands-Nordbahn
45		D	1846	Esslingen	Württembergische Staatsbahn
45	Nr. 351–358	I	1846	W. Norris	Strade Ferrate Romane
46	Borsig	D	1841	Borsig	Berlin-Anhalt
46	Beuth	D	1843	Borsig	Berlin-Anhalt
46	Drache	D	1848	Henschel	Hessische Nordbahn
47	Steinbrück	A	1848	Haswell	Südliche-Staatsbahn
47	Limmat	CH	1847	E. Kessler	Nordbahn
48	Namur	B	1845	Tulk & Ley	Namur-Liège
48	Liverpool	GB	1848	Bury, Curtis & Kennedy	London & North Western Railway
48	John Stevens	USA	1849	R. Norris	Camden & Amboy Railroad
49	Nr. 165–170	F	1849	Cail	Chemins de Fer du Nord
49	Le Continent	F	1852	Cail	Paris-Strasbourg
49	Die Pfalz	D	1853	Maffei	Pfalzbahn
51	Matarò	E	1848	Jones & Potts	
52	Chiabrera	I	1853	J. Cockerill	Strade Ferrate Alta Italia
52	L'Auroch	F	1854	Ateliers d'Ivry	Paris-Orléans
53	Small Bloomer	GB	1854	Sharp Robers & Co.	London & North Western Railway
53	Sturrock	GB	1853	R. & W. Hawthorns	Great Northern Railway
53	Pearson	GB	1853		Bristol & Exeter Railway

Achsfolge	Zylinderzahl/ Durchmesser x Kolbenhub in mm	Kessel-druck in bar	Treibrad-durchmesser in mm	Rost-fläche in m²	Heizfläche (+Überhitzer-fläche) in m²	Betriebs-gewicht in t	Reibungs-gewicht in t	Achsstand im starren Rahmen in mm	Gesamt-achs-stand in mm	Länge über Puffer in mm	Seite
1A1	2/279 x 457	4,9	1520	0,86	33,59	12,0	4,8				34
1A1	2/356 x 425	3,4	1680			13,0					35
1A1	2/330 x 460		1670	1,02	50,48	15,5	7,3				35
1A1	2/305 x 457	5,9	1524	0,90	46,00	14,3	5,9		3200	5817	35
1A1	2/406 x 508	5,1	1676	1,17	85,41	12,5					36
1A1	2/327 x 461	5,3	1700	1,03	45,10	15,6	8,0		3470	9100	36
1A1	2/330 x 457	4,4	1680	0,90	42,50	16,2	6,1		3354		36
1A1											36
1A1	2/381x 508	4,9	1524	1,00	77,20	20,0	12,5		3861	11650	37
1A1	2/406 x 406	4,1	2448	1,25	66,05	21,1	9,8		4064		38
2A1	2/457 x 610	6,9	2438	2,14	165,80	36,0	12,5			14066	38
2A1	2/457 x 610	6,9	2438	2,00	166,31	38,8	14,2				38
1A1	2/330 x 610	5,9	1700	0,83	58,00	22,1	10,1		3150	6966	39
1A1	2/340 x 550	5,9	1690	0,86	62,90	26,1	8,4			7115	39
2A	2/380 x 560	5,9	1650	0,83	58,00	26,8	12,7		4050		40
1A1	2/360 x 560	6,4	1680	0,91	75,50	23,7	11,2		4600		40
1A1	2/356 x 559	4,6	1524	0,80	78,00	21,8	8,8				40
1B	2/380 x 600	6,9	1600	0,84	78,84	22,7	22,7		3300		41
1B	2/356 x 560	5,4	1500	1,00	80,62	24,0		1600	3181	6705	41
1A1	2/330 x 508	4,5	1829	0,97	73,54	16,2					42
1A1	2/318 x 533		1600	0,86	48,52	18,9	6,6		3377		42
1A1	2/380 x 600	5,9	1800	0,92	79,00	25,3	11,4		4010		42
1A1	2/381 x 508	8,2	1829	1,13	74,35	24,2	8,7		4115		43
2'A	2/267 x 457	3,1	1219	0,80	37,62	12,5	5,8			6187	43
2'A	2/267 x 406	3,4	1219	0,80	37,62	12,5	5,8		2750	9250	44
2A	2/369 x 553	5,3	1264		59,90	17,6	10,4			10800	44
1B	2/382 x 562	5,3	1185		68,10	28,9	17,4	2400	3529	12150	44
2'B	2/354 x 561	6,2	1380	0,81	59,06	22,0	11,0	1665	4455	7275	45
2'B	2/356 x 558	5,9	1527	0,88	66,46	21,8	15,9	1600	5505	12790	45
2'A1	2/279 x 457	5,7	1372	0,85	36,24	19,2	9,6		4200		46
1A1	2/330 x 558	5,4	1525	0,83	46,60	18,5	9,1		3813		46
2'B	2/381 x 610	6,2	1524								46
2'B	2/368 x 579	5,4	1422	0,94	70,60	22,7	15,0		3872		47
2'A	2/362 x 559	5,9	1320	0,91	57,36	29,8	9,1	2490	2800	11810	47
2A	2/406 x 508	5,9	2134	1,35	91,88	22,0	10,5		3962		48
3A	2/457 x 610	8,2	2438	2,00	212,75	35,6	12,2		5639		48
3A	2/330 x 965		2438	1,84		25,0			5050		48
2A	2/400 x 500	6,4	2100	1,42	98,40	28,9	12,6		4860		49
2A			2300			27,3	10,3			13515	49
2A	2/356 x 610	6,2	1830	0,98	68,60	24,2	9,2		3962		49
1A1	2/350 x 500	5,9	1823			26,0				11880	51
2'B	2/406 x 610	6,9	1265	1,00	82,80	27,3	21,2	1505	3700	13362	52
C	2/420 x 650	7,8	1390	1,21	133,14	30,6	30,6	3660	3660		52
1A1	2/406 x 559	10,3	2134		134,51	30,9	12,5		5081		53
2A1	2/431 x 610	8,2	2286			37,5	14,0		6616		53
2A2	2/457 x 610		2743			50,8	18,8				53

Seite	Lokomotivbaureihe	Einsatz-land	Baujahr	Hersteller	Betreiber
54	Lüneburg	D	1863	Egestorff	Braunschweigische Staatsbahn
54	Corsair	GB	1854	G. W. Works	South Devon Railway
54	Heidelberg	D	1854	Esslingen	Württembergische Staatsbahn
55	Kufstein	D	1853	Maffei	Bayerische Staatsbahn
55	Toess	CH	1854	Maffei	Nordbahn
55	Reihe DX	GB	1855	Crewe Works	London & North Western Railway
56	Sampierdarena	I	1854	Ansaldo	Torino-Rivoli
56	Raigmore	GB	1855	R. & W. Hawthorns	Inverness & Nairn Railway
56	L'Aigle	F	1855	Gouin	Compagnie de l'Quest
57		IND	1855	Kitson, Thompson & Hewittson	East Indian Railway
57	Nr. 396–400	I	1858	Gouin	Compagnie du Victor-Emanuele
57	Nr. 1224–1243	F	1856	Atéliers de Nîmes	Compagnie Lyon-Méditerranée
57	Nr. 246–313	E	1857	E. B. Wilson	Madrid-Zaragoza-Alicante
58	Nr. 720–791	F	1855	Atéliers Paris-Orléans	Paris-Orléans
58	General	USA	1855	Rogers	Western & Atlantic Railroad
59	Falstaff	GB	1855	Crewe Works	London & North Western Railway
59	Chillon	CH	1857	Karlsruhe	Compagnie de l'Quest
59	Phantom	USA	1857	Mason	Toledo & Illinois Railroad
60	Nr. 81–100	F	1857	Koechlin	Compagnie du Bourbonnais
60	Nr. 501–540	CH	1858	Cail	Compagnie de l'Quest
60	Einkorn	D	1859	Esslingen	Württembergische Staatsbahn
61	Prinz August	S	1856	Beyer Peacock & Co.	Södra Stambanan
61	Zürich	D	1858	Borsig	Leipzig-Dresden
61	Nr. 9–14	E	1859	Slaughter & Grunning	Barcelona-Granollers
62	Olten	CH	1854	Esslingen	Schweizerische Centralbahn
62	Nembo	I	1857	Beyer Peacock & Co.	Strade Ferrate Alta Italia
62	Lady of the Lake	GB	1862	Crewe Works	London & North Western Railway
63	Atalanta	GB	1859	Nine Elms Works	London & South Western Railway
63	Conner	GB	1859	St. Rollox Works	Caledonian Railway
63		USA	1858	Danforth, Cooke & Co.	Delaware, Lackawanna & Western
64	Nr. 467–539	A	1859	E. Kessler	Südlichen Staatsbahn
64	Kopernicus	D	1860	Esslingen	Hessische Ludwigsbahn
64	Reihe 29	A	1860	Wiener Werkstätten der Staatsbahn	Graz-Köflach
65	Romont	CH	1862	Esslingen	Lausanne-Freiburg-Bern
65	Nr. 236–250	F	1862	Atéliers Paris-Orléans	Paris-Orléans
66	Nr. 1–150	F	1855	Cail	Compagnie de l'Quest
66	Rauhenstein	A	1857	StEG	Südliche Staatsbahn
66	Ilmarinen	SF	1860	Canada Works	Helsinki-Hämeenlinna
67	Caroline	N	1861	R. Stephenson & Co.	Norsk Hoved Jernbane
67		GB	1862		Great North of Scotland Railway
68	Rakete II	A	1862	S. Sigl	Kaiser-Ferdinands-Nordbahn
68	Munin	S	1864	Beyer Peacock & Co.	
68	Rigi	CH	1863	E. Kessler	Zürich-Zug-Luzern
69	Reihe 28	B	1864	Verschiedene	Belgische Staatsbahn
69	Hertha	DK	1864	Esslingen	Sjaellandske Jernbaneselskab
69	Reihe 315	I	1864	Soc. Alsacienne d. Constructions Méc.	Strade Ferrate Meridionali

Achsfolge	Zylinderzahl/ Durchmesser x Kolbenhub in mm	Kessel- druck in bar	Treibrad- durchmesser in mm	Rost- fläche in m²	Heizfläche (+Überhitzer- fläche) in m²	Betriebs- gewicht in t	Reibungs- gewicht in t	Achsstand im starren Rahmen in mm	Gesamt- achs- stand in mm	Länge über Puffer in mm	Seite
1A1	2/381 x 559	6,8	1830	1,19	91,24	27,7	12,8		4467		54
2'B	2/432 x 610	8,2							5537		54
2'B	2/381 x 561	6,8	1842	0,89	67,82	27,8	14,3				54
1A1	2/381 x 559	6,8	1694	1,10	78,00	23,0	9,5				55
2'B	2/381 x 559	8,8	1676	1,10	83,00	43,7	14,2	1830	4710	12980	55
C	2/432 x 610	8,2	1575	1,39	102,90	27,4	27,4	4724	4724		55
B1	2/	7,8	1600			27,8	21,0			12700	56
1A1	2/381 x 508		1829								56
1B	2/420 x 826		2840								56
1A1	2/305 x 559	8,2	1803	1,12	71,80		10,0				57
1B	2/420 x 600	8,8	1680	1,21	93,00	27,3	19,2		3300	7980	57
C	2/430 x 640	7,8	1390	1,14	111,00	32,0	32,0	3430	3430	8020	57
C	2/440 x 600	7,8	1430	1,32	111,13	28,2	28,2	3430	3430		57
C	2/420 x 650	7,3	1390	1,21	135,60	30,5	30,5	3520	3520		58
2'B	2/381 x 610	5,9	1727			26,3	18,1				58
1B	2/387 x 508	6,8	1860	1,23	74,88	23,4	16,5	2337	4115		59
1B	2/408 x 612	7,8	1690	1,00	95,0	40,2	18,1		3585	13650	59
2'B	2/381 x 559		1680					2133	6317	12865	59
C	2/450 x 650	7,8	1300	1,32	166,0	31,5	31,5	3370	3370	8540	60
C	2/450 x 650	8,8	1320	1,40	133,5	50,3	32,3	3370	3370	14550	60
2'B	2/410 x 610										60
1B	2/394 x 508	6,8	1684	1,38	66,60	23,2	18,3		4141	12714	61
1A1	2/380 x 560	6,8	1830	1,10	83,09	27,8	11,6				61
2'B	2/420 x 560	9,8	1920	1,35	95,54	36,1	22,4	2660	5930		61
B3'	2/408 x 561	8,8	1375	0,90	100,90	45,0	26,0		2250	10941	62
1A1	2/400 x 508	6,8	1885			29,5	13,2		4585	13500	62
1A1	2/406 x 610	8,2	2324	1,39	102,00	27,4	11,7		4674		62
1B	2/381 x 533		1981	1,49	71,44	28,9	9,6				63
1A1	2/444 x 610	8,2	2489	1,41	100,46	30,7	14,6		4775		63
2'B	2/432 x 559		1680			21,7	14,5	2184	6312	14430	63
1A1	2/411 x 632	6,4	1500	1,38	180,00	32,5	22,5		3477		64
1B	2/381 x 561	6,8	1680	0,90	77,50	25,0	11,5				64
C	2/460 x 632	8,8	1245	1,59	109,00	38,0	38,0	2950	2950		64
2'B	2/410 x 612	7,8	1374	1,20	103,80	41,0	27,0		6090	10120	65
1A1	2/400 x 650	7,3	2040	1,34	105,46	29,5	12,9		4300		65
1B	2/420 x 560	8,3	1660	1,04		37,0			3440	8125	66
2'B	2/395 x 580	6,4	1580	1,10	94,00	31,0					66
2'B	2/406 x 508	8,3	1524	1,11	89,70	28,9	17,8		11861	14360	66
1B	2/305 x 508		1435								67
2'B	2/406 x 559	9,6	1689								67
1A1	2/395 x 632	5,3	1982	1,20	106,70	31,5	14,2		4584	14253	68
1A1	2/381 x 508	6,8	1874	1,30	77,30	24,8	12,0		4268	12470	68
B	2/431 x 686	9,8	1370	1,40	106,20	52,0 ✦	26,0	2438	2438	12770	68
C			1450			33,0					69
1B	2/381 x 610	8,8	1638	1,20	73,90	30,7	19,1	2400	4200	13144	69
C	2/450 x 650	8,8	1330	1,35	126,58	34,8	34,8	3470	3470	14227	69

Seite	Lokomotivbaureihe	Einsatz-land	Baujahr	Hersteller	Betreiber
70	Nr. 201–212	F	1864	Atéliers d'Ivry	Paris-Orléans
70	Cudworth	GB	1865		South Eastern Railway
71	Reihe A	GB	1864	Beyer Peacock & Co.	Metropolitan Railway
72	Nr. 2451–2551	F	1867	Fives-Lille	Chemins de Fer du Nord
72	Herford	D	1866	Haswell	Köln-Mindener
73	Landwührden	D	1867	Krauss	Oldenburgische Staatsbahn
73	Nr. 401–426	F	1867	Atéliers d'Epernay	Compagnie de l'Est
73	Reihe A3	SF	1869	Dübs & Co.	Rühimäki-Pietari-Linjalla
73	Reihe D	IND	1866	Neilson & Co.	East Indian Railway
74	Reihe 800	GB	1870	Neilson & Co.	Midland Railway
74	Stirling	GB	1870	Doncaster Works	Great Northern Railway
75	Ventnor	GB	1868	Beyer Peacock & Co.	Isle of Wight Railway
75	Jura	GB	1866	Neilson & Co.	London Chatham & Dover Railway
77	Alb	D	1849	Esslingen	Württembergische Staatsbahn
78	Bavaria	A	1851	Maffei	Semmeringbahn
78	Vindobona	A	1851	Haswell	Semmeringbahn
78	Seraing	A	1851	J. Cockerill	Semmeringbahn
79	Wiener Neustadt	A	1851	W. Günther	Semmeringbahn
79	Mastodonti dei Giovi	I	1853	J. Cockerill	Strade Ferrate Alta Italia
80	Kapellen	A	1853	J. Cockerill/Esslingen	Semmeringbahn
80	Reihe Ec 215	CH	1854	Esslingen	Schweizerische Centralbahn
80	Nr. 360–399	F	1856	Schneider	Chemins de Fer du Nord
81	La Rampe	F	1859	Koechlin	Lyon-Marseille
81	Petiet	F	8162	Gouin	Chemins de Fer du Nord
82	Steierdorf	A	1862		Jaszenova, Ornavicza & Steierdorf
82	Cantal	F	1867	Atéliers d'Ivry	Paris-Orléans
82	Nr. 2571–2590	E	1865	Avonside Engine Co./Schneider	Zaragoza-Barcelona
83	Taliesin	GB	1885	Boston-Lodge Works	Festiniog Railway
83	Escalador de Montes	PE	1873	Avonside Engine Co.	Chimbote
83	Reihe R	NZ	1878	Avonside Engine Co.	Dunedin & Port Chalmers Railway
84	Nr. 2011–2015	F	1878	Sharp, Stewart & Co.	Tarragona-Barcelona-Francia
84	Nr. 2205–2210	ZA	1874	R. Stephenson & Co.	Cape Government Railway
85	Reihe E 2/2	CH	1872	Schweizerische Lokomotivfabrik	Gotthardbahn
85	Reihe D 3/3	CH	1871	Esslingen	Schweizerische Centralbahn
85	Reihe D 4/4	CH	1882	Maffei	Gotthardbahn
86	Nr. 4001–4165	F	1868	Verschiedene	Paris-Lyon-Méditerranée
86	Reihe A	IND	1881	Sharp, Stewart & Co.	Darjeeling Himalayan Railway
87	Reihe 1/2 H	CH	1870	Centralbahn Olten	Vitznau-Rigi-Bahn
87	Reihe Bhm	CH	1886	Schweizerische Lokomotivfabrik	Pilatusbahn
89	William Crooks	USA	1861	New Jersey Locomotive & Machine Co.	St. Paul & Pacific Railroad
90	Pennsylvania	USA	1863	Philadelphia & Reading Shops	Philadelphia & Reading Railroad
90	Consolidation	USA	1866	Baldwin Locomotive Works	Lehigh Valley Railroad
91	America	USA	1867	Grant Locomotive Works	Chicago, Rock Island & Pacific Railroad
91	Seminole	USA	1867	Rogers Locomotive Works	Union Pacific Railroad
92	Genoa	USA	1872	Baldwin Locomotive Works	Virginia & Truckee Railroad
93	San Juan	USA	1878	W. Mason	Denver, South Park & Pacific Railroad

Achsfolge	Zylinderzahl/ Durchmesser x Kolbenhub in mm	Kessel-druck in bar	Treibrad-durchmesser in mm	Rost-fläche in m²	Heizfläche (+Überhitzer-fläche) in m²	Betriebs-gewicht in t	Reibungs-gewicht in t	Achsstand im starren Rahmen in mm	Gesamt-achs-stand in mm	Länge über Puffer in mm	Seite
1B	2/420 x 650	8,3	2026	1,40	136,00	34,0	29,8	2100	4000		70
1A1	2/432 x 559	8,9	2133			33,5	12,5		5258		70
2'B	2/432 x 610	8,9	1753	1,76	94,20	42,7	32,9	2892	6325	9527	71
B1	2/420 x 560	7,8	1800	1,52	82,37	32,4	23,0	2150	4400		72
1B	2/457 x 610	7,8	1581	1,58	120,11	34,7	26,1				72
B	2/360 x 560	9,8	1520	1,00	75,00	27,0	27,0	2660	2660	7537 □	73
C	2/440 x 660	7,8	1400	1,31	121,05	33,0	33,0	3580	3580		73
2'B	2/406 x 508	8,3	1705	1,24	81,75	35,4	22,8		11125	13688	73
C	2/432 x 610	8,0	1524	1,67	117,20	34,5	34,5				73
1B	2/457 x 610	9,6	2057	1,63	113,80	40,5		2591	5029	15244	74
2'A1	2/457 x 711	9,6	2463	1,64	108,23	39,1			6985	15608	74
1B	2/381 x 508	8,2	1524			30,9					75
B1	2/432 x 610		1676			42,1					75
C	2/477 x 612	6,9	1270	0,90	97,00	33,5	33,5	3580	3580		77
B'B+C	2/510 x 760	6,7	1070	1,80	157,54	44,0	44,0	6335	11992		78
D	2/421 x 580	6,7	957	1,45	159,44	45,5	45,5	4742	4742		78
B'B'	4/407 x 711	5,7	1049	2 x 1,00	2 x 170,95	49,4	49,4	2 x 2134	8204		78
B'B'	4/329 x 632	6,7	1120	1,66	175,12	44,0	44,0	2 x 2312	8159		79
B+B			1075			2 x 28,0	2 x 28,0				79
C+2	2/457 x 610	7,3	1068	1,28	140,50	56,0	39,0	2292	5997	10399	80
B+3	2/408 x 561	8,8	1375	0,90	100,90	45,0	26,0	2250	6525	10941	80
D+2	2/500 x 660	7,8	1258	1,94	197,00	62,8	42,3	3950	8700	13193	80
D+3	2/540 x 560	6,9	1200	1,89	172,93	70,8	47,3	3900	9600		81
A3A	4/360 x 340	8,3	1600	2,61	166,00	49,0	23,0				81
C+B	2/461 x 632	6,9	1000	1,44	121,50	42,5	42,5	10500	10500	17093	82
E	2/500 x 600	7,9	1070	2,08	227,48	59,6	59,6	4532	4532	10126	82
D	2/505 x 610		1295			74,8 ✦				15400 □	82
B+B	4/229 x 355	11,0	844	1,02	67,80	24,4	24,4	2 x 1524	5817		83
C+C	4/439 x 457					46,0	46,0				83
C2'	2/311 x 406	8,9	914	1,11	56,50	30,5		2057	6502		83
D	2/508 x 660	7,8	1388	2,61	137,14	47,7	47,7	4615	4615		84
1'C1'	2/381 x 508	8,9	970	1,02	69,68	29,2		2438	3734	8230	84
B	2/360 x 600	9,8	1330	1,10	80,50	29,0	29,0	2600	2600	8612	85
C	2/421 x 632	8,8	1265	1,70	127,90	52,0 ✦	35,6	3320	3320	14220	85
D	2/520 x 610	9,8	1170	2,10	158,00	79,1 ✦	52,8	3900	3900	14870	85
D	2/540 x 660	8,8	1260	2,08	199,00	51,7	51,7	4050	4050	10090	86
B	2/203 x 356	9,6	660	0,50	24,50	11,0	11,0	2514	2514	6426	86
B ✧	2/270 x 400	9,8	637	0,90	39,50	12,5		3000	3000	6375	87
B ✧	2/220 x 300	11,8	409	0,40	19,30	12,0		6120	6120	10300	87
2'B	2/305 x 559	7,5	1600			46,3		2134	6071	15310	89
F	2/508 x 660		1092	2,90	130,00	50,0	50,0	5969	5969		90
1'D	2/508 x 610		1219	2,32		39,0		4005	6095		90
2'B	2/406 x 539	8,3	1702	1,45	88,24	28,8	18,6	2482	6794		91
2'B	2/406 x 559	8,9	1372	1,35	92,50	27,0					91
2'B	2/432 x 559	9,3	1448			31,7	20,4	2438	4160	15291	92
1'C3'	2/330 x 406		940			19,9					93

Seite	Lokomotivbaureihe	Einsatz-land	Baujahr	Hersteller	Betreiber
93	Uncle Dick	USA	1878	Baldwin Locomotive Works	New Mexico & Southern Pacific Railroad
93	Nr. 5000	USA	1880	Baldwin Locomotive Works	Philadelphia & Reading Railroad
94	Gobernador	USA	1884	C. P. Shops	Central Pacific Railroad
94		USA	1884	Baldwin Locomotive Works	New York, Philadelphia & Norfolk Railroad
95	Reihe R	USA	1885	Pennsylvania R. R. Shops	Pennsylvania Railroad
95		USA	1888	Baldwin Locomotive Works	Atchinson, Topeka & Santa Fé Railway
95	Buena Vista	USA	1887	Baldwin Locomotive Works	Denver & Rio Grande Railroad
96		USA	1887	Baldwin Locomotive Works	Pennsylvania & New York Railroad
96		USA	1887	Schenectady Locomotive Works	Colorado Midland Railroad
97	Compound	USA	1889	Schenectady Locomotive Works	Chicago, Milwaukee & St. Paul Railway
97		USA	1890	Baldwin Locomotive Works	Philadelphia & Reading Railroad
97	Empire State Express 999	USA	1893	N.Y.C. Shops	New York Central & Hudson River Railroad
99	Reihe J 15	IRL	1866	Inchicore Works	Great Southern & Western Railway
100	Pythagoras	A	1870	G. Sigl	Österreichische Nordwestbahn
100	Metz	D	1871	Borsig	Köln-Minden
101	Humboldt	A	1871	Floridsdorf	Österreichische Nordwestbahn
101	Nr. 224	GB	1871		North British Railway
101	Reihe 901	GB	1872		North Eastern Railway
102	Reihe III	D	1872	Hartmann	Sächsische Staatsbahn
102	Reihe C 2/2	CH	1870	Schwartzkopff	Nordostbahn
102	Rittinger	A	1873	G. Sigl	Österreichische Nordwestbahn
102	Weipert	D	1872	Hartmann	Sächsische Staatsbahn
103	Reihe A4	SF	1872	Baldwin Locomotive Works	Hyvinkää Hanko
103	Terrier	GB	1872	Brighton Works	London Brighton & South Coast Railway
104	Minos II	A	1873	Floridsdorf	Kaiser-Ferdinands-Nordbahn
104	Andaluces	E	1877	Hartmann	Compania de los Ferrocarriles Andaluces
105	Maidstone	GB	1873	Kilmarnock Works	Glasgow & South Western Railway
105	Europa	GB	1873	Sharp, Stewart & Co.	South Eastern & Chatham Railway
105	Livingstone	A	1874	Floridsdorf	Österreichische Nordwestbahn
106	Anglet	F	1873	Schneider	Bayonne-Biarritz
106	Ardross	GB	1876	Inverness Works	Highland Railway
107	Gylfe	DK	1875	Esslingen	Det Sjaellandscke Jernbaneselskab
107	Sträken	S	1874	Borsig	Statens Järnvägar
107	Precedent	GB	1874	Crewe Works	London & North Western Railway
108	Nr. 265–390	F	1876	Ateliers d'Ivry	Paris-Orléans
108	Outrance	F	1877	Soc. Alsacienne d. Constructions Méc.	Chemins de Fer du Nord
109	Reihe 79	AUS	1877	Beyer Peacock & Co./Dübs/Atlas Works	New South Wales Government Railway
109	Reihe P 2	D	1877	Verschiedene	Preußische Staatsbahn
109	Waverly	GB	1876		North British Railway
110	Jungfrau	CH	1878	Schweizerische Lokomotivfabrik	Schweizerische Centralbahn
110	Reihe 150	I	1881	Borsig/Ansaldo	Rete Adriatica
110	Nr. 31–90	F	1876	Atéliers P. L. M.	Paris-Lyon-Méditerranée
111	Reihe T 3	D	1878	Verschiedene	Preußische Staatsbahn
111		D	1880	Schichau	Preußische Staatsbahn

Achsfolge	Zylinderzahl/ Durchmesser x Kolbenhub in mm	Kessel-druck in bar	Treibrad-durchmesser in mm	Rost-fläche in m²	Heizfläche (+Überhitzer-fläche) in m²	Betriebs-gewicht in t	Reibungs-gewicht in t	Achsstand im starren Rahmen in mm	Gesamt-achs-stand in mm	Länge über Puffer in mm	Seite
1′D	2/508 x 660	9,6	1067			65,0					93
2′A1	2/457 x 610	8,9	1981	5,00	130,10	38,6	15,9				93
2′E	2/533 x 660		1448			67,0			7607		94
2′B	2/457 x 610	9,4	1570	1,64		38,6					94
1′D	2/508 x 610	9,6	1270	2,90	160,90	51,9	45,6	4216	6629		95
1′C	2/457 x 610	10,0	1448			40,8		4577	7087	17018	95
2′C	2/457 x 610	9,6	1370			54,4					95
2′D	2/508 x 660	9,0	1280			50,9					96
2′C	2/457 x 660		1448			53,1		3657	6654	17513	96
2C1	HD 533 x 660 ND 787 x 660	13,7	1981	3,10		66,0	40,8	4114	9227		97
1′D	2/559 x 771	10,0	1283	7,06	126,07	66,5					97
2′B	2/483 x 610	12,5	2184	2,85	179,00	56,2	38,1	2591	7290	21239	97
C	2/457 x 610	11,0	1568			38,3					99
2′B	2/410 x 632	8,3	1580	1,70	133,00	36,0	24,0	1660	4175	14481	100
1B	2/420 x 508	9,8	1981	1,57	124,43	42,0	26,0	2500	5690	15900	100
C	2/435 x 632	7,8	1185	1,70	137,00	34,1	34,1	3300	3300	14552	101
2′B	2/432 x 610	9,6	1981	1,58	93,38	36,8					101
1B	2/430 x 610	9,6	2156	1,50	111,56	40,1	27,5		4902		101
1B	2/407 x 560	8,3	1556	1,60	91,70	37,7	26,4				102
B	2/400 x 620	11,8	1580	1,50	87,60	44,7	25,2	2580	2500	12360	102
2′B	2/411 x 632	9,8	1900	1,64	107,60	39,5	23,0	2400	5370	14554	102
1B	2/381 x 559	8,3	1390	1,13	88,90	35,5	27,1		3575		102
2′B	2/381 x 508	8,3	1575	1,21	67,10	30,0	18,2		12555 ○	14710	103
C	2/330 x 508	9,6	1194	0,93	48,12	31,3	31,3	3658	3658	7936	103
1′B	2/382 x 632	8,4	1976	1,90	115,20	31,2	12,3	2528	4425	14855	104
C	2/450 x 650		1300			56,3 ✦					104
2′B	2/457 x 660	10,3	1829	1,42		40,6					105
1B	2/432 x 610	9,6	1981	1,53	109,62	36,8		2515	4877	15261	105
2′B	2/410 x 632	9,8	1900	1,80	111,00	40,5	24,0	2300	5900	14866	105
B1	HD 240 x 450 ND 400 x 450	9,8	1200	1,00	45,10	19,3	15,2	1300	2700		106
2′B	2/457 x 610	9,8	1905	1,50	112,87	43,7	28,1	2667	6556		106
B1	2/406 x 559	8,8	1638	1,30	76,20	29,3	24,0	1778	3810	12950	107
1B	2/394 x 559	9,8	1570	1,70	76,10	32,2	21,1	2071	3900	13290	107
1B	2/432 x 610	9,6	2019	1,59	100,65	32,9	22,9	2515	4775	14341	107
1B1	2/440 x 650	8,8	2040	1,62	142,84	42,6	25,4	2100	5700	15800	108
2′B	432 x 610	9,8	2130	2,31	100,00	43,2	26,9	2500	6230		108
2′B	457 x 610	9,6	1676								109
1B	2/420 x 600	9,8	980	1,73	95,36	36,7	24,5	2500	4500	10645	109
2′B	2/457 x 660		1980			44,0		2740			109
1′C	2/420 x 600	9,8	1280	1,60	108,00	52,1	41,4	3400	5850	10865	110
2′B	2/432 x 610	9,8	1850	2,05	92,00	40,8	25,6	2450	6275	14993	110
1′B1	2/500 x 650	8,8	2100	2,21	126,00	49,7	27,1	2097	5900		110
C	2/350 x 550	11,8	1100	1,35	60,00	32,3	32,3	2919	2919	3546	111
1A	HD 200 x 400 ND 300 x 400	11,8	1130	0,52	22,79	18,2	9,7		4000	8170	111

Seite	Lokomotivbaureihe	Einsatz-land	Baujahr	Hersteller	Betreiber
111	Valkyrian	S	1886	Nydqvist & Holm	Statens Järnvägar
112	Gladstone	GB	1882	Brighton Works	London Brighton & South Coast Railway
112	Southend	GB	1880	Sharp, Stewart & Co.	London Tilbury & Southend Railway
113	Reihe K	NZ	1877	Rogers Locomotive Works	New Zealand Railway
113	Reihe G	GB	1881	Brighton Works	London Brighton & South Coast Railway
113	Nr. 301–475	NL	1880	Beyer Peacock & Co.	Nederlandsche Staatsspoorwegen
114	Reihe Eb 3/5	CH	1882	Centralbahn Olten	Schweizerische Centralbahn
114	Parthenay	F	1880	Schneider/Fives-Lille	Compagnie de l'Etat
114	Reihe 170	I		Borsig	Strade Ferrate Meridionali
115	Reihe T0	D	1883	Henschel	Preußische Staatsbahn
115	Reihe I	A	1882	StEG	Österreichisch-Ungarische Staatsbahn
115	Reihe C	ZA	1882	Kitson & Co./R. Stephenson & Co.	Natal Government Railways
116	Dean « Goods »	GB	1883	Swindon Works	Great Western Railway
116	Nr. 1904–2244	F	1883	Soc. Alsacienne d. Constructions Méc.	Compagnie de l'Quest
116		GB	1881		London & North Western Railway
117	Reihe N	NZ	1885	Baldwin Locomotive Works	New Zealand Railway
117	Reihe A	AUS	1884	Beyer Peacock & Co.	Victorian Railway
117	Reihe S 1	D	1885	Borsig	Preußische Staatsbahn
118	Reihe 33	RA	1884	Neilson & Co.	Central Argentina
118	Vittorio Emanuele II	I	1884	Officine di Torino	Rete Mediterranea
118	Reihe F 1	SF	1885	Schweizerische Lokomotivfabrik	Suomen Valtionrautatiet
119	Reihe X c	A	1884	StEG	Österreichische Nordwestbahn
119	Reihe D 3/4	CH	1885	Centralbahn Olten	Schweizerische Centralbahn
120	Tennant	GB	1885	Darlington Works	North Eastern Railway
120	Johnson	GB	1887	Derby Works	Midland Railway
120	Nr. 701	F	1892	Soc. Alsacienne d. Constructions Méc.	Chemins de Fer du Nord
121	Nr. 1801–1831	F	1885	Atéliers d'Ivry	Paris-Orléans
121	Reihe 12	B	1888	J. Cockerill	Chemins de Fer de l'Etat
121	Reihe 123	GB	1886	Neilson & Co.	Caledonian Railway
122	Reihe 170	I	1889	Officine di Torino	Rete Mediterranea
122	Reihe 180 bis	I	1890	Breda/Ansaldo	Rete Adriatica
122	Reihe 51/100	I	1888	Officine Austro-ungar. Vienna/Breda	Rete Sicula
123	Jubilee	GB	1887	Nine Elms Works/Neilson & Co.	London & South Western Railway
123	Reihe B X	D	1890	Krauss	Bayerische Staatsbahn
123	Reihe P	DK	1882	Hohenzollern/Esslingen	Jysk-fynske Statsbaner
124	Reihe C 1	F	1888	Atéliers P. L. M. Paris	Paris-Lyon-Méditerranée
124		GB	1889	Horwich Works	Lancashire & Yorkshire Railway
125	Teutonic	GB	1890	Crewe Works	London & North Western Railway
125	Reihe I	GB	1888	Gateshead Works	North Eastern Railway
125		NL	1889	Sharp, Stewart & Co.	Nederlandsche Rhijnspoor
127	Nr. 801–840	F	1890		Chemins de Fer de l'Est

Achsfolge	Zylinderzahl/ Durchmesser x Kolbenhub in mm	Kessel-druck in bar	Treibrad-durchmesser in mm	Rost-fläche in m²	Heizfläche (+Überhitzer-fläche) in m²	Betriebs-gewicht in t	Reibungs-gewicht in t	Achsstand im starren Rahmen in mm	Gesamt-achs-stand in mm	Länge über Puffer in mm	Seite
2'B	2/419 x 559	9,8	1878	2,12	81,30	40,5	25,5		5900	14754	111
B1	2/464 x 660	10,3	1981	1,89	137,86	39,3	28,7	2305	4750	15761	112
B1	2/432 x 660	11,0	17854	1,60	94,85	56,1	32,1	2592	8941	11201	112
1'B1'	2/305 x 508	8,9	1219	0,82		43,2		3650	6782	13995	113
2'B1'	2/432 x 610	10,3	1981	1,58	110,04	33,9	13,7		4851	15539	113
1B	2/457 x 660		2130								113
1B	2/440 x 650	9,8	2020	1,33	118,95	36,8	26,0	2100	4000	15378	114
1'C1'	2/450 x 600	11,8	1510	1,30	140,20	55,7	43,5	3400	8400	11150	114
2'B	2/450 x 600	9,8	1850	2,05	92,00	40,0	27,0	2430	6270	15625	114
1A	HD 270 x 420 ND 410 x 420	11,8	1130	0,80	34,50	20,0	10,6		3500	6402	115
1'B1'		8,8	1800	2,3–0	143,00		26,7				115
2'C1	2/356 x 533	12,1	991	1,02	62,15	29,1		2362	5086	7932	115
C	2/444 x 610	11,0	1575	1,42	103,61	37,4	37,4	4724	4724	15915	116
C	2/460 x 640	10,8	1440	1,48	154,71	40,6	40,6	3700	3700	14361	116
C1	2/432 x 610	10,4	1359			43,8					116
1'C1'	2/381 x 508	9,3	1245	1,47		45,5					117
2'B	2/432 x 660	10,4	1830								117
1'B	2/420 x 600	11,8	1980	2,07	94,23	41,3	27,6	2500	4500	10645	117
2'C	2/457 x 610	10,4	1372	1,58	110,74	45,7	34,2	3937	7137	17221	118
2'C	2/470 x 620	9,8	1675	2,20	124,00	58,3	48,0	3760	7260	16500	118
B2'	2/310 x 510	10,3	1250	0,90	40,0	26,1	15,5	1766	4960	8600	118
C	2/342 x 500	9,8	1015	1,22	70,3	36,5	36,5	2900	2900	8406	119
1'C	2/500 x 630	9,8	1280	1,80	136,1	76,1 ✦	42,0	3700	6300	14167	119
1B	2/457 x 610	9,7	2134	1,58	113,62	42,2	29,5	2645	5080	17636	120
2'A1	2/470 x 660	11,1	2286	1,83	115,25	44,9	18,8		6667	16038	120
2'B	2 HD 330 x 610 2 ND 460 x 610	10,8	2110	2,27	101,00	38,3	28,6	2500	6800	15630	120
1'C	2/480 x 600	9,8	1540	1,74	175,00	51,5	39,1	3509	5800		121
1B1	2/500 x 600	9,8	2100	4,71	124,68	42,2	26,3	2165	6565	17040	121
2'A1	2/457 x 660	10,4	2134	1,62	100,80	42,5	17,3		6426	15947	121
2'B	2/450 x 600	11,8	2100	2,30	163,90	49,8	31,4	2600	8800	16740	122
2'B	2/480 x 600	11,8	1920	2,30	163,90	48,3	29,5	2430	6700	16083	122
2'B	2/420 x 600	9,8	1800	2,10	107,62	43,6	27,0	2500	6400	16176	122
B1	2/457 x 650	11,0	1829	1,58	115,95	43,0	32,2	2450	5131	15200	123
B2'	2/305 x 406	9,8	1092	0,70	29,40	23,3	14,3	1600	5700	8900	123
1'B	HD 430 x 610 ND 610 x 610	11,8	1870	1,95	99,00	44,2	29,8				123
1'B1	2 HD 310 x 620 2 ND 500 x 620	14,7	2000	2,34	128,03	53,5	29,6	2160	5860	2380 □	124
1B1	2/457 x 660	11,1	1727	1,74	113,00	56,8	34,2	2738	7417	11203	124
1'Bo	2 HD 356 x 610 1 ND 762 x 610	12,1	2159	1,90	130,20	46,2	31,5		5512	15552	125
2'A1	HD 457 x 610 ND 660 x 610	12,1	2134	1,92	105,81	43,5	18,3		6580	16449	125
2'B	2/457 x 660	10,1	2016	2,04		81,3				16593	125
2'B	2/470 x 660	8,3	2130	2,42	168,30	56,8	33,4	3000	7450		127

Seite	Lokomotivbaureihe	Einsatz-land	Baujahr	Hersteller	Betreiber
128	Reihe Ed 2 x 3/3	CH	1890	Maffei	Gotthardbahn
128	Reihe B 6	J	1890	Verschiedene	Tokio-Osaka
129	Reihe B 314	CH	1890	Schweizerische Lokomotivfabrik	Verschiedene Schweizer Eisenbahnges.
129	Reihe B 111–400	F	1891	Atéliers P. L. M.	Paris-Lyon-Méditerranée
129	Wigmore Castle	GB	1894	Swindon Works	Great Western Railway
130	Reihe 6	B	1889		Chemins de Fer de l'Etat
130	Reihe XIII	A	1891	StEG	Österreichische Nordwestbahn
130	Greater Britain	GB	1891	Crewe Works	London & North Western Railway
131	Reihe N	Russl.	1892	Kolomna	Novosibirsk-Taschkent
131	Reihe T 19	GB	1886		Great Eastern Railway
131	Reihe A 2/4	CH	1892	Schweizerische Lokomotivfabrik	Jura-Simplon-Bahn
132	Reihe S3	D	1893	Verschiedene	Preußische Staatsbahn
132	Reihe P 6	AUS	1891	Verschiedene	New South Wales Government Railway
132	Reihe T 3	F	1892	Nine Elms Works	London & South Western Railway
133		USA	1893	Baldwin Locomotive Works	
133		USA	1893	Baldwin Locomotive Works	Philadelphia & Reading Railroad
133		USA	1893	Brooks Locomotive Works	Great Northern Railway
134	Reihe IV e	D	1894	Soc. Alsacienne d. Constructions Méc.	Badische Staatsbahn
134	Reihe 3/5	CH	1894	Schweizerische Lokomotivfabrik	Gotthardbahn
134	Reihe 860	J	1893	Kobe	Kyoto-Osaka
135	Duke of Cornwall	GB	1895	Swindon Works	Great Western Railway
135	Reihe Ad	Russl.	1896	Hanomag	Wladikawskas
136	Reihe C 61–180	F	1898	Atéliers P. L. M.	Paris-Lyon-Méditerranée
136	Dunalastair	GB	1896	St. Rollox Works	Caledonian Railway
137	Reihe 5500	J	1894	Beyer Peacock & Co.	Japan. Nationalbahn
137	Reihe T 15	D	1897	Henschel	Preußische Staatsbahn
137	B2 Grasshopper	GB	1895	Brighton Works	London Brighton & South Coast Railway
138	Reihe 270	I	1898	Verschiedene	Rete Adriatica
138		GB	1898		Great Eastern Railway
139	Reihe 6	A	1893	Floridsdorf	k. u. k. Österreichische Staatsbahn
139	Reihe 54	A	1895		k. u. k. Österreichische Staatsbahn

Achsfolge	Zylinderzahl/ Durchmesser x Kolbenhub in mm	Kessel-druck in bar	Treibrad-durchmesser in mm	Rost-fläche in m²	Heizfläche (+Überhitzer-fläche) in m²	Betriebs-gewicht in t	Reibungs-gewicht in t	Achsstand im starren Rahmen in mm	Gesamt-achs-stand in mm	Länge über Puffer in mm	Seite
C'C	2 HD 400 x 640 2 ND 580 x 640	11,8	1230	2,20	154,30	87,2	87,2	2 x 2700	8130	13776	128
C1'	2/406 x 610	12,3	1250	1,31	84,40	51,2	38,2	3810	6020	10371	128
1'C	HD 450 x 650 ND 640 x 650	11,8	1590	1,70	138,60	74,6	37,7	3520	6000	13380	129
2'B	2/500 x 620	10,8	2000	2,32	142,50	50,9	32,4	2970	7510	10013 □	129
2'A1	2/483 x 610	11,1	2362	1,93	145,05	49,0	18,0		7163	17662	129
1'C				6,70							130
C	2/470 x 632	10,8	1195	1,91	148,90	41,2	41,2	3300	3300	10650	130
1'Bo1'	2 HD 381 x 610 1 ND 762 x 610	12,1	2159	1,90	139,88	52,9	31,5		7214	16194	130
1'C	HD 540 x 648 ND 749 x 648	11,8	1702	2,19		54,8	43,5				131
1B	2/457 x 610	11,1	2130	1,67	113,07	42,0		2667	5029	14681	131
2'B	HD 450 x 650 ND 670 x 650	11,8	1830	2,00	129,30	82,1 ✦	29,8	2600	7100	15785	131
2'B	HD 460 x 600 ND 680 x 600	11,8	1990	2,27	118,43	50,5	30,4	2800	7400	17561	132
2'C	2/508 x 660		1524								132
2'B	2/483 x 660	12,1	2007	1,83	122,64	49,3		2362	7163	14331	132
1'B1'	HD 330 x 660 ND 559 x 660	12,5	2140	2,30	138,20	57,0	36,0	2300	7597	12091 □	133
1'B1'	2 HD 330 x 610 2 ND 559 x 610	12,5	1981	7,10	134,30	58,5	37,2	2027	6818	11241 □	133
2'C	2/483 x 680	12,5	1854	2,37	167,00	62,3					133
2'C	2 HD 350 x 640 2 ND 550 x 640	12,8	1600	2,10	128,4	58,8	41,7	2600	7000	17590	134
2'C	2 HD 370 x 600 2 ND 590 x 600	13,8	1610	2,30	165,50	64,0	45,0	3520	7470	16320	134
1'B1'	HD 381 x 508 ND 572 x 508		1340	1,11	71,48			2286	5944	9652	134
2'B	2/457 x 600	12,4	1727	1,60	104,38	46,5	29,0	2591	67782	18844	135
2'C	HD 502 x 630 ND 737 x 660		1850		151,00						135
2'B	2 HD 340 x 620 2 ND 540 x 620	14,7	2000	2,48	189,50	56,3	34,1	3000	7250	18992	136
2'B	2/464 x 680	11,0	1981	1,91	130,36	47,7	31,7	2743	6731	16402	136
2'B	2/406 x 559	11,8	1400	1,33	73,00	31,6	20,0	2540	6578	13910	137
CB'	2/520 x 630	11,8	1200	2,37	137,40	69,8	69,8	6860	6860	12084	137
2'B	2/457 x 660	11,8	2057	1,74	124,68	43,1	29,2	3277	7290	17929	137
C	2/430 x 580	11,8	1510	1,53	94,16	44,0	44,0	4000	4000	9000	138
2'A1	2/457 x 660	11,0	2130	1,98	120,09	50,9	18,3		6934	16923	138
2'B	HD 500 x 680 ND 740 x 680	12,8	2100	2,90	140,00	55,4	28,8	2800	7300	16480	139
1'C	HD 520 x 632 ND 740 x 632	12,8	1258	2,70	131,00	54,0	43,0				139

Seite	Lokomotivbaureihe	Einsatz-land	Baujahr	Hersteller	Betreiber
139	Reihe 170	A	1897	G. Sigl	k.u.k. Österreichische Staatsbahn
140	Reihe P 4	D	1898	Henschel	Preußische Staatsbahn
140	Reihe Cc	S	1892	Nydqvist & Holm	Statens Järnvägar
140	Reihe D 2 x 2/2	CH	1897	Schweizerische Lokomotivfabrik	Schweizerische Centralbahn
141	Klondyke	GB	1898	Doncaster Works	Great Northern Railway
141	Reihe P 3[1]	D	1898	Krauss	Bayerische Pfalzbahn
141	Reihe D XII	D	1897	Krauss	Bayerische Staatsbahn
142	Nr. 2801–2805	F	1899	Baldwin Locomotive Works	Chemins de Fer de l'État
142	Nr. 640	USA	1899	Brooks Locomotive Works	Illinois Central Railroad
143	Nr. 3101–3200	I	1899	Verschiedene	Rete Mediterranea
143	Reihe 500	I	1900	Officine Sociali R.A.	Rete Adriatica
143	Reihe 180	A	1900	G. Sigl	k.u.k. Österreichische Staatsbahn
144		GB	1896	Gateshead Works	North Eastern Railway
144		USA	1900	Schenectady Locomotive Works	Chicago & Northwestern Railway
144	Reihe AD	D	1899	Esslingen	Württembergische Staatsbahn
145	Reihe P 0/1	NL	1899	Beyer Peacock & Co.	Staatspoorwegen
145	Nr. 576–583	F	1899	Ateliers d'Ivry	Paris-Orléans
145	Reihe K-II	DK	1900	Breda	Danske Statsbaner
146	Precursor	GB	1904	Crewe Works	London & North Western Railway
146	Reihe Ec 3/4	CH	1903	Schweizerische Lokomotivfabrik	Thuner-See-Bahn
146	Reihe Q	NZ	1901	Baldwin Locomotive Works	Zew Zealand Railway
147		F	1900	Soc. Alsacienne d. Constructions Méc.	Compagnie du Nord
147	Nr. 3001–3014	F	1903	Soc. Alsacienne d. Constructions Méc.	Paris-Orléans
147	Nr. 2971–2990	F	1906	Atéliers P. L. M.	Paris-Lyon-Méditerranée
148	Reihe Hk 1	SF	1898	Baldwin Locomotive Works	Suomen Valtionrautatiet
148	Reihe XVI b	A	1901	StEG	Österreichische Nordwestbahn
149	2T Shay	USA	1920	Lima Locomotive Works	Verschiedene
149	Nr. 4501–4530	I	1902	Ansaldo/Breda	Rete Mediterranea
149	Reihe B/2	IND	1904	Kitson & Co./Vulcan Foundry	Great Indian Peninsula Railway
149	Reihe VI b	D	1900	Maffei	Badische Staatsbahn
150	Reihe B	GB	1905	Beyer Peacock & Co.	Metropolitan Railway
150	Reihe S9	D	1904	Henschel	Preußisch-Hessische Staatsbahn
151	City	GB	1903	Swindon Works	Great Western Railway
151	Saint	GB	1902	Swindon Works	Great Western Railway

Achsfolge	Zylinderzahl/ Durchmesser x Kolbenhub in mm	Kessel-druck in bar	Treibrad-durchmesser in mm	Rost-fläche in m²	Heizfläche (+Überhitzer-fläche) in m²	Betriebs-gewicht in t	Reibungs-gewicht in t	Achsstand im starren Rahmen in mm	Gesamt-achs-stand in mm	Länge über Puffer in mm	Seite
1'D	HD 540 x 632 ND 850 x 632	13,8	1258	3,90	227,00	69,0	57,0	4300	6800	19295	139
2'B	2/460 x 600	11,8	1750	2,30	65,08 + 21,00	49,3	31,0	2600	7400	17611	140
2'B	2/420 x 559	10,8	1880	1,97	97,00	41,1	26,5	2 x 1900	5900	15305	140
B'B	2 HD 355 x 640 2 ND 550 x 640	13,7	1280	2,00	130,00	90,6	57,2	2083	6200	16230	140
2'B1'	2/483 x 610	11,8	2032	2,48	133,97	58,9	31,5	2050	8026	17746	141
2'B1'	2/490 x 570	12,8	1980	2,70	168,60	59,6	30,0	2050	8700		141
1'B2'	2/450 x 560	12,8	1640	1,96	104,63	68,8	28,8	2050	8000	11850	141
2'B	HD 330 x 660 ND 558 x 660	14,7	2140	2,38	168,00	55,0	32,8		8120		142
2'D	2/584 x 762	13,5	1448	3,49	324,70	105,0	87,5				142
2'C	HD 540 x 680 ND 800 x 680	13,7	1830	2,75	133,03	68,5	43,5	3920	8315	16740	143
2'C	2 HD 370 x 650 2 ND 580 x 650	13,7	1920	3,00	166,60	69,9	43,2	4100	8350	24135	143
E	HD 560 x 632 ND 850 x 632	13,7	1260	3,00	184,00	69,0	69,0	5300	5600	17286	143
2'B	2/508 x 660	12,1	2080	1,93	112,97	51,6	34,5	2896	7239	17096	144
2'B1'	2/508 x 660	13,8	2030			72,6					144
2'B	HD 450 x 560 ND 670 x 560	13,7	1800	2,04	129,0	50,0	29,0	2700	6983	9931 □	144
2'B	2/508 x 660	10,8	2150	2,10	73,50 + 29,00	53,0	31,0			16455	145
2'B1'	2/420 x 650	14,7	1840	2,11	173,68	52,7	32,0	2033	8377	18109	145
2'B	2/430 x 610	11,8	1866	1,80	70,4 + 19,0	44,2	26,2	2600	6750	14820	145
2'B	2/483 x 660	12,1	2057	2,08	186,70	41,3	19,4	3048	7658	17445	146
1'C	2/360 x 500	11,8	1320	1,40	94,00	44,0	35,7	3000	5300	9500	146
2'C1'	2/406 x 559	13,7	1245	3,72		73,3	30,9	2442	5207	16872	146
2'B1'	2 HD 390 x 640 2ND 560 x 640	15,7	2040	2,76	137,84+3898	67,0	35,5	2150	8500	18247	147
2'B1'	2 HD 360 x 640 2 ND 600 x 640	15,7	2040	3,10	239,40	74,0	36,0	2150	8700	19070	147
2'B1	2 HD 340 x 650 2 ND 560 x 650	15,7	2000	2,98	214,00	69,7	34,1	2187	8180	20875	147
2'C	2/406 x 609	11,8	1575	1,35	79,8 + 21,8	44,5	31,5	3798	12177 ✦	14997	148
2'B1'	HD 500 x 650 ND 760 x 650	12,8	1920	2,88	178,30	61,5	28,0	2220	8630	17853	148
B'B'	3/254 x 305	12,4	673			34,5	34,5	2 x 1270	6045	9804	149
2'D	HD 540 x 680 ND 800 x 680	11,8	1400	4,80	178,46	75,4	58,3	4560	8060	17432	149
2'B	2/470 x 660	11,0	2007	2,00	116,13		29,7				149
1'C1'	2/435 x 630	12,8	1480	1,83	116,20	64,5	41,7	3400	8400	11760	149
2'B	2/432 x 610	8,9	1753	1,67	90,67	45,9	34,5	2692	6096	9717	150
2'B2'	3/524 x 630	13,7	2200	4,39	260,00	89,5	36,6	2560	11485	25158	150
2'B	2/457 x 660	13,7	2045	1,91	168,90	56,2	36,7	2438	6858	17189	151
2'C	2/470 x 762	15,5	2045	2,51	171,07+24,40	73,1	55,7	4496	8255	19209	151

Seite	Lokomotivbaureihe	Einsatz-land	Baujahr	Hersteller	Betreiber
151	France	GB	1903	Soc. Alsacienne d. Constructions Méc.	Great Western Railway
152	Reihe XIX	A	1904	StEG	Österreichische Nordwestbahn
152	Reihe 18	B	1905	Atéliers de Tubize	Chemins de Fer de l'Etat
153	Nr. 801–870	E	1905	Henschel	Madrid-Zaragoza-Alicante
153	Reihe 0	USA	1904	Schenectady Locomotive Works	Baltimore & Ohio Railroad
153	Reihe C 4/5	CH	1906	Maffei	Gotthardbahn
154	Reihe S 2/6	D	1906	Maffei	Bayerische Staatsbahn
154	Reihe P 8	D	1906	Verschiedene	Preußische Staatsbahn
155	Star	GB	1907	Swindon Works	Great Western Railway
155	Reihe 640	I	1907	Schwartzkopff	Forrovie dello Stato italiane
155	Reihe 470	I	1907	Maffei/Breda/Officine Meccaniche	Ferrovie dello Stato italiane
156	Reihe P	DK	1907	Hanomag/Schwartzkopff	Danske Statsbaner
156	Garrat	AUS	1909	Beyer Peacock & Co.	Tasmania Government Railways
157	Reihe PO 1	NL	1907	Werkspoor	Hollandesche Spoorweg Maatschaappij
157	Reihe A 3/5	CH	1907	Schweizerische Lokomotivfabrik	Schweizerische Bundesbahn
157	Reihe Schtsch	Russl.	1907	Verschiedene	
158	Nr. 4501–4570	F	1908	Soc. Alsacienne d. Constructions Méc.	Paris-Orléans
158	Nr. 5301–5490	F	1911	Schweizerische Lokomotivfabrik/N. B.	Paris-Orléans
158	Reihe 3100	A	1908	Floridsdorf	k. u. k. Österreichische Staatsbahn
159	Reihe S 3/6	D	1908	Maffei	Bayerische Staatsbahn
159	Reihe CC	USA	1909	Baldwin Locomotive Works	Little River Railroad Co.
159	Nr. 3513–3662	F	1908	Verschiedene	Compagnie du Nord
160	George the Fifth	GB	1911	Crewe Works	London & North Western Railway
160	Reihe T 12	D	1902	Verschiedene	Preußische Staatsbahn
160	Reihe C	D	1909	Esslingen	Württembergische Staatsbahn
161	Reihe A 3	USA	1910	Baldwin Locomotive Works	Baltimore & Ohio Railroad
161	Reihe E 282	P	1910	Henschel	Sul e Sueste
161	Reihe ITV	D	1910	Hartmann	Sächsische Staatsbahn

Achsfolge	Zylinderzahl/ Durchmesser x Kolbenhub in mm	Kessel-druck in bar	Treibrad-durchmesser in mm	Rost-fläche in m^2	Heizfläche (+Überhitzer-fläche) in m^2	Betriebs-gewicht in t	Reibungs-gewicht in t	Achsstand im starren Rahmen in mm	Gesamt-achs-stand in mm	Länge über Puffer in mm	Seite
2'B1'	2 HD 360 x 640 2 ND 600 x 640	15,7	2045	3,10	256,13	72,8	37,8	21,50	8700	20413	151
2'C	2 HD 350 x 650 2 ND 600 x 650	13,2	1770	3,10	198,6	63,9	42,0	4000	8300	18322	152
2'B	2/482 x 660	13,2	1980	2,07	127,62	53,3	36,3		7187		152
2'C	2 HD 350 x 650 2 ND 550 x 650	13,7	1750	2,70		112,5 ✦				16000	153
C'C	2 HD 508 x 813 2 ND 813 x 813	16,2	1422	6,71	518,94	151,3	151,3	2348	9347	24214	153
1'D	2 HD 395 x 640 2 ND 635 x 640	14,7	1350	4,10	278,10	115,3 ✦	62,4	3300	7520	16802	153
2'B2'	2 HD 410 x 640 2 ND 610 x 640	13,7	2200	4,70	214,50+37,50	83,0	32,0	2320	11700	21182	154
2'C	2/590 x 630	11,8	1750	2,60	150,16+49,38	69,5	47,7	4500	8350	18592	154
2'C	4/381 x 660	15,5	2045	2,51	171,07+24,40	73,1	55,7	4496	8306	19558	155
1'C	2/540 x 700	11,8	1850	2,42	108,30+33,50	54,0	44,3	4200	6750	16530	155
E	2 HD 375 x 650 2 ND 610 x 650	15,7	1360	3,50	212,57	74,8	74,8	6000	6000	20565	155
2'B1'	2 HD 340 x 600 2 ND 570 x 600	12,8	1984	3,20	204,50	69,0	33,0	2100	8950	18515	156
B'B'	2 HD 279 x 406 2 ND 432 x 406	13,5	800	1,38	58,34	34,0	34,0	2 x 1219	8153	10325	156
2'B	2/500 x 660	10,3	2016	2,04		91,4 ✦				16830	157
2'C	2 HD 425 x 660 2 ND 630 x 660	13,7	1780	2,80	160,60+42,40	114,8 ✦	48,0	4350	8650	18740	157
1'D	HD 540 x 700 ND 762 x 700	13,7	1310	2,80		77,0					157
2'C1'	2 HD 390 x 650 2 ND 640 x 650	15,7	1850	4,27	257,25+63,50	90,0	52,3	3900	10500	20790	158
1'D1'	2/600 x 650	11,8	1400	2,77	166,22+41,00	92,7	68,0	5000	9700	13450	158
1'C2'	2 HD 390 x 720 2 ND 660 x 720	14,7	2140	4,62	212,90+43,40	86,0	44,1	2220	10450	21404	158
2'C1'	2 HD 425 x 610 2 ND 650 x 670	14,7	1870	4,50	218,40+50,00	88,0	48,0	4020	11365	21396	159
(1'B) B1'	2 HD 381 x 559 2 ND 584 x 559	13,7	1220			64,5	53,5	1620	1620	20061	159
2'C	2 HD 380 x 640 2 ND 550 x 640	15,7	1750	2,80	140,70+40,03	71,0	50,2	4300	8450	19520	159
2'B	2/521 x 660	12,1	2057	2,08	143,64+28,40	41,4	19,4	3048	7658	17445	160
1'C	2/540 x 630	11,8	1500	1,73	103,36+29,50	62,9	48,7	3850	6350	11800	160
2'C1'	2 HD 420 x 612 2 ND 620 x 612	14,7	1800	3,95	208,00+53,00	87,3	47,5	3800	11040	21855	160
2'B1'	2/559 x 660	14,1	2032	5,20	218,30	86,0	52,3	2134	8306		161
2'C		13,7	1540	2,90							161
B'B'	2 HD 350 x 630 2 ND 570 x 630	12,8	1260	1,60	99.28	60,5	60,5	2 x 2000	7700	11624	161

Seite	Lokomotivbaureihe	Einsatz-land	Baujahr	Hersteller	Betreiber
162	Reihe PO/3	NL	1910	Verschiedene	Staatspoorwegen
162	Reihe 10	B	1910	Verschiedene	Chemins de Fer l'Etat
163	Reihe E 3/5	CH	1910	Maffei	Bodensee-Toggenburg
163	Abergavenny	GB	1910	Brighton Works	London Brighton & South Coast Railway
163	Reihe S 10	D	1911	Schwartzkopff	Preußische Staatsbahn
164	Reihe C 5/6	CH	1913	Schweizerische Lokomotivfabrik	Schweizerische Bundesbahn
164		TR	1912	Maffei	Izmir-Cassaba
165	Reihe E 6	USA	1910	Altoona Shops	Pennsylvania Railroad
165	Reihe K 3	USA	1912	ALCO	New York Central Railroad
165		CND	1910	Canadian Lokomotive Company	Grand Trunk Railway
166	Reihe S	Russl.	1911	Sormovo	Warschau-Wien
166	Reihe 685	I	1912	Breda/Officine Meccaniche	Ferrovie dello Stato italiane
166	Reihe G 8[1]	D	1912	Schichau	Preußische Staatsbahn
167	Reihe T 18	D	1912	Vulkan	Preußische Staatsbahn
167	Reihe Gt 2x 4/4	D	1913	Maffei	Bayerische Staatsbahn
167	Reihe MC-2	USA	1910	Baldwin Locomotive Works	Southern Pacific Railroad
168	Reihe J	S	1914	Motala Verkstad	Statens Järnvägar
168	Reihe F	S	1914	Nydqvist & Holm	Statens Järnvägar
168	Reihe PTO/3	NL	1913	Beyer Peacock & Co.	Staatspoorwegen
169	Reihe K 4s	USA	1914	Baldwin Locomotive Works	Pennsylvania Railroad
169	Reihe J-1	USA	1912	ALCO/Baldwin Locomotive Works	Wabash Railroad
169	Nr. 800–809	USA	1913	ALCO	Virginian Railway
170	Reihe 140 C	F	1913	Verschiedene	Chemins de Fer de l'État
170	Nr. 1301–1308/1321–1345	E	1914	Hanomag/ALCO	Madrid-Zaragoza-Alicante
170	Reihe III u	H	1909	Officine di Budapest	Magyar Allamvasutak
171	Reihe 880	I	1915	Officine Meccaniche di Milano	Ferrovie dello Stato italiane
171	Reihe S 3	USA	1915	Baldwin Locomotive Works	Chicago Burlington & Quincy Railroad
172	Reihe EL-1	USA	1916	Baldwin Locomotive Works	Baltimore & Ohio Railroad
172	Reihe P 1	USA	1914/16	Baldwin Locomotive Works	Erie Railroad
172	Reihe D	USA	1916	Baldwin Locomotive Works	St. Louis & South Western Railroad
173		USA	1917	Baldwin Locomotive Works	Union Pacific Railroad
173	Reihe J-1	USA	1917	South Louisville Shops	Louisville & Nashville Railroad
174	Reihe XVIII H	D	1917	Hartmann	Sächsische Staatsbahn
174	Reihe IV h	D	1918	Maffei	Badische Staatsbahn
174	Reihe C 51	J	1919	Verschiedene	Japan. Nationalbahn
175	Reihe G 12	D	1917	Henschel und andere	Preußische Staatsbahn
175	Reihe 735	I	1917	ALCO	Ferrovie dello Stato italiane

Achsfolge	Zylinderzahl/ Durchmesser x Kolbenhub in mm	Kessel-druck in bar	Treibrad-durchmesser in mm	Rost-fläche in m²	Heizfläche (+Überhitzer-fläche) in m²	Betriebs-gewicht in t	Reibungs-gewicht in t	Achsstand im starren Rahmen in mm	Gesamt-achs-stand in mm	Länge über Puffer in mm	Seite
2'C	4/400 x 660	11,8	1850	2,84		116,0 ✦				18480	162
2'C1'	4/500 x 660	13,7	1980	4,58	232,28+75,79	112,0	66,0	4100	11425	15011 □	162
1'C1'	2/540 x 600	11,8	1540	2,40	139,50+34,20	74,3	47,4	3800	8700	12320	163
2'C1'	2/533 x 660	11,8	2020	2,34	147,35+33,17	90,4	53,3	4420	10744	14105	163
2'C	4/430 x 630	11,8	1980	2,86	156,86+53,00	77,7	50,9	4700	9100	20750	163
1'E	2 HD 470 x 640 2 ND 690 x 640	13,7	1330	3,70	211,30+54,50	126,6 ✦	75,0	2900	8800	19195	164
C	2/420 x 630	11,8	1250								164
2'B1'	2/597 x 660	14,3	2032	5,13	269,00+56,95	109,4	61,7	2281	9068	21808	165
2'C1'	2/597 x 660	13,8	2007	5,40	318,43+77,37	134,0	88,2	4267	11125		165
1'C											165
1'C1'	2/549 x 700	12,8	1829	3,79		76,5	48,1				166
1'C1'	4/420 x 650	11,8	1850	3,50	190,40+52,40	72,7	46,8	3950	8451	20575	166
D	2/600 x 660	13,7	1350	2,58	146,04+51,88	69,9	69,9	4700	4700	18290	163
2'C2'	2/560 x 630	11,8	1650	2,35	135,49+49,20	106,0	51,1	4100	11700	14800	167
D'D	2 HD 520 x 640 2 ND 800 x 640	14,7	1216	4,25	230,89+55,39	123,2	123,2	2 x 4500	12200	17550	167
1'D (D1')	2 HD 600 x 762 2 ND 1020 x 762	13,8	1448	6,40	480,57+113,34	198,2	179,0	2 x 4572	17247	41627	167
1'C2'	2/420 x 580	11,8	1300	1,40	69,30+20,40	62,0	33,0		8960	11900	168
2'C1'	2 HD 420 x 660 2 ND 630 x 660	12,8	1880	3,60	189,30+68,00	97,8	48,0	3950	11100	21265	168
2'C2'	2/508 x 650	11,8	1850	2,40		92,0				14625	168
2'C1'	2/686 x 711	14,1	2032	6,44	374,94+107,21	138,1	90,5	4216	11024	25083	169
2'C1'	2/610 x 660	14,7	1880	5,80	415,00	112,0		3912	10363	20516	169
1'E) E1'	2 HD 762 x 813 2 ND 1220 x 813	14,7	1422	10,10	800,40+192,20	310,5	280,0	2 x 6070	19583	32341	169
1'D	2/550 x 650	11,8	1450	3,16	172,00+49,00	76,0	66,0	5100	7600	18970	170
2'D	2 HD 420 x 650 2 ND 840 x 650	15,7	1600	4,10	201,13+57,00	88,0	60,0	5700	9700		170
1'C1'	HD ND	14,7	1440	3,15	213,60	58,1	41,7	3500	8310	10974 □	170
1'C	2/450 x 580	11,8	1510	1,53	79,60+29,00	50,9	39,1	3900	6200	9172	171
2'C1'	2/686 x 711	12,4	1880	5,50							171
(1'D) D	2 HD 635 x 813 2 ND 1041 x 813	14,5	1473	8,10	541,00+131,00	219,5	208,0				172
(1'D) D (D1')	2 HD 914 x 813 4 ND 914 x 813	14,5	1600	10,00	640,00+143,00	390,0	351,3	3 x 5029	27432	32309	172
2'C	2/559 x 711	13,7	1753	4,60	229,90+49,90	95,0	75,0	4420	8001		172
1'E1'	2/749 x 762	13,8	1600	7,80	478,25+108,23	167,1	129,9	6858	12624	28768	173
1'D1'	2/698 x 762	12,8	1524			227,2 ✦	115,7	4877	10617	22679	173
2'C1'	3/500 x 630	13,7	1905	4,50	216,25+72,00	93,5	50,7	4100	11375	22220	174
2'C1'	2 HD 440 x 680 2 ND 680 x 680	14,7	2100	4,95	221,11+81,91	97,0	53,4	4360	12310	23230	174
2'C1'	2/530 x 630	12,8	1750	2,53	168,80+41,40	69,6	44,6	3800	10000	19994	174
1'E	3/570 x 660	13,7	1400	3,82	190,85+68,42	98,8	82,5	6000	8500	18495	175
1'D	2/540 x 700	11,8	1370	2,86	152,60+42,68	63,7	55,9	4500	7100	19462	175

Seite	Lokomotivbaureihe	Einsatz-land	Baujahr	Hersteller	Betreiber
177	Reihe H 4	GB	1920	Doncaster Works	Great Northern Railway
178	Reihe Hv 2	SF	1919	Schwartzkopff/Lokomo	Suomen Valtionrautatiet
178	Reihe 34 a	N	1918	Baldwin	Norste Hoved Jerubane
178	Reihe 33	B	1921	Atéliers de Tubize	Chemins de Fer de l'Etat
178	Reihe G 3 c	CND	1923	Montreal Locomotive Works	Canadian Pacific Railway
179	Reihe HG/S	IND	1919	Vulcan Foundry Co.	North Western Railway
179	Reihe 365	CS	1921	Officine di Praga-Lieben	Ceskoslovenske Statni Drahy
179	Reihe 231 B	F	1921	Franco-Belge/Batignolles	Compagnie de l'Est
180	Nr. 2068–2504	E	1921	Verschiedene	C. de los Caminos de hierro del Norte de Espana
180	Reihe 470/471	GB	1922	Doncaster Works	Great Northern Railway
180	Reihe E	SU	1921	Verschiedene	SZD
181	Reihe 940	I	1922	Verschiedene	Ferrovie dello Stato italiane
181	Reihe P 10	D	1922	Borsig	Preußische Staatsbahn
182	Reihe 231	R	1922	Maffei/Henschel	Caile Ferrate Romane
182	Reihe OK 22	PL	1922	Chrzanow	Polskie Koleye Panstwowe
182	Reihe 387	CS	1925	Skoda	Ceskoslovenske Statni Drahy
183	Castle	GB	1923	Swindon Works	Great Western Railway
183	Reihe S	DK	1924	Borsig/Frichs	Danske Statsbaner
183	Nr. 241 001	F	1925	Atéliers d'Epernay	Compagnie de l'Est
184	Reihe 01	D	1925	Verschiedene	Deutsche Reichsbahn
184	Nr. T 18 1002	D	1926	Maffei	Deutsche Reichsbahn
185	Nr. 4001–4047 + 4049–4066	E	1925	Hanomag	C. de los Caminos de hierro del norte de Espana
185	Reihe Ps-4	USA	1923	ALCO/Baldwin Locomotive Works	Southern Railway System
185	Royal Scot	GB	1927	North British Locomotive Co.	London-Midland-Scottish Railway
186	Reihe 15 CA	ZA	1926	ALCO	South African Railways & Harbours
186		TR	1926	Henschel	TCDD
187	Reihe J-4	USA	1927	ALCO	Chicago & Northwestern Railway
187	Reihe D 12	USA	1928	ALCO	Boston & Albany Railroad
187	Reihe 9000	USA	1926	ALCO	Union Pacific Railroad
188	Reihe 629	A	1927	StEG	Österreichische Bundesbahnen
188	Reihe 242 AT	F	1927	Atéliers P.L.M.	Paris-Lyon-Méditerranée
189	Nr. 4997–4999	GB	1926	Beyer Peacock & Co.	London-Midland-Scottish Railway
189	Nr. 3701–3721	F	1929	Soc. Alsacienne d. Constructions Méc. Fives-Lille	Paris-Orléans
190	Reihe E 4/4	CH	1930	Schweizerische Lokomotivfabrik	Schweizerische Bundesbahn
190	Reihe 691	I	1929	Breda/Ansaido/Officine Mec. di Milano	Ferrovie dello Stato italiane
191	Reihe S-2	USA	1930	Baldwin Locomotive Works	Great Northern Railroad
191	Reihe K-5	CND	1930	Montreal Locomotive Works	Canadian National Railway
192	Reihe 214	A	1931	Floridsdorf	Österreichische Bundesbahnen
192	Reihe A 4/A 5	S	1930	Motala Verkstad	Statens Järnvägar
192	Reihe IS	SU	1933	Kolomna	SZD

Achsfolge	Zylinderzahl/ Durchmesser x Kolbenhub in mm	Kessel-druck in bar	Treibrad-durchmesser in mm	Rost-fläche in m²	Heizfläche (+Überhitzer-fläche) in m²	Betriebs-gewicht in t	Reibungs-gewicht in t	Achsstand im starren Rahmen in mm	Gesamt-achs-stand in mm	Länge über Puffer in mm	Seite
1'C	3/470 x 660	12,5	1727	2,60	176,60+37,81	73,7	60,9			18136	177
2'C	2/510 x 600	11,8	1750	1,96	109,80+30,70	57,1	38,4		12935	15814	178
1D1	2/560 x 600	11,8	1350								178
1'D	2 HD 420 x 660 2 ND 600 x 660	15,7	1520	3,24	179,30+59,50	85,0	75,1		8560		178
2'C1'	2/635 x 762	13,7	1905					4013	10592	24800	178
1'D	2/559 x 660	12,5	1435	2,97	195,55		65,8	5218	8088	19558	179
1'C1'	2/570 x 680	12,8	1780	4,00	258,60+44,50	73,2	45,4	4000	9950	19102	179
2'C1'	2 HD 420 x 650 2 ND 640 x 650	16,7	1950	4,27	195,81+80,00	97,0	55,0	4100	10900	22975	179
1'D	2/610 x 650	11,8	1560	3,05	184,50	70,5	64,5	5200	7850	18400	180
2'C1'	3/508 x 660	12,4	2032	3,83	272,01+48,77	93,9	60,9	4420	10897	21466	180
E	2/620 x 700	11,8	1320	4,46	188,80+47,70	81,5	81,5	5780	5780	20686	180
1'D1'	2/540 x 700	11,8	1370	2,80	152,92+41,23	87,3	61,6	4700	9900	13178	181
1'D1'	3/520 x 660	13,7	1750	4,07	218,16+82,00	110,4	75,7	6000	11600	22980	181
2'C1'	4/420 x 650	12,8	1855	4,00	254,50+60,50	89,0	48,0	4081	11779	22260	182
2'C	2/575 x 630	11,8	1750	4,01	184,20						182
2'C1'	3/525 x 680	12,8	1950	4,80	226,00+64,40	89,6	50,2	4100	11000	23370	182
2'C	4/406 x 660	15,5	2045	2,73	187,70+24,40	81,1	59,7	4496	8306	19863	183
1'C2'	2/430 x 570	11,8	1730	2,40	118,20+46,00	97,0	50,1	4050	11450	14860	183
2'D1'	2 HD 450 x 720 2 ND 660 x 720	15,7	1950	4,43	217,60+69,90	114,7	74,9	6150	12970	26275	183
2'C1'	2/650 x 660	15,7	2000	4,41	247,25+85,00	108,9	59,2	4600	12400	23940	184
2'C1'	Turbine	21,6	1750	3,50	159,70+51,00	104,0	60,0			24135	184
2'D1'	2 HD 460 x 680 2 ND 700 x 680	15,7	1750	5,00	224,00+99,85	113,1	70,0	5550	12675	23030	185
2'C1'	2/686 x 711	13,9	1854	6,50	295,00	154,0		3962	10998	24092	185
2'C	3/457 x 660	17,3	2057	2,90	193,33+37,07	86,3	63,5	4674	8382	19315	185
2'D1'	2/584 x 711	13,8	1448	4,49	257,80+64,10	107,8	72,3	4801	10871	22333	186
2'D	2/630 x 660	11,8	1650	3,03							186
1'D2'	2/711 x 762	16,7	1600	9,30	671,00	216,9		5105	12090	28619	187
2'C3'	2/597 x 660	14,8	1600			159,7		4572	13005	16529	187
2'F1'	2/686 x 813 1/686 x 787	15,2	1702	10,06	543,74+237,82	224,5	161,0	9347	15951	31436	187
2'C1'	2/475 x 720	12,8	1574	2,70	142,80+29,10	83,8	45,0	3600	9590	13268	188
2'D2'	2 HD 420 x 650 2 ND 630 x 650	15,7	1650	3,08	173,00+45,50	116,5	64,0	5910	14360	17825	188
(1'C) (C1')	4/470 x 660	13,2	1600	4,13	198,53+46,45	158,0	124,6	2 x 5029	24080	26784	189
2'C1'	2 HD 420 x 650 2 ND 550 x 690	16,7	1950	4,33	198,00+80,00	102,5	57,3	3900	10700	21285	189
D	2/570 x 640	11,8	1330	1,70	77,70+28,60	68,4	68,4	3050	3050	11770	190
2'C1'	4/450 x 680	13,7	2030	4,30	237,00+67,00	97,0	30,0	4300	10365	22590	190
2'D2'	2/737 x 737	15,5	2032			19,09					191
2'C2'	2/584 x 711	19,0	2032					4267	12243	28219	191
1'D2'	2/650 x 710	14,7	1900	4,72	283+77,80	124,0	72,0	6210	12635	22640	192
2'C	2/520 x 610	11,8	1720	2,50	116,00+36,40	61,4	39,0		8575	17700	
1'D2'	2/670 x 770	14,7	1850	7,04	295,00+148,00	133,6	80,7	6210	12635	15347 □	192

Seite	Lokomotivbaureihe	Einsatz-land	Baujahr	Hersteller	Betreiber
193	Nr. 31250–31290	F	1931	Cail	Compagnie du Nord
193	Nr. 4.1201–1272	F	1932	Cail	Compagnie du Nord
194	Nr. 101–106	E	1930	Euskalduna	Compania del Ferrocarril Central de Aragon
194	Nr. 241.101	F	1932	Fives-Lille	Chemins de Fer de l'Etat
195	Reihe C 12	J	1932	Kisha Seizo Kaisha	Japan. Nationalbahn
195	Nr. 1001–1038	E	1932	Verschiedene	C. N. de los Ferrocarriles de Oeste de Espana
196	Reihe 05	D	1935	Borsig-AEG	Deutsche Reichsbahn
196	Reihe 61	D	1935	Henschel	Deutsche Reichsbahn
196	Reihe 1	B	1934	Verschiedene	Soc. Nationale des Chemins de Fer Belges
197	Reihe A 4	GB	1935	Doncaster Works	London & North Eastern Railway
197	Coronation	GB	1937	Crewe Works	London-Midland-Scottish Railway
197	Nr. 231–726	F	1937	Ateliers de Tours	Paris-Orléans
198	Nr. 544–546	RC	1935	Haine-Saint Pierre	Kin-Han Tramways
198	Princess	GB	1933	Crewe Works	London-Midland-Scottish Railway
198	Reihe DT 1	A	1935	Floridsdorf	Österreichische Bundesbahnen
199	Reihe 231 G	F	1934	Verschiedene	Paris-Lyon-Méditerranée
199	Reihe 7	B	1934	Ateliers P.L.M.	Soc. National des Chemins de Fer Belges
200	Reihe A	USA	1935	ALCO	The Milwaukee Road
200	Nr. 5399	USA	1939	Altoona Shops	Pennsylvania Railroad
200	Reihe GS-3	USA	1937	Lima Locomotive Works	Southern Pacific Railroad
201	Reihe J-3a	USA	1938	ALCO	New York Central Railway
201	Reihe T 1b	CND	1938	Montreal Locomotive Works	Canadian Pacific Railway
202	Challenger	USA	1936	ALCO	Northern Pacific Railway
203	Reihe S 7	USA	1936	Baldwin Locomotive Works	Duluth-Missabe & Iron Range Railway
203		BR	1937	Henschel	Central
204	Duchess	GB	1938	Crewe Works	London-Midland-Scottish Railway
204	Reihe 45	D	1937	Henschel	Deutsche Reichsbahn
205	Reihe D 51	J	1936	Verschiedene	Japan. Nationalbahn
205	Reihe 736	I	1940/43	ALCO/Lima/Baldwin Locomot. Works	Ferrovie dello Stato italiane
206	Reihe 12	B	1939	Verschiedene	Soc. Nationale des Chemins de Fer Belges
206	Reihe 11	BG	1939	Henschel	Blgarski Drshawni Sheleznizi
207	Reihe 03^{10}	D	1939	Krauss-Maffei	Deutsche Reichsbahn
207	Merchant Navy	GB	1941	Eastleight Works	Southern Railway
207	Reihe 141 P	F	1942	Verschiedene	Soc. Nationale des Chemins de Fer Francais
208	Reihe 52	D	1942	Verschiedene	Deutsche Reichsbahn
208	Reihe 42	D	1943	Verschiedene	Deutsche Reichsbahn
209	Reihe 743	I	1942	Verschiedene	Ferrovie dello Stato italiane
209	Reihe T-1	USA	1942	Baldwin Locomotive Works	Pennsylvania Railroad
209	Reihe J	USA	1941	Roanoke Shops	Norfolk & Western Railway
210	Big Boy	USA	1941	ALCO	Union Pacific Railroad

Achsfolge	Zylinderzahl/ Durchmesser x Kolbenhub in mm	Kessel-druck in bar	Treibrad-durchmesser in mm	Rost-fläche in m²	Heizfläche (+Überhitzer-fläche) in m²	Betriebs-gewicht in t	Reibungs-gewicht in t	Achsstand im starren Rahmen in mm	Gesamt-achs-stand in mm	Länge über Puffer in mm	Seite
2'C1'	2 HD 440 x 660 2 ND 620 x 690	16,7	1900	3,50	214,80+57,20	100,5	56,8	4020	10420	22458	193
1'D1'	2/585 x 700	17,7	1550	3,09	181,50+64,20	122,5	85,0	5400	11400	15150	193
(2'C1') (1'C2')	4/481 x 660	13,7	1750	4,90	293,20+69,00	184,0	95,0	2 x 3810	25527	28545	194
2'D1'	2/530 x 570 1/760 x 650	19,6	1950	5,00	268,00+86,00	116,0	80,0		13050		194
1'C1'	2/400 x 610	13,7	1400	1,30	54,40+19,80	50,5	33,0				195
2'D	2/620 x 660	13,7	1600	4,50		148,5				16120	195
2'C2'	3/450 x 660	19,6	2300	4,71	255,52+90,00	127,0	57,0	5100	13900	26265	196
2'C2'	2/460 x 750	19,6	2300	2,80	151,00+69,00	128,3	55,6	5100	14350	18505	196
2'C1'	4/420 x 720	17,7	1980	5,00	234,78+111,70	126,0	72,0				196
2'C1'	3/470 x 660	17,3	2032	3,83	239,03+69,58	104,6	67,1	4420	10897	21652	197
2'C1'	4/419 x 711	17,3	2057	4,65	260,67+79,52	110,0	68,6	4420	11278	22498	197
2'C1'	2 HD 420 x 650 2 ND 650 x 690	16,7	1950	4,33	198,00+80,00	103,4	57,8	3900	10700	21345	197
1'C1'	2/508 x 660	11,8	1512	3,00	150,30+34,50	73,0	48,0	4234	9677	12247 □	198
2'C1'	4/419 x 711	17,3	1981	4,18	252,04+34,37	106,0	68,0	4648	11506	22663	198
1'B1'	2/290 x 570	15,7	1410	0,80	42,00+21,00	45,0	26,0	3200	7660	11200	198
2'C1'	2 HD 440 x 650 2 ND 650 x 650	15,7	2000	4,28	206,00+67,70	97,6	56,1	4193	11230	19995	199
2'C	2 HD 400 x 640 2 ND 600 x 640	15,7	1800	3,08	153,88+73,50	83,5	59,7	4859	8880	12147 □	199
2'B1'	2/483 x 711	20,7	2134	6,40	301,46+95,59	127,0	63,5	2591	11455	27026	200
2'C1'	2/686 x 711	14,1	2032	6,49	375,32+87,60	154,5	98,4	4216	11024	25086	200
2'D2'	2/660 x 813	19,3	2032	9,00	454,00+194,00	209,0	121,1	6553	13894	33680	200
2'C2'	2/571 x 737	19,0	2007	7,62	388,97+162,11	165,8	91,4	4267	12294	29517	201
1'E2'	2/635 x 813	19,6	1600	8,69	469,52+188,77	202,8	140,6	6706	14033	29836	201
(2'C) C2'	4/584 x 813	17,3	1753	10,00	653,38	283,3	193,2	2 x 3759	18948	38462	202
1'E1'	2/711 x 813	18,0	1549	7,92	443,78+126,34	191,4	158,8	6706		26378	203
(1'D) D2'	4/431 x 559	14,5	1070	7,00	232,00+85,00	117,7	95,7			24765	203
2'C1'	4/419 x 711	17,3	2057	4,64	260,67+79,52	107,0	68,0	4420	11278	22498	204
1'E1'	3/520 x 720	19,6	1600	5,00	289,00+132,50	128,0	100,0	5550	13600	25645	204
1'D1'	2/550 x 660	13,7	1400	3,27	242,10	76,8	57,2	4650	9450	12180 □	205
1'D1'	2/483 x 660	15,2	1448	3,80	164,30+43,70	73,0	63,5	4725	7087	18385	205
2'B1'	2/480 x 720	17,7	2100	3,70	160,00+63,00	89,0	46,0		9887		206
2'E	3/520 x 700	15,7	1450	4,87	224,10+80,00	109,6	85,0		10900		206
2'C1'	3/470 x 660	15,7	2000	3,89	203,00+72,00	103,0	55,0	4500	12000	23905	207
2'C1'	3/457 x 610	19,3	1000	4,50	227,70+61,78	94,0	64,0	4572	11201	21298	207
1'D1'	2 HD 410 x 700 2 ND 640 x 700	19,6	1650	4,28	201,80+86,90	111,6	76,0	5600	11050	23940	207
1'E	2/600 x 660	15,7	1400	3,90	177,60+63,70	84,7	75,5	6600	9200	23055	208
1'E	2/630 x 660	15,7	1400	4,70	199,60+75,80	96,5	85,5	6600	9200	23000	208
1'D	2/540 x 700	11,8	1370	2,80	152,30+43,30	72,7	62,2	4700	11040	19885	209
2'BB2'	4/502 x 660	20,7	2030	8,50	391,85+156,07	226,0	122,0	7722	15824	37433	209
2'D2'	2/686 x 813	18,7	1770	10,0	489,68+202,24	224,0	131,0	5715	14414	33280	209
(2'D) D2'	4/603 x 813	20,7	1727	14,00	547,09+229,09	345,6	247,2	2 x 5563	22085	40488	210

Seite	Lokomotivbaureihe	Einsatz-land	Baujahr	Hersteller	Betreiber
210	Reihe 715–72	USA	1942	Lima Locomotive Works	Nickel Plate Railroad
210	Reihe M 1	USA	1942	Baldwin Locomotive Works/Lima L.W.	Louisville & Nashville Railroad
211	3T-Shay	USA	1945	Lima Locomotive Works	Western Maryland Railway
212	Nr. 2201-2257	E	1944	La Maquinista Terrestre y Maritima	Red Nacional de los Ferrocarriles Espanoles
212	Reihe 15 F	ZA	1945	Beyer & Co./North B. L. Co.	South African Railways & Harbours
213	Reihe S 2	USA	1944	Baldwin Locomotive Works	Pennsylvania Railroad
213	Reihe S-1a	USA	1945	ALCO	New York Central Railroad
215	Reihe 29	B	1946	Verschiedene	Soc. Nationale des Chemins de Fer Belges
216		TR	1947	Vulcan Iron Works	TCDD
216	Reihe Pt 47	PL	1948	Verschiedene	Polskie Koteje Panstwowe
217	Reihe 141 R	F	1945	Baldwin Locomotive Works	Soc. nationale des Chemins de Fer Francais
217	Reihe 241 P	F	1948	Schneider	Soc. Nationale des Chemins de Fer Francais
217	Reihe 230 K	F	1947	Atéliers d'Epernay	Soc. Nationale des Chemins de Fer Francais
218	Reihe M-1	USA	1947	Baldwin Locomotive Works	Chesapeake & Ohio Railway
218	Reihe WP	IND	1947	Baldwin Locomotive Works	East Indian Railway
219	Reihe Ja	NZ	1946	Hillside Works	New Zealand Government Railways
219	Reihe E 10	S	1947	Nydqvist & Holm	Statens Järnvägar
219	Reihe 303	H	1951	Mavag	Magyar Allamvasutak
220	Nr. 232 U-1	F	1949	Soc. Alsacienne d. Constructions Méc.	Soc. Nationale des Chemins de Fer Francais
220	Reihe P 36	SU	1950	Kolomna	CCCP
220	Reihe 25	ZA	1953	Henschel	South African Railways & Harbours
221	Reihe 498.1	CS	1954	Skoda	Ceskoslovenske Statni Drahy
221	Britannia	GB	1951	B. R. Works	British Railways
221	Reihe 9 F	GB	1953	B. R. Works	British Railways
222	Reihe 15 B	RA	1949	Vulcan Foundry	Ferrocarrile nacional General Roca
222	Reihe D 58	AUS	1950	Everleigh Works	New South Wales & Government Railway
222	Reihe Mα	GR	1954	Breda/Ansaldo	C.E.H.
222	Reihe 38	YU	1957	Duro Dakovic	Zajednica Jugoslovenskih Zeleznica
223	Reihe 15	RSR	1952	Beyer Peacock & Co.	Rhodesian Railways
223	Nr. 2001–2010	E	1955	La Maquinista Terrestre y Maritima	Red Nacional de los Ferrocarriles Espanoles
223	Reihe Tr 1	SF	1953	Tampelle/Lokomo/Jung	Suomen Valtionrautatiet
224	Reihe 10	D	1957	Krupp	Deutsche Bundesbahn
224	Reihe 015	DDR	1962	RAW	Deutsche Reichsbahn

□ ohne Tender
✦ mit Tender
○ Treibachsen nicht gekuppelt
✧ Zahnradlokomotive
Zahnraddampftriebwagen

Achsfolge	Zylinderzahl/ Durchmesser x Kolbenhub in mm	Kessel-druck in bar	Treibrad-durchmesser in mm	Rost-fläche in m²	Heizfläche (+Überhitzer-fläche) in m²	Betriebs-gewicht in t	Reibungs-gewicht in t	Achsstand im starren Rahmen in mm	Gesamt-achs-stand in mm	Länge über Puffer in mm	Seite
1'D2'	2/635 x 864	16,9	1753	8,39	443,32+179,48	191,0	117,0	5563	12802	30846	210
1'D2'	2/635 x 813	18,4	1753	8,39	432,08+177,25	203,3	121,3	5563	12903	32214	210
B'B'B'	3/432 x 457	13,8	1219	4,50	171,80+39,90	147,0	147,0	3 x 1727	10719	19997	211
2'D1'	2/640 x 710	15,7	1750	5,30		204,0 ✦				25500	212
2'D1'	2/610 x 711	14,5	1524	5,85	315,86+62,80	111,0	73,7	4801	10871	22403	212
3'D3'	Turbine	21,4		10,80	389,70+183,90	267,9	123,2	5944	16154	37370	213
2'D2'	2/635 x 813	20,0	2001	9,30	447,69+192,58	214,0	125,0	6248	14706	35194	213
1'D	2/559 x 711		1520			93,0					215
1'E	2/597 x 711		1450								216
1'D1'	2/630 x 700	14,7	1850								216
1'D1'	2/597 x 711	15,2	1650	5,16	250,74+65,40	115,5	80,0	5181	10870	24663	217
2'D1'	2 HD 446 x 650 2 ND 674 x 700	19,6	2020	5,05	244,57+108,38	131,4	81,6	6300	13460	27418	217
2'C	2 HD 370 x 680 2 ND 590 x 680	17,7	2090	3,16	135,50+54,20	84,0	58,0	4950	8890	21870	217
(2'Do) (2'Do2')	Turbine	21,4	1016			559,7 ✦		2 x 5309 C	27610	46958	218
2'C1'	2/514 x 711	14,5	1700	4,27	286,32	99,0	55,0				218
2'D1'	2/457 x 660	13,7	137	3,62	135,82+25,18	70,2	46,8	4343		20403	219
2'D	2/450 x 610	13,7	1400	2,80	138,70+51,00	74,2	50,8		8600	18085	219
2'C2'	2/549 x 699	17,7	2000	5,50	259,84+77,94	114,0	51,9	4500	12920	25455	219
2'C2'	2 HD 450 x 700 2 ND 680 x 700	19,6	2000	5,17	195,00+63,96	130,7	69,0	4390	11990	26634	220
2'D2'	2/575 x 800	14,7	1850	6,75	243,20+131,70	134,9	74,0	5850	13450	29809	220
2'D2'	2/610 x 711	15,7	1524	6,50	292,60+58,50	124,6	74,8	4801	11582	32768	220
2'D1'	3/500 x 680	15,7	1830	4,90	228,40+72,80	116,6	74,4	5790	12550	25594	221
2'C1'	2/508 x 711	17,3	1880	3,90	229,83+65,40	95,5	61,7	4267	10897	20955	221
1'E	2/508 x 711	17,3	1520	3,73	187,10+49,70	88,0	79,7	6604	9195	20168	221
2'D	2/495 x 711	15,5	1727	3,03	162,76+32,33	82,4	34,0	5639		21215	222
2'D1'	3/546 x 711	13,7	1524	6,94	314,93+71,81	141,0	93,1	4801		23673	222
1'E1'	2/660 x 700	17,7	1600	5,60	312,05+125,04	134,0	100,0	5919		25000	222
1'D	2/550 x 711	15,7	1450								222
(2'C2') (2'C2')	4/444 x 680	12,4	1450	4,60	217,01+45,89	182,3	80,8	2 x 3200	25679	28194	223
2'D2'	2/640 x 710	14,7	1900	5,30	293,56+104,51	142,0	76,0	6652		27000	223
1'D1'	2/610 x 700	14,7	1600	3,54	195,40+68,00	95,0	68,0		18910✦	22250	223
2'C1'	3/480 x 720	17,7	2000	4,00	206,50+96,00	114,5	64,5	4600	12500	26503	224
2'C1'	2/600 x 660	15,7	2000	4,88	229,17+97,90	111,0	60,5			24330	224

REGISTER

Die fettgedruckten Seitenzahlen weisen auf abgebildete Lokomotiven hin.

D

E

F

T

U

V

W

LITERATURVERZEICHNIS

ABDILL G.: *Rails West.* New York, Bonanza Books - 1960

ADAMS K.: *Legging Railroad of the West.* New York, Bonanza Books -1961

AHRONS E.L.: *The Development of British Locomotive Design.* London, 1914

ALEXANDER E.: *Iron Horses: American Locomotives 1829-1900.* New York, 1941.
American Locomotives 1900-1950. New York, Bonanza Books - 1950.

ALLEN P.C.-MAC LEOD A.B.: *Rails in the Isle of Wight.* London, George Allen and Unwin Ltd. - 1967.

BARBIER F. - GODFERNAUX: *Les Locomotives à l'Exposition de 1900.* Paris, 1902.

BAY W.: *Danmarks Dampflokomotiver.* Hamlet, H. Andersens Forlag - 1977

BINUS D.: *Articulated Locomotives of the World.* Truro (England), Bradford Barton Ltd. - 1975

BORN E.: *2C1, Entwicklung und Geschichte der Pazifik-Lokomotiven.* Stuttgart, Franck'sche Verlagshandlung - 1964
Die Regel - Dampflokomotiven der Deutschen Reichsbahn und der Deutschen Bundesbahn. Frankfurt a.M. - 1953

BRATÉ T.: *The Steam Locomotives of Youguslavia.* Wien, Verlag, Josef Otto Slezak - 1971

BUCHMANN H.: *Dampflokomotiven in den USA.* Basel, Birkäuser Verlag - 1977

CARTER E.: *Unusual Locomotives.* London, Frederick Muller Ltd. - 1960

CASSERLY H.C.: *The Historic Locomotive pocketbook.* London, B.T. Batsford Ltd. - 1960.
Preserved Locomotives. Shapperton, Ian Allan - 1976

CHAPELON A.: *La locomotive à vapeur.* Paris - 1938

DAMBLY P.: *Nos inoubliables »vapeur«.* Brüssel, Le Rail - 1968

DAMEN A. - NAGLIERI V. - PIRANI P.: *Italia - Locomotive a vapore.* Parma, E. Albertelli Editore -1971

DEWHURST P.C.: *The Norris Locomotives.* Boston - 1950

DIEHL - FJELD - NILSSON: *Normalspäriga änglok Vid Statens Järnvägar.* Växjö C. Davidson Boktryckeri/Offset AB - 1973

DÜRING T.: *Schnellzug - Dampflokomotiven der deutschen Länderbahnen 1907-1922.* Stuttgart, Franckh'sche Verlagshandlung - 1972

DURRANT: *The Steam Locomotives of Eastern Europe.* Newton Abbot, David & Charles - 1966

ELLIS C. HAMILTON: *The Lore of the Train.* New York, Grosset & Dunlap Inc. - 1971
The Pictorial Encyclopedia of Railways. London, Hamlyn - 1968

EONSUU T. - HONKANEN P. -KILPINEN T. - PÖLHÖ E.: *Suomen veturit die Lokomotiven Finlands.* Malmö, Verlag Frank Stenvall - 1975

FENTON W.: *Nineteenth Century Locomotive Engravings.* London, Hugh Evelyn - 1964
Locomotives in retirement. London, Hugh Evelyn - 1958

FLEMING LE H. - PRICE J.H.: *Russian Steam Locomotives.* Newton Abbot, David & Charles, 1968

FLURY P.F.: *Dampflokomotiven und ihre Bauteile.* Düsseldorf, Alba Buchverlag, 1976

FOURNEREAU J.: *Les locomotives à vapeur de la SNCF.* Montchauvet - 1947

GARBE R.: *Die Dampflokomotiven der Gegenwart.* Berlin, 1. ed. 1907

GARRATT C.: *Steam Safari.* London, Blandford Press Ltd. - 1974

GIESL - GIESLINGEN: *Lokomotiv - Athleten.* Wien, Verlag Josef Otto Slezak - 1976

GILLOT J.: *Les locomotives à vapeur de la S.N.C.F. Région Est.* Levallois-Perret, Editions Picador - 1976

GLOVER G.: *British Locomotive Design 1825-1960.* London, George Allen and Unwin Ltd. - 1967

GRIEBL H.: *ČSD - Dampflokomotiven (Teil 1 - Teil 2).* Wien. Verlag Josef Otto Slezak - 1969

HAND V. - EDMONSON H.: *Eisenbahnen in Farbe.* München, Südwest Verlag - 1977

HARDER K.J.: *Die P8.* Stuttgart, Franckh'sche Verlagshandlung - 1969

HARRISON M.: *Indian Locomotives of Yesterday.* Bracknell (Berks.), Town and Country Press. 1972

HARESNAPF B.: *Railway Design since 1830* (I. u. II.) Shepperton, Ian Allan Ltd. - 1969

HENSCHEL LOKOMOTIVA BRIK: *125 Jahre Henschel* Kassel. Henschel & Sohn - 1935

HERMANN O.: *Lokomotiven der Gotthardbahn.* Basel, Birkäuser Verlag - 1971

HIROTA N.: *Steam Locomotive of Japan.* Tokio. Kodausha International Ltd. - 1972

HOECHERL - KRONAWITTER - TAUSCHE.: *S. 3/6 - Star unter den Dampflokomotiven.* Stuttgart, Franckh'sche Verlagshandlung - 1971

HOLLAND D.F.: *Steam Locomotives of the South African Railways.* Newton Abbot, David & Charles - 1971

HORN A.: *Die Bahnen in Bosnien und Herzegowina.* 1964
Die Österreichische Nordwestbahn. Wien Heidelberg, Bohmann Verlag - 1967
Die Kaiser - Ferdinands - Nordbahn. Wien Heidelberg. Bohmann Verlag - 1971

HORNSTEIN VON A.: *Eisenbahnmuseen Denkmalloks Touristikbahnen.* Zürich, Orell Füssli Verlag - 1973

JOHNSTON H.: *Thunder in the Mountains.* California. Trans-Anglo Books - 1968

JONES K.W.: *Steam in the Landscape.* London, Blandford Press Ltd. - 1971

JURRIAANSE VAN WIJCK: *Stoomlocomotieven van de Nederlandse Spoorwegen.* Rotterdam, Uitgevers WYT - 1973
De Nederlandsche Central Spoorwegmaatschappy. Rotterdam, Uitgevers WYT - 1973

KINERT - REED: *Early American Steam Locomotives, First Seven Decades 1830-1900.* New York - 1962

KRONAWITTER L.B.: *Die bayerischen S 3/6 - Locomotiven der Baureihen 18^4, 18^5 und 18^6*, Krauss-Maffei - Informationen Nr. 213. Sonderdruck aus »Der Eisenbahner« - 1959

KUBINSZKY M.: *Ungarische Lokomotiven und Triebwagen.* Basel, Birkhäuser Verlag - 1975

LEGGET F.R.: *Railways of Canada.* Newton Abbot, David & Charles - 1973

LEITCH D.B.: *Railways of New Zealand.* Newton Abbot, David & Charles - 1972

MAEDEL K.E.: *S10^1, Geschichte der letzten preussischen Schnellzug-Dampflokomotiven.* Stuttgart, Franckh'sche Verlagshandlung - 1967
Geliebte Dampflok. Stuttgart, Franckh'sche Verlangshandlung -1967
Dampflokomotiven geliebt und unvergessen. Stuttgart, Franckh'sche Verlagshandlung - 1976
Die Dampflokzeit. Stuttgart, Franckh'sche Verlagshandlung - 1968
Liebe alte Bimmelbahn. Stuttgart, Franckh'sche Verlagshandlung - 1967
Unvergessene Dampflokomotiven. Stuttgart, Franckh'sche Verlagshandlung -1966
Die Königlich Sächischen Staatseisenbahnen. Stuttgart. Franckh'sche Verlagshandlung - 1977
Die deutschen Dampflokomotiven gestern und heute. Berlin, VEB Verlag Technik - 1965
MARISTANY M.: *Adios Viejas Locomotoras.* Barcelona, J.M. Casademont - 1973
MARSHALL J.: *The Lancashire & Yorkshire Railway.* Newton Abbot, David & Charles - 1969
MARSHALL L.G.: *Steam on the RENFE.* London, MacMillan & Co. Ltd. -1965
MASKELYNE J.N.: *Locomotives I have known.* London, Percival Marshall - 1959
MESSERSCHMIDT W.: *1C1, Entstehung und Verbreitung der Prärie-Lokomotiven.* Stuttgart, Franckh'sche Verlagshandlung - 1966
Dampflok - Raritäten. Stuttgart, Franckh'sche Verlagshandlung - 1974
1D1 - Erfolg und Schicksal der Mi kado-Lokomotiven. Stuttgart, Franckh'sche Verlagshandlung - 1963
Von Lok zu Lok. Stuttgart, Franckh'sche Verlagshandlung - 1969
Geschichte der italienischen Dampflokomotiven. Zürich, Orell Füssli Verlag - 1968
MORGAN D.: *Canadian Steam!* Milwaukee, Kalmbach Publishing Co. - 1961
MOSER A.: *Der Dampfbetrieb der Schweizerischen Eisenbahnen 1847-1966.* Basel, Birkäuser Verlag - 6 ed 1975
MÜHL A. - SEIDEL K.: *Die Württembergischen Staatseisenbahnen.* Stuttgart - 1970
NAVÉ H.: *Dampflokomotiven in Mittel- und Osteuropa.* Stuttgart, Franckh'sche Verlagshandlung - 1977
NOCK O.S.: *The Dawn of World Railways - 1800-1850.* London, Blandford Press Ltd. - 1972
Railways in the Formative Years - 1851-1895. London, Blandford Press Ltd. - 1973
Railways at the Turn of the Century - 1895-1905. London, Blandford Press Ltd. - 1969
Railways in the Years of Pre-Eminence - 1905-1919. London, Blandford Press Ltd. - 1971
Railways at the Zenith of Steam -1920-1940. London, Blandford Press Ltd. - 1970
Railways in the Transition from Steam - 1940-1965. London, Blandford Press Ltd. - 1974
LNER Steam. Newton Abbot, David & Charles - 1969
Steam Railways of Britain. London, Blandford Press Ltd. - 1967
60 Yars of Western Express Running. Shepperton, Ian Allan Ltd. - 1973
The LNWR Precursor Family. Newton Abbot, David & Charles - 1966
Steam Locomotive. London, George Allen & Unwin Ltd. - 1957
Railways of Australia. London, Adam & Charles Black - 1971
Great Steam Locomotives of All Time. Poole (Dorset), Blandford Press -1976
British Steam Locomotives in colour. London, Blandford Press Ltd. - 1964
The Premier Line, the Story of London & North Western Locomotives. London - 1952
The Great Western Railway in the Nineteenth Century. London - 1962
OBERMAYER H.J.: *Taschenbuch Deutsche Dampflokomotiven.* Stuttgart, Franckh'sche Verlagshandlung - 1969
OSTENDORF R.: *Ungewöhnliche Dampflokomotiven von 1803 bis Heute.* Stuttgart, Motorbuch Verlag - 1975
PHILLIPS L.: *Yonder comes the train.* A.S. Barnes and Co. Inc. - 1965
RANSOME - WALLIS P.: *The Concise Encyclopaedia of World Railway Locomotives.* London, Hutchinson - 1959
The last steam Locomotives of Eastern Europe. Shepperton, Ian Allan Ltd. - 1974
The last steam Locomotives of Western Europe. Shepperton, Ian Allan Ltd. - 1963
REDER G.: *Le Monde des Locomotives à vapeur.* Friburg, Office du livre - 1974
REED B.: *Locomotives in Profile.* Windsor - 1971
ROBERT G.: *Le Ferrovie nel Mondo.* Milano, Vallardi - 1964
ROGERS H.C.B.: *Französische Dampflokomotiven des 20. Jahrhunderts.* Stuttgart, Franckh'sche Verlagshandlung - 1974
ROWE TREVOR D.: *Railway Holiday in Spain.* Newton Abbot, David & Charles - 1966
SAGLE W.L.: *B & O Power.* Medina (Ohio), Alvin Staufer - 1964
SAUTER A.: *Die Königlich Preußischen Staatseisenbahnen.* Stuttgart, Franckh'sche Verlagshandlung - 1974
SCHEINGRABER G.: *Die Königlich Bayerischen Staatseisenbahnen.* Stuttgart, Franckh'sche Verlagshandlung - 1975.
SLEZAK J.O.: *Die Lokomotiven der Republik Österreich.* Wien. Verlag Josef Otto Slezak - 1973
Die Lokomotivfabriken Europas. Wien - 1963
STAFFELBACH H.: *Vitznau-Rigi.* Zürich, Orell Füssli Verlag - 1972
STUFER A.F.: *Steam Power of the New York Central System.* Medina (Ohio), Alvin Staufer - 1961
SWENGEL F.M.: *The American Steam Locomotive.* Davenport (IOWA), Midwest Rail Publications Inc. -1967
TUPLIN W.A.: *Great Western Steam.* London - 1958
North Western Steam. London - 1963
VALLANCE H.A.: *Railway Holiday in Northern Norway & Sweden.* David & Charles (Dawlish), Mac Donald (London) - 1964
The Highland Railway. Newton Abbot, David & Charles - 1969 (3rd ed.)
VILAIN L.M.: *La Locomotive à vapeur et les grandes vitesses.* Paris, Editions Dominique Vincent - 1972
Les Locomotives à vapeur françaises à grande vitesse et à grande puissance du Type »Pacific«. Vigot Frères, Paris - 1959
Un siecle (1840-1938) de matériel et traction sur le réseau d'Orléans. Paris, Editions Vincent, Fréal et Cie. - 1970.
L'évolution du matériel moteur et roulant à la Cie du Midi, des origines (1855) à la fusion avec le P.O. (1934) et à la S.N.C.F. (1938). Paris, Les Presses Modernes - 1965
L'évolution du matériel moteur et roulant des Chemins de Fer de l'Etat. Paris, Editions Vincent, Fréal et Cie. - 1967
L'évolution du matériel moteur et roulant de la Cie Paris-Lyon-Méditerranée (PLM) des origines (1857) à la S.N.C.F. (1938). Paris, Editions Vincent, Fréal et Cie - 1971
Les locomotives articulées du système Mallet dans le Monde. Paris, Editions Vincent, Fréal et Cie - 1969
WAGNER L.: *Sächsische Lokomotiven.* VdEF, Mitteilungen - Wuppertal. pl. n. 1971-73
WHITHE J.H. JR.: *Early American Locomotives.* New York, Dover Publications Inc. - 1972
WHITEHOUSE F.B.: *World of Trains.* London, Hamlyn - New English Library - 1976
ZIEL R. - EAGLESON M.: *The twilight of world steam.* New York, Grosset & Dunlap - 1973